单片机原理与接口技术：设计与实训

王雅芳　编著

机械工业出版社

本书结合作者多年的教学与单片机实践经验，以当今市场比较典型实用的单片机应用为例进行介绍。全书共分为 8 章，具体包括单片机概述、MCS－51 系列单片机的硬件结构和组成、单片机指令系统与汇编语言程序设计、MCS－51 系列单片机的中断系统、MCS－51 系列单片机的定时/计数器、I/O 接口的扩展应用、MCS－51 系列单片机串行通信及其应用、单片机基础知识与应用设计的仿真实例等内容。本书立足于专业、理论与实践结合，深入考虑读者的需求，简明实用、实例丰富、图文并茂。本书可作为从事电子信息类相关工作的工程技术人员的参考书，也可作为应用型本科和高职院校电子信息工程、电气工程、自动化、智能仪表以及机电一体化等专业教材，还可用作自动化类技师、高级技师的技术培训教材。

图书在版编目（CIP）数据

单片机原理与接口技术：设计与实训/王雅芳编著．—2 版．—北京：机械工业出版社，2016.7

ISBN 978-7-111-54295-7

Ⅰ.①单…　Ⅱ.①王…　Ⅲ.①单片微型计算机－基础理论－教材②单片微型计算机－接口－教材　Ⅳ.①TP368.1

中国版本图书馆 CIP 数据核字（2016）第 161035 号

机械工业出版社（北京市百万庄大街 22 号　邮政编码 100037）
策划编辑：张俊红　责任编辑：任　鑫
责任校对：张　征　封面设计：路恩中
责任印制：常天培
北京机工印刷厂印刷（三河市南杨庄国丰装订厂装订）
2016 年 10 月第 2 版第 1 次印刷
184mm × 260mm · 16 印张 · 529 千字
标准书号：ISBN 978-7-111-54295-7
定价：49.00 元

凡购本书，如有缺页、倒页、脱页，由本社发行部调换

电话服务	网络服务
服务咨询热线：010-88361066	机 工 官 网：www.cmpbook.com
读者购书热线：010-68326294	机 工 官 博：weibo.com/cmp1952
010-88379203	金 书 网：www.golden-book.com
封面无防伪标均为盗版	教育服务网：www.cmpedu.com

前言

Preface

MCS－51系列单片机在问世之后，就开始迅速发展，其由于功能强大、可靠性高、通用性好、适应性广、扩展灵活及功耗低等独特优点深受业界青睐。MCS－51系列单片机已得到广泛应用，从工业控制到日常工作生活各个方面都能看到它的身影，MCS－51系列单片机经典的结构得到了广大单片机使用者的推崇。单片机技术已经成为一门不可或缺的专业技术，大多数的院校电子、自动化、自动控制、机电等专业都把单片机原理及接口作为重要的基础课程来开设。

本书以国内最常用的MCS－51系列单片机硬件和软件的使用为背景，由浅入深地介绍了MCS－51系列单片机的基础知识及各种应用开发技术。按照认知与技能形成规律，循序渐进，把知识与实践紧密结合，以“必需、实用、拓展”为准则引导直观的学习。

本书以MCS－51系列单片机的硬件与软件应用为主要对象，详细介绍了MCS－51系列单片机的硬件结构和组成，单片机指令系统与汇编语言程序设计，MCS－51系列单片机的中断系统、定时器/计数器，单片机I/O口的应用和接口扩展技术，MCS－51系列单片机串行通信及其应用等相关知识，并在基础知识与应用实验及设计的基础上提供了仿真实例。在选材上本书特别注意从实用角度出发，以大量的编程方法实践和应用实例贯穿全书，以帮助读者能更快地理解和掌握单片机技术及使用方法。在编写风格上力求由浅入深、通俗易懂，并注重实用性。整本书的内容理论与实践同时并存等特点特别适合该类图书，特别是针对单片机应用及电路综合设计内容等方面的知识图文并茂，要求读者在一定的单片机实用技能基础上拓展知识点，这样有利于使用。

为便于广大教师类读者选用本书，我们随书附赠电子课件。凡一次性选用本书30册（含）以上当作教材使用的各位老师，均可与我们联系索取电子课件，联系的电子信箱为buptzjh@163.com。我们核实无误后，会尽快将电子课件发出。

本书由福建水利电力职业技术学院王雅芳编写，在编写过程中，得到了同仁的大力支持，在此表示衷心感谢。

由于编者水平有限，时间仓促，书中难免有错误和不妥之处，敬请广大读者批评指正。

目录

Contents

第 1 章

单片机概述

根据美籍匈牙利科学家冯·诺依曼提出的存储原理，一个完整的计算机包括运算器、控制器、存储器、输入设备和输出设备五大部件。如果把运算器和控制器集成在一块芯片上，将中央处理器（CPU），与随机存储器（RAM）、程序存储器（ROM）、输入和输出（I/O）接口用总线结构相连，就构成了微型计算机。基于高速数值计算能力的微型机所表现出的智能化水平，引起了控制专业人士的兴趣，要求将微型机嵌入到一个对象体系中，实现对象体系的智能化控制。单片机是单片微型计算机，它是微型计算机的一个分支，它与计算机系统的主要区别在于其结构、组成以及应用领域不同。1976 年 Intel 公司研制出了 MCS-48 系列 8 位的单片机，这也是单片机的问世，它的出现是技术发展史上的一个里程碑。从此，单片机技术不仅在数值处理方面得到了进一步的发展，而且在智能化控制领域里也得到了迅猛的发展，并占有越来越重要的地位。

1.1 单片机的基本概念

单片机就是在一片半导体硅片上，集成了中央处理器（CPU）、存储器（RAM、ROM）、并行 I/O 接口、串行 I/O 接口、定时器/计数器、中断系统、系统时钟电路、串行通信接口及系统总线的用于测控领域的单片微型计算机，这样一块集成电路芯片具有一台微型计算机的属性，但在单片机中，这些部件全部被做到一块集成电路芯片中了，所以才能被称为单片机（Single Chip Microcomputer）。单片机有着微处理器所不具备的功能，这是单片机最大的特征。单片机又不同于单板机，在芯片没有被开发前，它只是具备极强功能的超大规模集成电路，如果赋予它特定的程序，它便是一个最小的、完整的微型计算机控制系统。它与单板机或个人计算机（PC）有着本质的区别，单片机的应用属于芯片级应用，需要用户了解单片机芯片的结构和指令系统，以及其他集成电路应用技术和系统设计所需的理论和技术，再用特定的芯片设计应用程序，使芯片具备特定的功能。和计算机相比，单片机只缺少了 I/O 设备。

单片机的形态只是一块芯片，单片机的中央处理器（CPU）和通用微处理器基本相同，只是增设了“面向控制”的处理功能。例如，具有位处理、查表、多种跳转、乘除法运算、状态检测和中断处理功能等，增强了控制的实用性和灵活性。51 系列单片机简单易学，具有丰富的指令系统和高级语言编译系统，是目前应用最广泛的单片机型号。

不同的单片机有着不同的硬件特征和软件特征，即它们的技术特征均不相同。硬件特征取决于单片机芯片的内部结构，用户要使用某种单片机，必须了解该型产品是否有满足需要的功能和应用系统所要求的特性指标。这里的硬件技术特征包括功能特性、控制特性和电气特性等，这些信息需要从生产厂商的技术手册中得到。软件特征是指指令系统特性和开发支持环境；指令特性即我们熟悉的单片机的寻址方式、数据处理和逻辑处理方式、输入/输出特性及对电源的要求等；开发支持的环境包括指令的兼容性、可移植性，以及支持的软件（包含可支持开发应用程序的软件资源）和硬件资源。要利用某型号单片机开发自己的应用系统，掌握其结构特征和技术特征是必需的。

单片机控制系统能够取代以前利用复杂电子电路或数字电路构成的控制系统，可以用软件控制来实现，并能够实现智能化。

1.2 单片机的发展历史

1970 年微型计算机研制成功后，随后就出现了单片机。尽管单片机出现的历史并不长，根据其基本操作处理的二进制位数，以8位单片机的推出为起点，随着单片机在各个领域全面深入的发展和应用，出现了高速、大寻址范围、强运算能力的8位、16位、32位通用型单片机，以及小型廉价的专用型单片机。

1974年12月，仙童公司推出了8位的F8单片机，实际上只包括了8位CPU、64B RAM和2个并行口。而以1976年Intel公司推出的MCS-48为代表，这个系列的单片机内集成有8位CPU、I/O接口、8位定时/计数器，寻址范围不大于4KB，具有简单的中断功能，无串行接口，指令系统功能不强。1977年GI公司推出了PIC1650，但这个阶段的单片机仍然处于初级阶段。单片机的典型代表有Intel公司的MCS-51，在这一阶段推出的单片机其功能有较大的加强，能够应用于更多的场合。这个阶段的单片机普遍带有串行I/O接口、有多级中断处理系统、16位定时器/计数器，配置了完善的外部并行总线（AB、DB、CB）和具有多机识别功能的串行通信接口（UART）；规范了功能单元的特殊功能寄存器（SFR）的控制模式；片内集成的RAM、ROM容量加大，寻址范围可达64KB，一些单片机片内还集成了A-D转换接口，并有控制功能较强的布尔处理器。在这个阶段单片机的结构体系完善，性能已大大提高，面向控制的特点进一步突出，现在MCS-51已发展成为公认的单片机经典机种。8位、16位高级单片机发展阶段，也是单片机向微控制器发展的阶段。单片机集成的外围接口电路有了更大的扩充。这个阶段单片机的代表为8051系列。Intel公司推出的MCS-96系列单片机，将一些用于测控系统的模-数转换器、程序运行监视器、脉宽调制器等纳入了片中，体现了单片机的微控制器特征。

1.3 单片机的特点与应用领域

★1.3.1 单片机的特点

单片机是集成电路技术与微型计算机技术高速发展的产物。单片机体积小、价格低、应用方便、稳定可靠，同时单片机很容易嵌入到系统之中，便于实现各种方式的检测或控制，这是一般微型计算机根本做不到的。单片机只要在其外部适当增加一些必要的外围扩展电路，就可以灵活地构成各种应用系统，如工业自动控制系统、自动检测监视系统、数据采集系统、智能仪器仪表等。为什么单片机应用如此广泛？主要是单片机系统具有以下优点：

1）简单易学使用方便，易于掌握和普及。由于单片机技术是较为容易掌握的普及技术，单片机应用系统设计、组装、调试已经是一件容易的事情，广大工程技术人员通过学习可很快地掌握其应用设计与调试技术。

2）功能较齐全，抗干扰能力很强，应用可靠。低功耗、低电压，便于生产便携式产品。外部总线增加了I^2C及SPI等串行总线方式，进一步缩小了体积，简化了结构。

3）发展迅速，前景广阔。在短短几十年的时间里，单片机就经过了4位机、8位机、16位机、32位机等几大发展阶段。尤其是形式多样、集成度高、功能日臻完善的单片机不断问世，单片机内部结构更加完美，配套的片内外围功能部件越来越完善。

4）嵌入容易，用途广泛。在单片机出现以后，电路的组成和控制方式都发生了很大变化，因为单片机体积小、性价比高、应用灵活性强等特点，在嵌入式微控制系统中具有十分重要的地位。在单片机问世前，人们要想制作一套测控系统，往往采用大量的模拟电路、数字电路、分立元器件来完成，系统体积庞大，且因为电路复杂，连接点太多，极易出现故障。单片机使得制作一套测控系统不再需要大量的分立元器件，简化线路的复杂性，提高了电路的可靠性，并且测控功能的绝大部分都已经由单片机的软件程序实现，因此在嵌入式微控制系统中单片机具有十分重要的地位。

与通用微机相比较，单片机在结构、指令设置上均有其独特之处。单片机的I/O引脚通常是多功能的。为解决实际引脚数和需要的信号线的矛盾，采用了引脚功能复用的方法，引脚处于何种功能，可由指令来设置或由机器状态来区分。

单片机的应用具有软件和硬件相结合的特点，因而设计者不但要熟练掌握单片机的编程技术，还要有较强的单片机硬件方面的知识。

★1.3.2 单片机的应用领域

单片机芯片体积小、成本低，可广泛地嵌入到如工业控制单元、机器人、智能仪器仪表、武器系统、家用电器、办公自动化设备、金融电子系统、汽车电子系统、玩具、个人信息终端以及通信产品中。目前单片机已渗透到我们生活的各个领域，几乎很难找到哪个领域没有单片机的踪迹。

单片机按照其用途通常可分为通用型和专用型两大类。

1）通用型单片机就是其内部可开发的资源（如存储器、I/O 等各种外围功能部件等）可以全部提供给用户。用户根据需要，设计一个以通用单片机芯片为核心，再配以外围接口电路及其他外围设备，并编写相应的软件来满足各种不同需要的测控系统。通常所说的都是指通用型单片机。

2）专用型单片机是专门针对某些产品的特定用途而制作的单片机。例如，各种家用电器中的控制器等。由于用于特定用途，单片机芯片制造商常与产品厂家合作，设计和生产“专用”的单片机芯片。由于在设计中，已经对“专用”单片机的系统结构最简化、可靠性和成本的最优化等方面都做了全面的综合考虑，所以“专用”单片机具有十分明显的综合优势。例如为了满足电子体温计的要求，在片内集成 ADC 接口等功能的温度测量控制电路。无论专用单片机在用途上有多么“专”，其基本结构和工作原理都是以通用单片机为基础的。

单片机广泛应用于仪器仪表、家用电器、医用设备、航空航天、专用设备的智能化管理及过程控制等领域，大致可分为以下几个范畴。

（1）在智能仪器仪表上的应用

单片机结合不同类型的传感器，可实现诸如电压、功率、频率、湿度、温度、流量、速度、厚度、角度、长度、硬度、元素和压力等物理量的测量。例如，精密的测量设备（功率计、示波器和各种分析仪等）。

（2）在工业控制中的应用

用单片机可以构成形式多样的控制系统和数据采集系统。例如，工厂流水线的智能化管理、电梯的智能化控制、各种报警系统、与计算机联网构成二级控制系统等。

（3）在家用电器中的应用

可以这样说，现在的家用电器基本上都可采用单片机控制，从电饭煲、洗衣机、电冰箱、空调器、彩电、其他音响视频器材，到电子称量设备，五花八门，无所不在。

（4）在计算机网络和通信领域中的应用

现代的单片机普遍具备通信接口，可以很方便地与计算机进行数据通信，如日常工作中随处可见的集群移动通信，再到楼宇自动通信呼叫系统、列车无线通信系统等。

（5）单片机在医用设备领域中的应用

单片机在医用设备中的用途也相当广泛，如医用呼吸机、分析仪、监护仪、超声诊断设备及病床呼叫系统等。

此外，单片机在工商、金融、科研、教育和国防航空航天等领域都有着十分广泛的用途。

单片机按照大致应用的领域可进行区分。一般而言，工控型寻址范围大，运算能力强；用于家电的单片机多为小封装、价格低、外围元器件和外设接口集成度高。显然，上述分类并不是唯一的和严格的。例如，80C51 类单片机既是通用型又是总线型，还可以作为工控用。

1.4 单片机的发展使用趋势

单片机的发展使用趋势将是向大容量、高性能、外设部件内装化等方面发展。纵观单片机四十多年的发展过程，预计其今后的发展趋势主要体现在以下几方面：增加数据总线的宽度；片内程序存储器普遍采用闪烁（Flash）存储器，加大片内数据存储器存储容量，闪烁存储器能在+5V电压下读写，既有静态 RAM 的读写操作简便，又有在掉电时数据不会丢失的优点，单片机可不用扩展外部程序存储器，大大简化了系统的硬件结构；片内 I/O 增加并行接口的驱动能力，以减少外部驱动芯片。有的单片机可以直接输出大电流和高电压，以便能直接驱动 LED 和 VFD

（荧光显示器），有些单片机设置了一些特殊的串行 I/O 功能，为构成分布式、网络化系统提供了方便条件，引入了数字交叉开关，改变了以往片内外设与外部 I/O 引脚的固定对应关系（交叉开关是一个大的数字开关网络，可通过编程设置交叉开关控制寄存器，将片内的计数器/定时器、串行接口、中断系统、A－D 转换器等片内外设灵活配置出现在端口 I/O 引脚，允许用户根据自己的特定应用，将内部外设资源分配给端口 I/O 引脚）；外围电路内装化，把所需的众多外围电路全部装入单片机内，如 I^2C 总线、PWM 波形发生器、A－D 和 D－A 转换电路等外围电路内部化，从而减少设计人员的压力，提高应用系统的可靠性。

单片机编程及仿真的简单化。单片机在线编程目前有两种不同方式。

1）ISP（In System Programming），即在线系统编程。具备 ISP 的单片机内部集成了 Flash 存储器，用户可以通过下载线以特定的硬件时序在线编程，但用户程序自身不可以对内部存储器做修改，这类产品如 Atmel8990 系列。

2）IAP（In Application Programming），即在线应用编程。具备 IAP 的单片机厂家在出厂时向其内部写入了单片机引导程序，用户可以通过下载线对它在线编程，用户程序也可以自己对内存重新修改。这对于工业实时控制和数据的保存提供了方便，这类产品如 SST 的 89 系列。

一些新型的 SoC 单片机都具有在线仿真功能，使用 Proteus 仿真软件，能实现单片机在线仿真和调试，单片机的系统应用周期缩短。

目前大多数的单片机都支持程序的在线编程，只需一条与 PC 相连的 ISP 下载线（多为 USB 接口或串行接口），就可以把仿真调试通过的程序代码从 PC 在线写入单片机的 Flash 存储器内，省去编程器。某些机型还支持在线应用编程，可在线升级或销毁单片机的应用程序，省去了仿真器。

几乎所有的单片机都有 Wait、Stop 等省电运行方式，允许使用的电源电压范围也越来越宽。一般单片机都能在 3～6V 的电压范围内工作，对电池供电的单片机不再需要对电源采取稳压措施。低电压供电的单片机电源下限已由 2.7V 降至 2.2V、1.8V、0.9V。

采用了低噪声与高可靠性技术，例如 ST 公司的 μPSD 系列单片机片内增加了看门狗定时器。过去认为，一个单片机产品的成熟是以投产掩膜型单片机为标志的。目前典型单片机有 MCS－51、MSP430、EM78、PIC、AVR 等。MCS－51 系列单片机为主流产品。MSP430 为低功耗产品，功能较强。EM78 为低功耗产品，价格较低。PIC 为低电压、低功耗、大电流 LCD 驱动、低价格产品。AVR 为高速、低功耗产品，支持 ISP、IAP，I/O 口驱动能力较强。

1.5 MCS 系列和 STC 系列单片机

目前，在国内市场上流行的单片机不下十几种，占据主导地位的仍是 51 内核及其兼容单片机。这些单片机和 MCS－51 系列单片机的指令完全兼容，资料和开发设备比较齐全，价格也比较便宜。另外，从学习的角度来看，有了 51 单片机的基础后，再学习其他单片机时则非常容易。

★1.5.1 MCS－51 系列单片机

MCS－51 系列单片机是 Intel 公司生产的功能比较强，价格比较低，较早应用的单片机。MCS 是 Intel 公司单片机的系列符号，如 MCS－48、MCS－51、MCS－96 系列单片机。MCS－51 是在我国得到广泛应用的单片机主流品种。其中 MCS－51 系列单片机典型机型包括 51 和 52 两个子系列。

在图 1-1 中，引脚 1 和引脚 2 的第二功能（方形封装为引脚 2 和引脚 3）仅用于 52 子系列，NIC 为空引脚。44 脚方形封装有 4 个空引脚，有效引脚个数为 40 个。51 系列的 40 条引脚，可分为端口线、电源线和控制线三类。但有的公司生产的 44 脚方形封装的单片机把 4 个空引脚用作 P4 口。在绘制电路原理图时，经常采用元器件的逻辑符号，51 和 52 系列单片机的封装图和逻辑符号如图 1-1 所示。

MCS－51 系列单片机生产工艺有两种：一是 HMOS 工艺（高密度短沟道 MOS 工艺）；二是 CHMOS 工艺（互补金属氧化物的 HMOS 工艺）。CHMOS 是 CMOS 和 HMOS 的结合，既保持了 HMOS 高速度和

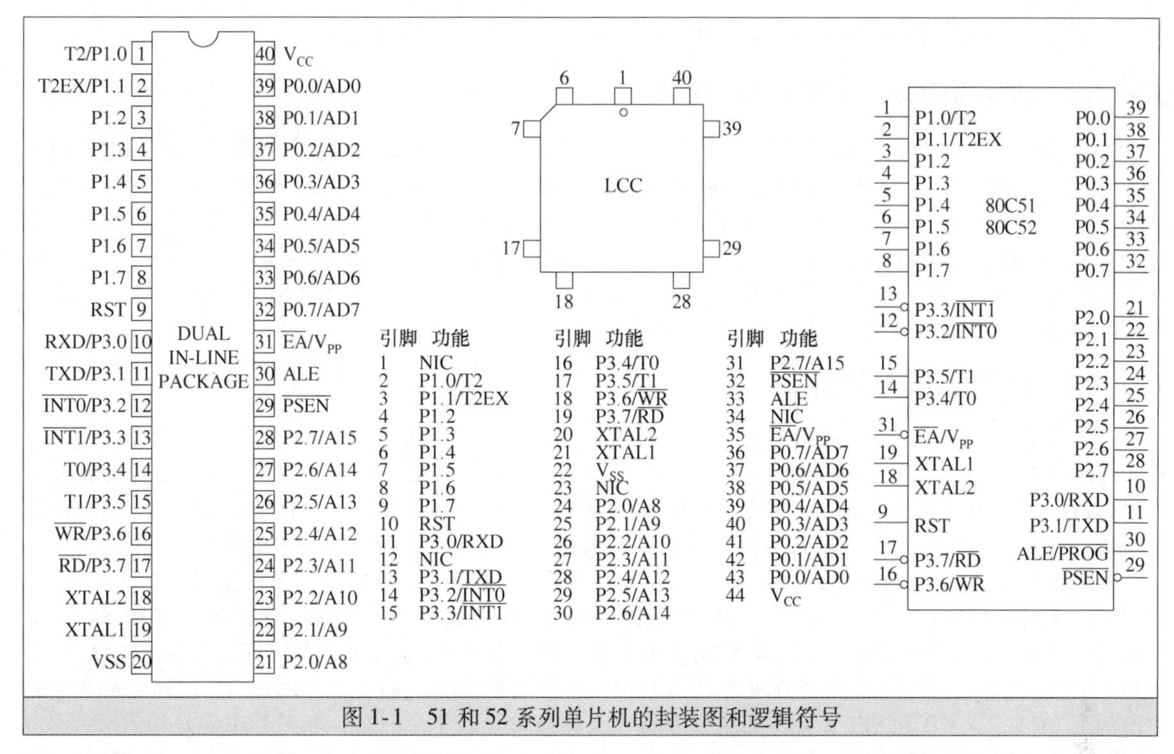

图 1-1 51 和 52 系列单片机的封装图和逻辑符号

高密度的特点，还具有 CMOS 的低功耗的特点。MCS－51 系列单片机主要包括基本型 8031/8051/8751（对应的低功耗型为 80C31/80C51/87C51）和增强型 8032/8052/8752。它们都是 8 位单片机，兼容性强、性价比高，且软硬件应用设计资料丰富，已为我国广大技术人员所熟悉和掌握，见表 1-1。

表 1-1 基本型和增强型的 MCS－51 系列单片机片内的基本硬件资源

<table>
<tr><th rowspan="2">系列</th><th rowspan="2">型号</th><th colspan="2">片内存储器</th><th colspan="2">片外存储器寻址范围</th><th colspan="2">I/O 接口</th><th rowspan="2">中断源/个</th><th rowspan="2">定时/计数器（个×位）</th></tr>
<tr><th>ROM</th><th>RAM</th><th>RAM</th><th>EPROM</th><th>并行</th><th>串行</th></tr>
<tr><td rowspan="4">51 子系列</td><td>8031、80C31</td><td>无</td><td rowspan="4">128B</td><td rowspan="8">64KB</td><td rowspan="8">64KB</td><td rowspan="8">32</td><td rowspan="8">UART</td><td rowspan="4">5</td><td rowspan="4">2×16</td></tr>
<tr><td>8051、80C51</td><td>4KB ROM</td></tr>
<tr><td>8751、87C51</td><td>4KB EPROM</td></tr>
<tr><td>8951、89C51</td><td>4KB Flash</td></tr>
<tr><td rowspan="4">52 子系列</td><td>8032、80C32</td><td>无</td><td rowspan="4">256B</td><td rowspan="4">6</td><td rowspan="4">3×16</td></tr>
<tr><td>8052、80C52</td><td>8KB ROM</td></tr>
<tr><td>8752、87C52</td><td>8KB EPROM</td></tr>
<tr><td>8952、89C52</td><td>8KB Flash</td></tr>
</table>

在产品型号中凡带有字母“C”的即为 CHMOS 芯片，CHMOS 芯片的电平既与 TTL 电平兼容，又与 CMOS 电平兼容。

1 基本型的典型产品：8031/8051/8751

在 51 子系列中，主要有 8031、8051、8751 三种机型，基于 HMOS 工艺，它们的指令系统与芯片引脚完全兼容，只是片内程序存储器（ROM）有所不同。在片内程序存储器的配置上，51 子系列单片机有三种形式，即掩膜 ROM、EPROM 和 ROMLess（无片内程序存储器）。例如，8051 有 4KB 的掩膜 ROM；87C51 有 4KB 的 EPROM；80C31 在芯片内无程序存储器。

51 子系列的主要特点有：2 个 16 位定时/计数器；中断系统有 5 个中断源；可编程为两个优先级；

111 条指令，含有乘法指令和除法指令；布尔处理器；使用单 +5V 电源。

2 增强型的典型产品：8032/8052/8752

52 子系列的产品主要有 8032、8052、8752 三种机型。它们是 Intel 公司在 3 种基本型产品的基础上推出的 52 子系列，与 51 子系列的不同之处在于：片内数据存储器增至 256B，8052、8752 的片内程序存储器增至 8KB（8032/80C32 无），有 26B 的特殊功能寄存器，增强型产品有 3 个 16 位定时器/计数器，有 6 个中断源，串行接口通信速率提高了 5 倍。其他性能均与 51 子系列相同。

低功耗 CHMOS 产品 80C51 系列单片机源于 MCS－51 系列，其他公司 80C51 系列单片机命名基本上是以 Intel 公司的 80C51 为参考，增加了公司标记。

★1.5.2 STC 系列单片机

STC 系列单片机是深圳宏晶科技公司研发的基于 8051 内核的新一代增强型单片机，指令代码完全兼容传统 8051，但与传统 8051 相比速度快了 8～12 倍，且带有 ADC、4 路 PWM、双串口，以单周期多功能为特色。采用了基于 Flash 的在线系统编程（ISP）技术，使得单片机应用系统的开发变得简单，无须仿真器或专用编程器就可进行单片机应用系统的开发，同样也方便了单片机的学习。

普通的 8051 单片机每个机器周期为 12 个时钟，STC 系列单片机如按照工作速度可分为 12T/6T 和 1T 系列，其中 12T/6T 系列产品指一个机器周期可设置 12 个时钟或 6 个时钟，包括 STC89 和 STC90 两个系列；而 1T 系列产品是指一个机器周期仅为 1 个时钟，指令执行速度大大提高，包括 STC11/10 系列和 STC12/15 等系列。STC89、STC90 和 STC11/10 系列属于基本配置，而 STC12/15 系列产品则相应地增加了 PWM、A－D 和 SPI 等接口模块。在每个系列中包含若干个产品，其差异主要是片内资源数量上的差异，见表 1-2。

表 1-2 常用 STC 单片机选型一览表

型号	Flash 程序存储器/KB	SRAM/B	E^2PROM/KB	UART/个	WDT	A－D
STC11F60XE	60	1280	1	1～2	√	—
STC11F08XE	8	1280	32	1～2	√	—
STC10F04	4	256	—	1～2	√	—
STC10F12	12	256	—	1～2	√	—
STC10F12XE	12	512	1	1～2	√	—
STC12C5A60S2	60	1280	1	2	√	16 位
STC89C51RC	4	512	2	1	√	—
STC89C52RC	8	512	2	1	√	—
STC89LE516AD	64	512	—	1	—	16 位
STC90C51RC	4	512	5	1	√	—
STC90C516RD +	61	1280	5	1	√	—

在内部资源上，STC 系列芯片的不同型号有着不同的特点，比普通 51 系列芯片空间更大，其 Flash 程序存储器最大可达 64KB，数据存储器 SRAM 最大有 1280B。丰富的功能模块极大地增强了 STC 芯片的应用适应性，方便了产品的设计。

STC 单片机可以为每机器周期 1 个时钟（1T），速度比普通的 8051 快 8～12 倍；可在线编程（ISP）/在应用可编程（IAP），无须编程器/仿真器，无须专用仿真器，可通过串行接口（P3.0/P3.1）直接下载用户程序，可远程升级；兼容普通 8051 的串行接口，由于 STC12 系列是高速的 8051，也可再用定时器软件实现多串口；通用 I/O 接口（27/23/15 个）中的每个 I/O 接口驱动能力均可达到 20mA，但整个芯片最大不可超过 55mA，I/O 接口不够时，可用 74HC595/74HC165 串行扩展，或用双 CPU、三线通信。掉电模式可由外部中断唤醒，适用于电池供电系统，如水表、气表、便携设备等。

STC89C52RC 型号单片机 HD 版本和 90C 版本内部集成 MAX810 专用复位电路。HD 版本有 ALE 引脚，无 P4.6/P4.5/P4.4 口。而 90C 版本无 PSEN、EA 引脚，有 P4.4 和 P4.6 引脚；90C 版本的 ALE/P4.5 引脚既可作 I/O 接口 P4.5 使用，也可被复用作 ALE 引脚使用，默认是作为 ALE 引脚。如需作为 P4.5 口使用时，只能选择 90C 版本的单片机，且需在烧录用户程序时在 STC - ISP 编程器中将 ALE pin 选择为用作 P4.5，在烧录用户程序时在 STC - ISP 编程器中该引脚默认作 ALE pin。STC89C52RC 的通用 I/O 接口（32/36 个），P1、P2、P3、P4 是准双向口/弱上拉（与普通 MCS - 51 传统 I/O 接口功能一样）；P0 口是开漏输出口，作为总线扩展时用，不用加上拉电阻，P0 口作为 I/O 接口用时，需加上拉电阻。ISP 在系统可编程/IAP 在应用可编程，无须专用编程器/仿真器，可通过串口（RxD/P3.0，TxD/P3.1）直接下载用户程序，8KB 程序 3s 即可完成一片。内部集成 MAX810 专用复位电路（HD 版本和 90C 版本才有），外部晶体 20MHz 以下时，可不需要外部复位电路。

STC89C52RC 单片机的工作模式有如下几种：

1）掉电模式：RAM 内容被保存，振荡器被冻结，单片机一切工作停止，直到下一个中断或硬件复位为止，中断返回后，继续执行原程序，典型功耗小于 0.1μA。

2）空闲模式：CPU 停止工作，允许 RAM、定时器/计数器、串口、中断继续工作，典型功耗 2mA。

3）正常工作模式：单片机正常执行程序的工作模式，典型功耗为 4～7mA。

选用 STC89C52 系列单片机的一个主要原因是由于这种单片机可以利用全双工异步串行口（P3.0/P3.1）进行在系统编程（ISP），即无须专用编程器/仿真器，就可通过串口直接下载用户程序，无须将单片机从已生产好的产品上拆下，因此省去了每次编程必须插拔单片机到专用编程器上的麻烦。典型线路如图 1-2 所示。

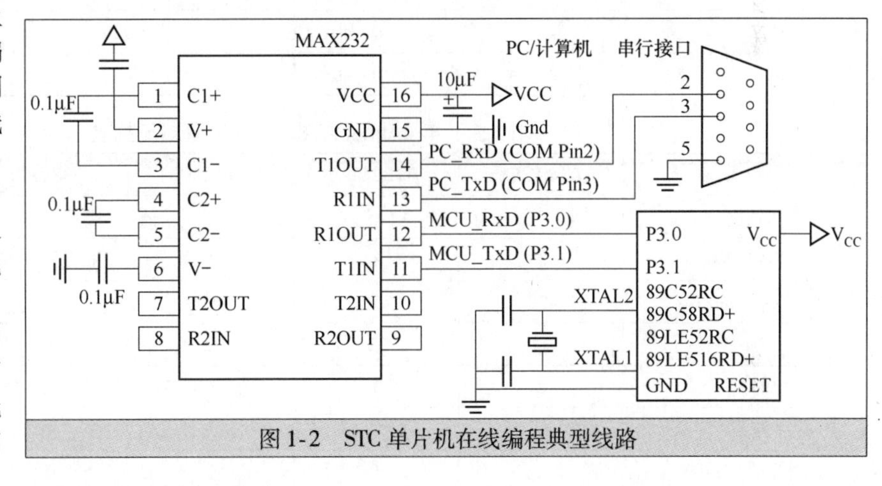

图 1-2 STC 单片机在线编程典型线路

大部分 STC89 系列单片机在销售给用户之前已在单片机内部固化有 ISP 系统引导程序，配合 PC 端的控制程序即可将用户的程序代码下载进单片机内部，故无须编程器（速度比通用编程器快）。

注意：不要用通用编程器编程，否则有可能将单片机内部已固化的 ISP 系统引导程序擦除，造成无法使用 STC 提供的 ISP 软件下载用户的程序代码。

★1.5.3 其他类型单片机

MCS - 51 系列单片机的代表性产品为 8051，目前世界其他公司推出的兼容扩展型单片机都是在 8051 内核的基础上进行了功能的增减。20 世纪 80 年代中期以后，Intel 公司已把精力集中在高档 CPU 芯片的研发上，逐渐淡出单片机的开发和生产。由于 MCS - 51 系列单片机设计上的成功以及较高的市场占有率，得到世界众多公司的青睐。Intel 公司以专利转让或技术交换的形式把 8051 的内核技术转让给了许多芯片生产厂家，如 Atmel、Philips、Cygnal、ANALOG、LG、ADI、Maxim、DEVICES 和 DALLAS 等公司。这些厂家生产的兼容机型均采用 8051 的内核结构、指令系统相同，采用 CMOS 工艺；有的公司还在 8051 内核的基础上又增加了一些片内外设模块，其集成度更高，功能和市场竞争力更强。人们常用 8051（80C51）来称呼所有这些具有 8051 内核，且使用 8051 指令系统的单片机。这些兼容机的各种衍生品种统称为 51 系列单片机或简称为 51 单片机，是在 8051 的基础上又增加一些功能模块，被称为增强型或扩展型子系列单片机。

1 Atmel AT89 系列单片机

在众多的兼容扩展型等衍生机型中，美国 Atmel 公司的 AT89 系列，尤其是该系列中的 AT89C5×/AT89S5×单片机在世界 8 位单片机市场中占有较大的份额。Atmel 公司的技术优势是其 Flash 存储器技术，将 Flash 技术与 80C51 内核相结合，形成了片内带有 Flash 存储器的 AT89C5×/AT89S5×系列单片机。AT89C5×/AT89S5×系列单片机与 MCS－51 系列单片机在原有功能、引脚以及指令系统方面完全兼容，系列中的某些品种又增加了一些新的功能，如看门狗定时器 WDT、ISP（在线编程）及 SPI 串行接口等，片内 Flash 存储器可直接在线重复编程。此外，还支持两种节电工作方式，非常适于电池供电或其他低功耗场合。Atmel 公司的 8 位单片机有 AT89、AT90 两个系列，见表 1-3 和表 1-4。所以，在产品开发及生产便携式商品、手提式仪器等方面有着十分广泛的应用，也是目前取代传统的 MCS－51 系列单片机的主流单片机之一。

表 1-3　Atmel AT89 系列单片机主要性能

型号	Flash 程序存储器/KB	ROM/KB	RAM/B	时钟频率/MHz	16 位定时器	WDT	多功能定时器	A－D	串行接口
AT89C51	4	4	128	0～33	2				√
AT89C52	8	8	256	0～33	3		1		√
AT89S51	4	4	128	0～24	2	√			√
AT89S52	8	8	256	0～24	3	√	1		√
AT89C51ED2	64	64	256	0～40	3	√			√
T89C51AC2	32	32	256	0～40	3	√		√	√

表 1-4　Atmel AT89 系列型号对比列表

型号	AT89C51	AT89C52	AT89C1051	AT89C2051	AT89S8252
档次	标准型		低档型		高档型
Flash/KB	4	8	1	2	8
片内 RAM/B	128	256	64	128	256
I/O/条	32	32	15	15	32
定时器/个	2	3	1	2	3
中断源/个	6	8	3	6	9
串行接口/个	1	1	1	1	1
M 加密/级	3	3	2	2	3
片内振荡器	有	有	有	有	有
E^2PROM/KB	无	无	无	无	2

AT89 系列单片机在结构上基本相同，只是在个别模块和功能上有些区别。

AT89S5X 的 S 系列是 Atmel 公司继 AT89C5X 系列之后推出的新机型，S 表示含有串行下载的 Flash 存储器，代表性产品为 AT89S51 和 AT89S52。AT89C51 单片机已不再生产，可用 AT89S51 直接代换。与 AT89C5X 系列相比，AT89S5X 系列的时钟频率以及运算速度有了较大的提高。例如，AT89C51 工作频率的上限为 24MHz，而 AT89S51 则为 33MHz。AT89S51 片内集成有双数据指针 DPTR，并具有看门狗定时器、低功耗空闲工作方式和掉电工作方式，还增加了 5 个特殊功能寄存器。

"89C（S）××××"中，8 表示单片，9 表示内部含有 Flash 存储器，C 表示 CMOS 产品，S 表示含有串行下载的 Flash 存储器，后缀中第 1 个"×"表示时钟频率，后缀中第 2 个"×"表示封装，后缀中第 3 个"×"表示芯片的使用温度范围。

例如，某一单片机型号为"AT89C51－12PI"，则表示该单片机是 Atmel 公司的 Flash 单片机，

CMOS 产品，速度为 12MHz，封装塑料双列直插 DIP 封装，是工业用产品，按标准处理工艺生产。

2 PIC 系列单片机

PIC 系列单片机是美国 Microchip 公司的产品。最大的特点是从实际应用出发，重视性能价格比，已经开发出多种型号来满足应用需求。PIC 单片机的 CPU 采用精简指令集技术结构（RISC，Reduced Instruction Set Computer），分别有 33、35、58 条指令（视单片机的级别而定），内部采用 Harvard 双总线结构，且大多数指令为单周期，程序运行效率高，大部分芯片有其兼容的 Flash 程序存储器的芯片。现已成为嵌入式单片机的主流产品之一。PIC 的 8 位单片机型号繁多，分为低档、中档和高档型。PIC17C××、PIC18C××系列是适合高级复杂系统开发的高档产品，其性能在中档 8 位单片机的基础上增加了硬件乘法器，具有在一个指令周期内（160ns）完成两个单字节数乘法的能力，还有丰富的 I/O 接口控制功能，并可扩展外部存储器等，常用于高、中档产品的开发。尤其是 PIC18 系列，其程序存储器最大可达 64KB，通用数据存储器为 3968B；具有 8 位和 16 位定时器、比较器；8 级硬件堆栈、10 位 A－D转换器、捕捉输入、PWM 输出；配置了 I^2C、SPI、UART 串行接口、CAN、USB 接口，模拟电压比较器及 LCD 驱动电路等，其封装从 14 引脚到 64 引脚，价格适中，性价比高。引脚通过限流电阻可接至 220V 交流电源，直接与继电器控制电路相连，无须光电耦合器隔离，给使用带来极大方便。

目前世界上最小的单片机为 Microchip 推出的 6 脚单片机 PIC10F＊。该单片机带有 4 个 I/O。最大特色是外设增加了可配置逻辑单元 CLC、数控振荡器 NCO、互补波形发生器 CWG，另外还有 3 个通道的 8 位 ADC、2 个 10 位的 PWM、2 个 8 位定时器、64B 的静态 RAM、512 字的程序空间，支持高性能的精简指令集（RISC）的 CPU。

3 AVR 系列单片机

AVR 系列单片机是由 Atmel 公司生产的增强型内置 Flash，采用精简指令集（RISC）的高速单片机。AVR 单片机片内资源丰富，具有增强可靠性的复位系统、降低功耗抗干扰的休眠模式、品种多门类全的中断系统等。AVR 片内大容量的 RAM 不仅能满足一般场合的使用，同时也更有效地支持使用高级语言开发系统程序，广泛应用于计算机外部设备、工业实时控制、仪器仪表、通信设备等。AVR 单片机目前常用的型号有 Atmega8、Atmega16、Atmega32、Atmega48、Atmega64、Atmega88、Atmega128 等。

AVR 系列具有省电功能（Power Down）及休眠功能（Idle）的低功耗的工作方式。一般耗电为 1～2.5 mA；对于典型功耗情况，WDT 关闭时为 100nA，更适用于电池供电的应用设备。有的器件最低 1.8 V即可工作。

4 Philips 系列

Philips 公司的单片机是基于 80C51 内核的单片机，嵌入了掉电检测、模拟以及片内 RC 振荡器等功能。其主要产品系列包括 P80、P87、P89、LPC76、LPC900 等系列，有 50 多种产品。从内部结构看可以划分为两大类：8 位机与 80C51 兼容系列和 16 位机 XA 系列，芯片仅有 8 个引脚。P8XC552 除了提供 80C51 的全部功能外，还增加了很多硬件资源，例如增加了 I^2C、CAN 总线接口、A－D 转换单元、PWM 输出等新的功能，是专为仪器仪表、工业过程控制、汽车发动机与传动控制等实时应用场合而设计的高性能单片机，且指令系统与 80C51 系列完全兼容。

5 嵌入式微控制器（单片机）

嵌入式微控制器一般以某一种微处理器内核为核心，芯片内部集成 ROM/EPROM、RAM、总线、总线逻辑、定时/计数器、WatchDog、I/O、串行口、脉宽调制输出、A－D、D－A、Flash RAM、E^2PROM等各种必要功能和外设，如图 1-3 和图 1-4 所示。将用于测控目的的小系统集成到一块芯片中。嵌入式微控制器目前的品种和数量最多，比较有代表性的通用系列包括 8051、P51XA、MCS－251、MCS－96/196/296、C166/167、MC68HC05/11/12/16、68300 和数目众多的 ARM 芯片等。

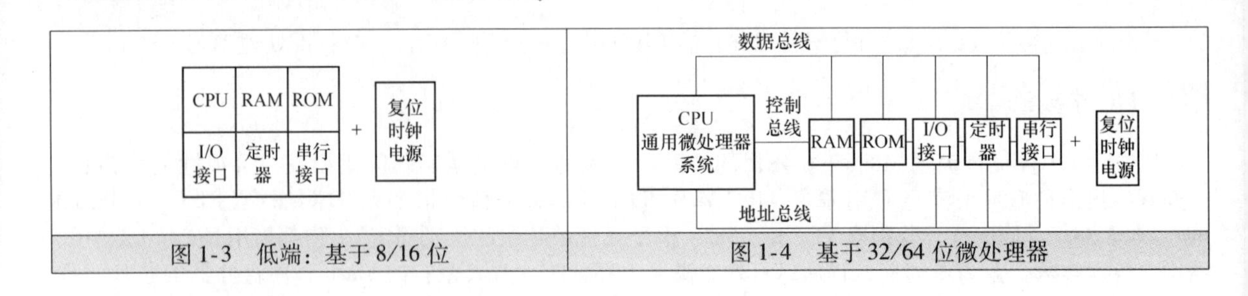

图 1-3　低端：基于 8/16 位　　图 1-4　基于 32/64 位微处理器

★1.5.4　单片机开发工具的使用

从 1976 年起迄今为止，世界各地厂商已相继研制出大约 50 个系列 300 多个品种的单片机产品。单片机不能单指某一特定型号，而没有使用功能。因此单片机的发展仍然向各个方向不断变化，新的功能应用、结构搭配变化还在继续。如何正常的使用各个品种的单片机，并且涵盖单片机行业的需要，也使得现在单片机的使用除了硬件开发外，多数已向开发工具的使用上产生了变化。

单片机的发展趋势是高集成度、高性能、低功耗。单片机从 SCM 结构变化，趋向微控制器 MCU，如图 1-5 所示。

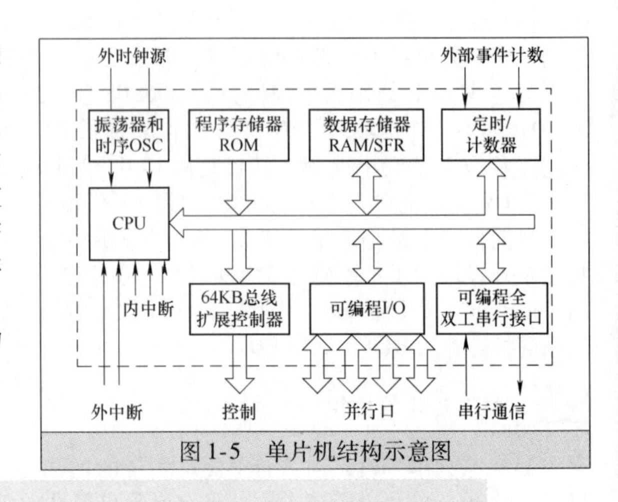

图 1-5　单片机结构示意图

1　单片机设计应用

单片机使用并非只有一片单片机即可，单片机的设计应用必须根据总体设计中确立的功能特性要求，确定单片机的型号、所需外围扩展芯片、存储器、I/O 电路、驱动电路等，可能还有 A－D 和 D－A 转换电路以及其他模拟电路，由此设计出应用系统的电路原理图。从原理图制作出 PCB 才能真正实现单个功能或功能模块使用的单片机系统，并最终应用于综合领域，且具有特定的功能和特点。

80C51 单片机的 P0 和 P2 口作为数据和地址总线，一般可驱动数个外接芯片（视外接芯片要求的驱动电流而异），也即 P0 和 P2 口的驱动能力还是有限的。如果外接的芯片过多，负载过重，系统将可能不能正常工作，此时必须加接缓冲驱动器予以解决。通常使用 74HC573 作为地址总线驱动器，使用 74HC245 双向驱动器作为数据总线驱动器。

2　单片机硬件应用原理

单片机硬件组成部分的用途都是指定的。单片机硬件几个主要组成部分用途简述如下：

1）程序存储器（ROM）：用来存放用户程序，可分为 EPROM、Mask ROM、OTP ROM 和 Flash ROM 等。

2）中央处理器（CPU）：是单片机的核心单元，通常是由算术逻辑运算部件（ALU）和控制部件构成。

3）随机存储器（RAM）：用来存放程序运行时的工作变量和数据，由于 RAM 的制作工艺复杂，价格比 ROM 高得多，所以单片机的内部 RAM 非常宝贵，通常仅有几十到几百字节。

4）并行输入/输出（I/O）端口：通常为独立的双向 I/O 接口，任何口既可以用作输入方式，又可以用作输出方式，通过软件编程设定。

5）串行输入/输出（I/O）端口：用于单片机和串行设备或其他单片机的通信。

6）定时器/计数器（T/C）：用于单片机内部精确定时或对外部事件（输入信号如脉冲）进行计数，有的单片机内部有多个定时/计数器。

7）系统时钟：通常需要外接石英晶体或其他振荡源提供时钟信号输入，也有的使用内部 RC 振荡器，系统时钟相当于 PC 中的主频。

硬件原理如图 1-6 所示。

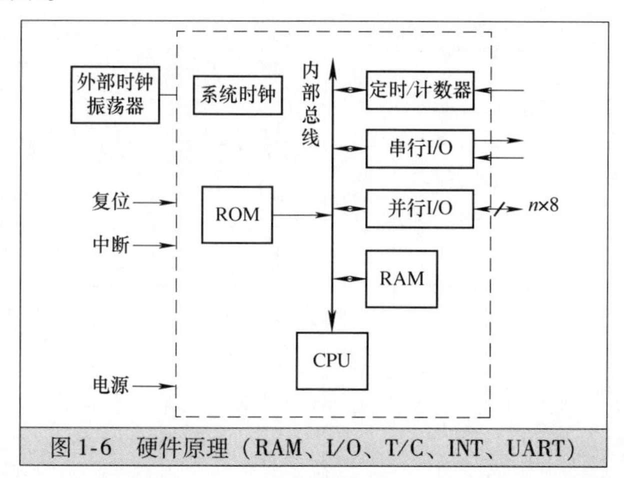

图 1-6　硬件原理（RAM、I/O、T/C、INT、UART）

由于单片机体积小，具有温度范围宽、抗干扰能力强的特点，单片机在实时控制系统有着极为广泛的应用。

3　单片机软件应用

单片机软件应用并不单纯只看见软件界面的应用，系统周边包括了系统资源、应用人员、外围设备（接口、显示等）、通信等。除了可以看到的整体连接，如图 1-7 所示，整个软件应用系统可分成几个步骤来完成操作。

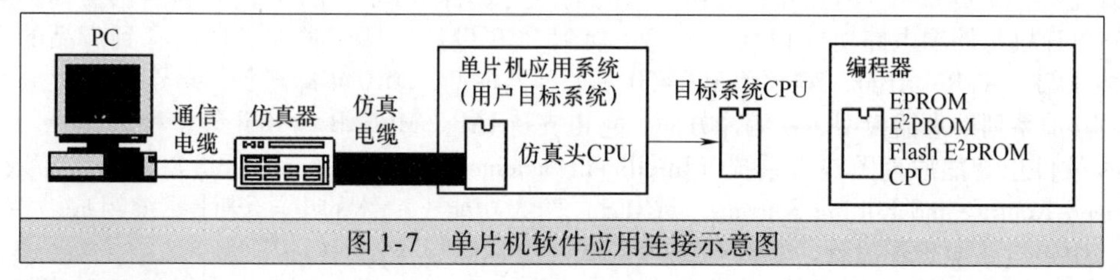

图 1-7　单片机软件应用连接示意图

（1）系统资源分配

在单片机应用系统的开发中，软件的设计是最复杂和困难的，大部分情况下工作量都较大，特别是对那些控制系统比较复杂的情况。如果是机电一体化的设计人员，往往需要同时考虑单片机的软硬件资源分配。在考虑一个应用工程项目时就需要先分析该系统要完成的任务，明确软硬件哪个承担哪些工作。

（2）程序结构

在单片机的软件设计中，任务可能很多，程序量很大，在这种情况下一般都需把程序分成若干个功能独立的模块，这也是软件设计中常用的方法，即俗称的化整为零的方法。对于复杂的多任务实时控制系统，一般要求采用实时任务操作系统，并要求这个系统具备优良的实时控制能力。

（3）数学模型

一个控制系统的研制，明确了各部分需要完成的任务后，设计人员必须进一步分析各输入/输出变量的数学关系，即建立数学模型。这个步骤对于较复杂的控制系统是必不可少的，而且不同的控制系统，它们的数学模型也不尽相同。

（4）程序流程

较复杂的控制系统一般都需要绘制一份程序流程图，可以说它是程序编制的纲领性文件，可以有效地指导程序的编写。

（5）编制程序

上述的工作完成后，就可以开始编制程序了。过去单片机应用软件以汇编语言为主，如图 1-8 所示，因为它简洁、直观、紧凑，使设计人员乐于接受。而现在高级语言在单片机应用软件设计中发挥了越来越重要的角色，性能也越来越好，C 语言已成为现代单片机应用系统开发中较常用的高级语言，如图 1-9 所示。但不管使用何种语言，最终还是需要翻译成机器语言，调试正常后，通过烧录器固化到单片机或片外程序存储器中。

```
Count       EQU 30H                  ;定义计数变量地址
SP1         BIT P3.7                 ;定义按钮输入端地址
            ORG 0
START:      MOV Count,#01H           ;计数器赋初值
NEXT:       MOV A,Count
            MOV B,#10
            DIV AB
            MOV DPTR,#TABLE          ;查找显示字模
            MOVC A,@A+DPTR
            MOV P0,A                 ;显示值送LED的十位
            MOV A,B
            MOVC A,@A+DPTR
            MOV P2,A                 ;显示值送LED的个位
WT:         JNB SP1,WT
WAIT:       JB SP1,WAIT              ;判断按钮是否被按过
            LCALL DELY10MS           ;延时
            JB SP1,WAIT
            INC Count
            MOV A,Count
            CJNE A,#100,NEXT         ;判断计数值是否超过99
            LJMP START               ;周而复始
DELY10MS:   MOV R6,#20
D1:         MOV R7,#248
            DJNZ R7,$
            DJNZ R6,D1
            RET
TABLE:      DB 3FH,06H,5BH,4FH,66H   ;LED显示字模
            DB 6DH,7DH,07H,7FH,6FH
```

图 1-8 汇编语言程序示例

```
01 #include <reg51.H>
02 sbit P3_7=P3^7;
03 unsigned char code table[]={0x3f,0x06,0x5b,0x4f,0x66,
04                             0x6d,0x7d,0x07,0x7f,0x6f};
05 unsigned char count;
06 void delay10ms(void) {          //延时
07   unsigned char i,j;
08   for(i=20;i>0;i--)
09     for(j=248;j>0;j--);
10 }
11 void main(void) {
12   count=0;                      //计数器赋初值
13   P0=table[count/10];           //P0口显示初值
14   P2=table[count%10];           //P2口显示初值
15   while(1) {                    //进入无限循环
16       if(P3_7==0){              //软件消抖，检测按键是否压下
17           delay10ms();
18           if(P3_7==0) {         //若按键压下
19               count++;          //计数器增1
20               if(count==100){   //判断循环是否超限
21                   count=0; }
22               P0=table[count/10];//P0口输出显示
23               P2=table[count%10];//P2口输出显示
24               while(P3_7==0);    //等待按键松开，防止连续计数
25           }
26       }
27   }
28 }
29
```

图 1-9 C51 语言程序示例

当用户目标系统设计完成后，还需要应用软件支持，用户目标系统才能成为一个满足用户要求的单片机应用系统。但该用户目标系统不具备自开发能力，需要借助于单片机仿真器（也称单片机开发系统）完成该项工作。

4 Proteus 单片机仿真软件开发工具

Proteus 是英国 Labcenter electronics 公司研发的世界上著名的 EDA 工具（仿真软件），从原理图布图、代码调试到单片机与外围电路协同仿真，一键切换到 PCB 设计，真正实现了从概念到产品的完整设计。Proteus 支持 8051、AVR、ARM、8086 和 MSP430 等处理器模型，2010 年即增加 Cortex 和 DSP 系列处理器，并持续增加其他系列处理器模型。在编译方面，它也支持 IAR、MPLAB 和 Keil 等多种编译器。

Proteus 软件由智能原理图输入系统（Intelligent Schematic Input System，ISIS）和高级布线与编辑软件（Advanced Routing and Editing Software，ARES）两大功能于一体的电子设计系统组成。智能原理图输入系统，用于电路原理图设计、单片机编程调试及仿真运行，如图1-10所示。

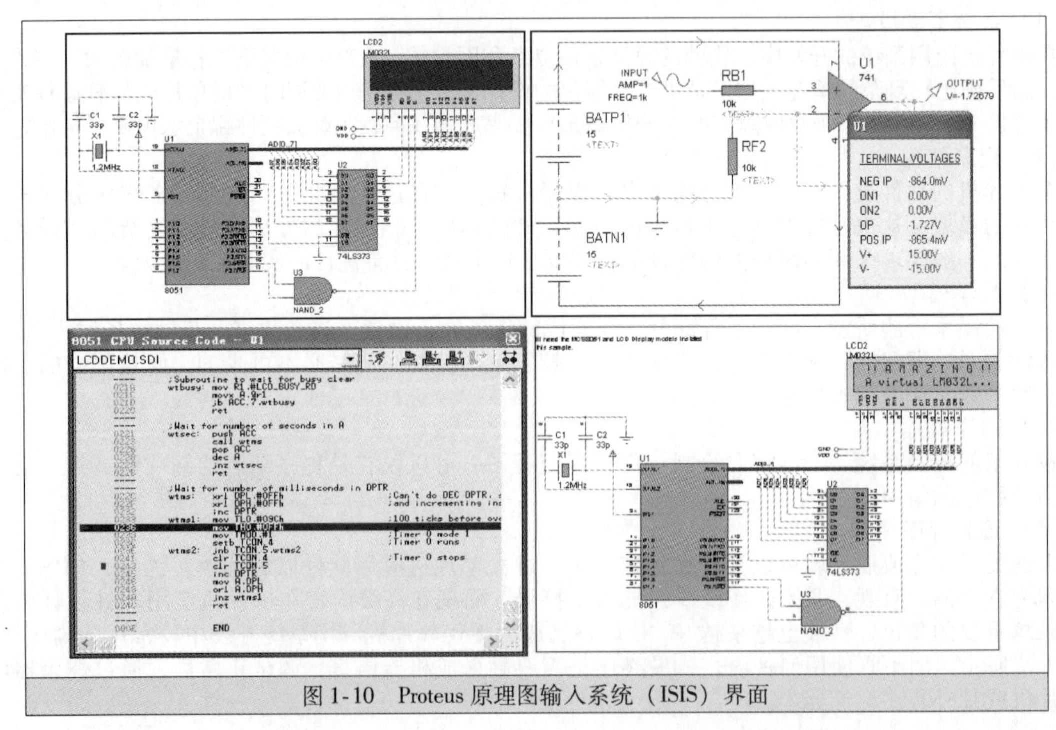

图 1-10 Proteus 原理图输入系统（ISIS）界面

高级布线与编辑软件用于印制电路板的设计，如图 1-11 所示。

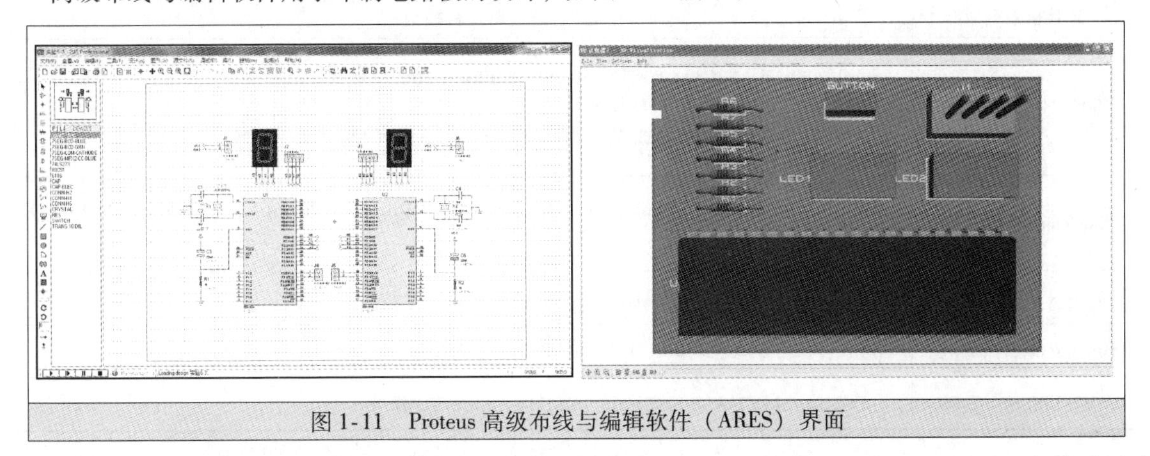

图 1-11　Proteus 高级布线与编辑软件（ARES）界面

Proteus 可以对基于微控制器的设计连同所有的周围电子器件一起仿真。用户甚至可以实时采用诸如 LED/LCD、键盘、RS232 终端等动态外设模型来对设计进行交互仿真，如图 1-12 所示。Proteus 支持的微处理芯片（Microprocessors ICs）现已经包括 8051 系列、AVR 系列、PIC 系列、HC11 系列、ARM7/LPC2000 系列以及 Z80 等，见表 1-5。

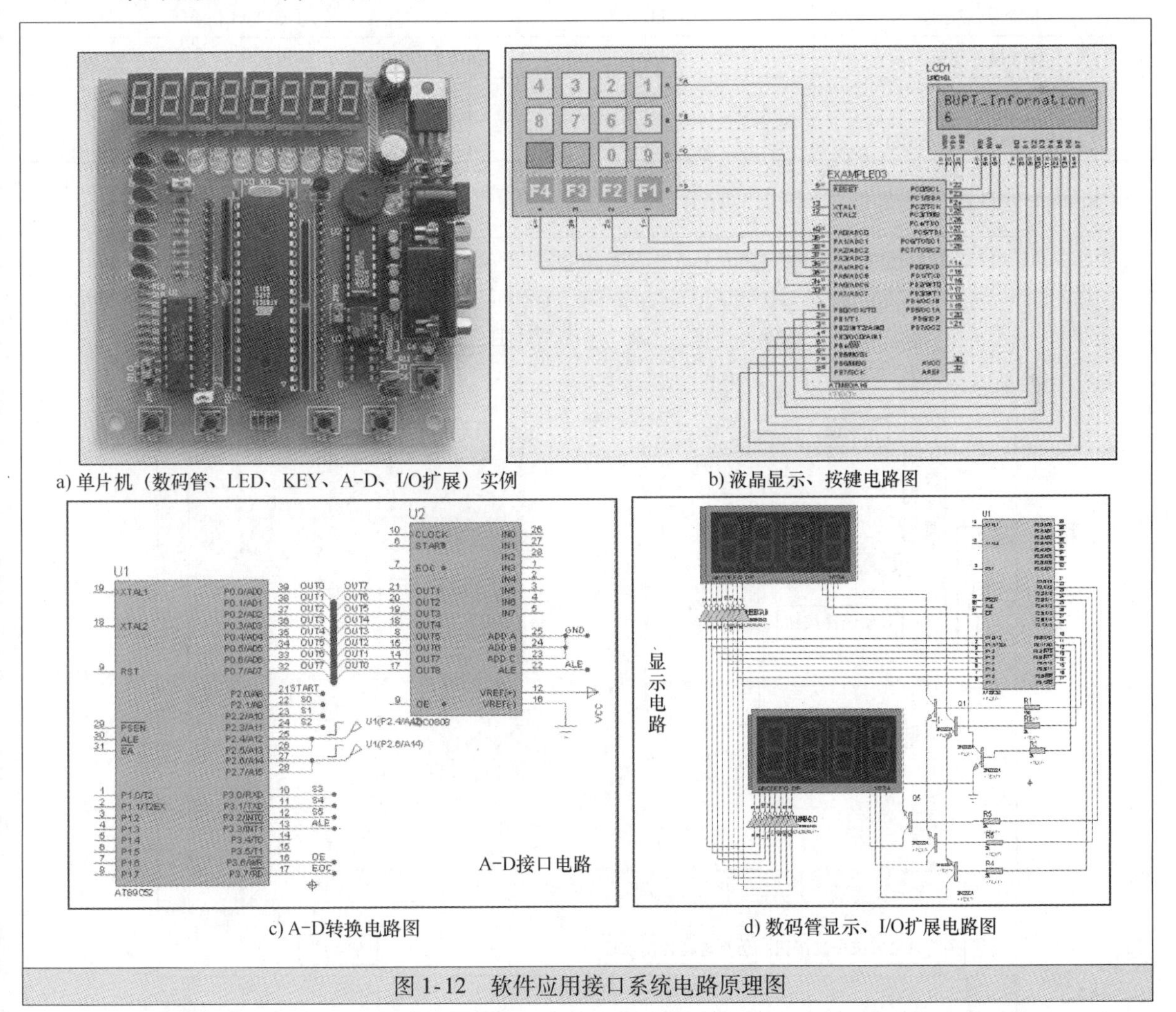

a) 单片机（数码管、LED、KEY、A-D、I/O扩展）实例　　b) 液晶显示、按键电路图

c) A-D转换电路图　　d) 数码管显示、I/O扩展电路图

图 1-12　软件应用接口系统电路原理图

表 1-5 Proteus 支持的单片机模型

单片机系列	单片机模型
8051/8052 系列	通用的 80C31、80C32、80C51、80C52、80C54 和 80C58 AT89C51、AT89C52 和 AT89C55 AT89C51RB2、AT89C51RC2 和 AT89C51RD2（X2 和 SPI 没有模型）
Microchip PIC 系列	PIC10、PIC12C5XX、PIC12C6XX、PIC12F6XX、PIC16C6XX、PIC16CX、PIC16F8X、PIC16F87X、PIC16F62X、PIC18F
Motorola HC11 系列	MC68HC11A8、MC68HC11E9
Parallax Basic Stamp	BS1、BS2、BS2e、BS2ex、BS2p24、BS2p40、BS2pe
ARM7/LPC2000 系列	LPC2104、LPC2105、LPC2106、LPC2114、ARM7TDMI 等

Proteus 能够对多种系列众多型号的单片机进行实时仿真、协调仿真、调试与测试，见表 1-6。

表 1-6 Proteus 支持的单片机模型功能

实时仿真	中断仿真	CCP/ECCP 仿真
指令系统仿真	SPI 仿真	I^2C/TWI 仿真
Pin 操作仿真	MSSP 仿真	模拟比较器仿真
定时器仿真	PSP	外部存储器仿真
UART/USART/EUSART	ADC 仿真	实时时钟仿真

Proteus 软件的 ISIS 界面如图 1-13 所示。

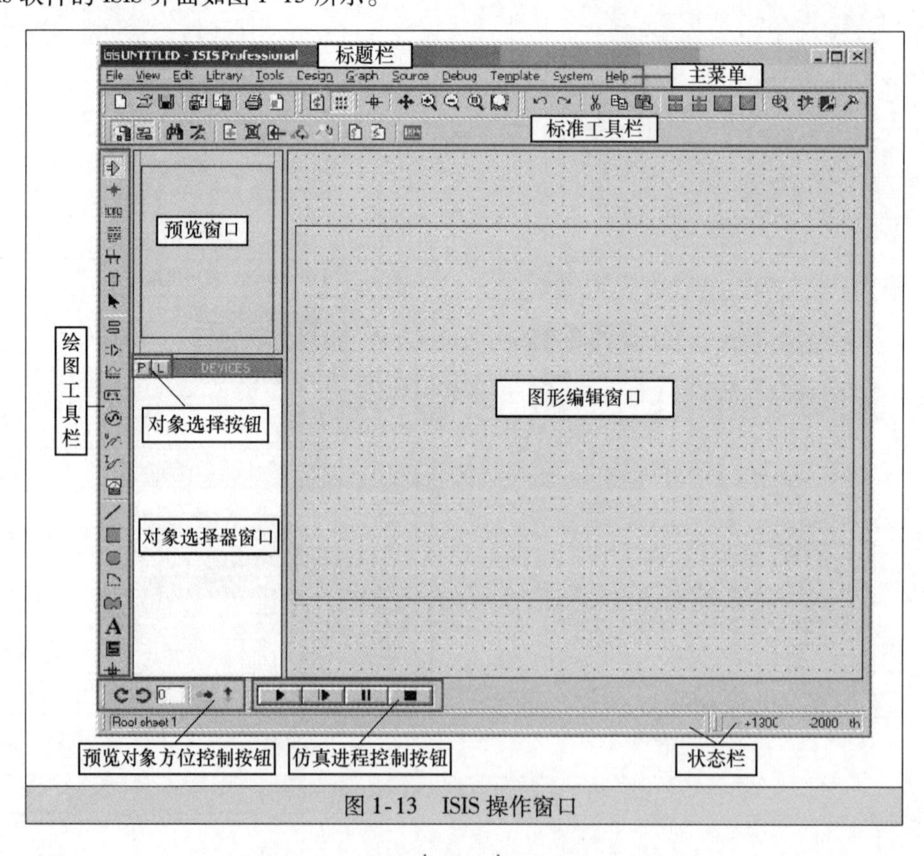

图 1-13 ISIS 操作窗口

如图 1-13 所示，窗口内各部分的功能用中文作了标注。Proteus 的 ISIS 系统大部分操作与 Windows 的操作类似。

主菜单包括 File 菜单项、View 菜单项、Edit 菜单项和 Design 菜单项等。每个菜单项的打开与关闭，可通过 View/Toolbars... 命令进行设置。

快捷工具栏分为主工具栏和元器件工具栏：主工具栏包括文件工具、视图工具、编辑工具、设计工具 4 个部分，每个工具栏提供若干个快捷按钮；元器件工具栏包括方式选择、配件模型、绘制图形 3 个部分，每个工具栏提供若干个快捷按钮。

添加元件操作如图 1-14 所示，选取元器件可以通过菜单栏或快捷按钮等方式操作，元器件选择添加完成后可通过属性选项卡编辑其属性，如图 1-15 和图 1-16 所示。

图 1-14　元器件选取对话框

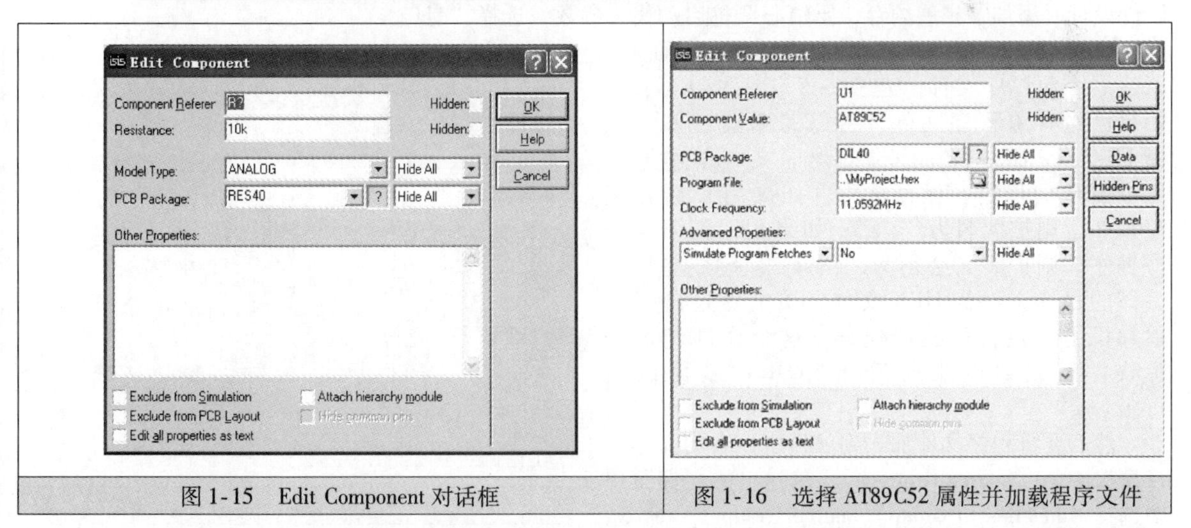

图 1-15　Edit Component 对话框

图 1-16　选择 AT89C52 属性并加载程序文件

Proteus ISIS 自动写出直线路径，线路自动路径器为用户省去了必须标明每根线的具体路径的麻烦，自动接线功能默认是打开的，只需单击连接点相连，如果用户只在两个连接点单击，自动接线将选择一个合适的走线方式。但是如果已选择了一个连接点，用户在走线过程中，单击了一个或多个非连接点后，Proteus ISIS 会认为用户是在手工定线。

5 Keil C51 软件

Keil C51 软件是目前最流行的 C51 集成开发环境（IDE），它支持众多的 MCS－51 架构的芯片，集编辑、编译、仿真于一体。Keil C51 提供了包括 C 编译器、宏汇编、连接器、库管理和一个功能强大的仿真调试器等在内的完整开发方案，然后通过一个集成开发环境（μVision IDE）将这些部分组合在一起。Keil μVision 集成开发环境是 Keil Software 公司发布的，Keil μVision4 还支持软件模拟仿真（Simulator）和用户目标板调试（Monitor51）两种工作方式。在软件模拟仿真方式下不需任何 51 单片机及其外围硬件即可完成用户程序仿真调试。

Keil C51 支持 C51 及汇编编程，界面友好，易学易用。Keil μVision3 的工作界面如图 1-17 所示。下面通过简单的编程、调试，说明 Keil C51 软件的基本使用方法和基本的调试技巧。

Keil C51 是 Windows 版的软件，不管使用汇编语言还是 C 语言编程，也不管是一个还是多个文件的程序，都先要建立一个工程文件。没有工程文件，将不能进行编译和仿真。新建项目对话框如图 1-18 所示。

图 1-17 Keil μVision3 软件工作界面

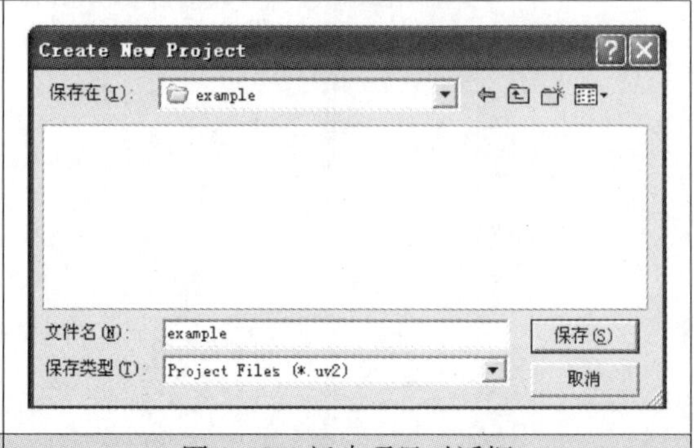

图 1-18 新建项目对话框

这时会弹出一个对话框，要求选择单片机的型号，如图 1-19 所示。先选择 Atmel 公司，再选择 AT89C51。然后单击“确定”按钮，弹出将 8051 初始化代码复制到项目中的询问窗口，单击“Y”按钮。如果使用汇编语言，又不需要初始化 51 内存，选择“否”。如果使用 C 语言，需要初始化内存，硬件设计时添加了扩展内存，要精心调整启动代码参数，选择“是”。

新建项目后软件出现 Keil μVision3 界面图，新建一个源程序文件。建立一个汇编或 C 文件，如果已经有源程序文件，可以忽略这一步。选择 File/New 命令，在弹出的程序文本框中输入一个简单的程序，保存文件。如果用 C 语言编写程序，则扩展名为“.c”；如果用汇编语言编写程序，则扩展名必须为“.asm”。STC 单片机编译的目标文件为 HEX 文件，该文件包含了在单片机上可执行的机器代码，这个文件经过烧写软件下载到单片机 Flash ROM 中就可以运行了。

```
01 #include <reg51.H>
02 sbit P3_7=P3^7;
03 unsigned char code table[]={0x3f,0x06,0x5b,0x4f,0x66,
04                             0x6d,0x7d,0x07,0x7f,0x6f};
05 unsigned char count;
06 void delay10ms(void) {          //延时
07   unsigned char i,j;
08   for(i=20;i>0;i--)
09     for(j=248;j>0;j--);
10 }
11 void main(void) {
12   count=0;                       //计数器赋初值
13   P0=table[count/10];            //P0口显示初值
14   P2=table[count%10];            //P2口显示初值
15   while(1) {                     //进入无限循环
16       if(P3_7==0){               //软件消抖,检测按键是否压下
17           delay10ms();
18           if(P3_7==0) {          //若按键压下
19               count++;           //计数器增1
20               if(count==100){    //判断循环是否超限
21                   count=0; }
22               P0=table[count/10];//P0口输出显示
23               P2=table[count%10];//P2口输出显示
24               while(P3_7==0);    //等待按键松开，防止连续计数
25           }
26       }
27   }
28 }
29
```

图 1-19 Select Device for Target 对话框

然后要将程序文件加入到项目中，右击左边项目窗口中的“Source Group 1”，在弹出的快捷菜单中选择 Add Files to Group‘Source Group 1’命令，如图 1-20 所示。选择刚才建立的文件，如图 1-21 所示。这时在 Source Group 1 里就有程序汇编或者 C 文件和事先建立项目时已经加入的文件 STARTUP. A51。

分别设置 Output 选项卡和 Debug 选项卡，如图 1-22 和图 1-23 所示，产生执行文件，并选择仿真的方式。

生成可执行代码文件（Creat Hex File）默认情况下没有被选中，用于生成编程器写入单片机芯片的HEX格式文件，如果要写片进行硬件实验，就必须选中该项。这一点是初学者易疏忽的。

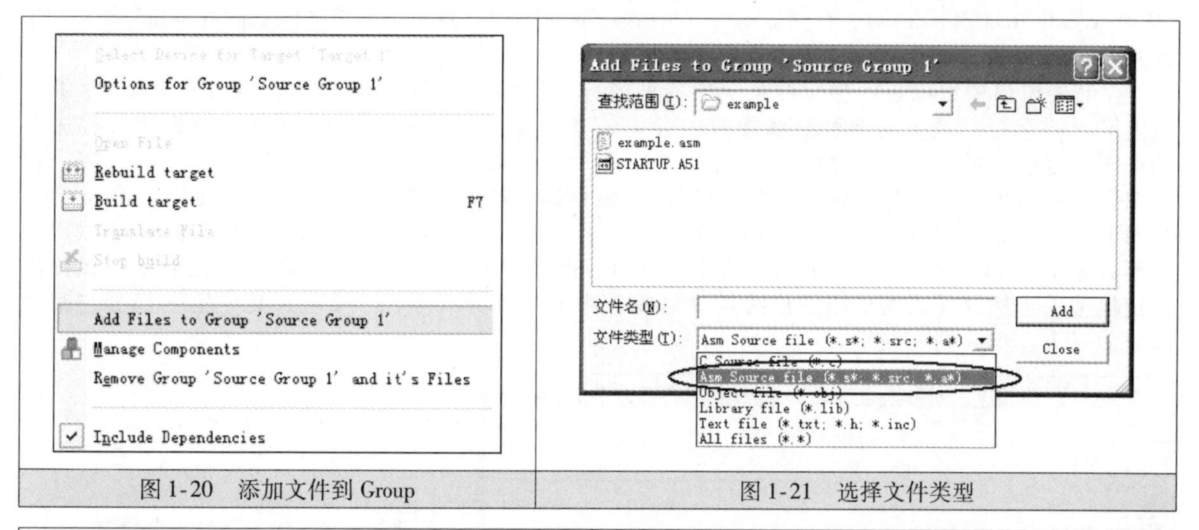

图1-20　添加文件到Group　　　图1-21　选择文件类型

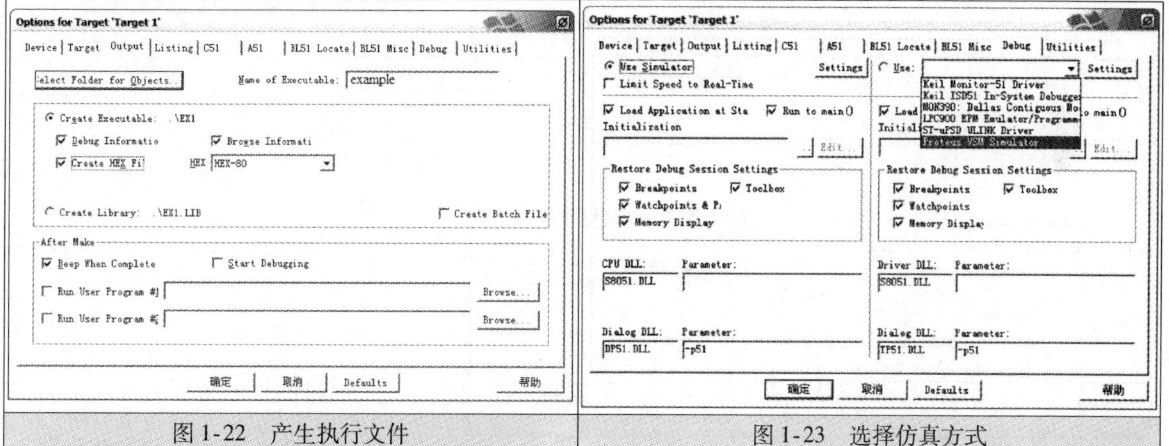

图1-22　产生执行文件　　　图1-23　选择仿真方式

编译连接程序，选择Project/Rebuild all target files命令，如果没有错误，则编译连接成功，开发环境右下角信息框会显示编译连接成功的信息。

编译完毕之后，选择Debug/Start/Stop Debug Session命令，即进入Debug调试环境。

行的代码的编译和连接，只能确定源程序没有语法错误。至于源程序中是否存在错误，必须通过反复调试才能发现，这样使调试过程变得麻烦。为此Keil软件提供了在线汇编的功能。把光标放在需要修改的程序行上，选择Debug/Inline Assembly…命令。在Enter New后面的编辑框内输入新的程序语句，输入完后按Enter键将自动指向下一条语句，可以继续修改。如果不再需要修改，单击右上角的关闭按钮关闭窗口。

程序调试时，一些程序行必须满足一定的条件才能被执行到，这时就要用到程序调试中一种非常重要的方法——断点设置。断点设置的方法有多种，常用的是在某一程序行设置断点，设置好断点后可以全速运行程序，一直执行到该程序行即停止，可再次观察有关变量值，以确定问题所在。

获得了名为*.hex的文件，可被编程器读入并写到芯片中，同时还产生了一些其他相关文件，可被用于Keil的仿真与调试，这时可以进入下一步调试的工作。

用MCS-51使用C51编程必须与单片机存储器结构相关联，否则编译器就不能正确地映射定位。这是用C51编写的程序与标准C程序编写的不同之处。

51系列单片机的生产厂家有多个，它们的差异在于内部资源如定时器、中断、I/O等数量以及功能的不同，而对使用者来说，只需要将相应的功能寄存器的头文件加载在程序内，就可实现所具有的功能。因此，C51系列的头文件集中体现了各系列芯片的不同资源及功能。

Keil软件在调试程序时提供了多个窗口，主要包括输出窗口（Output Windows）、观察窗口（Watch&Call Stack Windows）、存储器窗口（Memory Windows）、反汇编窗口（Dissambly Windows）和串行窗口（Serial Windows）等，如图1-24所示。

存储器窗口中可以显示和修改系统中各种内存中的值，如图1-25所示。通过在Address编辑框内输入“字母：数字”即可显示相应内存值，其中字母可以是C、D、I、X，分别代表程序存储空间、直接寻址的片内存储空间、间接寻址的片内存储空间、扩展的外部RAM空间，数字代表想要查看的地址。例如，输入“D：0”即可观察到地址0开始的片内RAM单元值；输入“C：0”即可显示从0开始的ROM单元中的值，即查看程序的二进制代码。该窗口的显示值可以以各种形式显示（如十进制、十六进制、字符型等），改变显示方式的方法是单击鼠标右键，在弹出的快捷菜单中选择。该菜单用隐形线条分隔成上中下三部分（见图1-25），其中第一部分与第二部分的三个选项为同一级别。

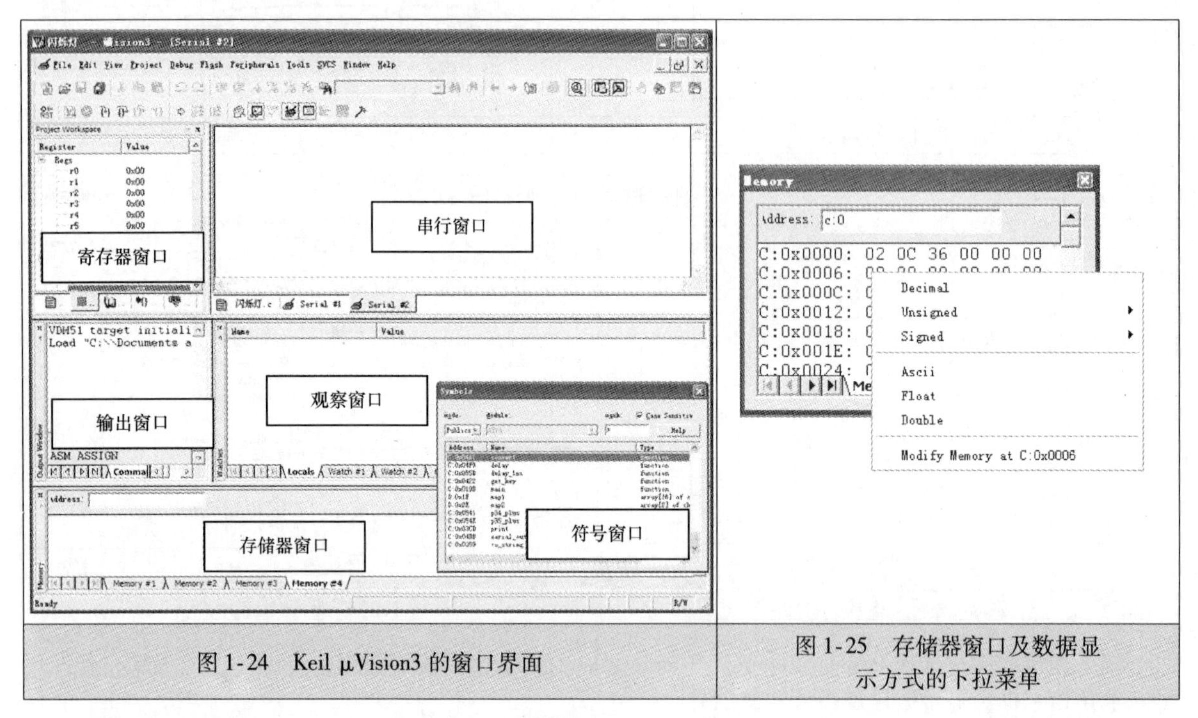

图1-24 Keil μVision3的窗口界面

图1-25 存储器窗口及数据显示方式的下拉菜单

选中第一部分的任一选项，内容将以整数形式显示，其中，Decimal项是一个开关，如果选中该项，则窗口中的值以十进制的形式显示，否则按默认的十六进制方式显示。Unsigned和Signed分别代表无符号、有符号形式，其后均有三个选项，即Char、Int、Long，分别代表以用户设置的单元开始，以单字节、整数型、长整数型数方式显示。以整型为例，如果输入的是I：0，那么00H和01H单元的内容将会组成一个整型数。默认以无符号单字节方式显示。

第二部分有三项：Ascii项是字符形式显示；Float项是将相邻4字节组成浮点数形式显示；Double是将相邻8字节组成双精度形式显示。

第三部分的Modify Memory at X：xxx用于更改鼠标处的内存单元值。选中该项即出现对话框，可以在对话框内输入新的值、单个字符加单引号、字符串加双引号，从指定单元开始存放。

由于工程窗口中仅可以观察到工作寄存器和有限的寄存器，如A、B、DPTR等，如果需要观察其他寄存器的值或者在高级语言编程时需要直接观察变量时，就要借助于观察窗口。选择View/Watch and call stack Windows命令即可弹出观察窗口，如图1-26所示，按功能键F2可输入观察对象的名称。一般情况下，仅在单步执行时才对变量值的变化感兴趣，全速运行时，变量的值是不变的，只有在程序停下来之后，才会将这些值最新的变化反映出来。但是，若选择View/Periodic Windows Update（周期更新窗口）命令，则在全速运行时也能观察到变量的变化，但其将使程序模拟执行的速度变慢。

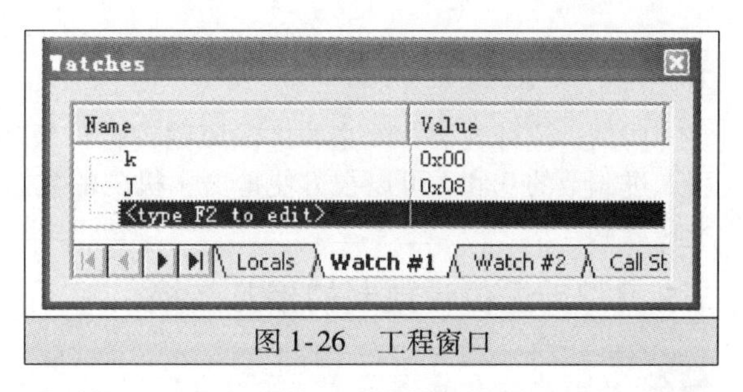

图 1-26　工程窗口

工程寄存器页的内容包括了当前的工作寄存器组和系统寄存器组。系统寄存器组有一些是实际存在的寄存器，如 a、b、dptr、sp、psw 等，有一些是实际中并不存在或虽然存在却不能对其操作的，如 PC、states 等。每当程序中执行到对某寄存器的操作时，该寄存器会以反色显示，用鼠标左键双击即可修改该值。

通过 Peripherals 菜单项，Keil 提供了单片机中的定时器、中断、并行端口、串行口等常用外设接口对话框。这些对话框只有在调试模式才能使用，且内容与用户建立项目时所选的 CPU 有关。打开这些对话框，列出了外围设备的当前使用情况、各标志位的情况等，可以在这些对话框中直观地观察和更改各外围设备的运行情况，还可对它们的工作模式进行修改，如图 1-27 ~ 图 1-30 所示。

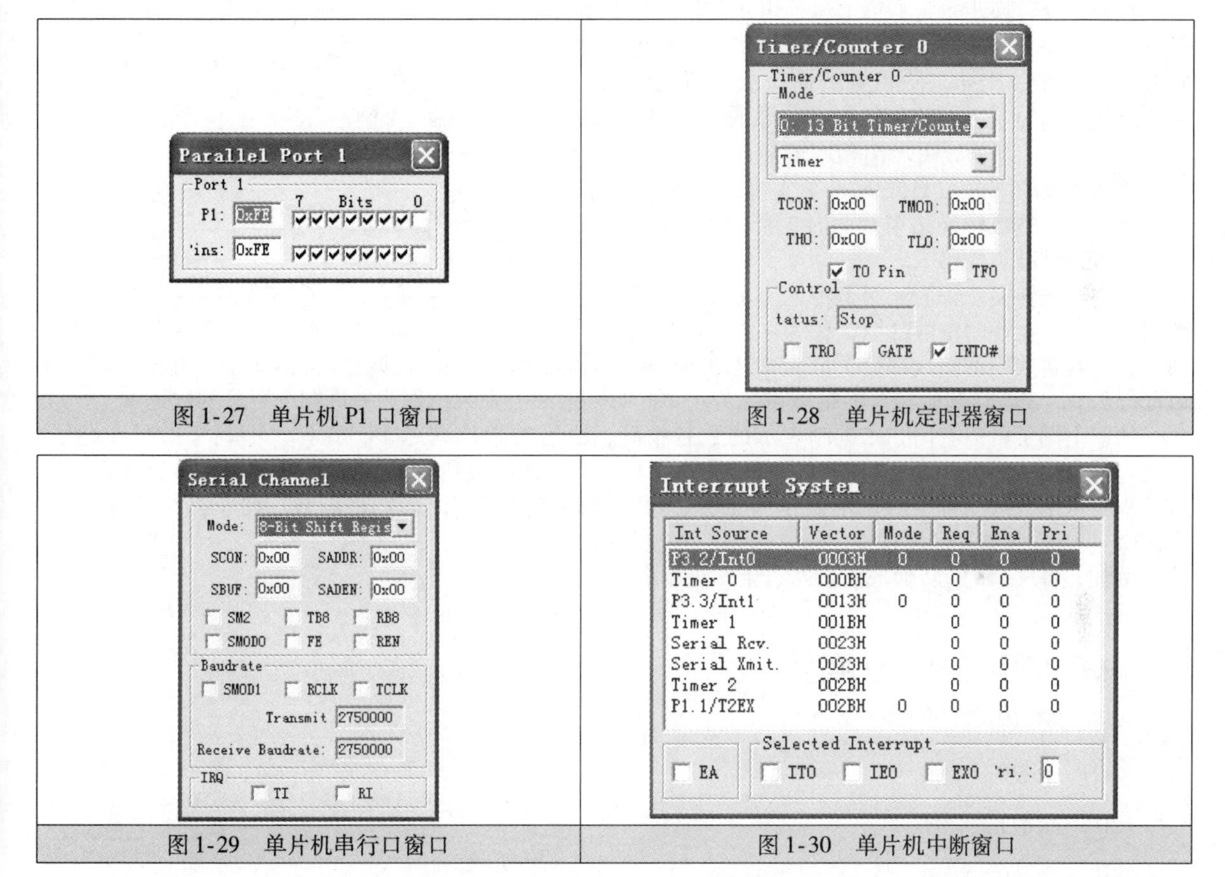

图 1-27　单片机 P1 口窗口

图 1-28　单片机定时器窗口

图 1-29　单片机串行口窗口

图 1-30　单片机中断窗口

Proteus VSM 与 Keil μVision3 的联调步骤为：在 Proteus 中绘制原理图后，选择 Debug/Use Remote Debug Monitor 命令。在 Keil 菜单中新建项目后，选择 Project/Build Target 命令，设置选项框，并编译汇编程序，产生 HEX 文件。选择 Project/Options for Target ‘Target1’ 命令，选择 Debug/use remote debugger monitor 命令，设置 Debug 选项卡中的 Proteus VSM Simulator 选项和 Output 选项卡，在 Keil 中进行调试。将 Keil 产生的 HEX 文件加载到 Proteus ISIS 绘制的硬件电路中，同时在 Proteus ISIS 中查看结果。

1.6　单片机中使用的数制与码制

在单片机中，把放在寄存器、存储器或数据端口中的数称为机器数。机器数所对应的值称为真值。机器数的真值到底是多少，取决于机器数所对应的是无符号数还是有符号数以及所对应的是什么码制表示的数。

★1.6.1　进位计数制

所谓进位计数制，就是按进位原则进行计数的方法，是人们对事物数量计数的一种统计规律。采用二进制数的 0 和 1 可以很方便地表示机内的数据运算与存储。单片机常用的数制有十进制、二进制、十六进制。

★1.6.2　进位计数制的相互转换

1　进制数互相转换

十进制数转换为二、十六进制数：任一十进制数 N 转换成 q 进制数，先将整数部分与小数部分分为两部分，并分别进行转换，然后再用小数点将这两部分连接起来，如图 1-31 所示。

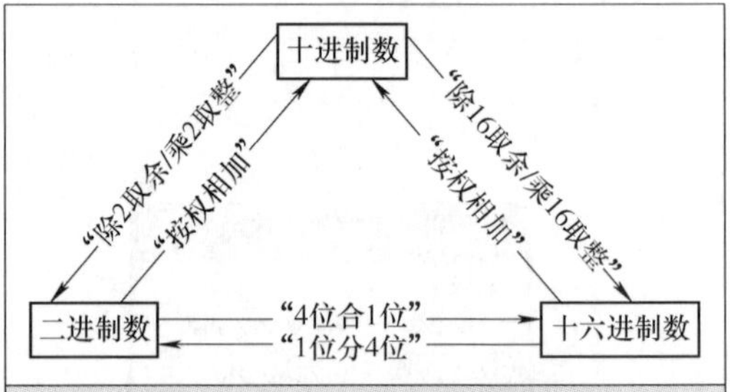

整数部分转换步骤为：第 1 步，用 q 去除 N 的整数部分，得到商和余数，记余数为 q 进制整数的最低位数码 K_0；第 2 步，用 q 去除得到的商，求出新的商和余数，余数又作为 q 进制整数的次低位数码 K_1；第 3 步，用 q 去除得到的新商，再求出相应的商和余数，余数作为 q 进制整数的下一位数码 K_i；第 4 步，重复第 3 步，直至商为零，整数转换结束。此时，余数作为转换后 q 进制整数的最高位数码 K_{n-1}。

十进制数
"除2取余/乘2取整"
"按权相加"
"除16取余/乘16取整"
"按权相加"
二进制数
"4位合1位"
"1位分4位"
十六进制数

图 1-31　进位计数制的相互转换

小数部分转换步骤为：第 1 步，用 q 去乘 N 的纯小数部分，记下乘积的整数部分，作为 q 进制小数的第 1 个数码 K_{-1}；第 2 步，用 q 去乘上次积的纯小数部分，得到新乘积的整数部分，记为 q 进制小数的次位数码 K_{-2}；第 3 步，重复第 2 步，直至乘积的小数部分为 0，或者达到所需要的精度位数为止。此时，乘积的整数位作为 q 进制小数位的数码 K_{-m}。

从以上例子可以看出，二进制表示的数越精确，所需的数位就越多，这样，不利于书写和记忆，而且容易出错。另外，若用同样数位表示数，则八、十六进制数所表示数的精度较高。所以在汇编语言编程中常用八进制或十六进制数作为二进制数的缩码来书写和记忆二进制数，便于人机信息交换。在 MCS－51 系列单片机编程中，通常采用十六进制数。

例如，将 $(168)_{10}$ 转换成二、八、十六进制数。

2|168
2|84　余数0，K_0=0 ——→最低位
2|42　余数0，K_1=0
2|21　余数0，K_2=0
2|10　余数1，K_3=1
2|5　余数0，K_4=0
2|2　余数1，K_5=1
2|1　余数0，K_6=0
0　余数1，K_7=1 ——→最高位

8|168
8|21　余数0，K_0=0
8|2　余数5，K_1=5
0　余数2，K_2=2

16|168
16|10　余数8，K_0=8
0　余数10，K_1=A

$(168)_{10}=(10101000)_2$　　$(168)_{10}=(250)_8$　　$(168)_{10}=(A8)_{16}$

又如，将 $(0.686)_{10}$ 转换成二、八、十六进制数（用小数点后 5 位表示）。

$0.686\times2=1.372$　$K_{-1}=1$　$0.686\times8=5.488$　$K_{-1}=5$　$0.686\times16=10.976$　$K_{-1}=A$
$0.372\times2=0.744$　$K_{-2}=0$　$0.488\times8=3.904$　$K_{-2}=3$　$0.976\times16=15.616$　$K_{-2}=F$
$0.744\times2=1.488$　$K_{-3}=1$　$0.904\times8=7.232$　$K_{-3}=7$　$0.616\times16=9.856$　$K_{-3}=9$

$0.488 \times 2 = 0.976 \quad K_{-4} = 0 \quad 0.232 \times 8 = 1.856 \quad K_{-4} = 1 \quad 0.856 \times 16 = 13.696 \quad K_{-4} = D$

$0.976 \times 2 = 1.952 \quad K_{-5} = 1 \quad 0.856 \times 8 = 6.848 \quad K_{-5} = 6 \quad 0.696 \times 16 = 11.136 \quad K_{-5} = B$

$(0.686)_{10} \approx (0.10101)_2 \approx (0.53716)_8 \approx (0.AF9DB)_{16}$

可借助计算器将进制数进行互相转换，其界面如图1-32所示。计算器可进行多个常用进制之间的互相转换，同时将结果输出，这对于单片机进行数制转换提供了简便的方法。

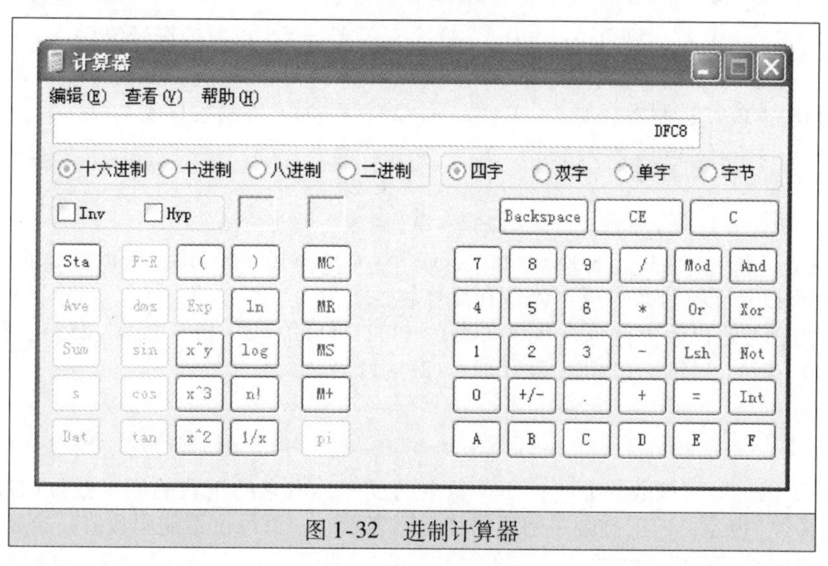

图1-32 进制计算器

2 进制数的算术运算

二进制数只有0和1两个数字，其算术运算较为简单，加、减法遵循“逢二进一”、“借一当二”的原则。

二进制数除法是二进制数乘法的逆运算，在没有除法指令的微型计算机中，常采用比较、相减、余数左移相结合的方法进行编程来实现除法运算。由于MCS-51系列单片机指令系统中包含有加、减、乘、除指令，因此给用户编程带来了许多方便，同时也提高了机器的运算效率。

★1.6.3 单片机的原码、反码和补码

在前面讨论的二进制数运算均为无符号数运算，但实际的数值是带有符号的。运算的结果可能是正数，也可能是负数。单片机在数的运算中，不可避免地会遇到正数和负数，由于计算机只能识别0和1，因此，将一个二进制数的最高位用作符号位来表示这个数值的正与负。规定符号位用“0”表示正，用“1”表示负。若用8位表示一个数，则D7位为符号位；若用16位表示一个数，则D15位为符号位。

无符号数：8位不带正、负号的数（signed），二进制00000000～11111111B，最高位不作为符号位，而当成数值位，即0～255共256个数。有符号数：数的前面增设一位符号位，并规定正号用“0”表示，负号用“1”表示（unsigned）。例如，$X = -1101010B$，$Y = +1101010B$，则带符号位时X表示为11101010B，Y表示为01101010B。例如，正数+100 0101B（+45H）可以表示成0100 0101B；负数-101 0101B（-55H）可以表示成1101 0101B。“45H”和“D5H”为2个机器数，它们的真值分别为“+45H”和“-55H”。

8个二进制的位构成字节。字节可以表示2^8（即256）个不同的值（0～255）。位0称为最低有效位（LSB），位7称为最高有效位（MSB）。当数据值大于255时，就要采用字（2字节）或双字（4字节）进行表示。字可以表示2^{16}（即65536）个不同的值（0～65535），这时MSB为第15位。另外，有时还会用到“半字节”，即4位二进制。

二进制数有三种编码形式，即原码、反码和补码。

1 原码

带符号二进制数（字节、字或双字），直接用最高位表示数的符号，当正数的符号位用0表示，负数的符号位用1表示，数值部分用真值的绝对值表示的形式来表示的二进制机器数称为原码，用 $[X]_{原}$ 表示，设 X 为整数。

若 $X=+X^{n-2}X^{n-3}\cdots X^1X^0$，则 $[X]_{原}=0\ X^{n-2}X^{n-3}\cdots X^1X^0=X$，正数的符号位0；

若 $X=-X^{n-2}X^{n-3}\cdots X^1X^0$，则 $[X]_{原}=1\ X^{n-2}X^{n-3}\cdots X^1X^0=2^{n-1}-X$，负数的符号位1。

其中，X 为 $n-1$ 位二进制数，X^{n-2}、X^{n-3}、…、X^1、X^0 为二进制数0或1。

可见，真值 X 与原码 $[X]_{原}$的关系为

$$[X]_{原}=\begin{cases}X,0\leqslant X<2^n\\2^{n-1}-X,-2^{n-1}<X\leqslant 0\end{cases}$$

值得注意的是，由于 $[+0]_{原}=00000000B$，而 $[-0]_{原}=10000000B$，所以数0的原码不唯一。二进制数的原形，可以是无符号数，也可以是有符号数。

例如，8位无符号原码数的范围是0000 0000 ~ 1111 1111B（0 ~ FFH或0 ~ 255）；8位有符号数的范围是1111 1111 ~ 0111 1111B（FFH ~ 7FH或 -127 ~ 127）。

2 反码

一个正数的反码，等于该数的原码；一个负数的反码，由它的正数的原码按位取反形成，符号位为1，反码用 $[X]_{反}$ 表示。二进制数采用原码和反码表示时，符号位不能同数值一起参加运算。

若 $X=-X^{n-2}X^{n-3}\cdots X^1X^0$，则 $[X]_{反}=1X^{n-2}X^{n-3}\cdots X^1X^0$。

$$[X]_{反}=\begin{cases}X,0\leqslant X<2^{n-1}\\(2^{n-1}-1)+X,-2^{n-1}<X\leqslant 0\end{cases}$$

3 补码

“模”是指一个计量系统的计数量程。例如，时钟的模为12。任何有模的计量器，均可化减法为加法运算。仍以时钟为例，设当前时钟指向11点，而准确时间为7点，调整时间的方法有两种，一种是时钟倒拨4小时，即 $11-4=7$；另一种是时钟正拨8小时，即 $11+8=12+7=7$。由此可见，在以12为模的系统中，加8和减4的效果是一样的，即 $-4=+8\ (\mathrm{mod}\ 12)$。

对于 n 位单片机来说，数 X 的补码定义为

$$[X]_{补}=\begin{cases}X,0\leqslant X<2^{n-1}(\mathrm{mod}\ 2^n)\\2^n+X,-2^{n-1}<X\leqslant 0\end{cases}$$

正数的补码与原码相同，负数的补码为其反码加1，但原符号位不变。

已知一个负数的补码求其真值的方法是：对该补码求补（符号位不变，数值位取反加1）即得到该负数的原码（符号位+数值位），依据该原码使可知其真值，即正数的补码就是它本身，负数的补码是真值与模数相加而得。

负数补码的求法：补码的求法一般有两种。

1）用补码定义式：

$[X]_{补}=2^n+X=2^n-|X|$　　　$-2^{n-1}\leqslant X\leqslant 0$（整数）

在用补码定义式求补码的过程中，由于做一次减法很不方便，故该法一般不用。

例如，$X=-0101111B$，$n=8$，则有

$[X]_{补}=28+(-0101111B)=100000000B-0101111B=11010001B\ (\mathrm{mod}\ 2^8)$

2）用原码求反码，再在数值末位加1可得到补码，即 $[X]_{补}=[X]_{反}+1$。

例如，假设 $X_1=+83$，$X_2=-76$，当用8位二进制数表示一个数时，求 X_1、X_2 的原码、反码及补码。

解：$[X_1]_{原}=[X_1]_{反}=[X_1]_{补}=01010011B$

$[X_2]_{原}=11001100B$；$[X_2]_{反}=10110011B$；$[X_2]_{补}=[X_2]_{反+1}=10110100B$。

正数的原码、反码、补码就是该数本身；负数的原码其符号位为1，数值位不变；负数的反码其符号位为1，数值位逐位求反；负数的补码其符号位为1，数值位逐位求反并在末位加1。

例如，原码1000 0100B→补码1111 1100B。

可见：

1）正数的补码与其原码相同，即 $[X]_{补} = [X]_{原}$。

2）零的补码为0，$[+0]_{补} = [-0]_{补}$ =000…00。

3）负数才有求补码的问题。

补码的优点是可以将减法运算转换为加法运算，同时数值连同符号位可以一起参加运算。补码的用途：将减法运算转换为加法运算。

例如，123－125＝0111 1011B＋1000 0011B＝1111 1110B＝－2

45H－55H＝－10H，用补码运算时表示为：$[45H]_{补} + [-55H]_{补} = [-10H]_{补}$

结果1111 0000B为补码，求补得到原码为1001 0000B，真值为－001 0000B（即－10H）。

表1-7所示为 *n* 个常见真值、原码、反码、补码。

表1-7 真值、原码、反码和补码

真值	原码	反码	补码
+127	0111 1111B	0111 1111B	0111 1111B（7FH）
+1	0000 0001B	0000 0001B	0000 0001B（01H）
+0	0000 0000B	0000 0000B	0000 0000B（00H）
-0	1000 0000B	1111 1111B	0000 0000B（00H）
-1	1000 0001B	1111 1110B	1111 1111B（FFH）
-127	1111 1111B	1000 0000B	1000 0001B（81H）
-128	－－－－－－－－－	－－－－－－－－－	1000 0000B（80H）

可见，采用反码时，“0”有两种表示方式，即有“＋0”和“－0”之分，单字节表示范围是＋127～－127；而采用补码时，“0”只有一种表示方式，单字节表示的范围是＋127～－128。

★1.6.4 数码和字符的代码表示

二—十进制码BCD码（Binary Coded Decimal）：字母与字符的编码，BCD用二进制代码表示十进制数。4位二进制代码（半字节）可表示1位十进制数，用一个字节表示2位十进制的数（压缩的BCD码）。例如，$(1000\ 0111)_{8421BCD}$表示十进制的87。用一个字节仅表示一位十进制的数（非压缩的BCD码）。例如，$(0000\ 0111)_{BCD}$表示十进制的7。BCD码可直接进行十进制数运算。例如，$(23)_{10} + (15)_{10} = (0010\ 0011)_{8421BCD} + (0001\ 0101)_{8421BCD} = (0011\ 1000)_{8421BCD} = (38)_{10}$。

ASCII码（American Standard Code for Information Interchange，美国标准信息交换码）是目前计算机中用得最广泛的字符集及其编码，它已被国际标准化组织（ISO）定为国际标准，称为ISO 646标准。适用于所有拉丁文字字母。

ASCII码采用7位二进制数对字符进行编码，它包括10个十进制数0～9；大写和小写英文字母各26个；32个通用控制符号；34个专用符号，共128个字符，见表1-8。其中数字0～9的ASCII编码分别为30～39H，英文大写字母A～Z的ASCII编码从41H开始依次编至5AH。ASCII编码从20H～7EH均为可打印字符，而00H～1FH为通用控制符，它们不能被打印出来，只起控制或标志的作用，如0DH表示回车（CR），0AH表示换行控制（LF），04H（EOT）为传送结束标志。‘A’→100 0001B→41H；‘0’－‘9’→30H～39H。在表中，7位ASCII码分成高3位和低4位，分别表示这些符号的列序和行序，列行合在一起构成码值。

表 1-8 ASCII 码

列		0	1	2	3	4	5	6	7
行	MSB 位 654 / LSB 位 3210	000	001	010	011	100	101	110	111
0	0000	NUL	DLE	SP	0	@	P	、	P
1	0001	SOH	DC_1	!	1	A	Q	a	q
2	0010	STX	DC_2	″	2	B	R	b	r
3	0011	ETX	DC_3	#	3	C	S	c	s
4	0100	EOT	DC_4	$	4	D	T	d	t
5	0101	ENQ	NAK	%	5	E	U	e	u
6	0110	ACK	SYN	&	6	F	V	f	v
7	0111	BEL	ETB	′	7	G	W	g	w
8	1000	BS	CAN	(	8	H	X	h	x
9	1001	HT	EM	)	9	I	Y	i	y
A	1010	LF	SUB	*	:	J	Z	j	z
B	1011	VT	ESC	+	;	K	[	k	{
C	1100	FF	FS	,	<	L	\	l	|
D	1101	CR	GS	−	=	M	]	m	}
E	1110	SO	RS	.	>	N	↑	n	~
F	1111	SI	HS	/	?	O	←	o	DEL

1.7 单片机的存储器

存储器是用来存放数据的集成电路或介质，常见的存储器有半导体存储器（ROM、RAM）、光存储器（如 CD、VCD、MO、MD、DVD）、磁介质存储器（如磁带、磁盘、硬盘）等。单片机系统中主要使用的存储器是半导体存储器，如存储容量为 256 个单元的存储器结构，其中每个存储单元对应一个地址，256 个单元共有 256 个地址，用两位十六进制数表示，即存储器的地址（00H ~ FFH）。存储器中每个存储单元可存放一个 8 位二进制信息，通常用两位十六进制数来表示，这就是存储器的内容。存储器的存储单元地址和存储单元的内容是不同的两个概念，不能混淆。

★1.7.1 RAM 存储器

RAM 存储器是指断电时信息会丢失的存储器，但是这种存储器可以现场快速地修改信息，所以其是可读写存储器，一般都作为数据存储器使用，用来存放现场输入的数据或者存放可以更改的运行程序和数据。RAM 之所以称为随机访问存储器（Random Access Memory），是因为它能在同样的时间内访问 RAM 中任意地址上的数据，而不需要从头到尾顺序地对地址上的数据进行访问。CPU 在运行时能随时进行数据的写入和读出，但在关闭电源时，其所存储的信息将丢失。它用来存放暂时性的输入/输出数据、运算的中间结果或用作堆栈。

半导体读/写存储器分为静态存储器（SRAM）和动态存储器。动态存储器用 MOS 电容存储电荷来保存信息，使用时需不断给电容充电才能使信息保持。静态存储器集成度低，但功耗较大；动态存储器的集成度高，功耗小，它主要用于大容量存储器。

★1.7.2 ROM 存储器

ROM 是一种写入信息后不易改写的存储器。断电后，ROM 中的信息保留不变。用来存放固定的程序或数据，如系统监控程序、常数表格等。对 ROM 内容的设定（写入）称为编程。

ROM只能读数据，而不能往里面写数据。ROM是非易失性存储器，当存储器掉电后，存储器中的数据不会丢失。Mask ROM存储的内容无法被用户修改，所以它通常存储商品的信息。PROM（Programmable ROM）用户可以对新买回来的可编程ROM器件进行编程，也就是固化数据到PROM中，一旦固化完成后，PROM就像一个Mask ROM一样，只能读取数据而不能再写入或更改数据。

EPROM（Erasable PROM）是可擦写PROM，可以在任何时候把上一次烧写的数据擦除掉，再往其中写入新的数据，是一种可以重复编程的ROM器件。高强度的紫外线照射到透明小窗口上大概20min，EPROM内的数据就会被擦除，存储单元使用的是NMOSFET场效应晶体管，照射的时间足够长，所有存储单元中场效应晶体管栅极上的电子都会被移除，数据都恢复到原来的1。

E^2PROM（E^2PROM/electrically erasable）电可擦写ROM，直接用电信号就能实现存储器中数据的擦除和写入。内部使用了与UV ERPOM相似的结构——栅极隔离且电荷状态代表数据状态，这种隔离的结构可以通过电信号来控制电荷是否充斥。

Flash存储器混合了EPROM和E^2PROM的技术，对整块数据进行操作，可以进行电擦写。Flash存储器的存储单元由一个隔离栅极（或称为浮栅极）的场效应晶体管构成。常常使用多层存储单元的结构，能在一个存储单元中存储多于1位的数据。Flash存储器（NOR Flash）存储单元与标准的MOSFET场效应晶体管相似，但它有两个栅极——控制栅极（CG）和浮栅极（FG）。浮栅极被绝缘的氧化物层隔离着，一旦有电子经过，浮栅极就捕获电子，电子数量决定栅极电压阈值，电压阈值决定是否产生电流，数据的状态由电流的存在与否决定，从而实现信息的存储。多层存储单元结构中，每一个存储单元中存储多于1位的数据，电流的强度决定数据状态。NOR Flash的传输效率很高，但写入和擦除速度低。

程序经过成功汇编后，就会生成一个.HEX的文件（十六进制代码），十六进制代码很容易就转换成二进制代码，按一定的顺序（地址）下载到单片机的程序存储器中。除了使用Flash存储器作为程序存储器外，PROM、EPROM等存储器也用在一些单片机中。还有一些单片机甚至连程序存储器都没有，这种单片机称为ROMLess单片机，必须通过读取外部的程序存储器中的程序才能正常使用。

8051单片机与一般微机的存储器配置方式很不相同，并有各自的寻址机构和寻址方式，这种在物理结构上把程序存储器和数据存储器分开的结构形式称为哈佛结构。一般微机通常只有一个逻辑空间，可以随意安排ROM或RAM。

访问存储器时，同一地址对应唯一的存储单元，可以是ROM也可以是RAM，并使用同类访问指令。这种结构称为普林斯顿结构，如图1-33所示。

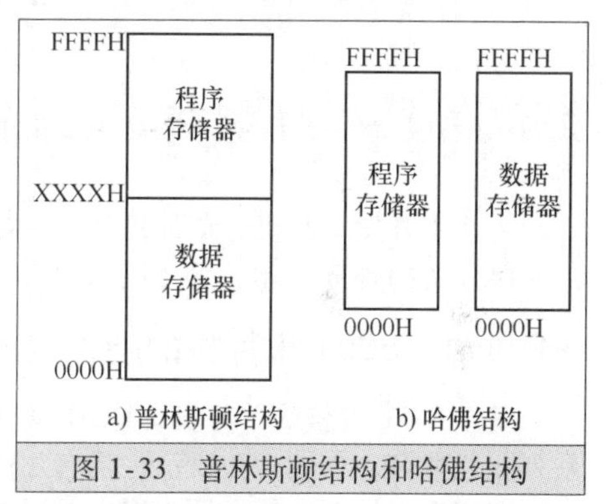

图1-33 普林斯顿结构和哈佛结构

程序存储器是用于存放程序代码的，单片机只认识由“0”和“1”代码构成的机器指令。如前述用助记符编写的命令MOV A，#20H，换成机器认识的代码74H、20H（写成二进制就是01110100B和00100000B），如图1-34所示。在单片机处理问题之前必须事先将编好的程序、表格、常数汇编成机器代码后存入单片机的存储器中。程序存储器可以放在片内或片外，亦可片内片外同时设置。由于PC程序计数器为16位，使得程序存储器可用16位二进制地址，因此，内外存储器的地址最大可从0000H到FFFFH。8051内部有4KB的ROM，就占用了由0000H到0FFFH的最低4KB，这时片外扩充的程序存储器地址编号应由1000H开始，如果将8051当作8031使用，不想利用片内4KB ROM，全用片外存储器，则地址编号仍可由0000H开始。不过，这时应使8051的第31脚（即EA脚）保持低电平。当EA为高电平时，用户在0000H至0FFFH范围内使用内部ROM，大于0FFFH后，单片机CPU自动访问外部程序存储器。

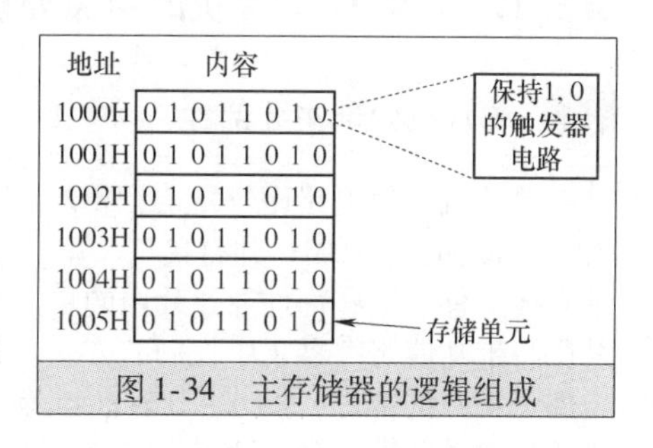

图1-34 主存储器的逻辑组成

增强型单片机中通常还包含有一个片内E^2PROM，能为数据的掉电保存提供服务。

第2章

MCS－51系列单片机的硬件结构和组成

单片机的运行与计算机一样，也需要必要的硬件和软件。程序是单片机系统的软件，通过程序下载到单片机内部ROM中，即可让单片机运行，从而实现基本功能。单片机是靠程序工作的，并且可以修改，通过不同的程序实现不同的功能。在实际应用中，通常很难将单片机直接和被控对象进行电气连接，必须外加各种扩展接口电路、外部设备、被控对象等硬件以及软件，才能构成一个单片机应用系统。如图2-1所示是一个由单片机控制的校园自动打铃定时器系统原理图。

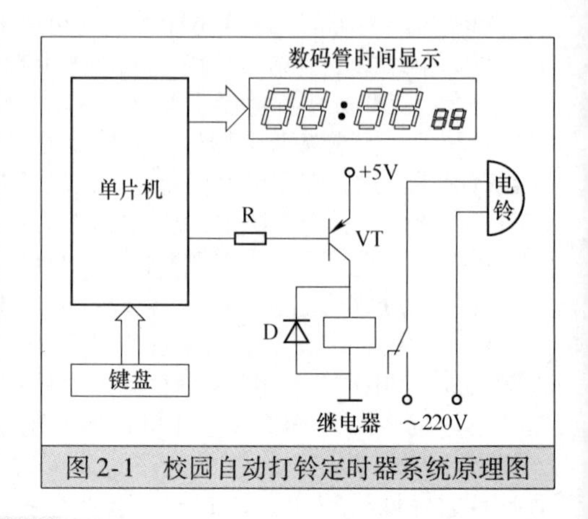

图2-1　校园自动打铃定时器系统原理图

2.1　MCS－51系列单片机的硬件结构

要应用开发单片机，单片机硬件基础是学习单片机系统设计和软件开发的基础知识。单片机硬件包括单片机的外部引脚、单片机内部各个部件作用、单片机最小系统的组成以及单片机的工作模式等。

★2.1.1　8051单片机的硬件组成

基于8051内核的单片机统称51系列单片机，并且Intel公司的MCS－51系列和Atmel公司的AT89系列相互兼容。如图2-2所示是具有片内ROM的MCS－51系列单片机内部结构。

图2-2中带灰底的方框为用户可以通过指令进行访问的具有特殊功能的单元，称为特殊功能寄存器（SFR）；P0～P3口锁存器与驱动器构成I/O接口；OSC为振荡器，用于为CPU提供时钟信号；其余各部件均属于CPU的组成部件。

★2.1.2　8051单片机的中央处理器

1　单片机内部主要部件

单片机内部电路比较复杂，MCS－51系列的8051型号单片机的内部电路根据功能可以分为CPU、RAM、ROM/EPROM、并行接口、串行接口、定时/计数器、中断系统及特殊功能寄存器（SFR）等8个主要部件。这些部件通过片内的单一总线相连，采用CPU加外围芯片的结构模式，各个功能单元都采用特殊功能寄存器集中控制的方式。其他公司的51系列单片机与8051结构类似，只是根据用户需要增加了特殊的部件，如A－D转换器等。在设计程序过程中，寄存器的使用非常频繁。时钟电路为单片机产生时钟脉冲序列。MCS－51系列单片机芯片的内部有时钟电路，但石英晶体和微调电容需外接，系统常用的晶振频率一般为6 MHz或12 MHz。

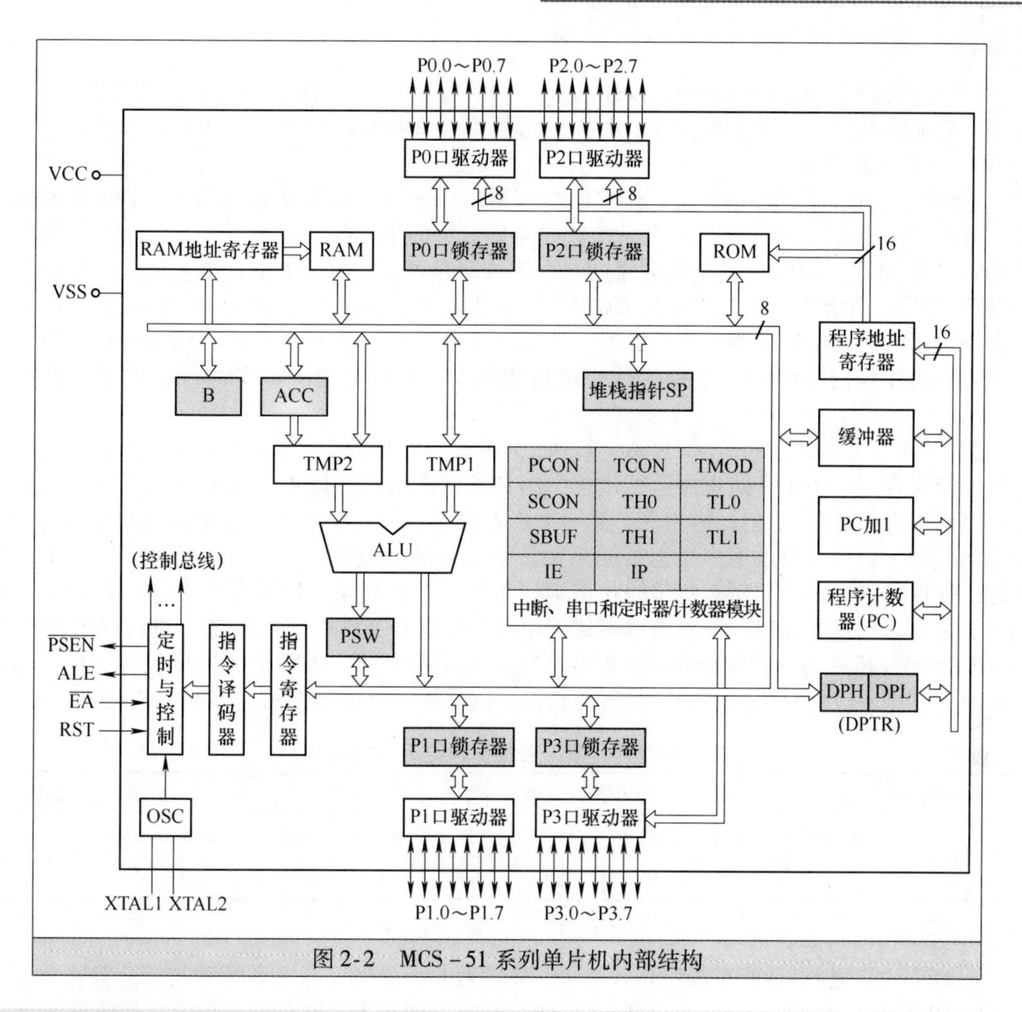

图2-2　MCS－51系列单片机内部结构

2　中央处理器（CPU）

CPU是单片机的核心，它主要由运算器、时序控制逻辑电路（控制器）以及各种寄存器等部件组成。主要功能是产生各种控制信号，根据程序中每一条指令的具体功能，控制寄存器和输入/输出端口的数据传送，进行数据的算术运算、逻辑运算以及位操作等处理。MCS－51系列单片机的CPU字长是8位，能处理8位二进制数或代码，也可处理一位二进制数据，具体如图2-3所示。

（1）运算器

运算器主要用来对操作数进行算术、逻辑和位操作运算。主要包括算术逻辑运算单元（ALU）、累加器（ACC）、程序状态字寄存器（PSW）、位处理逻辑电路、通用寄存器B及两

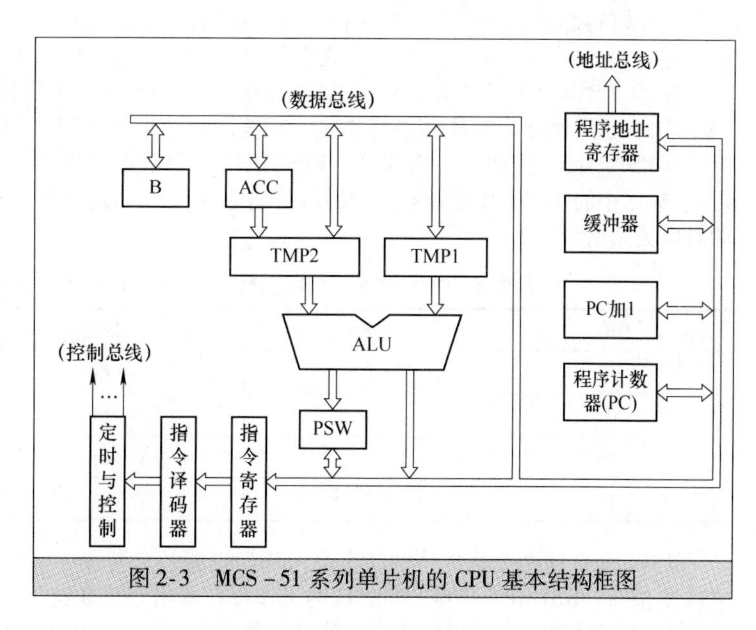

图2-3　MCS－51系列单片机的CPU基本结构框图

个暂存器等。

1）算术逻辑运算单元（Arithmetic Logic Unit，ALU）。ALU 由加法器和其他逻辑电路等组成，ALU 的功能强，参加运算的两个操作数，一个由 A 通过暂存器 2 提供，另外一个由暂存器 1 提供，运算结果送回 ACC，状态送 PSW。

2）累加器（Accumulator，ACC/A）。累加器（ACC）是一个 8 位特殊功能寄存器，简称 A，通过暂存器与 ALU 传送信息，用来存放一个操作数或存放运算的中间结果。书写指令时，ACC 通常记作 A（特例除外）。累加器是 CPU 中使用最频繁的一个 8 位寄存器。AT89S51 单片机增加了一部分可以不经过累加器 ACC 的传送指令。累加器 ACC 的进位位 Cy（位于程序状态字特殊功能寄存器 PSW 中）是特殊的，因为它同时又是位处理器的位累加器。51 系列单片机中大部分单操作数指令的操作数就取自累加器，许多双操作数指令中的一个操作数也取自累加器。累加器有自己的地址，因而可以进行地址操作。

3）程序状态字寄存器（Program Status Word，PSW）。单片机的程序状态字寄存器 PSW 也是一个 8 位的特殊功能寄存器，用于存储程序运行过程中的各种状态信息。PSW 用来存放指令执行后的有关状态，如计算结果有无进位/借位、溢出等，是一个标志寄存器，其中的各个状态位通常是在指令执行过程中自动形成的，但也可以由用户根据需要采用传送指令加以改变。其中有些位的状态是由程序执行结果决定，硬件自动设置的，而有些位的状态则使用软件方法设定。PSW 的位状态可以用专门的指令进行测试，也可以用程序读出。一些条件转移程序可以根据 PSW 特定位的状态，进行程序转移。

PSW 位于单片机片内的特殊功能寄存器区，字节地址为 D0H。PSW 的不同位包含了程序运行状态的不同信息，其中 4 位保存当前指令执行后的状态，以供程序查询和判断。PSW 格式见表 2-1。

表 2-1　PSW 各位标识符定义格式

符号	字节地址	位地址								复位值
PSW	D0H	PSW.7	PSW.6	PSW.5	PSW.4	PSW.3	PSW.2	PSW.1	PSW.0	00000000
		Cy	AC	F0	RS1	RS0	OV	F1	P	

PSW 中各个位的功能如下：

①Cy（PSW.7）进/借位标志位（Carry）：也可写为 C。在执行算术运算和逻辑运算指令时，若有进位/借位，由硬件置 1，则 Cy = 1；否则，Cy = 0。在位处理器中，对位操作指令它是位累加器。

②AC（PSW.6）辅助进位标志位：AC（Auxiliary Carry）标志位用于在 BCD 码运算时进行十进位调整。在进行加减运算中，当低 4 位向高 4 位进位或借位时，AC 由硬件置 1，否则 AC 位被清 0。即在运算时，当 D3 位向 D4 位产生进位或借位时，AC = 1；否则，AC = 0。

③F0（PSW.5）用户使用的标志位：F0（Flag 0）是一个供用户定义的标志位，可用指令来使它置 1 或清 0，也可用指令来测试该标志位，根据测试结果控制程序的流向。

④RS1、RS0（PSW.4、PSW.3）4 组工作寄存器区选择控制位 1 和位 0：RS1/RS0 这两位用来选择片内 RAM 区中的 4 组工作寄存器区中的某一组为当前工作寄存区，RS1、RS0 与所选择的 4 组工作寄存器区的对应关系见表 2-2。

表 2-2　RS1、RS0（Register Selection）与 4 组工作寄存器区的对应关系

RS1	RS0	寄存器组	片内 RAM 地址单元
0	0	第 0 组	00H ~ 07H
0	1	第 1 组	08H ~ 0FH
1	0	第 2 组	10H ~ 17H
1	1	第 3 组	18H ~ 1FH

RS1、RS0 这两个选择位的状态是由程序设置的，被选中的寄存器组即为当前寄存器组。单片机上电或复位后，RS1/RS0 = 00，即默认的工作寄存器组是第 0 组。

⑤OV（PSW.2）溢出标志位：当执行算术指令时，OV（Overflow）用来指示运算结果是否产生溢

出。如果结果产生溢出，OV =1；否则，OV =0。

在带符号数的加减运算中，OV =1 表示加减运算超出了累加器 A 所能表示的符号数有效范围（－128～＋127），即产生了溢出，表示 A 中的数据只是运算结果的一部分；在乘法运算中，OV =1 表示乘积超过 255，即乘积分别在 B 与 A 中；否则，OV =0，表示乘积只在 A 中。在除法运算中，OV =1 表示除数为 0，除法不能进行；否则，OV =0，除数不为 0，除法可正常进行。

⑥F1（PSW.1）用户标志位：保留位，未用，与 F0 类似。

⑦P（PSW.0）奇偶标志位：P（Parity）标志位表示指令执行完时，累加器 ACC 中“1”的个数是奇数还是偶数。P =1，表示 ACC 中“1”的个数为奇数；P =0，则表示 ACC 中“1”的个数为偶数。该标志位对串行接口通信中的数据传输有重要的意义。在串行通信中，常用奇偶检验的方法来检验数据串行传输的可靠性。

注意：标志位 P 并非用于表示累加器 A 中数的奇偶性。凡是改变累加器 A 中内容的指令均会影响 P 标志位。

4）位处理器。单片机能处理布尔操作数，能对位地址空间中的位直接寻址，进行清 0、取反等操作，这种功能提供了把逻辑式（随机组合逻辑）直接变为软件的简单明了的方法，不需要过多的数据传送、字节屏蔽和测试分支，就能实现复杂的组合逻辑功能。位处理器硬件上有自己的“累加器”和自己的位寻址 RAM、I/O 接口空间。

5）其他部件。B 寄存器是一个 8 位寄存器，主要用于乘除运算。用于乘法和除法时，B 寄存器提供一个操作数，对于其他指令，B 寄存器只用作暂存器使用。在不进行乘、除运算时，可以作为通用的寄存器使用。

暂存器用来存放中间结果，TMP1、TMP2 用于暂时存放从数据总线或 ACC 送来的操作数。

堆栈指针（Stack Pointer，SP）是一个特殊的存储区，用来暂存系统的数据或地址，SP 总是指向最新的栈顶位置。由于 MCS－51 系列单片机的堆栈设在片内 RAM 中，SP 是一个 8 位寄存器。系统复位后，SP 的初值为 07H，但堆栈实际上是从 08H 单元开始的。由于 08H～1FH 单元分别属于工作寄存器 1～3 区，20H～2FH 是位寻址区，如果程序要用到这些单元，最好把 SP 值改为 2FH 或更大的值。一般在片内 RAM 的 30H～7FH 单元中设置堆栈。堆栈是为子程序调用和中断操作而设，主要用来保护断点地址和现场状态。

（2）控制器

控制器的主要任务是识别指令，并根据指令的性质控制单片机各功能部件，从而保证单片机各部分能自动协调地工作。控制器由程序计数器（PC）、指令寄存器（IR）、指令译码器（ID）、定时控制与条件转移逻辑电路等组成。

各部分功能部件简述如下：

1）程序计数器（Program Counter，PC）。程序计数器是控制器中一个 16 位的专用寄存器，程序计数器作为最基本的寄存器，它是一个独立的 16 位计数器，它总是存放着下一个将要执行的指令码所在的地址。用户不能直接使用指令对 PC 进行读写。当单片机复位时，PC 中的内容为 0000H，即 CPU 从程序存储器 0000H 单元取指令，开始执行程序。程序计数器的计数宽度决定了访问程序存储器的地址范围。由于 51 系列单片机中的 PC 位数为 16 位，寻址范围为 64KB（2^{16}），所以 PC 中数据的编码范围为 0000H～FFFFH，故可对 64KB 的程序存储器进行寻址。单片机上电或复位时，PC 自动清 0，即装入地址 0000H，这就保证了程序从 0000H 地址开始执行。

PC 的基本工作过程是：CPU 读取指令时，PC 内容作为欲读取指令的地址发送给程序存储器，然后程序存储器按此地址输出指令字节，同时 PC 自动加 1，这也是为什么 PC 被称为程序计数器的原因。由于 PC 实质上是作为程序寄存器的地址指针，所以也称其为程序指针。PC 内容的变化轨迹决定了程序的流程，执行转移程序或子程序或中断子程序调用时，由运行的指令自动将其内容更改成所要转移的目的地址。

2）指令寄存器（Instruction Register，IR）：指令寄存器实际上是一个 8 位寄存器用于暂存待执行的指令，等待译码。

3）暂存器 TMP：用于暂存进入运算器之前的数据。

4）指令译码器（Instruction Decoder，ID）：指令译码器是对指令寄存器中的指令进行译码，将指令变为执行此指令所需要的电信号。根据译码器的输出信号，再经定时电路定时产生执行该指令所需要的各种控制信号。

5）数据指针（Data Pointer，DPTR）：数据指针是一个16位的专用地址指针寄存器，主要用来存放16位地址，用作间址寄存器，访问片外64KB的数据存储器和I/O接口及程序存储器。在系统扩展中，DPTR作为程序存储器和片外数据存储器的地址指针，用来指示要访问的ROM和片外RAM的单元地址。编程时，DPTR既可以按16位寄存器使用，也可以按两个独立的特殊功能寄存器组成，分别为DPH（高8位）和DPL（低8位），占据83H和82H两个地址。

DPTR与PC不同，DPTR有自己的地址，可以进行读写操作，而PC没有地址，不能对它进行读写操作，但可以通过转移、调用、返回编程操作改变其内容，从而实现程序的转移。

6）定时与控制部件：定时与控制部件的功能是根据指令译码器的译码结果，产生实现指令功能所需的各种微操作控制信号，控制、协调各部件的工作，以完成相应指令的执行。

7）其他部件。程序地址寄存器用于存放当前指令的地址，具体数据由程序计数器送入。内部总线包括地址总线、数据总线和控制总线，分别用于传递与它们的名称相对应的信号，内部总线是各部件间进行信息传递的公共通道，信号传递过程由CPU全盘控制，分时操作，不会发生冲突。

★2.1.3 8051单片机的引脚

1 单片机外部引脚分布和逻辑符号

常用的AT89C51/52、STC89C51单片机都采用DIP40封装。如图2-4a所示为DIP40单片机封装外形引脚的分布，如图2-4b为单片机的电路符号，实物外形如图2-4c所示。40个引脚按功能分为4个部分，即电源引脚（V_{CC}和V_{SS}）、时钟引脚（XTAL1和XTAL2）、控制信号引脚（RST、$\overline{EA}$、$\overline{PSEN}$和ALE/$\overline{PROG}$）以及I/O接口引脚（P0～P3）。

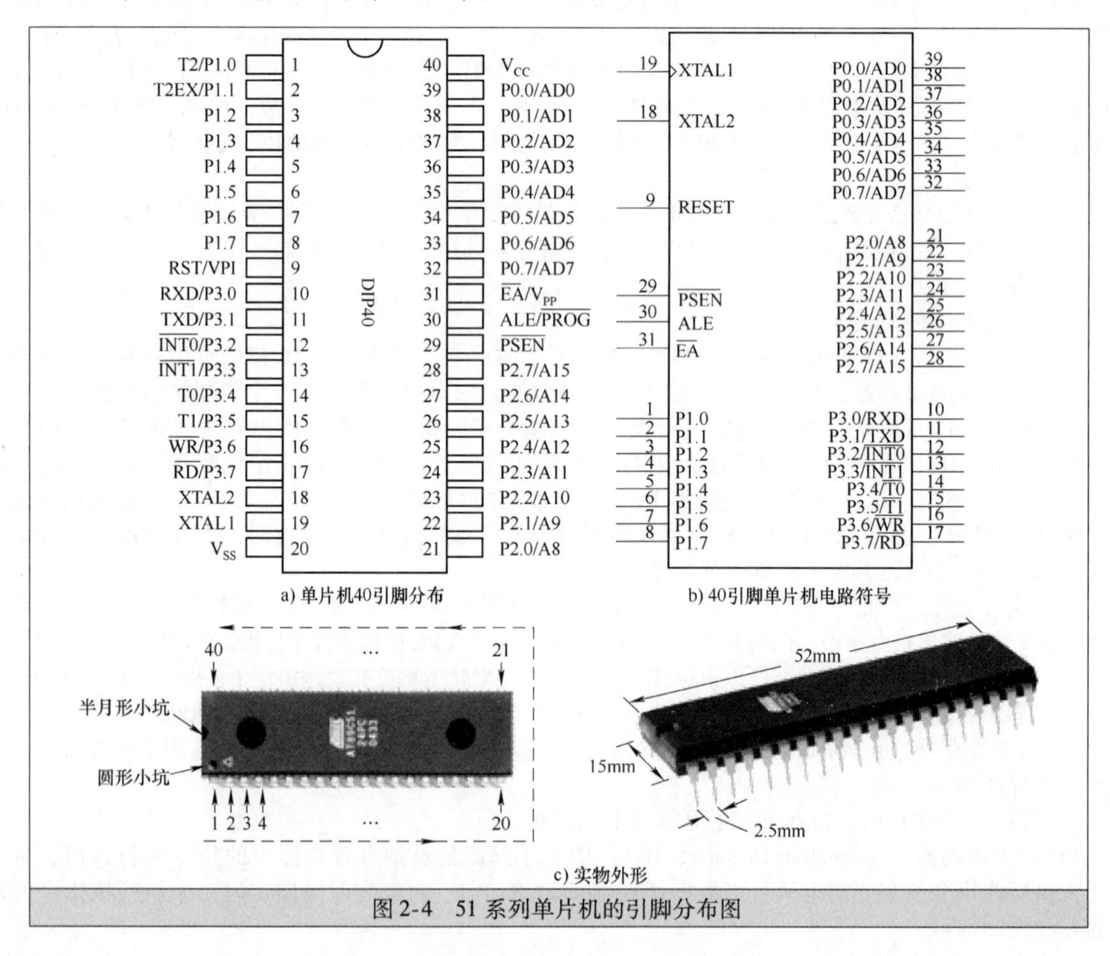

图2-4 51系列单片机的引脚分布图

2 单片机的信号引脚

（1）电源引脚

40 脚 V_{CC}为单片机电源正极引脚，20 脚 V_{SS}为单片机的接地引脚。在正常工作情况下，V_{CC}接 +5V 电源，电源电压误差不超过 0.5V。在移动的单片机系统中，可以用 4 节镍镉电池或镍氢电池直接供电；实验情况下也可以用三节普通电池或计算机的 USB 总线接口电源供电；在嵌入式的单片机系统中，采用集成稳压器 7805 提供电源。

（2）控制信号引脚

9 脚 RST/VPD 为复位/备用电源引脚，复位信号输入引脚。此引脚上外加两个机器周期的高电平就使单片机复位（Reset）。单片机正常工作时，此引脚应为低电平。在单片机掉电期间，此引脚可接备用电源（+5V）。在系统工作的过程中，如果 V_{CC}低于规定的电压值，VPD 就向片内 RAM 提供电源，以保持 RAM 内的信息不丢失。

（3）片外 ROM 访问允许信号输出引脚/片内 EPROM 编程电压输入引脚 $\overline{EA}/V_{PP}$

31 脚 $\overline{EA}/V_{PP}$（Enable Address/Voltage Pulse of Programing）用于区分片内外低 4KB 范围存储器空间。该引脚接高电平时，CPU 访问片内程序存储器 4KB 的地址范围。若 PC 值超过 4KB 的地址范围，CPU 将自动转向访问片外程序存储器，当此引脚接低电平时，则只访问片外程序存储器，忽略片内程序存储器。8031 单片机没有片内程序存储器，此引脚必须接地。对于 EPROM 型单片机，在编程期间，此引脚用于加较高的编程电压 V_{PP}，一般为 +12V。

（4）地址锁存允许信号输出引脚/编程脉冲输入引脚 ALE/$\overline{PROG}$

30 脚 ALE/$\overline{PROG}$（Address Latch Enable/PROGramming）为锁存信号输出/编程引脚，在扩展了外部存储器的单片机系统中，单片机访问外部存储器时，ALE 用于锁存低 8 位的地址信号。如果系统没有扩展外部存储器，ALE 端输出周期性的脉冲信号，频率为时钟振荡频率的 1/6，可用于对外输出的时钟，作为脉冲信号源使用。对于 EPROM 型单片机，在对片内 EPROM 进行编程（写 EPROM）时，此引脚用于输入编程脉冲。

（5）输出访问片外程序存储器的读选通信号引脚 $\overline{PSEN}$

29 脚 $\overline{PSEN}$（Program Strobe Enable）脚为输出访问片外程序存储器的读选通信号引脚。在 CPU 从外部程序存储器取指令期间，该信号每个机器周期两次有效。在访问片外数据存储器期间，这两次 $\overline{PSEN}$ 信号将不出现。片外 ROM 读选通输出引脚。用于扩展外部 ROM 时，与外部 ROM 芯片的读选通引脚连接。

★2.1.4　8051 单片机存储器的结构

51 系列单片机在系统结构上采用哈佛结构，有 4 个物理上独立的存储器空间，即内部和外部程序存储器及内部和外部数据存储器。

从用户的角度看，单片机的存储器逻辑上分为三个存储空间，如图 2-5 所示，即统一编址的 64KB 的程序存储器地址空间（包括片内 ROM 和外部扩展 ROM），地址从 0000H ~ FFFFH；256B 的片内数据存储地址空间（包括 128B 的片内 RAM 和特殊功能寄存器的地址空间）；64KB 的外部扩展的数据存储器地址空间。其中，$\overline{EA}$ 即是单片机的程序扩展控制引脚。

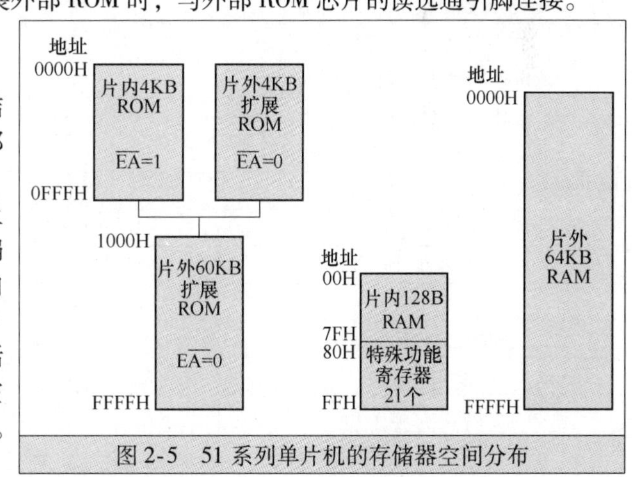

图 2-5　51 系列单片机的存储器空间分布

1 单片机的数据存储器 RAM

51 系列单片机芯片中共有 256 个字节的 RAM 单元，但其中 128 个字节被专用寄存器占用，能作为存储单元供用户使用的只是前 128B，用于存放可读写的数据，简称片内 RAM。在程序比较复杂，且运算变量较多而导致 51 系列单片机内部 RAM 不够用时，可根据实际需要在片外扩展，最多可扩展 64KB，但在实际应用中如需要大容量 RAM 时，往往会利用增强型的 51 系列单片机而不再扩展片外 RAM。增强型 51 系列单片机（如 52 和 58 子系列）分别有 256B 和 512B 的 RAM。

51 系列单片机片内 128B RAM 根据功能又划分为工作寄存器区（地址 00H ~ 1FH）、位寻址区（地址 20H ~ 2FH）、字节寻址区（地址 30H ~ 7FH）和特殊功能寄存器区（地址 80H 以后），其中位寻址区共 16 字节 128 个单元，如图 2-6 所示。

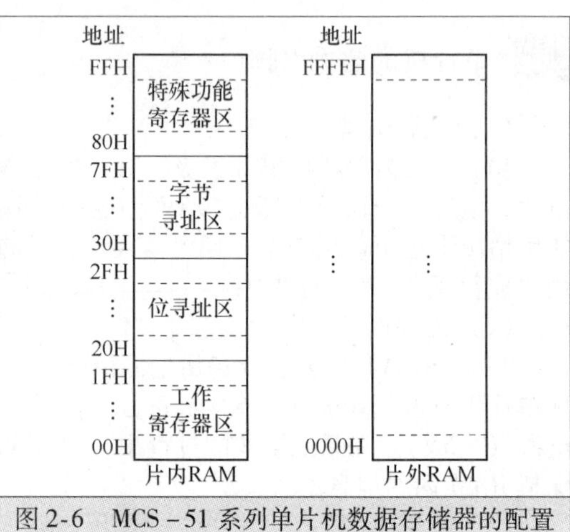

图 2-6　MCS-51 系列单片机数据存储器的配置

实际使用时应首先充分利用内部存储器，从使用角度讲，搞清内部数据存储器的结构和地址分配是十分重要的。

（1）特殊功能寄存器

特殊功能寄存器（Special Function Register，SFR）是通过专门规定而且具有特定用途的 RAM 部分，51 系列单片机内部堆栈指针 SP、累加器 A、程序状态字 PSW 以及 I/O 锁存器、定时器、计数器以及控制寄存器和状态寄存器等都是特殊功能寄存器，和片内 RAM 统一编址，分散占用 80H ~ FFH 单元，共有 21 个，增强型的 52 系列单片机则有 26 个，AT89 系列也在 21 个基础上有所增加。表 2-3 列出了单片机的特殊功能寄存器名称、标识符和对应的字节地址，其中含有 52 系列的寄存器 T2、T2CON 等。

表 2-3　特殊功能寄存器

特殊功能寄存器	标识符	字节地址
P0 口锁存器	P0	80H
堆栈指针	SP	81H
数据指针（低 8 位）	DPL	82H
数据指针（高 8 位）	DPH	83H
电源控制寄存器	PCON	87H
定时/计数器控制寄存器	TCON	88H
定时/计数器方式控制寄存器	TMOD	89H
定时/计数器 0（低 8 位）	TL0	8AH
定时/计数器 1（低 8 位）	TL1	8BH
定时/计数器 0（高 8 位）	TH0	8CH
定时/计数器 1（高 8 位）	TH1	8DH
P1 口锁存器	P1	90H
串行接口控制寄存器	SCON	98H
串行数据缓冲寄存器	SBUF	99H
P2 口锁存器	P2	A0H
中断允许控制寄存器	IE	A8H
P3 口锁存器	P3	B0H
中断优先控制寄存器	IP	B8H
定时/计数器 2 控制	T2CON（52）	C8H
定时/计数器 2 自动重装载（低 8 位）	RCAP2L（52）	CAH
定时/计数器 2 自动重装载（高 8 位）	RCAP2H（52）	CBH
定时/计数器 2（低 8 位）	TL2（52）	CCH
定时/计数器 2（高 8 位）	TH2（52）	CDH

（续）

特殊功能寄存器	标识符	字节地址
程序状态字	PSW	D0H
累加器	ACC	E0H
寄存器 B	B	F0H

特殊功能寄存器能综合反映单片机系统内部的工作状态和工作方式，其中一部分作为内部控制用，如定时/计数器和串行接口的控制，如果改变控制寄存器的状态就可以改变其功能，使得单片机内部硬件的控制以可编程的形式体现。其中字节地址以 0H 或 8H 结尾的特殊功能寄存器可以进行位操作。空白地区不能读写，行为随机。

不是所有的特殊功能寄存器都可以进行位的编程操作，对于没有定义位标识符或位标识符重复的寄存器，用户无法对位直接访问，如 TMOD，由于其高 4 位和低 4 位标识符同名，只能采用字节操作。每一个特殊功能的寄存器都有针对性的应用，见表 2-4。

表 2-4　特殊功能寄存器位标识符和位地址表

特殊功能寄存器	MSB	位地址						LSB
	D7	D6	D5	D4	D3	D2	D1	D0
PSW	D7H	D6H	D5H	D4H	D3H	D2H	D1H	D0H
	Cy	AC	F0	RS1	RS0	OV	F1	P
TCON	8FH	8EH	8DH	8CH	8BH	8AH	89H	88H
	TF1	TR1	TF0	TR0	IE1	IT1	IE0	IT0
TMOD								
	GATE	C/T	M1	M0	GATE	C/T	M1	M0
PCON								
	SMOD	—	—	—	GF1	GF0	PD	IDL
SCON	9FH	9EH	9DH	9CH	9BH	9AH	99H	98H
	SM0	SM1	SM2	REN	TB8	RB8	TI	RI
IP	—	—	BDH	BCH	BBH	BAH	B9H	B8H
			PT2	PS	PT1	PX1	PT0	PX0
IE	AFH	AEH	ADH	ACH	ABH	AAH	A9H	A8H
	EA	—	ET2	ES	ET1	EX1	ET0	EX0
P3	B7H	B6H	B5H	B4H	B3H	B2H	B1H	B0H
	P3.7	P3.6	P3.5	P3.4	P3.3	P3.2	P3.1	P3.0
P2	A7H	A6H	A5H	A4H	A3H	A2H	A1H	A0H
	P2.7	P2.6	P2.5	P2.4	P2.3	P2.2	P2.1	P2.0
P1	97H	96H	95H	94H	93H	92H	91H	90H
	P1.7	P1.6	P1.5	P1.4	P1.3	P1.2	P1.1	P1.0
P0	87H	86H	85H	84H	83H	82H	81H	80H
	P0.7	P0.6	P0.5	P0.4	P0.3	P0.2	P0.1	P0.0
T2CON	CFH	CEH	CDH	CCH	CBH	CAH	C9H	C8H
	TF2	EXF2	RCLK	TCLK	EXEN2	TR2	$C/\overline{T2}$	$CP/\overline{RL2}$

在表 2-4 中，P0～P3 是和输出/输入有关的 4 个特殊寄存器，实际上是 4 个锁存器。每个锁存器加上相应的驱动器和输入缓冲器就构成了一个并行接口，并且为单片机外部提供 32 根 I/O 引脚，命名为 P0～P3 口。在 C 语言程序设计过程中，执行指令 P0＝0xFF 后，单片机的 P0 口的 8 个 I/O 引脚上都输出高电平。在程序设计过程中，单片机的功能发挥很多情况下是设置和检测单片机内部的特殊功能寄存器来实现的。

（2）STC 系列单片机数据存储器 RAM

特殊功能寄存器用于对片内各功能模块进行监控和管理，是一些控制寄存器和状态寄存器，与片内 RAM 单元统一编址。特殊功能寄存器反映了 8051 的状态，实际上是 8051 的状态字及控制字寄存器。STC 系列则与之并不完全相同。STC89C52RC 系列单片机内部集成了 512BRAM，可用于存放程序执行的中间结果和过程数据。内部数据存储器在物理和逻辑上都分为两个地址空间：内部 RAM（256B）和内部扩展 RAM（256B）。此外，还可以访问在片外扩展的 64KB 数据存储器。

STC89C52RC 单片机内部 512B 的 RAM 有 3 个部分：①低 128B（00H～7FH）的空间既可以直接寻址也可间接寻址，内部低 128B RAM 又可分为工作寄存器组 0（00H～07H）8B、工作寄存器组 1（08H～0FH）8B、工作寄存器组 2（10H～17H）8B、工作寄存器组 3（18H～1FH）8B、可位寻址区（20H～2FH）16B、用户 RAM 和堆栈区（30H～7FH）80B。其中在 00H～1FH 共 32 个单元，被均匀地分为 4 组工作寄存器堆 RB0、RB1、RB2、RB3，每组寄存器堆包含 8 个工作寄存器，均以 R0～R7 来命名，这些寄存器被称为通用寄存器。②高 128B（80H～FFH）的空间和特殊功能寄存器区 SFR 的地址空间（80H～FFH）貌似共用相同的地址范围，但物理上是独立的，使用时通过不同的寻址方式加以区分，高 128B 只能间接寻址，而特殊功能寄存器区 SFR 只能直接寻址。③内部扩展的 256B RAM 空间，在物理上是内部，但逻辑上是占用外部数据存储器的部分空间，需要用 MOVX 来访问。内部扩展 RAM 是否可以被访问是由辅助寄存器 AUXR（地址为 8EH）的第 EXTRAM 位来设置。

当片内 RAM 不够用时，需外扩数据存储器，STC89C52 最多可外扩 64KB 的 RAM。注意，片内 RAM 与片外 RAM 两个空间是相互独立的，片内 RAM 与片外 RAM 的低 256B 的地址是相同的，但由于使用的是不同的访问指令，所以不会发生冲突。

另外，只有在访问真正的外部数据存储器期间，WR 或 RD 信号才有效。但当 MOVX 指令访问物理上在内部，逻辑上在外部的片内扩展 RAM 时，这些信号将被忽略。

2 内部程序存储器 ROM

51 单片机共有 4 KB 的 ROM，单片机的生产商不同，内部程序存储器可以是 E^{2}PROM 或 Flash ROM。可根据实际需要在片外扩展，最多可扩展 64KB。增强型 51 单片机内部 ROM 空间可以达到 64KB，在使用时不须再扩展片外 ROM。程序或常数事先通过编程器写入，单片机正常工作时对 ROM 只能读出，不能写入，断电后，ROM 中的数据不会丢失。

单片机程序存储器访问片内的还是片外的，由 $\overline{EA}$ 引脚电平确定。高电平时，CPU 从片内 0000H 开始取指令，当 PC 值没有超出 1FFFH 时，只访问片内 Flash 存储器，当 PC 值超出 1FFFH 自动转向读片外程序存储器空间 2000H～FFFFH 内的程序；低电平时，只能执行片外程序存储器（0000H～0FFFH）中的程序，不理会片内 8KB Flash 存储器。

程序存储器某些固定单元用于各中断源中断服务程序入口。除此之外，64KB 程序存储器空间中有 8 个特殊单元分别对应于 6 个中断源的中断入口地址，见表 2-5。通常这 6 个中断入口地址处都放一条跳转指令跳向对应的中断服务子程序，而不是直接存放中断服务子程序。因为两个中断入口间的间隔仅有 8 个单元，一般不够存放中断服务子程序。

表 2-5　MCS－51 系列单片机程序存储器特定的入口地址

入口地址	指定地址分配的入口功能
0000H	单片机开机或复位后的程序入口地址
0003H	外部中断 0 的中断服务程序入口地址
0013H	外部中断 1 的中断服务程序入口地址
0023H	串行接口的中断服务程序入口地址
000BH	定时/计数器 0 溢出中断服务程序入口地址
001BH	定时/计数器 1 溢出中断服务程序入口地址

编程时，通常不连续使用这些单元，而是在这些入口地址开始处放入一条转移指令，将程序转移到其他地方，以保留这些单元作为特定的用途。

数据存储器、程序存储器以及位地址空间的地址有一部分是重叠的，但在具体寻址时，可由不同的指令格式和相应的控制信号来区分不同的地址空间，因此不会造成冲突。

★2.1.5　8051 单片机的 I/O 接口

单片机的 I/O 接口是用来输入和控制输出的端口，DIP40 封装的 51 系列单片机共有 P0、P1、P2、P3 四组端口，分别与单片机内部 P0、P1、P2、P3 寄存器对应，每组端口有 8 位，因此 DIP40 封装的 51 系列单片机共有 32 个 I/O 端口。STC89C52RC 单片机有 5 个端口 P0、P1、P2、P3、P4，其中 P4 口在 LQFP44、PQFP44、PLCC44 等封装形式中才有，其他有很多引脚和控制信号共用引脚。

1　P0 口引脚

P0 是一个双功能的 8 位并行接口，字节地址为 80H，位地址为 80H～87H。接口的各位具有完全相同但又相互独立的电路结构。P0 口分别占用 32～39 脚，依次命名为 P0.0～P0.7。P0 口既可作为输入/输出口，也可作为地址/数据复用总线使用。当 P0 口作为输入/输出口时，P0 是一个 8 位准双向口，上电复位后处于开漏模式，P0 口内部无上拉电阻，所以作为 I/O 接口必须外接 10～4.7kΩ 的上拉电阻。当 P0 作为地址/数据复用总线使用时，是低 8 位地址线（A0～A7）和数据线（D0～D7）共用，此时无须外接上拉电阻。

如果用户向 3V 单片机的引脚上加 5V 电压，将会有电流从引脚流向 V_{CC}，这样导致额外的功率消耗。因此，建议不要在准双向口模式中向 3V 单片机引脚施加 5V 电压，如使用的话，要加限流电阻，或用二极管进行输入隔离，或用三极管进行输出隔离。准双向口带有一个干扰抑制电路。准双向口读外部状态前，要先锁存为 1，才可读到外部正确的状态。

P0 口具有高电平、低电平和高阻抗输入 3 种状态的端口，因此，P0 口作为地址/数据总线使用时，是一真正的双向端口，简称双向口。

P0 口用作通用 I/O 输出口时，来自 CPU 的写脉冲加在 D 锁存器的 CP 端，内部总线上的数据写入 D 锁存器，并由引脚 P0.X 输出。当 D 锁存器为 1 时，输出为漏极开路，此时，必须外接上拉电阻才能有高电平输出；当 D 锁存器为 0 时，P0 口输出为低电平。

P0 口作为通用 I/O 输入口时，有两种读入方式：读锁存器和读引脚。当 CPU 发出读锁存器指令时，锁存器的状态由 Q 端经上方的三态缓冲器 BUF1 进入内部总线；当 CPU 发出读引脚指令时，锁存器的输出状态为 1，从而使下方场效应晶体管 V2 截止，引脚的状态经下方的三态缓冲器 BUF2 进入内部总线。

综上所述，P0 口具有如下特点：

1）当 P0 口作为地址/数据总线口使用时，是一个真正的双向口，与外部扩展的存储器或 I/O 连接，输出低 8 位地址和输出/输入 8 位数据。

2）当 P0 口作为通用 I/O 口使用时，P0 口各引脚需要在片外接上拉电阻，此时端口不存在高阻抗的悬浮状态，因此是一个准双向口。

大多数情况下，单片机片外部扩展 RAM 或 I/O 接口芯片，此时 P0 口只能作为复用的地址/数据总线使用。如果单片机片外没有外扩 RAM 和 I/O 接口芯片，此时 P0 口才能作为通用 I/O 口使用。

2　P1 口引脚

P1 口占用 1～8 脚，分别是 P1.0～P1.7，字节地址为 90H，位地址为 90H～97H。P1 口是一个带内部上拉电阻的 8 位双向 I/O 接口，每位能驱动 4 个 LSTTL 门负载。这种接口没有高阻状态，输入不能锁存，因而不是真正的双向 I/O 接口。P1 的输出缓冲器可驱动（吸收或者输出电流方式）4 个 TTL 输入。对端口写入 1 时，通过内部的上拉电阻把端口拉到高电位，这时可用作输入口。P1 口作输入口使用时，因为有内部上拉电阻，那些被外部拉低的引脚会输出一个电流。其中，P1.0 和 P1.1 还可以作为定时/计数器 2 的外部计数输入（P1.0/T2）和定时器/计数器 2 的触发输入（P1.1/T2EX），具体见表 2-6。

表 2-6 P1.0 和 P1.1 引脚特性

引脚号	功能特性
P1.0	T2（定时/计数器 2 外部计数输入），时钟输出
P1.1	T2EX（定时/计数器 2 捕获/重装触发和方向控制）

对 P1 口的操作既可字节操作，又可位操作。

P1 口作为输入口时，分为读锁存器和读引脚两种方式。这样保证单片机输入的电平与外接电路电平相同。例如，使用输入指令 MOV A，P1 时，应先使锁存器置 1（即通常所说的置端口为输入方式），再把 P1 口的数据读入累加器 A。

P1 口作为输出口时，内部总线输出 0 时，即输出为 0；内部总线输出 1 时，即输出为 1。

3 P2 口引脚

P2 口是一个双功能口，分别是 P2.0 ~ P2.7，字节地址为 A0H，位地址为 A0H ~ A7H。P2 口内部带上拉电阻的 8 位双向 I/O 接口，P2 可以作为普通 I/O 接口使用，也可作为高 8 位地址总线使用（A8 ~ A15），当系统外接存储器和扩展 I/O 接口时，作为扩展系统的高 8 位地址总线，与 P0 口一起组成 16 位地址总线，兼有地址总线高 8 位输出功能。

当 P2 口作为输入/输出口时，P2 是一个 8 位准双向口。在访问外部程序存储器和 16 位地址的外部数据存储器（如执行“MOVX @DPTR”指令）时，P2 送出高 8 位地址。在访问 8 位地址的外部数据存储器（如执行“MOVX @R1”指令）时，P2 口引脚上的内容就是专用寄存器 SFR 区中的 P2 寄存器的内容，在整个访问期间不会改变。

1）P2 口用作地址总线口：P2 口作为地址输出线使用时，可输出外部存储器的高 8 位地址，与 P0 口输出的低 8 位地址一起构成 16 位地址，可寻址 64KB 的片外地址空间。当 P2 口作为高 8 位地址输出口时，输出锁存器的内容保持不变。

2）P2 口用作通用 I/O 接口：在内部控制信号作用下，CPU 输出 1 时，P2.X 引脚输出 1；CPU 输出 0 时，P2.X 引脚输出 0。

P2 口作为通用 I/O 接口使用时，功能与 P1 口一样。一般情况下，P2 口大多作为高 8 位地址总线口使用，这时就不能再作为通用 I/O 接口。如果不作为地址总线口使用，可作为通用 I/O 接口使用。

P2 口输出的高 8 位地址可以是片外 ROM、RAM 高 8 位地址，与 P0 口输出的低 8 位地址共同构成 16 位地址线，从而可分别寻址 64KB 的程序存储器和片外数据存储器。地址线以字节为操作单位，8 位一起输出的，不能进行位操作。

如果 AT89C51 单片机有扩展程序存储器（地址不小于 1000H），访问片外 ROM 的操作连续不断，P2 口要不断送出高 8 位地址，这时，P2 口不宜再作为 I/O 接口使用。

4 P3 口引脚

P3 口的 8 个引脚占用 10 ~ 17 脚，分别是 P3.0 ~ P3.7。P3 是一个带内部上拉电阻的 8 位双向 I/O 接口。P3 的输出缓冲器可驱动（吸收或输出电流方式）4 个 TTL 输入。对端口写入 1 时，通过内部的上拉电阻把端口拉到高电位，这时可用作输入口。P3 作为输入口使用时，因为有内部的上拉电阻，那些被外部信号拉低的引脚会输入一个电流。P3 是双功能端口，作为普通 I/O 接口使用时，同 P1、P2 口一样，作为第二功能使用时，引脚定义见表 2-7。P3 口引脚具有的第二功能，能使硬件资源得到充分利用。

表 2-7 P3 口的第二功能表

I/O 接口线	第二功能定义	功能说明
P3.0	RXD	串行输入口
P3.1	TXD	串行输出口
P3.2	$\overline{\text{INT0}}$	外部中断 0 输入端

（续）

I/O 接口线	第二功能定义	功能说明
P3.3	$\overline{\text{INT1}}$	外部中断 1 输入端
P3.4	T0	定时/计数器 0 外部计数脉冲输入端
P3.5	T1	定时/计数器 1 外部计数脉冲输入端
P3.6	$\overline{\text{WR}}$	外部 RAM 写选通脉冲输出端
P3.7	$\overline{\text{RD}}$	外部 RAM 读选通脉冲输出端

由于 P3 口每一引脚都有第一功能与第二功能，究竟是使用哪个功能，完全是由单片机执行的指令控制来自动切换的，用户不需要进行任何设置。

★2.1.6　8051 单片机的最小系统应用

单片机最小应用系统是指能维持单片机运行的最简单配置的系统。典型应用系统是指以单片机为核心，配以输入/输出、显示、控制等外围电路和软件，实现一种或多种功能的实用系统。从本质上讲，单片机本身就是一个最小应用系统。由于晶振、开关等器件无法集成到芯片内部，但这些器件又是单片机工作所必需的器件，因此由单片机、晶振电路及由开关、电阻、电容等构成的复位电路共同构成单片机的最小应用系统。

单片机的最小系统是单片机可以运行程序的基本电路。复杂的单片机系统电路都是以单片机最小系统为基本电路进行扩展设计。单片机组成的最小系统如图 2-7 所示。图中单片机电路包括电源、振荡电路、复位电路，单片机内部有 512B 的 RAM 和 4KB ROM 以及输入/输出接口等。内部振荡电路：两个引脚上外接一个晶体（或陶瓷振荡器）和电容组成的并联谐振电路作为反馈元件时，便构成一个自激振荡器。此振荡器由 XTAL1 端向内部时钟电路提供一定的频率时钟源信号。片内振荡器的频率是由外接石英晶体的频率决定的，其频率值为 4 ~ 24MHz。当频率稳定性要求不高时，可选用陶瓷谐振器。片内振荡器对构成并联谐振电路的外接电容 C1 和 C2 要求并不严格，外接晶体时，C1 和 C2 的典型值为 20 ~ 30pF。外接陶瓷谐振器时，C1 和 C2 的典型值为 47pF 左右。单片机也可采用外部振荡器向内部时钟电路输入一固定频率的时钟源信号。此时，外部信号接至 XTAL1 端，而 XTAL2 端浮空即可。

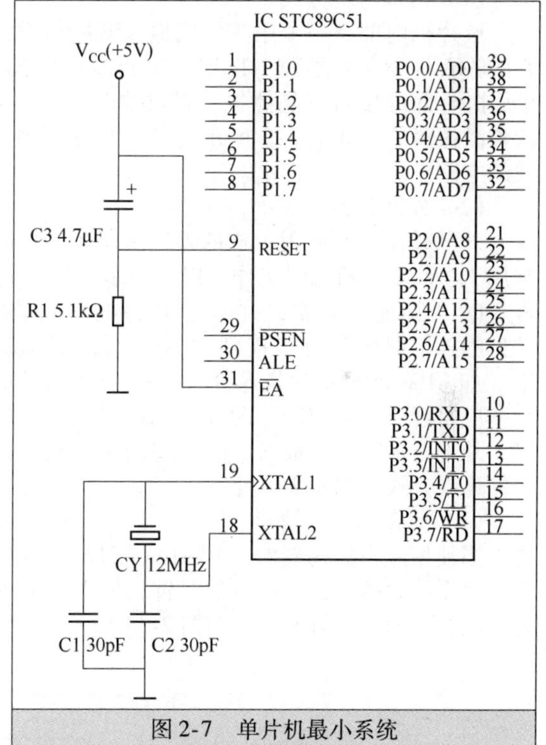

图 2-7　单片机最小系统

★2.1.7　时钟电路与时序

单片机是一个复杂的数字系统，内部 CPU 以及时序逻辑电路都需要时钟脉冲，所以单片机需要有精确的时钟信号。时钟电路用于产生单片机工作时所必需的控制信号，单片机的内部电路正是在时钟信号的控制下，严格地按时序执行指令进行工作。

CPU 执行指令时，首先到程序存储器中取出需要执行的指令操作码，然后译码，并由时序电路产生一系列控制信号完成指令所规定的操作。CPU 发出的时序信号有两类：一类用于对片内各个功能部件的控制，用户无须了解；另一类用于对片外存储器或 I/O 接口的控制，这部分时序对于分析、设计硬件接口电路至关重要，这也是单片机应用系统设计者普遍关心和重视的问题。

单片机的晶体振荡电路可以由内部的高增益的反相放大器与单片机的 XTAL1、XTAL2 引脚外接的晶体构成，振荡电路则产生作为 CPU 的时钟脉冲信号，如图 2-8 所示。XTAL1 为振荡电路入端，XTAL2 为振荡电路输出端，同时 XTAL2 也作为内部时钟发生器的输入端。片内时钟发生器对振荡频率进行二分频，为控制器提供一个两相的时钟信号，产生 CPU 的操作时序。MCS－51 系列单片机时钟电路的晶体常用的有 6MHz、12MHz（可得到准确的定时）、11.0592MHz（可得到准确的串行通信波特率）等。电容 C1 和 C2 对频率有微调作用，电容容量的选择范围为 5～30pF。在设计印制电路板时，晶振和电容的布局紧靠单片机芯片，以减少寄生电容以及干扰。

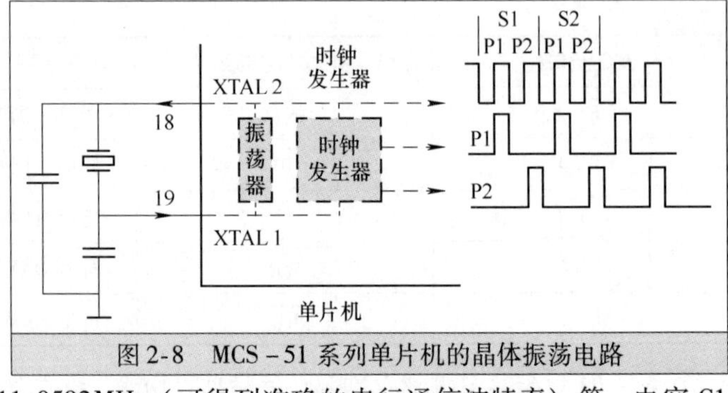

图 2-8　MCS－51 系列单片机的晶体振荡电路

1　常用的时钟电路

常用的时钟电路有两种方式：一种是内部时钟方式，另一种是外部时钟方式。而 AT89S51 单片机的最高时钟频率为 33MHz。

（1）内部时钟方式

单片机内部有一个用于构成振荡器的高增益反相放大器，它的输入端为芯片引脚 XTAL1，输出端为引脚 XTAL2。这两个引脚外部跨接石英晶体振荡器和微调电容，构成一个稳定的自激振荡器。如图 2-9 所示为 AT89S51 单片机内部时钟方式的电路。

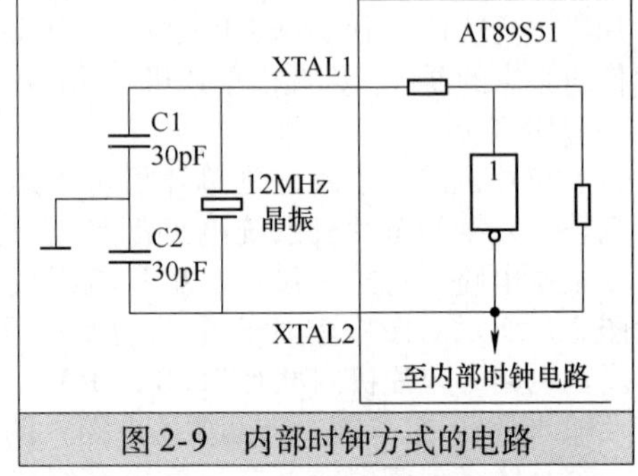

图 2-9　内部时钟方式的电路

（2）外部时钟方式

外部时钟方式使用现成的外部振荡器产生时钟脉冲信号，常用于多片单片机同时工作，以便于多片单片机之间的同步。利用外部时钟输入时，要根据单片机型号 XTAL1 接地或悬空，并考虑时钟电平的兼容性。常见的外部时钟源直接接到 XTAL1 端，XTAL2 端悬空（如 CHMOS 型单片机芯片）。它的波形应为方波，频率应符合所用的 MCS－51 系列单片机的具体要求。接入外部时钟时，应根据不同类型的单片机，选择相应的连线方式，如图 2-10 所示。

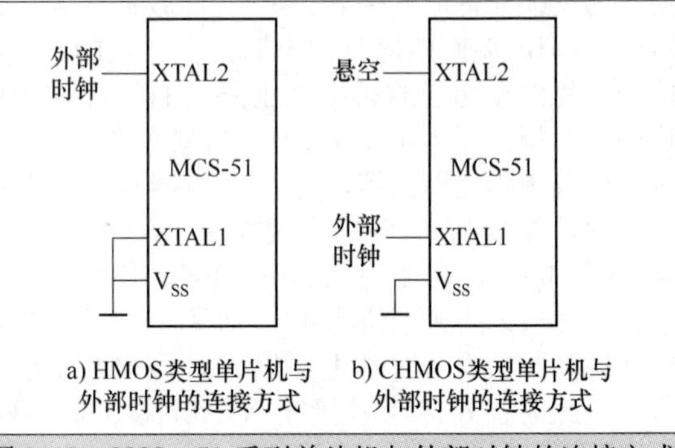

图 2-10　MCS－51 系列单片机与外部时钟的连接方式

（3）时钟信号的输出

当使用片内振荡器时，XTAL1、XTAL2 引脚还能为应用系统中的其他芯片提供时钟，但需增加驱动能力。其引出的方式有两种，如图 2-11 所示。

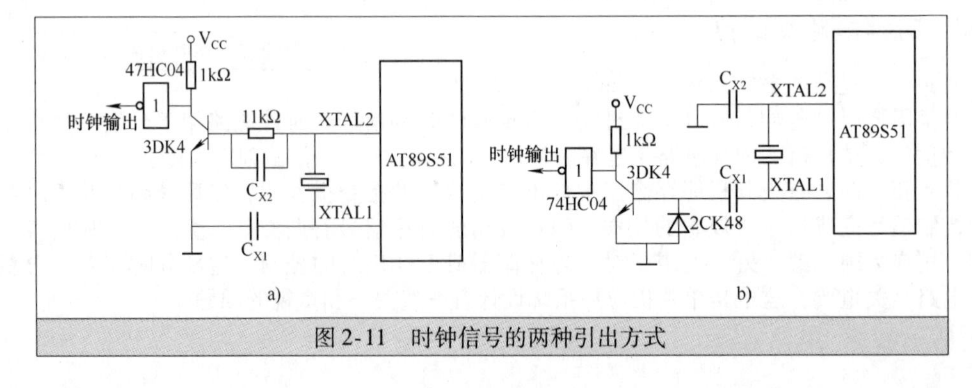

图 2-11　时钟信号的两种引出方式

2 工作时序

MCS－51 系列单片机的工作时序单位包含节拍、状态、时钟周期、状态周期、机器周期和指令周期等。

（1）节拍与状态

把单片机时钟脉冲频率的倒数（晶体振荡信号的一个周期）定义为节拍，用 P 表示，也称为时钟周期或振荡周期。时钟频率越高，则时钟周期越短，工作速度越快。为了便于分析 CPU 时序图中的控制时序，把两个连续的节拍定义为一个状态，用 S 表示。这样，一个状态就包含两个节拍，前半周期对应的节拍叫节拍 1，记作 P1；后半周期对应的节拍叫节拍 2，记作 P2，CPU 以时钟 P1、P2 为基本节拍，指挥单片机的各个部分协调工作。MCS－51 系列单片机的时序划分如图 2-12 所示。各种控制信号在定时与控制电路中控制先后顺序和所需时间就可以通过状态及节拍表示了，如 ALE 信号。

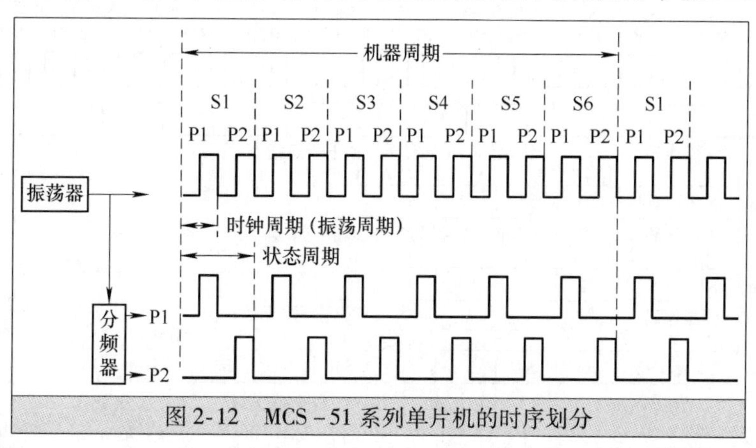

图 2-12　MCS－51 系列单片机的时序划分

（2）时序单位

MCS－51 系列单片机的工作时序单位从小到大依次是节拍、状态、机器周期和指令周期。为了便于对 CPU 时序进行分析，一般按指令的执行过程规定了几种周期，即时钟周期、机器周期和指令周期，也称为时序定时单位。各时序单位的定义如下。

1）时钟周期：即振荡周期，时钟控制信号的基本时间单位，它是晶振频率（f_{OSC}）的倒数。例如，采用的晶振频率为 12MHz，则时钟周期约为 83ns。显然，对同一种机型的单片机，时钟频率越高，单片机的工作速度就越快。但是，由于不同的单片机硬件电路和器件的不完全相同，所以其所需要的时钟频率范围也不一定相同。

2）状态周期：是指两个节拍信号 P1、P2 的周期，这两个节拍信号由振荡器输出信号经分频器进行二分频后获得，它们的周期是时钟周期（振荡周期）的两倍，相位相互交错。

3）机器周期：在单片机中，为了便于管理，常把一条指令的执行过程划分为若干个阶段，每一阶段完成一项工作。例如，取指令、存储器读、存储器写等，每一项工作称为一个基本操作。完成一个基本操作所需要的时间称为机器周期。MCS－51 系列单片机的一个机器周期由 6 个 S 周期（状态周期）组成。单片机采用定时控制方式，具有固定的机器周期。每个机器周期完成一个基本操作，如取指令、读或写数据等。一个机器周期中的 12 个振荡周期可以表示为 S1P1，S1P2，S2P1，S2P2，…，S6P1，S6P2，如图 2-13 所示。也就是说，一个机器周期 = 6 个状态周期 = 12 个时钟周期。若晶振频率为 6MHz，则机器周期为 22s；若晶振频率为 12MHz，则机器周期为 11s。

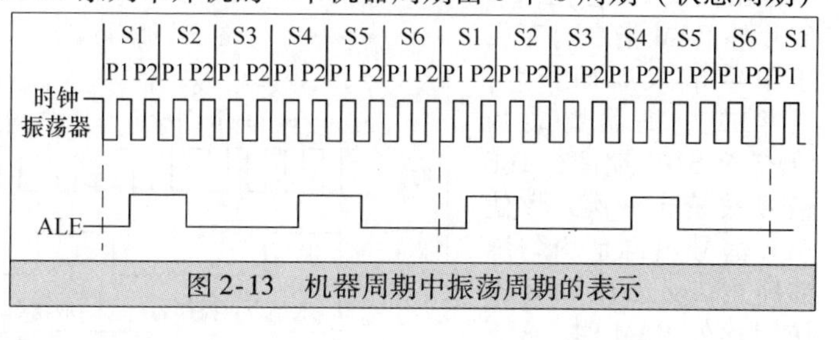

图 2-13　机器周期中振荡周期的表示

4）指令周期：是指执行一条指令所需的时间。指令周期是单片机最大的工作时序单位，不同的指令所需要的机器周期数也不相同。MCS－51 系列单片机的汇编指令中，按执行时间长短可分为单周期

（1 个机器周期）指令、双周期指令和四周期指令 3 种。单片机的运算速度与程序执行所需的指令周期有关，占用机器周期数越少的指令则单片机运行速度越快，如简单的数据传输指令，只有乘法和除法指令为四周期指令。

通常算术逻辑操作在 P1 时相进行，而内部寄存器传送在 P2 时相进行。如图 2-14 所示给出了 MCS－51系列单片机的取指和执行指令的定时关系。在图中可看到，低 8 位地址的锁存信号 ALE 在每个机器周期中两次有效：一次在 S1P2 与 S2P1 期间，另一次在 S4P2 与 S5P1 期间。它的频率为时钟频率（振荡频率）的1/6，是一个规则的周期信号，因此，需要时可将其作为其他部件的时钟信号或脉冲信号源使用。

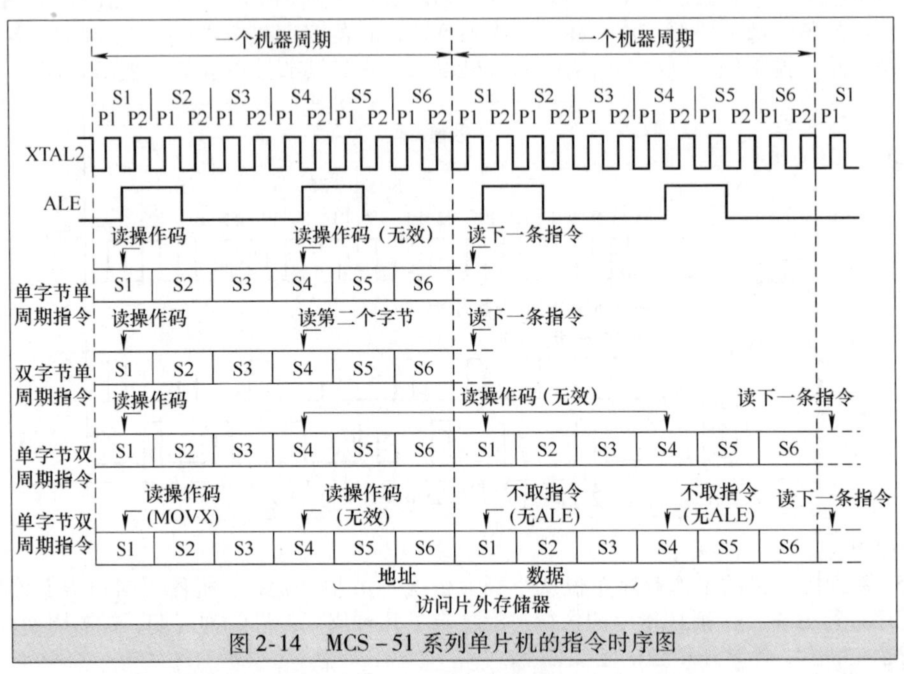

图 2-14　MCS－51 系列单片机的指令时序图

MCS－51 系列单片机的指令系统按照指令字节数和机器周期数，可分为 6 类：单字节单周期指令、单字节双周期指令、单字节四周期指令、双字节单周期指令、双字节双周期指令、三字节双周期指令。

单字节和双字节指令都在 S1P1 期间由 CPU 读取，将指令码读入指令寄存器，同时程序计数器 PC 加 1。在 S4P2 期间，单字节指令读取的下一条指令会丢弃不用，但程序计数器 PC 值也加 1；如果是双字节指令，CPU 在 S4P2 期间读取指令的第二字节，同时程序计数器 PC 值也加 1。两种指令都在 S6P2 时序结束时完成。双周期指令在两个机器周期内产生四次读操作码操作，第一次读取操作码，PC 自动加 1，后三次读取都无效，自然丢弃，程序计数器 PC 的值不会变化。但当单片机执行的指令为访问片外 RAM 指令时，是一个例外，如图 2-15 所示。

由图 2-15 可见，访问片外 RAM 指令时序属于单字节双周期指令，在第二个机器周期的 S1P2 至 S2P1 期间，ALE 信号被禁止一次，致使 ALE 信号不再是均匀脉冲序列。必须在 CPU 不访问片外 RAM 时，ALE 引脚输出的脉冲序列才可作为脉冲信号源使用。

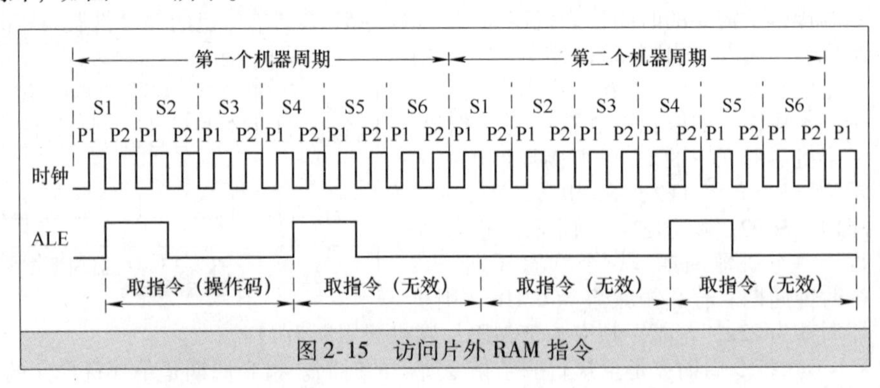

图 2-15　访问片外 RAM 指令

★2.1.8　复位操作和复位电路

单片机在运行开机时都需要复位，使单片机的 CPU 以及系统中其他功能部件都处于一个确定的初始状态，并从这个状态开始工作。复位是单片机的初始化操作。当程序运行出错或操作错误使系统处于死循环、跑飞状态时，也需复位操作，使单片机摆脱死循环、跑飞状态而重新从 0000H 开始执行程序。MCS－51 系列单片机的复位信号从 RST 引脚输入，高电平有效，要求持续时间大于两个机器周期。

但在实际应用中，单片机本身是不能自动进行复位的，必须配合相应的外部电路才能实现。

无论是在单片机刚开始接上电源时，还是断电后或者发生故障后都要复位，所以必须弄清楚 MCS－51系列单片机复位的条件、复位电路和复位后状态。

在单片机的 RST 引脚上有持续两个机器周期（即 24 个振荡周期）的高电平即可让单片机进行复位操作，完成对 CPU 的初始化处理。如果单片机的时钟频率为 12 MHz，每机器周期为 1μs，则只需让 RST 引脚保持 2μs 以上高电平的就能复位。复位操作是单片机系统正常运行前必须进行的一个环节。但如果 RST 持续为高电平，单片机就处于循环复位状态，无法执行用户的控制程序。

1　内部复位

内部复位电路在每一个机器周期的 S5P2 期间采样斯密特触发器的输出端，斯密特触发器可以抑制 RST 引脚的噪声干扰，如图 2-16 所示。复位期间不产生 ALE 信号，并且内部 RAM 处于不断电状态，其中的数据不会丢失。复位后单片机内部各寄存器的内容见表 2-8。复位后，只影响 SFR 中的内容，内部 RAM 中的数据不受影响。

实际应用中，复位操作有上电自动复位、手动复位和看门狗复位三种方式。

2　外部复位

如图 2-17 所示，单片机在启动后，要从复位状态开始运行，因此，上电时要完成复位工作，称为上电复位，上电瞬间电容两端的电压不能发生突变，RST 端为高电平 +5V，上电后电容通过 RC 电路放电，RST 端电压逐渐下降，直至低电平 0V，适当选择电阻、电容的值，使 RST 端的高电平维持两个机器周期以上即可以完成复位。

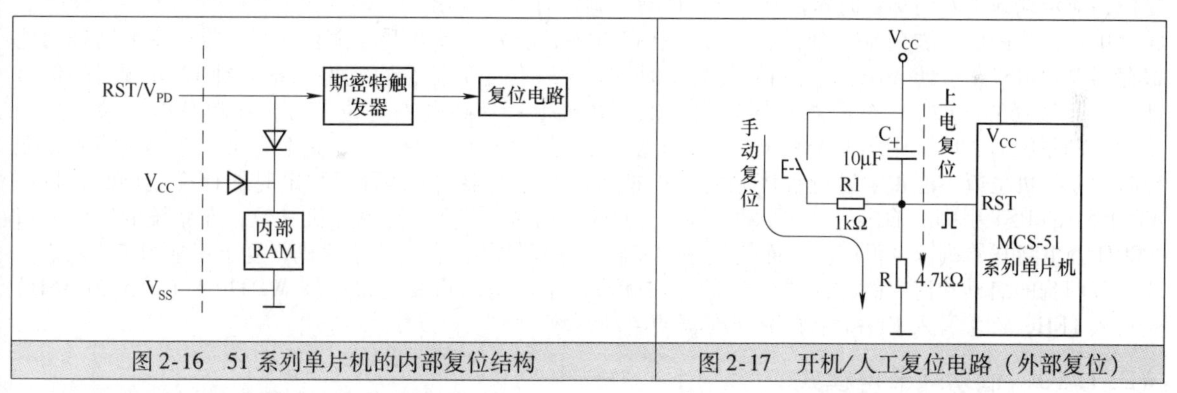

图 2-16　51 系列单片机的内部复位结构　　图 2-17　开机/人工复位电路（外部复位）

单片机在运行过程中，由于本身或外界干扰的原因会导致出错，这时可按复位键以重新开始运行，按键电平复位时，按键时间也应保持在两个机器周期以上。进行按键手动复位，图中电容器采用电解电容，一般取 4.7～10μF，电阻取 1～10kΩ。

用户应用程序在运行过程中，有时会有特殊需求，需要实现单片机系统软复位（热启动之一）。看门狗复位是一种程序检测自动复位方式，在增强型 51 单片机中，如果单片机内部设计有看门狗部件，则可采用编程方法产生复位操作。单片机复位以后，除不影响片内 RAM 状态外，SP 即赋初值为 07H，表明堆栈底部在 07H，需重新设置在 30H 以上；程序计数器 PC 被清 0；P0～P3 口用作输入口时，必须先写入 1，单片机在复位后，已使 P0～P3 口每一端线为 1，即为这些端线用作输入口做好了准备；单片机内部多功能寄存器的状态都会被初始化。单片机的特殊寄存器复位状态见表 2-8。

表2-8 内部特殊寄存器复位状态表

特殊寄存器	复位状态	特殊寄存器	复位状态
PC	0000H	DPTR	0000H
ACC	00H	TMOD	00H
B	00H	TCON	00H
PSW	00H	TH0	00H
SP	07H	TL0	00H
DPL	00H	TH1	00H
DPH	00H	TL1	00H
P0 ~ P3	FFH	SCON	00H
IP	××× 00000B	SBUF	不定
IE	0×× 00000B	PCON	0××× 0000B

表2-8中出现的×表示非有效位，即该位可以是0，也可以是1，IP、IE和PCON的有效位为0。

在某些控制应用中，要注意考虑P0～P3引脚的高电平对接在这些引脚上的外部电路的影响。例如，当P1口某个引脚外接一个继电器绕组，当复位时，该引脚为高电平，继电器绕组就会有电流通过，就会吸合继电器开关，使开关接通，可能会引起意想不到的后果。

★2.1.9 看门狗定时器

单片机应用系统受到干扰可能会引起程序跑飞或死循环，会使系统失控。如果操作人员在场，可按人工复位按钮，强制系统复位。但操作人员不可能一直监视着系统，即使监视着系统，也往往是在引起不良后果之后才进行人工复位。能不能不要人来监视，使系统摆脱失控状态，重新从0000H地址处执行程序呢？这时可采用“看门狗”技术。“看门狗”技术就是使用一个定时器来不断计数，监视程序的运行。当看门狗定时器启动运行后，为防止看门狗定时器的不必要溢出引起单片机的非正常的复位，应定期地把看门狗定时器清0，以保证看门狗定时器不溢出。

单片机片内的“看门狗”部件，包含1个14位看门狗定时器和看门狗复位寄存器（中的特殊功能寄存器WDTRST，地址A6H）。开启看门狗定时器后，14位定时器会自动对系统时钟12分频后的信号计数，即每16384（2^{14}）个机器周期溢出一次，并产生一个高电平复位信号，使单片机复位。采用12MHz的系统时钟时，则每16384μs产生一个复位信号。当由于干扰，使单片机程序跑飞或陷入死循环时，单片机也就不能正常运行程序来定时地把看门狗定时器清0，看门狗定时器计满溢出时，将在AT89S51的RST引脚上输出一个正脉冲（宽度为98个时钟周期），使单片机复位，在系统的复位入口0000H处重新开始执行主程序，从而使程序摆脱跑飞或死循环状态，让单片机归复于正常的工作状态。

看门狗的启动和清0的方法是一样的。实际应用中，用户只要向寄存器WDTRST（地址为A6H）先写入1EH，接着写入E1H，看门狗定时器便启动计数。

★2.1.10 低功耗节电模式

根据单片机的工作状态，单片机的工作模式分运行模式、待机模式和掉电保护模式三种。单片机的工作模式可以利用编程或人为干预方式相互转换。单片机的工作模式与电源有很大关系，在不同的工作环境和电源条件下，单片机工作模式也可以通过程序设定。

1 运行模式

单片机的运行模式是单片机的基本工作模式，也是单片机最主要的工作方式。单片机在实现用户设计的功能时通常采用这种工作模式。在单片机运行期间，单片机一旦复位，程序计数器PC指针总是从0000H开始，依次从程序存储器中读取要操作的指令代码，单片机开始顺序执行相关程序。

单片机运行时，程序执行在时钟脉冲作用下统一协调运行，也可以在单步脉冲作用下单步执行程序。利用单片机的外部中断可以实现程序单步执行，这种情况主要用于程序调试和检验程序运行结果。

2　低功耗节电模式

待机模式和掉电保护模式是单片机的两种节电工作方式，以降低功耗。现在低功耗特性的 51 系列单片机，在 $V_{CC}=5V$，$f_{OSC}=12MHz$ 条件下，待机（休闲）方式时电流约为 2mA。掉电保护方式时电流小于 0.1μA。这两种工作方式特别适合以电池或备用电池为工作电源单片机系统。两种低功耗工作模式均由单片机内部的 SFR（特殊功能寄存器）中电源控制寄存器 PCON（Power Control Register）来控制。PCON 寄存器的字节地址是 87H，但不可位寻址。PCON 的 8 位格式如图 2-18 所示。

	D7	D6	D5	D4	D3	D2	D1	D0	
PCON	SMOD	—	—	—	GF1	GF0	PD	IDL	87H

图 2-18　特殊功能寄存器 PCON 的格式

PCON 寄存器各位定义：SMOD 为波特率倍增位（在串行通信中使用），即串行通信波特率控制位；— 为保留位；GF1、GF0 为通用标志位，两个标志位用户使用；PD 为掉电保持模式控制位，PD＝1，则进入掉电保持模式；IDL 为空闲模式控制位，若 IDL＝1，则进入空闲运行模式。

如果同时将 PD 和 IDL 设置为 1，则进入掉电工作方式。PCON 寄存器的复位值为 0××××××× B，而 PCON.4～PCON.6 为保留位，用户不要对这 3 位进行操作。

空闲模式和掉电模式，其目的是尽可能低地降低系统的功耗。在掉电模式下，V_{CC}可由后备电源供电。如图 2-19 所示为低功耗节电模式的控制电路。两种节电模式可通过 PCON 的位 IDL 和位 PD 的设置来实现。

退出待机方式的方法有响应中断和硬件复位两种。在待机方式下，产生任何一个中断请求信号后，在单片机响应中断的同时，PCON.0 位（即 IDL 位）被硬件自动清 0，单片机退出待机方式进入到正常的工作状态。另一种退出待机方式的方法是硬件复位，在 RST 引脚加上两个机器周期的高电平即可，当使用硬件复位退出空闲模式时，片内硬件阻止 CPU 对片内 RAM 的访问，但不阻止对外部端口（或外部 RAM）的访问。为了避免在硬件复位退出空闲模式时出现对端口（或外部 RAM）不希望的写入，在进入空闲模式时，紧随 IDL 位置 1 指令后的不应是写端口（或外部 RAM）的指令。退出掉电保护方式的方法只有硬件复位。硬件复位时要重新初始化 SFR，但不改变片内 RAM 的内容。只有当 V_{CC}恢复到正常工作水平时，只要硬件复位信号维持 10ms，便可使单片机退出掉电运行模式。复位后特殊功能寄存器的内容被初始化，但 RAM 的内容仍然保持不变。

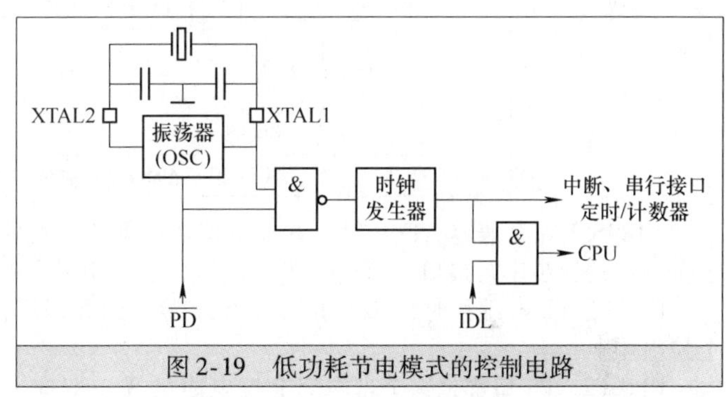

图 2-19　低功耗节电模式的控制电路

3　掉电和空闲模式下的 WDT

掉电模式下振荡器停止，意味着 WDT 也就停止计数。用户在掉电模式下不需操作 WDT。退出有两种方法：硬件复位和外部中断。当用硬件复位退出掉电模式时，对 WDT 的操作与正常情况一样。

2.2　AT89 系列单片机的结构

AT89S51 是美国 Atmel 公司生产的低功耗、高性能 CMOS 的 8 位单片机，片内含 4KB 的可系统编程的 Flash ROM，既可在线编程（ISP）也可用传统方法进行编程。它集 Flash 程序存储器及通用 8 位微处理器于单片芯片中，功能强大，可灵活应用于各种控制领域。

★2.2.1 AT89S51 单片机简介

AT89S51 与 MCS－51 产品指令系统完全兼容，包括 128B 内部 RAM、32 个 I/O 口线、看门狗(WDT)、两个数据指针、两个 16 位定时/计数器、一个 5 向量两级中断结构、一个全双工串行通信口、片内振荡器及时钟电路。同时 AT89S51 可降至 0Hz 的静态逻辑操作，并支持两种软件可选的节电工作模式。空闲方式停止 CPU 的工作，但允许 RAM、定时/计数器、串行通信口及中断系统继续工作。掉电方式保存 RAM 中的内容，但振荡器停止工作并禁止其他所有部件工作直到下一个硬件复位。

1 AT89S51 的硬件部件和特性

AT89S51 的各功能部件通过片内单一总线连接而成，如图 2-20 所示。CPU 对各种功能部件的控制是采用特殊功能寄存器 SFR 的集中控制方式。

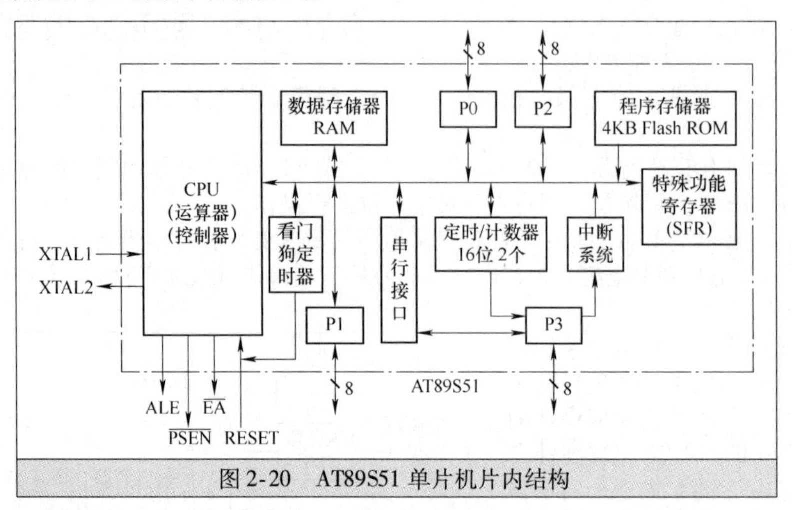

图 2-20　AT89S51 单片机片内结构

AT89S51 完全兼容 AT89C51，在充分保留原来软、硬件条件下，完全可以用 AT89S51 直接代换。1 个全双工的异步串行接口，可进行串行通信，还可与多个单片机构成多机系统。

P0 口在 Flash 编程时，P0 口接收指令字节，而在程序校验时，输出指令字节，校验时，要求外接上拉电阻。

P1、P2、P3 口都是一个带内部上拉电阻的 8 位双向 I/O 口，输出缓冲级可驱动（吸收或输出电流）4 个 TTL 逻辑门电路。对端口写 1，通过内部的上拉电阻把端口拉到高电平，此时可作为输入口。作为输入口使用时，因为内部存在上拉电阻，某个引脚被外部信号拉低时会输出一个电流 I_{IL}。Flash 编程和程序校验期间，P1 接收低 8 位地址。除了作为一般的 I/O 口线外，更重要的用途是它的第二功能，见表 2-9。P2 口 Flash 编程或校验时，P2 亦接收高位地址和其他控制信号。P3 口还接收一些用于 Flash 闪速存储器编程和程序校验的控制信号。

表 2-9　P1 口第二功能

端口引脚	第二功能
P1.5	MOSI（用于 ISP 编程）
P1.6	MISO（用于 ISP 编程）
P1.7	SCK（用于 ISP 编程）

P1.5/MOSI、P1.6/MISO 和 P1.7/SCK 可用于对片内 Flash 存储器串行编程和校验，它们分别是串行数据输入、输出和移位脉冲引脚。

注意：准双向口与双向口的差别。准双向口仅有两个状态，而 P0 口作为总线使用，口线内无上拉电阻，处于高阻“悬浮”态，故 P0 口为双向三态 I/O 接口。准双向 I/O 接口则无高阻的“悬浮”状态。另外，准双向口作为通用 I/O 的输入口使用时，一定要先写入“1”。

特殊功能寄存器有 26 个，对片内各功能部件管理、控制和监视，是各个功能部件的控制寄存器和状态寄存器，映射在片内 RAM 区 80H～FFH 内。

2 时钟引脚

1）XTAL1（19 脚）：片内振荡器反相放大器和时钟发生器电路输入端。用片内振荡器时，该脚接外部石英晶体和微调电容。外接时钟源时，该脚接外部时钟振荡器的信号。

2）XTAL2（18 脚）：片内振荡器反相放大器的输出端。当使用片内振荡器时，该脚连接外部石英晶体和微调电容。当使用外部时钟源时，本脚悬空。

3 控制引脚

RST 复位信号输入，在引脚加上持续时间大于两个机器周期的高电平，可使单片机复位。正常工作，此脚电平应不大于 0.5V。当看门狗定时器溢出输出时，该脚将输出长达 96 个时钟振荡周期的高电平。注意，每当 AT89S51 访问外部 RAM 时（执行 MOVX 类指令），要丢失一个 ALE 脉冲。若需要，可将特殊功能寄存器 AUXR（地址为 8EH）的第 0 位（ALE 禁止位）置 1，来禁止 ALE 操作，第 0 位 DISRT0 位默认为 RESET 输出高电平打开状态。但执行访问外部程序存储器或外部数据存储器指令“MOVC”或“MOVX”时，ALE 仍然有效，即 ALE 禁止位不影响对外部存储器的访问。

ALE/$\overline{\text{PROG}}$当访问外部程序存储器或数据存储器时，ALE（地址锁存允许）输出脉冲用于锁存地址的低 8 位字节。要注意的是，每当访问外部数据存储器时将跳过一个 ALE 脉冲。对 Flash 存储器编程期间，该引脚还用于输入编程脉冲（PROG）。如有必要，通过对特殊功能寄存器（SFR）区中的 8EH 单元的 D0 位置位，可禁止 ALE 操作。该位置位后，只有一条 MOVX 和 MOVC 指令，ALE 才会被激活。此外，该引脚会被微弱拉高，单片机执行外部程序时，应设置 ALE 无效。

$\overline{\text{PSEN}}$程序储存允许输出是外部程序存储器的读选通信号，当 AT89S51 由外部程序存储器取指令（或数据）时，每个机器周期两次$\overline{\text{PSEN}}$有效，即输出两个脉冲。当访问外部数据存储器，没有两次有效的$\overline{\text{PSEN}}$信号。

$\overline{\text{EA}}$/V_{PP}外部访问允许。欲使 CPU 仅访问外部程序存储器（地址为 0000H～FFFFH），EA 端必须保持低电平（接地）。需注意的是：如果加密位 LB1 被编程，复位时内部会锁存 EA 端状态。如 EA 端为高电平（接 V_{CC}端），CPU 则执行内部程序存储器中的指令。Flash 存储器编程时，该引脚加上 +12V 的编程电压 V_{PP}。

4 堆栈指针 SP

堆栈指针 SP 的内容指示出堆栈顶部在内部 RAM 块中的位置。它可指向内部 RAM 的 00H～7FH 的任何单元。AT89S51 的堆栈结构属于向上生长型的堆栈（即每向堆栈压入 1 字节数据时，SP 的内容自动增 1）。单片机复位后，SP 中的内容为 07H，使得堆栈实际上从 08H 单元开始，考虑到 08H～1FH 单元分别是属于 1～3 组的工作寄存器区，所以在程序设计中要用到这些工作寄存器区最好在复位后且运行程序前，把 SP 值改置为 60H 或更大的值，避免堆栈区与工作寄存器区发生冲突。

如图 2-21 所示为 AT89S51 的存储器结构和地址空间，虚线部分是单片机片内存储器。数据存储器和程序存储器的最大存储空间都是64KB，其中片内数据存储器只有 128B，片内程序存储器有 4KB。另外，片内还分布着一些特殊功能寄存器（SFR）。随着单片机片内程序存储器容量的不断加大，在很多情况下不需要片外扩展，故而信号引脚必须接高电平。

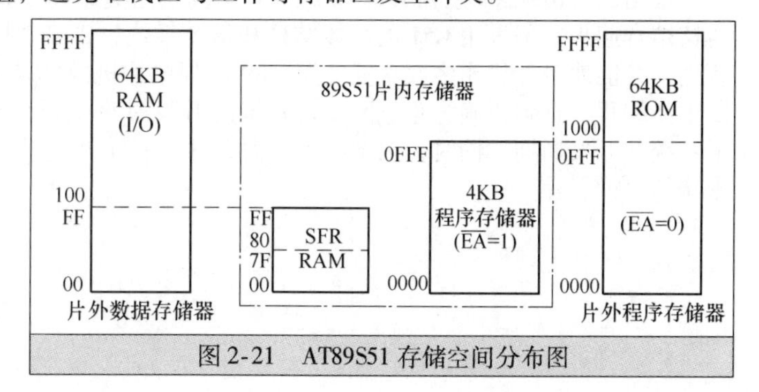

图 2-21　AT89S51 存储空间分布图

★2.2.2 AT89 系列单片机 Flash 的编程和校验

1 AT89S51 的 Flash 闪速存储器的并行编程方法

AT89S51 单片机内部有 4KB 的可快速编程的 Flash 存储阵列。编程方法可通过传统的 EPROM 编程器使用高电压（+12V）和协调的控制信号进行编程。代码是逐一字节进行编程的。编程前，按编程模式设置好地址、数据和控制信号，在地址线上加上要编程单元的地址信号。在数据线上加上要写入的数据字节，激活相应的控制信号。在$\overline{EA}/V_{PP}$端加上+12V 编程电压。每对 Flash 存储阵列写入一个字节或每写入一个程序加密位，加上一个 ALE/$\overline{PROG}$编程脉冲。每个字节写入周期是自身定时的，大多数约为 50μs，改变编程单元的地址和写入的数据。重复步骤，直到全部文件编程结束。用数据查询方式来检测一个写周期是否结束，在一个写周期中，如需读取最后写入的那个字节，则读出的数据最高位（P0.7）是原来写入字节最高位的反码。写周期完成后，有效的数据就会出现在所有输出端上，此时，可进入下一个字节的写周期，写周期开始后，可在任意时刻进行数据查询。

字节编程的进度可通过 RDY/BSY 输出信号监测，编程期间，ALE 变为高电平 H 后，P3.0 端电平被拉低，表示正在编程状态，编程完成后，P3.0 变为高电平表示准备就绪状态。

程序校验，如果加密位 LB1 \ LB2 没有进行编程，则代码数据可通过地址和数据线读回原编写的数据，各加密位也可通过直接回读进行校验。

芯片擦除操作时在并行编程模式，利用控制信号的正确组合并保持 ALE/$\overline{PROG}$引脚 200～500ns 的低电平脉冲宽度即可完成擦除操作。

2 AT89S51 的 Flash 闪速存储器的串行编程方法

将 RST 接至 V_{CC}，程序代码存储阵列可通过串行 ISP 接口进行编程，串行接口包含 SCK 线、MOSI 输入和 MISO 输出线，将 RST 拉高后，在其他操作前必须发出编程使能指令，编程前需将芯片擦除。芯片擦除则将存储代码阵列全写为 FFH。外部系统时钟信号需接至 XTAL1 端或在 XTAL1 和 XTAL2 接上晶体振荡器。最高的串行时钟（SCK）不超过 1/16 晶体时钟，当晶体为 33MHz 时，最大 SCK 频率为 2MHz。

上电顺序，将电源加在 V_{CC}和 GND 引脚，RST 置为 H，将编程使能指令发送到 MOSI（P1.5），编程时钟接至 SCK（P1.7），此频率需小于晶体时钟频率的 1/16。代码阵列的编程可选字节模式或页模式。写周期是自身定时的，一般不大于 0.5ms（5V 电压时）。

任意代码单元均可由 MISO（P1.6）和读指令选择相应的地址回读数据进行校验。编程结束应将 RST 置为 L 以结束操作。断电顺序，假如没有使用晶体振荡器，将 XTAL 置为低，RST 置低，关断 V_{CC}。

数据检验也可在串行模式下进行，在这个模式，在一个写周期中，通过输出引脚 MISO 串行回读一个字节数据的最高位将为最后写入字节的反码。

在串行编程模式，芯片擦除操作是利用擦除指令进行。在这种方式，擦除周期是自身定时的，大约为 500ms。擦除期间，用串行方式读任何地址数据，返回值均为 00H。

推出的 AT89CXX 系列兼容 C51 的单片机，完美地将 Flash（非易失闪存技术）E^2PROM 与 80C51 内核结合起来，仍采用 C51 的总体结构和指令系统，Flash 的可反复擦写程序存储器能有效地降低开发费用，并能使单片机作多次重复使用。89 系列单片机内部采用了 Flash 存储器，所以错误编程之后仍可以重新编程，直到正确为止。因此在系统的开发过程中可以十分容易进行程序的修改，这就大大缩短了系统的开发周期。同时，在系统工作过程中，能有效地保存一些数据信息，即使外界电源损坏也不影响信息的保存。

第 3 章

单片机指令系统与汇编语言程序设计

指令是 CPU 按照人们的意图来完成某种操作的命令，由于 CPU 是采用二进制来工作的，所以 CPU 能直接识别和执行的指令都是用二进制编写的，这些指令称为机器指令或机器码。单片机指令的集合称为单片机指令系统。而指令的十六进制形式和汇编形式，是人们为了便于书写和记忆而采用的形式。

3.1 单片机指令系统概述

指令：是单片机 CPU 执行某种操作的命令。

指令系统：单片机 CPU 所能执行的全部指令的集合。指令用单片机 CPU 能识别和执行的 8 位二进制机器代码表示；有单字节、双字节、三字节指令。

例 3-1：单字节、双字节、三字节指令举例。

01110101 10010000 11110001；将数据 11110001 传送到内 RAM 地址单元 10010000 中

11111000；将寄存器 A 中的内容传送到寄存器 R0 中

10000000 11111110；是短转移指令，11111110 是转移相对地址

机器语言：根据机器代码表编写出的单片机 CPU 能认识和直接执行的程序称为目标代码程序。用二进制代码表示的指令和数据，CPU 可直接识别。

机器代码：由于指令用 8 位二进制机器代码表示，所以指令又称为机器代码。机器代码也可用十六进制表示。如例 3-1 示的指令用十六进制表示则为（省去了 H）。

75　90　F1；将数据 F1 传送到内 RAM 地址单元 90 中

F8；将寄存器 A 中的内容传送到寄存器 R0 中

80　FE；是短转移指令，FE 是转移相对地址

程序：按人的要求又符合单片机指令系统规则而编排的指令序列被称为程序。编写程序的过程称为程序设计。单片机程序包括使用汇编语言和高级语言两种。

汇编语言：用助记符表示指令操作功能，用标号表示操作对象，与机器语言一一对应。

高级语言：独立于机器，面向过程，接近自然语言和数学表达式。

单片机指令使用的过程就是对 CPU 执行操作的过程。

例 3-2：为了更好地理解 CPU 的工作原理，下面以 CPU 计算（1 +2）×3 为例说明单片机 CPU 的工作过程。

利用上述指令编写的程序如下：

指令　　　　　功能注释

```
MOV  A, #01H; A←01H
ADD  A, #02H; A←01 +02H
MOV  B, #03H; B←03H
```

```
MUL  AB; BA← (A) × (B)
SJMP  $; 停机
```

假定以上程序已装入了单片机内部 ROM 中，起始地址为 0050H，并假定程序计数器的当前值也是 0050H，则单片机 CPU 的工作原理如图 3-1 所示。实现将 ACC 中的数据（01H + 02H = 03H）与 B 中的数据（03H）相乘，所得乘积的高 8 位（00H）送入 B，低 8 位（09H）送入 ACC，从而完成程序要求的（1 +2）×3 运算。乘法指令之所以用 B、ACC 两个寄存器存放乘积，是考虑到两个 8 位数的乘积有可能会超过 8 位。程序的最后一条指令是停机指令，执行到这条指令时，定时与控制器将不再控制 PC 加 1，而是将 PC 的值置换为 0058H，使之又指向该指令本身的首字节，使得接下来再执行的还是该指令，循环往复，从而实现动态停机。

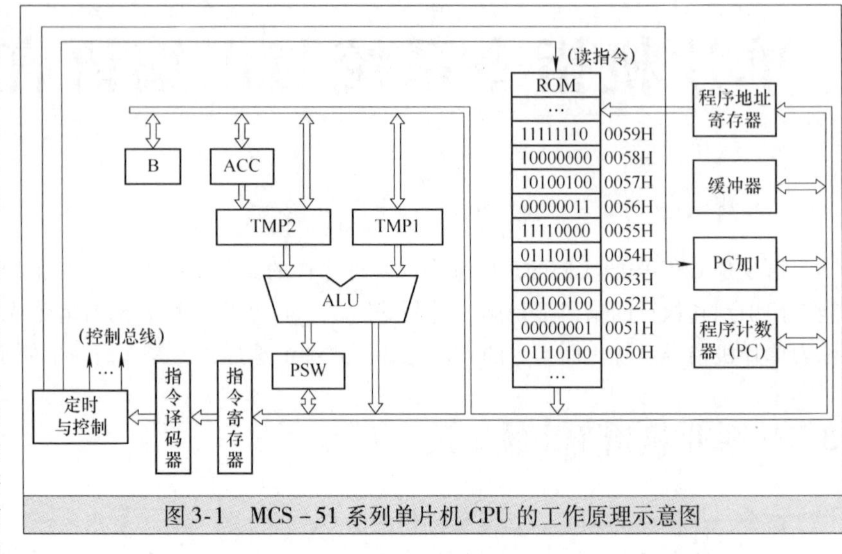

图 3-1　MCS－51 系列单片机 CPU 的工作原理示意图

★3. 1. 1　MCS－51 系列单片机汇编指令的格式

汇编语言是用助记符、字符串和数字等来表示指令的程序语言。它与机器语言指令是一一对应的。根据机器码的字节数区分，MCS－51 系列单片机汇编语言指令系统有 42 种助记符。

汇编语言指令系统的书写格式一般为：

[标号:] 操作码　[操作数 1] [，操作数 2] [，操作数 3] [；注释]

其中，[ ] 号内为可选项。各部分之间必须用分隔符隔开。

标号：用符号表示的该条指令的首地址，根据需要设置。位于一条指令（语句）的开头，以冒号结束。它以英文字母开头，由字母、数字、下划线等组成。标号字段和操作码字段间要用“:”相隔。

操作码：操作码规定指令实现何种功能（如传送、加、减等）。它是由助记符表示的字符串，是任一指令语句不可缺少的部分，是汇编软件生成目标代码的依据。

例如，指令可用助记符表示为 INC A，这是英文单词 Increase 的缩写，于是就很容易可以理解这条指令的功能是累加器 A 加 1。

操作数：在汇编语言中，操作数可以是被传送的数（立即数），或数在内部 RAM 中的地址、寄存器、转移的指令地址、标号名、表达式等。可以采用字母、字符和数字等多种表示形式。操作数个数因指令的不同而不同，多至 3 个操作数，各操作数之间要用“，”号分开。通常目标操作数写在左边，源操作数写在右边。

注释：为便于阅读而对指令附加的说明语句。必须以“；”开始。可以采用字母、数字和汉字等多种表示形式。

按指令长度的编码格式如下列描述：

1）单字节指令编码格式

①8 位编码仅为操作码，指令的操作数隐含在其中。

例如：DEC A 的指令编码为 14H，功能是累加器的内容减 1。

②8 位编码含有操作码（高 5 位）和寄存器编码（低 3 位）。

例如：INC R1 的指令编码为 09H，是寄存器内容加 1 的操作码，其中高 5 位 opcode = 00001B，低 3 位 rrr = 001B 是寄存器 R1 对应的编码。

2）双字节指令的第一字节为操作码，第二字节为参与操作的数据或存放数据的地址。

例如：MOV A，#60H 的指令代码为 74 60H，是将立即数传送到累加器 A 功能的操作码，其中高 8 位字节 opcode = 74H，低 8 位字节 data = 60H 是对应的立即数。

3）三字节指令的第一字节为操作码，后两字节为参与操作的数据或存放数据的地址。

例如：MOV 10H，#60H 的指令代码为 75 10 60H，是将立即数传送到直接地址单元功能的操作码，其中最高 8 位字节 opcode = 75H，次 8 位字节 direct = 10H 是目标操作数对应的存放地址，最低 8 位字节 data = 60H 是对应的立即数。

★3.1.2 指令中的符号标识和注释符

指令系统中除表示操作码的 42 种助记符之外（如 MOV、JB 等），还使用了一些汇编语言常用符号：Rn、Ri、direct（地址 00H ~ 7FH 或特殊功能寄存器 SFR 的地址）、#data8、#data16、addr16（用于 LCALL、LJMP 等指令中，能调用或转移到 64KB 程序存储器地址空间的任何地方）、addr11（用于 ACALL 和 AJMP 指令中，可在该指令的下条指令首地址所在页的 2KB 内调用或转移地址的低 11 位）、rel、DPTR、bit（片内 RAM 单元包括特殊功能寄存器中的可寻址位、A、B、C、@、/（位操作的前缀，表示对该位操作数取反，如/bit）、(×)、((×))、←（用箭头右边的内容取代箭头左边的内容），而 ∧、∨、¯（上划线）、+ 分别表示逻辑与、或、非、异或，$指本条指令的首地址。

例 3-3：汇编语言程序及其代码在 ROM 中的安排举例。

MOV P1，#0F1H；意思是将数（称立即数）F1H 传送到特殊功能寄存器 P1 中

MOV R0，A ；将寄存器 A（累加器）中的内容传送到寄存器 R0 中

SJMP $ ；是短转移指令，符号$表示该条指令的首地址

该程序通过 Keil 软件汇编后生成的用十六进制表示的机器码为

```
75 90 F1
F8
80 FE
```

通过编程器编程（固化）到 ROM 中的机器代码安排如图 3-2所示。

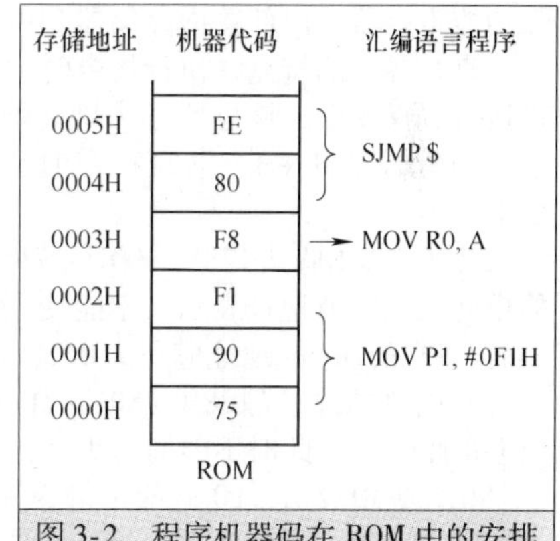

图 3-2 程序机器码在 ROM 中的安排

3.2 80C51 单片机寻址方式

寻址方式是指在执行一条指令的过程中，寻找操作数或指令地址的方式。一般地说，寻址方式越多，功能就越强，灵活性则越大，指令系统就越复杂，见表 3-1。

表 3-1 单片机寻址方式

序号	寻址方式	寻址空间
1	寄存器寻址	R0 ~ R7、A、B、C（位）、DPTR 等
2	直接寻址	内部 128B RAM、特殊功能寄存器
3	寄存器间接寻址	片内数据存储器、片外数据存储器
4	立即寻址	程序存储器中的立即数
5	变址间接寻址	读程序存储器固定数据和程序散转
6	相对寻址	程序存储器相对转移
7	位寻址	内部 RAM 中的可寻址位、SFR 中的可寻址位

一般来说，寻址方式更多是指操作数的寻址；而且如果有两个操作数时，默认所指是源操作数的

寻址方式。

★3.2.1 寄存器寻址方式

寄存器寻址是指指令中的操作数为寄存器中的内容。寄存器寻址的特点是在指令中给出寄存器的名称，执行指令时，从寄存器中取得操作数。

采用寄存器寻址的寄存器有工作寄存器 R0～R7（当前组号由 PSW 中的 RS1、RS0 指定）；累加器 A（使用符号 ACC 表示累加器时属于直接寻址）；寄存器 B（以寄存器 AB 对的形式出现）；进位位 Cy；数据指针 DPTR。

```
MOV  R2，#0DFH；A←DFH
MOV  A，R2；A←（R2）
```

程序中第二条指令的寻址方式是寄存器寻址，机器码为 0EAH。指令 MOV A，R2 的执行过程如图 3-3 所示，功能是把当前 R2 中的操作数送累加器 A。

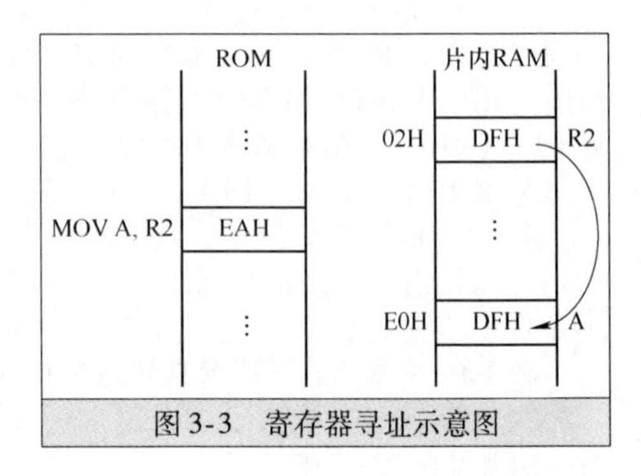

图 3-3　寄存器寻址示意图

★3.2.2 直接寻址方式

直接寻址是指在指令中直接给出存放数据的地址（不是立即数，并且只限于片内 RAM 范围）。直接寻址只能访问特殊功能寄存器、内部数据存储器和位地址空间。

直接寻址的特点是执行指令时，从该地址对应的单元中直接得到操作数，该寻址方式只能给出 8 位地址。8 位直接地址的符号是 direct，书写指令时，direct 的具体表示方法如下。

片内 RAM 低端 128B（00H～7FH）的地址单元用这些单元的字节地址表示，其中，工作寄存器区的单元也用字节地址表示，不能使用寄存器名，以区别于寄存器寻址。例如，当使用第 0 组工作寄存器时，R0 的 direct 地址应写为 00H。例如，MOV　A，00H 或 MOV　30H，20H。

片内 RAM 高端 128B（80H～0FFH）中的特殊功能寄存器 SFR，通常直接用它们的符号形式表示（但累加器 ACC 此时不能简写为 A，否则为寄存器寻址），也可以用它们的单元地址表示。例如，MOV A，80H 或 MOV A，P0 这两条指令等价。

特别说明：指令中直接给出操作数的单元地址，而不是操作数，该单元地址中的内容才是真正的操作数。格式上没有“#”号，以区别于立即数寻址。直接寻址是访问片内所有特殊功能寄存器的唯一寻址方式。

例 3-4：MOV A，30H；机器码为 E530H，把直接地址 30H 单元的内容送累加器 A，如图 3-4 所示。

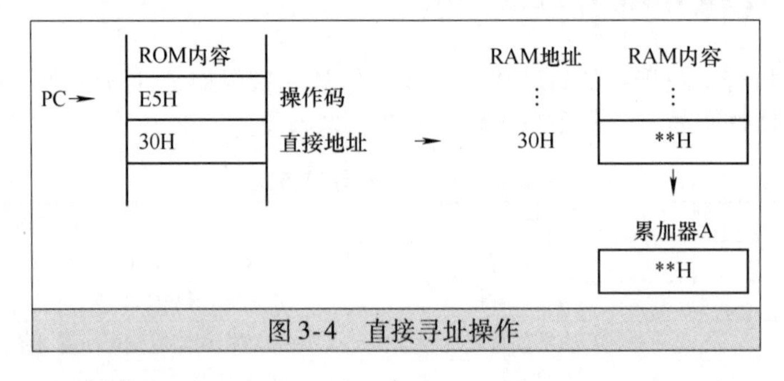

图 3-4　直接寻址操作

★3.2.3 寄存器间接寻址方式

间接寻址也称为寄存器间接寻址，它的特点是以指令中给出的寄存器中的数据为地址，从该地址的单元取得操作数。在指令中给出的寄存器内容是操作数的地址，而不是操作数，从该地址中取出的数才是真正的操作数。能用于寄存器间接寻址的寄存器有 R0、R1、DPTR、SP，其中 SP 仅用于堆栈操作。

为了区别寄存器寻址和寄存器间接寻址，在寄存器间接寻址方式中，应在寄存器名称前面加前缀标志@。@Ri（i=0，1）、@DPTR、@R0或@R1（用于访问片内RAM或片外RAM低8位地址范围为00H~FFH的单元）。

寄存器间接寻址的寻址范围如下：

1）访问内部RAM或外部数据存储器的低256B时，可采用R0或R1作为间址寄存器，通用形式为@Ri。

```
MOV   A，@Ri       ；（i=0，1）访问片内单元
MOVX  A，@Ri       ；（i=0，1）访问片外256B范围内的单元
```

2）访问片外数据存储器还可用数据指针DPTR作为间址寄存器，可对整个64KB外部数据存储器空间寻址。

```
MOV   DPTR，#* * * * H；
MOVX  A，@DPTR；访问片外RAM全部64KB范围，地址范围为0000H~FFFFH
```

3）执行PUSH和POP指令时，使用堆栈指针SP作间址寄存器来进行对栈区的间接寻址。

值得注意的是，对于片内RAM高端128B中的特殊功能寄存器SFR，不能使用间接寻址的方式访问，规定SFR只能用直接寻址方式访问，这样就可以把两者区别开来。

```
MAIN：MOV  A，#03H；A←03H
MOV   DPTR，8000H；DPTR←8000H
MOVX  @DPTR，A；(DPTR)←(A)
```

其中，第三条指令的目的操作数使用的是间接寻址方式，助记符MOVX表示指令的操作功能是“写片外RAM”，该MOVX @DPTR，A指令的执行过程如图3-5所示。

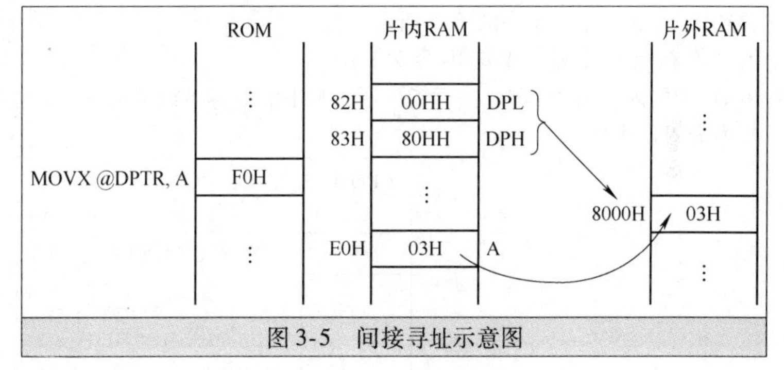

图3-5 间接寻址示意图

★3.2.4 立即寻址方式

立即寻址是指在指令中直接给出操作数，称为立即数。

立即寻址的特点是在指令码中直接含有操作数，就是放在程序存储器内的常数。该操作数紧跟在指令操作码之后，执行指令时从ROM中直接读出，立即得到。为了与直接寻址指令中的直接地址相区别，书写指令时通常在立即数前面用前缀符号“#”表示，它可以是8位二进制数#data，也可以是16位二进制数#data16。

以下是应用项目主程序中的几条立即寻址指令。

```
编号   指令                    注释
10  MAIN：MOV  A，#03H    ；A←03H
11  MOV  DPTR，#8000H     ；DPTR←8000H
13  MOV  SP，#5AH         ；SP←5AH
14  MOV  2BH，#60H        ；2BH←60H
15  MOV  2CH，#60H        ；2CH←60H
16  MOV  2DH，#24H        ；2DH←24H
17  MOV  TMOD，#01H       ；TMOD←01H
18  MOV  TL0，#0B0H       ；TL0←B0H
19  MOV  TH0，#3CH        ；TH0←3CH
20  MOV  IE，#87H         ；IE←87H
```

以上指令中的助记符MOV表示指令的操作功能是数据传送，注释用于说明指令功能。其中的编号是为了方便将所引用的内容进行对照而加上去的，不属于指令的组成部分，编译源程序时应把它们去掉。

★3.2.5 变址间接寻址方式

以一个基地址加上一个偏移量地址形成操作数地址的寻址方式称为变址寻址。变址寻址用于访问

程序存储器中的一个字节，该字节的地址是：基址寄存器（DPTR 或 PC）的内容与变址寄存器 A 中的内容之和。

基址寄存器加变址寄存器间接寻址方式，是 MCS-51 指令集所独有的。它是以程序计数器 PC 或数据指针 DPTR 作为基址寄存器（数据作为基地址），以累加器 A 作为变址寄存器（A 中的数据作为偏移量地址），这两者内容之和形成的 16 位程序存储器地址作为操作数地址。基址加变址寻址只能对程序存储器中数据进行操作，由于程序存储器是只读的，因此该寻址只有读操作而无写操作，此种寻址方式对查表访问特别有用。变址寻址方式只用于访问程序存储器 ROM 指令和变址寻址转移指令。由于 ROM 是只读存储器，所以访问 ROM 就是读 ROM 中的数据，指令助记符为 MOVC。

本寻址方式的指令只有 3 条：MOVC A，@A+DPTR、MOVC A，@A+PC 和 JMP @A+DPTR，前两条指令适用于读程序存储器中固定的数据，如表格处理；第三条为散转指令，A 中内容为程序运行后的动态结果，可根据 A 中内容的不同，实现向不同程序入口处的跳转。

例 3-5：设 DPTR = 2000H，A = 10H，如图 3-6 所示。

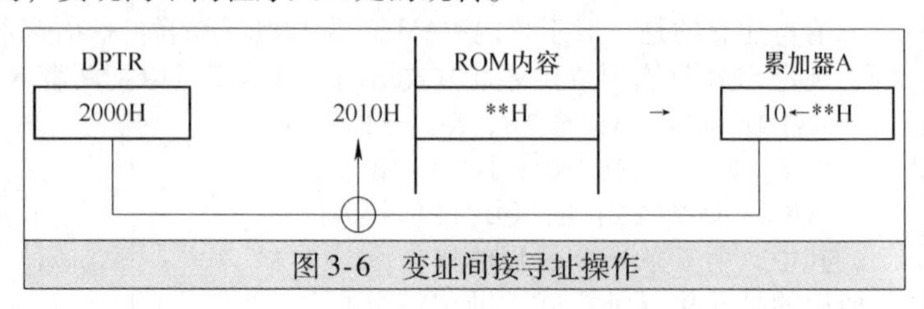

图 3-6　变址间接寻址操作

MOVC　A，@ A + DPTR；A ←((A) + (DPTR))

该指令的功能是将 ROM 中的数据传送到 A，它的执行过程如图 3-7 所示。这里假设执行指令前，A 的内容为 08H，DPTR 中的内容为 0146H。执行指令后，A 中的内容被地址为((A) + (DPTR))的 ROM 单元中的数据（已知为 7FH）代替。

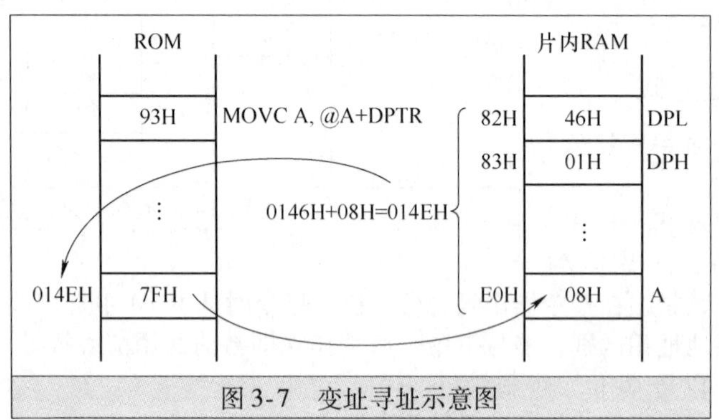

图 3-7　变址寻址示意图

★3.2.6　相对寻址方式

相对寻址方式是为解决程序转移而专门设置的，为相对转移指令所采用。其特点是，以程序计数器 PC 的当前值为基地址，加上指令中给出的相对偏移量 rel 得到目标转移地址后，再送入 PC 中，更新 PC 的值，从而实现程序跳转。因此，转移的目的地址可用下列公式计算：有效转移地址 = PC 的当前值 + rel = 转移指令所在地址值 + 转移指令字节数 + rel。

PC 的当前值是指执行完该指令后的 PC 值，即该转移指令的地址值加上它的字节数。其中，地址偏移量 rel 是单字节的带符号的 8 位二进制数补码数。它所能表示的范围是 -128 ~ +127，因此程序的转移范围是以转移指令的下一条指令首地址为基准地址，相对偏移在 -128 ~ +127 单元之间，既可向前转移，也可向后转移。

rel 的具体计算方法如下：

因为 PC 当前值 = 当前指令首地址 + 当前指令字节数

目标转移地址 = PC 当前值 + rel

所以 rel = 目标转移地址 - PC 当前值 = 目标转移地址 - 当前指令首地址 - 当前指令字节数。

当目标转移地址大于 PC 当前值时，rel 为正数，相对转移指令控制程序向前（PC 值增加方向）跳转，反之向后跳转。

在应用项目中断服务程序中使用相对寻址指令，指令形式是：JC rel。该指令的功能是：当 PSW 中的最高位 Cy = 1 时，控制程序跳转。

```
JC  NEXT1；若 Cy = 1，转 NEXT1
MOV  28H，#00H
NEXT1：LCALL  DISP
```

可见，指令 JC rel 中的 rel 是用标号 NEXT1 代替的，已知该指令的长度为 2B，编译后存在 ROM 中的首地址为 0086H，第二条指令的长度为 3B，那么，标号 NEXT1 的地址就是 008BH。

因此 rel = 目标转移地址 - 当前指令首地址 - 当前指令字节数 = 008BH - 0086H - 02H = 03H。

以上程序经编译后存储于 ROM 的情况及假设 Cy = 1 时的执行过程如图 3-8 所示。

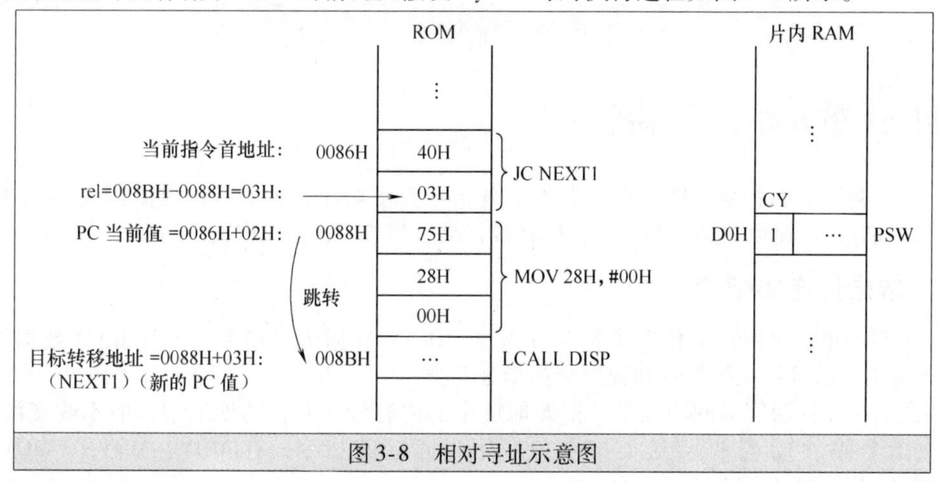

图 3-8　相对寻址示意图

★3.2.7　位寻址方式

通过位地址寻找操作数的寻址方式称为位寻址。位寻址是对片内 RAM 的位寻址区（20H ~ 2FH）、可以位寻址的专用寄存器的各位，进行位操作的寻址方式。可以位寻址的寻址范围是 216 位的位地址空间，分为两部分。

1）内部 RAM 中的位寻址区中字节地址为 20H ~ 2FH 的共 128 个位，位地址范围为 00H ~ 7FH。把位 40H 的值送到进位位 Cy，可写为 MOV　C，40H 或 MOV　C，(28H) .0。

2）可位寻址的 11 个特殊功能寄存器共 88 位。

SFR 中的可寻址位：2FH 单元中的最高位可表示为 7FH 或 2FH. 7；程序状态字 PSW 的第 5 位可表示为 0D5H、0D0H. 5、F0 或 PSW. 5。需要指出的是，在位寻址指令中，PSW 的最高位 D7（进位/借位标志位）Cy 不采用以上形式表示，而是用符号 C 表示。

例 3-6：用 4 种表示方法把 PSW 第 5 位 F0 置 1。

①直接使用位表示方法：SETB　0D5H。

②位名称的表示方法：SETB　F0。

③单元地址加位数的表示方法：SETB　(0D0H) .5。

④特殊功能寄存器符号加位数的表示方法：SETB　PSW. 5。

编写或阅读指令时，应注意位地址 bit 和直接地址 direct 的区别。

```
MOV  A，2FH；A←(2FH)
MOV  C，2FH；Cy←(2FH)
```

在第一条指令中，由于目标寄存器是累加器 A，因此，指令中的 2FH 是直接地址 direct，传送的数据是 8 位二进制数。

在第二条指令中，由于目标寄存器是进位/借位标志位 Cy，故其 2FH 属于位地址 bit，这个位单元是字节地址为 25H 单元中的最高位 D7，传送的数据是 1 位二进制数。该位寻址指令 MOV C，2FH 执行过程如图 3-9 所示。

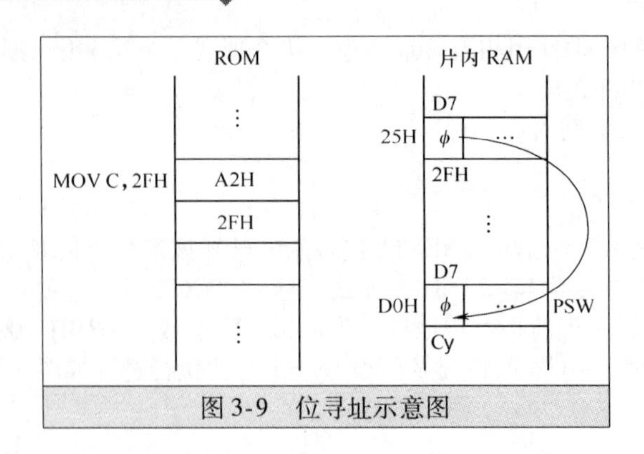

图 3-9　位寻址示意图

3.3　80C51 单片机指令系统

MCS－51 系列单片机指令系统的指令共 111 条指令，按功能分为五类：数据传送类（29 条）、算术运算类（24 条）、逻辑运算类（24 条）、控制转移类（17 条）、位操作类（17 条）。

★3.3.1　数据传送类指令

MCS－51 系列单片机的数据传送类指令分为片内 RAM 数据传送指令、片外 RAM 数据传送指令、ROM 数据传送指令、堆栈操作指令和数据交换指令 5 类。

数据传送类指令主要完成的功能是：把源地址中的内容传送到目的地址中，但不改变源地址中的内容（交换指令除外）。数据传送类指令是使用最频繁的指令，有 MOV、MOVX、MOVC、XCH、XCHD、SWAP、PUSH、POP 这 8 种。

数据传送属“复制”性质，而不是“搬家”，即该类指令执行后，源操作数不变，目的操作数被源操作数取代。数据传送类指令不影响进位标志位 Cy、辅助进位标志位 AC 和溢出标志位 OV，但不包括检验累加器奇偶性的标志位 P。以累加器 A 为目的操作数寄存器的指令都会对 PSW 中的奇偶标志位 P 有影响。所以在数据传送指令中，除了该类指令外，其余指令执行时，均不会影响任何标志位。

1　片内 RAM 数据传送指令（16 条）

片内 RAM 数据传送指令使用 MOV 助记符。这类指令主要用来实现在累加器 A、工作寄存器 Rn、直接寻址单元、间接寻址单元、立即数之间进行数据传送。MCS－51 系列单片机片内数据传送途径如图 3-10 所示。

如图 3-10 中箭头表示数据传送方向：双箭头表示可以双向相互传送，单箭头（实线）表示只能单向传送；单箭头（虚线）表示不同的直接寻址单元可以相互传送。

特点：除第一操作数为 A 的指令影响 P 位外，其他并不影响标志位，有三种传送指令。

一般格式如下：

MOV　＜目的字节＞，＜源字节＞

MOV：片内 RAM 和 SFR 之间的传送。

MOVX：片外 RAM 与 ACC 之间的传送。

MOVC：程序存储器的数据送 ACC。

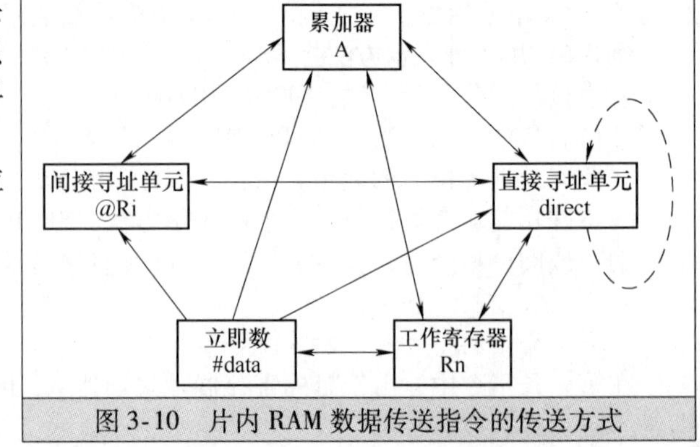

图 3-10　片内 RAM 数据传送指令的传送方式

表 3-2 列出了内部 RAM 数据传送指令、功能操作、机器代码和执行机器周期数。此类指令的特征是操作码为 MOV。

表 3-2 内部 RAM 数据传送指令、功能操作、机器代码和执行机器周期数

指令	功能操作	机器代码（十六进制）	机器周期数
MOV A，#data	A	74，data	1
MOV Rn，#data	Rn	78～7F，data	1
MOV @Ri，#data	Ri←data	76～77，data	1
MOV direct，#data	direct	75，direct，data	2
MOV DPTR，#data16	DPTR	90，data15～8，data7～0	2
MOV A，direct	A	E5，direct	1
MOV Rn，direct	Rn←（direct）	A8～AF，direct	2
MOV @Ri，direct	Ri	A6～A7，direct	2
MOV direct1，direct2	direct1←（direct2）	85，direct2，direct1	2
MOV @Ri，A	（Ri）←（A）	F6～F7	1
MOV A，Rn	A←（Rn）	E8～EF	1
MOV Rn，A	Rn←（A）	F8～FF	1
MOV direct，A	direct←（A）	F5，direct	1
MOV direct，Rn	direct←（Rn）	88～8F，direct	2
MOV A，@Ri	A←（（Ri））	E6～E7	1
MOV direct，@Ri	direct←（（Ri））	86～87，direct	2

例 3-7：写出下列指令的机器代码和对源操作数的寻址方式，并注释其操作功能。

MOV R6，#88H；机器代码 7E 88，立即寻址，将立即数 88H 传送到寄存器 R6 中

MOV @R1，48H；机器代码 A7 48，直接寻址，将片内 RAM 中 48H 地址单元中内容传送到以寄存器 R1 中的内容为地址的存储单元中

MOV 30H，R0；机器代码 88 30，寄存器寻址，将寄存器 R0 中的内容传送到片内 RAM30H 地址单元中

MOV 50H，@R0；机器代码 86 50，寄存器间址寻址，以 R0 中的内容为地址，再将该地址中的内容传送到片内 RAM 的 50H 地址单元中

（1）以累加器 A 为目的操作数的指令

这组指令的功能是把源操作数送入累加器 A 中，源操作数（或源地址）有#data、direct、@Ri、Rn 4 种类型。为了缩短指令的字节长度，加快指令执行速度，采用寄存器寻址的指令往往将寄存器的编号隐含在机器码中。

```
MAIN: MOV  A, #03H; A←03H
MOV  A, 28H; A←(28H)
MOV  A, @R0; A←((R0))
MOV  A, R2; A←(R2)
```

对于所有 MOV 类指令，累加器 A 是一个特别重要的 8 位寄存器，单片机 CPU 对它具有其他寄存器所没有的操作指令。

（2）以 Rn 为目的操作数的指令

这组指令的功能是把源操作数送入当前工作寄存器区的 Rn 中。该指令的源操作数（或源地址）只能具有 3 种类型。

注意：这组指令中没有 MOV Rn，@Ri 和 MOV Rn，Rn 这两种形式。

```
MOV  R3, #00H; R3←00H
MOV  R2, A; R2←(A)
```

（3）以直接地址为目的操作数

这组指令的功能是把源操作数送入直接地址指出的存储单元 direct 中。源操作数（或源地址）5 种类型全部具备。

```
MOV  SP, #5AH; SP←5AH
MOV  28H, A; 28H←(A)
MOV  3BH, @R1; 3BH←((R1))
MOV  2EH, DPL; 2EH←(DPL)
MOV  3AH, A; 3AH←(A)
```

(4) 以寄存器间接寻址为目的操作数

这组指令的功能是把源操作数送入以 Ri 的内容为地址的单元中。注意：这组指令没有 MOV @ Ri, Rn 和 MOV @ Ri, @ Ri 这两种形式。源操作数（或源地址）只能有 3 种类型。

```
MOV  @R0, A; (R0)←(A)
MOV  @R0, #00H; (R0)←00H
```

(5) 16 位数据送数据指针 DPTR

把高 8 位立即数送入 DPH，低 8 位立即数送入 DPL，地址指针 DPTR 由 DPH 和 DPL 组成。这是 MCS－51 指令系统中唯一的一条 16 位数据传送指令，用来设置地址指针。这条指令主要是用于配合下面将要介绍的片外 RAM 数据传送和 ROM 数据传送使用。

例 3-8：

```
MOV  30H, #7AH; 将立即数 7AH 送片内 RAM 的 30H 单元中
MOV  R0, #30H; 将立即数 30H 送 R0 寄存器
MOV  A, @R0; 将 R0 指定的 30H 中的数 7AH 送 A 中
MOV  DPTR, #1000H; 将 1000H 送 DPTR 寄存器
```

2 用于片外 RAM 传送的指令（4 条）

片外数据传送指令采用的助记符为 MOVX。该指令分为读片外 RAM 指令和写片外 RAM 指令两种。MOV 后面加 X，表示访问的是片外 RAM 或 I/O 接口，该类指令必须通过累加器 A 与外部 RAM 或 I/O 间相互传送数据。在单片机外接扩展的 I/O 接口时，往往是将相应的 I/O 接口映射为一个片外 RAM 地址。于是可以利用指令，通过对映射的片外 RAM 地址的读/写，实现从该 I/O 地址输入/输出数据。

表 3-3 列出了外部 RAM 数据传送指令、功能操作、机器代码和执行机器周期数，它们都是与片外 RAM 有关的数据传送指令。该类指令均涉及对片外 RAM 的 64KB 地址单元操作，而指令 MOVX @ Ri, A 和 MOVX A, @ Ri 中 Ri 只提供片外 RAM 地址的低 8 位地址，所以高 8 位应由 P2 提供。

表 3-3　外部 RAM 数据传送指令、功能操作、机器代码和执行机器周期数

指令	功能操作（i=0~1）	机器代码（十六进制）	机器周期数
MOVX　A, @Ri	A←((Ri))	E2~E3	2
MOVX　@Ri, A	(Ri)←(A)	F2~F3	2
MOVX　A, @DPTR	A←((DPTR))	E0	2
MOVX　@DPTR, A	(DPTR)←(A)	F0	2

读片外 RAM 单元或 I/O 的数据的指令用@ R0 或@ R1 间接寻址，地址位长为 8 位，可以读片外 RAM 单元的地址为××00H ~ ××FFH，低 8 位地址由指令给定，从 P0 口输出，并由地址锁存信号 ALE 锁存在外接地址锁存器中；高 8 位地址××H，由 P2 口的状态决定。指令用@ DPTR 间接寻址，地址位长为 16 位，可以读片外 RAM 单元整个 64KB 的空间，地址范围为 0000H ~ FFFFH。高 8 位地址 DPH 由 P2 口输出，低 8 位地址 DPL 由 P0 口输出，但 P0 口和 P2 口输出的访问地址都由指令指定。

这两种指令是让单片机读取和写入外部 RAM 或 I/O 的数据，此时对应引脚 P3.7（RD）、P3.6（WR）有效。值得注意的是，无论是读还是写片外 RAM，都要通过累加器 A 来完成。因此，在两个片外 RAM 单元中传送数据时，必须通过 A 进行中转。

例 3-9：(1) 外部 RAM 低 256B 单元与 A 之间的传送；(2) 64KB 外部 RAM 单元与 A 之间的传送。

```
MOV  R0, #80H
```

```
MOVX  A，@R0；将外部 RAM 的 80H 单元内容→A，
              ；将片外 RAM 的 2000H 单元中的内容传送到 3000H 单元
MOV   DPTR，#2000H；设指针
MOVX  A，@DPTR；取（2000H）的数
MOV   DPTR，#3000H；修改指针
MOVX  @DPTR，A；存到（3000H）单元
```

例 3-10：将立即数 18H 传送到外部 RAM 中的 0100H 单元中去。接着从片外 RAM 中的 0100H 单元取出数再送到外部 RAM 中的 0280H 单元中。

```
ORG   0000H；伪指令，指出下一指令首地址为 0000H
MOV   A，#18H；将立即数 18H 传送到累加器 A 中
MOV   DPTR，#0100H；将立即数片外 RAM 的地址 0100H 送到 DPTR 中
MOVX  @DPTR，A；将 A 中内容 18H 送到片外 RAM 地址 0100H 中
MOVX  A，@DPTR；将片外 RAM 的 0100H 单元中内容 18H 送到累加器 A 中
MOV   R0，#80H；将立即数 80H 送到寄存器 R0 中，作为片外 RAM 地址低 8 位
MOV   P2，#02；将片外 RAM 地址高 8 位置 2，由 P2 给出地址的高 8 位
MOVX  @R0，A；将 A 中内容 18H 送到片外 RAM 的 0280H 单元地址中
SJMP  $
END；伪指令，表示程序结束
```

3　用于 ROM 传送的指令（2 条）

由于 MCS－51 系列单片机规定 ROM 专门用于存放程序和常数，由编程器（俗称烧写器）写入，单片机正常工作时，只能从 ROM 中读出数据，而不能向 ROM 写入数据，传送为单向，因此，MCS－51 系列单片机仅有两条从程序存储器 ROM 中读出数据到累加器 A 的指令。表 3-4 为 ROM 数据传送指令、功能操作、机器代码和执行机器周期数。ROM 数据传送指令（程序存储器访问指令）的助记符为 MOVC。两条指令均属变址寻址指令，涉及 ROM 的寻地址空间均为 64KB。程序存储器中的常数被称为表格常数，它们在程序中多用于查数据表，故该两条指令也被称为查表指令。一般地，A 中内容称为变址，DPTR、PC 中内容称为基地址。

表 3-4　ROM 数据传送指令、功能操作、机器代码和执行机器周期数

指令	功能操作	机器代码（十六进制）	机器周期数
MOVC　A，@A+DPTR	A←（（A）＋（DPTR））	93	2
MOVC　A，@A+PC	PC←（PC）＋1 A←（（A）＋（PC））	83	2

（1）以 DPTR 的内容为基地址

MOVC　A，@A+DPTR 指令是以 DPTR 的内容为基地址的读 ROM 指令，该指令首先将 DPTR 中的数据（16 位无符号数）与 A 中的数据（无符号数）进行相加，获得基址与变址之和，将和作为地址（16 位的程序存储器 ROM 地址），再将该地址指定的程序存储器单元中的内容传送到累加器 A 中。低 8 位相加产生进位时，直接加到高位，并不影响标志。指令执行后，DPTR 的内容不变，累加器 A 内容变为从 ROM 读出的内容。因此常数表格的大小和位置可以在 64KB 程序存储器中任意安排，一个表格可以为各个程序块公用。

（2）以 PC 的内容为基地址

MOVC　A，@A+PC 指令以 PC 作为基址寄存器，以 PC 的内容为基地址的读 ROM 指令的机器码是 83H，它是单字节指令。取出该指令后，指令首先将 PC 值修正到指向该指令的下一条指令地址，即 PC 中的内容自动加 1，加 1 后的这个 PC 值（称为 PC 当前值）与 A 中的地址偏移量相加，得到一个新的 16 位的程序存储器 ROM 地址，然后，将该地址单元的内容传送到累加器 A。指令执行后，PC 中的内容不变，累加器 A 的内容变为从 ROM 读出的内容。

因为PC的值是一个字值，指向下一条指令的首地址，而A的值最大为256字节，则常数表格只能存放在该条查表指令后面的256个字节单元之内，表格的大小受到限制，而且表格只能被一段程序所利用。

例3-11：将程序存储器2010H单元中的数据传送到累加器A中。设程序的起始地址为2000H。

方法1：在访问前，必须保证A+DPTR等于访问地址，如该例中2010H，一般方法是访问地址低8位值（10H）赋给A，剩下的16位地址（2010H-10H）=2000H赋给DPTR。该编程与指令所在的地址无关。

```
ORG  2000H
MOV  DPTR, #2000H
MOV  A, #10H
MOVC  A, @A+DPTR
```

方法2：因为程序的起始地址为2000H，第一条指令为双字节指令，第二条指令为单字节指令，则第二条指令的地址为2002H，第二条指令的下一条指令的首地址就应为2003H，即PC=2003H，因为A+PC=2010H，故A=0DH。该编程与指令所在地址有关。由此例可见，此方法不利于修改程序，不建议使用。

```
ORG  2000H
MOV  A, #0DH
MOVC  A, @A+PC
```

用DPTR查表时，表格可以放在ROM的64KB范围，用PC指令时则必须把表格放在该条指令下面开始的255个字节的空间中。

```
MOV  A, @R0；取显示缓冲区中的数
MOV  DPTR, #SEGTAB；指向字形码表首
MOVC  A, @A+DPTR；查表、找字形码
SEGTAB: DB  3FH, 06H, 5BH, 4FH, 66H, 6DH, 7DH
        DB  07H, 7FH, 6FH
```

其中，#SEGTAB是字形码表的起始地址，该程序的功能是利用读ROM指令进行查表。

例3-12：在ROM的1000H开始存有5个字节数，编程将第二个字节数取出送片内RAM的30H单元中。

程序段如下：

```
MOV  DPTR, #1000H；设指针
MOV  A, #01H；序号
MOVC  A, @A+DPTR；取1001H单元的数
MOV  30H, A；存到片内
ORG  1000H；伪指令，定义数表起始地址
TAB: DB  55H, 67H, 9AH；在ROM 1000H开始的空间中定义5单字节
     DB  09H, 10H
```

例3-13：设某数N已存于20H单元（$N \leqslant 10$），查表求N的二次方值，存入21H单元。

程序段如下：

```
MOV  A, 20H；取数N
ADD  A, #03；加查表偏移量
MOVC  A, @A+PC；查表
NOP
MOV  21H, A
TAB: DB  00H, 01H, 04H, 09；定义数表
```

由于PC为程序计数器，总是指向下一条指令的地址。在执行第三条指令MOVC A，@A+PC时，在查表前应在A累加器中加上查表偏移量。

4 堆栈操作指令（2条）

堆栈是在片内RAM区中按“先进后出，后进先出”原则设置的专用存储区，是在内RAM开辟的一个数据的暂存空间，堆栈的一端固定，称为栈底；另一端是活动的，称为栈顶，栈顶的地址由堆栈指针SP指示。堆栈的操作只有进栈和出栈两种，进栈操作地址增加，出栈操作地址减少。堆栈的操作主要用于子程序、中断服务程序中的现场保护和现场恢复。

堆栈操作指令、功能操作、机器代码和执行机器周期数见表3-5。

表3-5 堆栈操作指令、功能操作、机器代码和执行机器周期数

指令	功能操作	机器代码（十六进制）	机器周期数
PUSH direct	SP←(SP) +1，(SP)←(direct)	C0	2
POP direct	direct←((SP))，SP←(SP) -1	D0	2

（1）堆栈指令使用的寻址方式是直接寻址

1）片内RAM低端128B的单元：用这些单元的字节地址表示，其中的工作寄存器区的单元也用字节地址表示，不能使用寄存器名，以区别于寄存器寻址。例如，当使用第0组工作寄存器时，R0的direct地址应写为00H。

2）片内RAM高端128B中的特殊功能寄存器SFR：通常直接用SFR的符号表示（但累加器ACC此时不能简写为A，否则为寄存器寻址），也可以用它们的字节地址表示。

（2）系统复位时，SP的初值为07H

可见系统默认的堆栈区，将占用工作寄存器区第1组工作寄存器以上的RAM单元，如果编写程序时，需要将这部分单元作为工作寄存器使用，就必须在系统初始化时对SP重新设置，以便将堆栈移至其他地方。

堆栈操作指令对堆栈指针SP而言是寄存器间接寻址指令，对direct而言是直接寻址，所以编写程序时应注意direct所表示的是直接地址。例如，在Keil软件中认定A、R1为寄存器，ACC、01H为直接地址。所以，指令PUSH ACC、PUSH 01H、POP 01H和POP ACC均为正确指令书写格式；而PUSH A、PUSH R1、POP R1和POP A均为错误书写格式。

```
MOV    SP, #5AH；栈底移至5AH
CLOCK:  PUSH  PSW；保护现场
PUSH  ACC
DONE1:  POP  ACC；恢复现场
POP  PSW
```

利用堆栈指令来完成40H与50H单元内容的交换的示例如图3-11所示。

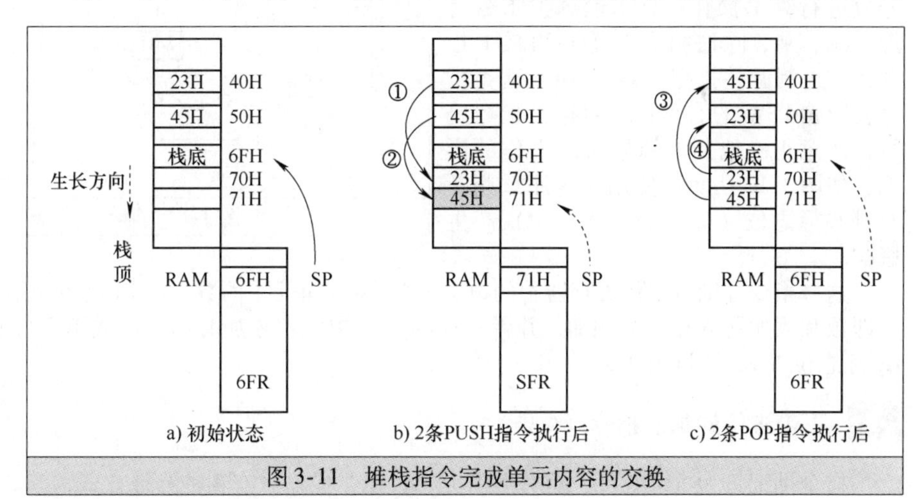

图3-11 堆栈指令完成单元内容的交换

```
MOV   SP, #6FH；将堆栈设在70H以上RAM空间
PUSH  40H；①将40H单元的23H入栈，之后（SP）=70H
PUSH  50H；②将50H单元的45H入栈，之后（SP）=71H
POP   40H；③将SP指向的71H单元的内容弹到40H单元，之后（SP）=70H
POP   50H；④将SP指向的70H单元的内容弹到50H单元，之后（SP）=6FH
```

5 数据交换指令（5 条）

1）字节交换：3 条指令功能是将累加器 A 的内容和源操作数交换，即将 A 中的内容与 3 种寻址方式指定的片内 RAM 单元中的内容进行相互交换。

例如，若（R0）=30H，（30H）=45H，（A）=67H。执行指令 XCH A，@ R0 后，（A）=45H，（30H）=67H，（R0）不变。

2）半字节交换：功能是累加器 A 的低 4 位与@ R0 或@ R1 指定的内部 RAM 低 4 位交换。各自的高半字节不变。

例如，假设（R0）=30H，（30H）=45H，（A）=67H。执行指令 XCHD A，@ R0 后，（A）=65H，（30H）=47H。（A）和（30H）的高半字节不变。

3）累加器内交换：功能是将累加器内高低半字节交换，即累加器 A 内的高 4 位与低 4 位交换。

例如，假设（A）=67H。执行指令 SWAP A 后，（A）=76H，即 $(A)_{7\sim4}$与 $(A)_{3\sim0}$进行了互换。

数据交换操作指令、功能操作、机器代码和执行机器周期数，如表 3-6 所示。

表 3-6　数据交换操作指令、功能操作、机器代码和执行机器周期数

指令	功能操作	机器代码（十六进制）	机器周期数
XCH　A，Rn	（A）↔（Rn）	C8 ~ CF	1
XCH　A，direct	（A）↔（direct）	C5，direct	1
XCH　A，@ Ri	（A）↔（（Ri））	C6 ~ C7	1
XCHD　A，@ Ri	$(A)_{3\sim0}$↔ $((Ri))_{3\sim0}$	D6 ~ D7	1
SWAP　A	$(A)_{7\sim4}$↔ $(A)_{3\sim0}$	C4	1

★3.3.2 算术运算类指令

算术运算类指令主要是对 8 位无符号数进行算术操作。算术运算类指令有加、减、乘、除法指令，增 1 和减 1 指令，十进制调整指令，共 24 条。这类指令会影响 PSW 的有关位，对这类指令要特别注意正确地判断结果对标志位的影响，如图 3-12 所示。使用时应注意判断对哪些标志位（Cy、OV、AC、P）产生影响。

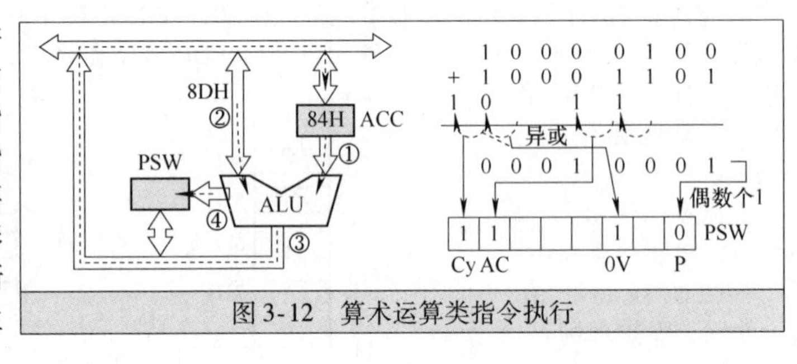

图 3-12　算术运算类指令执行

这些指令分别将工作寄存器中的数、内部 RAM 单元中的数、以 Ri 内容为地址中的数或 8 位二进制立即数和累加器 A 中的数相加，并将和存放在 A 中。若相加时第 3 位或第 7 位有进位，则分别将 AC、Cy 标志位置 1，否则为 0。

1 不带进位的加法指令（4 条）

指令助记符为 ADD，第一操作数都是 A，第二操作数有 4 种寻址方式。

8 位加法指令的一个加数总是来自累加器 A，而另一个加数可由寄存器寻址、直接寻址、寄存器间接寻址和立即数寻址等不同的寻址方式得到。加的结果总是放在累加器 A 中。使用本指令时，要注意累加器 A 中的运算结果对各个标志位的影响：

1）如果位 7 有进位，则进位标志 Cy 置 1，否则 Cy 清 0。

2）如果位 3 有进位，辅助进位标志 AC 置 1，否则 AC（AC 为 PSW 寄存器中的一位）清 0。

3）如果位 6 有进位，而位 7 没有进位，或者位 7 有进位，而位 6 没有进位，则溢出标志位 OV 置 1，否则 OV 清 0。和的 D7、D6 位同时有进位或同时无进位时，OV=0；D7、D6 位只有一个有进位时，

OV = 1。可表示为（OV）=（D7 进位）+（D6 进位）。

不带进位 C 的加法指令、功能操作、机器代码和执行机器周期数，见表 3-7。

表 3-7　不带进位 C 的加法指令、功能操作、机器代码和执行机器周期数

指令	功能操作	机器代码（十六进制）	机器周期数
ADD　A，Rn	（A）←（A）+（Rn）	28 ~ 2F	1
ADD　A，direct	（A）←（A）+（direct）	25，direct	1
ADD　A，@ Ri	（A）←（A）+（（Ri））	26 ~ 27	1
ADD　A，#data	（A）←（A）+ data	24，data	1

例 3-14：假设（A）= 7EH，（R2）= 02H，执行指令 ADD A，R2 的运算过程如下所示。

```
      (A)：0 1 1 1  1 1 1 0
  +  (R2)：0 0 0 0  0 0 1 0
      进位：1 1 1 1  1 1
  ─────────────────────────
        和：1 0 0 0  0 0 0 0
```

运算结果为：（A）= 80H，（Cy）= 0，（AC）= 1，（OV）= 1（因为 D7 无进位、D6 均有进位），（P）= 1。当把两个操作数看作是无符号数时，虽然 OV = 1，但运算结果是正确的。

当把两个操作数看作是带符号数时，由于（OV）= 1，表示结果产生溢出。因为当把两个操作数 7EH、02H 看作是带符号数时，对应的十进制数分别是 +126 和 +2，相加结果应为 +128，超出了 8 位二进制补码允许范围，所以产生溢出。结果为 1000 0000B，按补码表示方法，这是一个负数，两个正数相加不可能变为负数，所以结果是错误的。

2　带进位的加法指令（4 条）

指令助记符为 ADDC，比 ADD 多了加 Cy 位的值（之前指令留下的 Cy 值），主要用于多字节的加法运算，结果也送 A，影响 AC、Cy、OV、P 位。这些指令执行后，累加器 A 中内容为“和”。若相加时第 3 位或第 7 位有进位，则分别将 AC、Cy 标志位置 1，否则为 0。

指令的功能是把源操作数与累加器中的数据以及进位标志 Cy 的值相加并将相加结果送入累加器中。执行时，产生程序状态字 PSW 中标志位的情况与不带进位加法指令相同。值得注意的是，指令中所加的 Cy 值是在指令执行前形成的，而不是在指令执行过程中形成的。多字节相加：低字节用 ADD 指令，高字节用 ADDC 指令。

1）如果位 7 有进位，则进位标志 Cy 置 1，否则 Cy 清 0。

2）如果位 3 有进位，则辅助进位标志 AC 置 1，否则 AC 清 0。

3）如果位 6 有进位而位 7 没有进位，或者位 7 有进位而位 6 没有进位，则溢出标志 OV 置 1，否则标志 OV 清 0。

带进位 C 的加法指令、功能操作、机器代码和执行机器周期数见表 3-8。

表 3-8　带进位 C 的加法指令、功能操作、机器代码和执行机器周期数

指令	功能操作	机器代码（十六进制）	机器周期数
ADDC　A，Rn	（A）←（A）+（Rn）+ Cy	38 ~ 3F	1
ADDC　A，direct	（A）←（A）+（direct）+ Cy	35，direct	1
ADDC　A，@ Ri	（A）←（A）+（（Ri））+ Cy	36 ~ 37	1
ADDC　A，#data	（A）←（A）+ data + Cy	34，data	1

例 3-15：在片内 RAM 的 31H、30H 中存有双字节数（高在 31H、低在 30H 中），编程把该双字节数与 R2 中单字节数相加，和存储在片内 RAM 的 40H 单元开始的空间中（低位在先）。

```
MOV  R0，#30H；置被加数地址指针首址
MOV  R1，#40H；置和地址指针首址
MOV  A，@R0；取被加数低字节
ADD  A，R2；低字节相加，并产生进位 Cy
MOV  @R1，A；存和的低字节
INC  R0；地址指针增 1，指向 31H
INC  R1；地址指针增 1，指向 41H
MOV  A，@R0；取被加数的高字节
ADDC  A，#0；高字节与进位 Cy 相加，产生新的进位
MOV  @R1，A；存和中字节
INC  R1；地址指针增 1，指向 42H
MOV  A，#0；
ADDC  A，#0；把高位的进位 Cy 转到 A 中
MOV  @R1，A；存和的高字节，和可能为三字节数
```

3 带借位减法指令（4 条）

指令助记符为 SUBB。指令的功能都是第一操作数 A 的内容减去第二操作数的内容，再减去上次的 Cy 值，然后把差存入 A 中，同时产生新的 AC、Cy、OV、P 位的值。减法操作会对 PSW 中标志位 Cy、AC、OV 产生影响。当减法有借位时，则 Cy = 1，否则 Cy = 0。若低 4 位向高 4 位有借位，则 AC = 1，否则 AC = 0；若减法时最高位与次高位不同时发生借位，则 OV = 1，否则 OV = 0。

带借位 C 减法指令、功能操作、机器代码和执行机器周期数如表 3-9 所示。

表 3-9 带借位 C 减法指令、功能操作、机器代码和执行机器周期数

指令	功能操作	机器代码（十六进制）	机器周期数
SUBB A，Rn	A←(A) - (Rn) - Cy	98 ~ 9F	1
SUBB A，direct	A←(A) - (direct) - Cy	95，direct	1
SUBB A，@Ri	A←(A) - ((Ri)) - Cy	96 ~ 97	1
SUBB A，#data	A← (A) - data - Cy	94，data	1

注意：无不带借位的减法指令。

A 的内容减去指定变量和进位标志 Cy 的值，结果存在 A 中。

1）如果位 7 需借位，则 Cy 置 1，否则 Cy 清 0。

2）如果位 3 需借位，则 AC 置 1，否则 AC 清 0。

3）如果位 6 借位而位 7 不借位，或者位 7 借位而位 6 不借位，则溢出标志位 OV 置 1，否则 OV 清 0。

使用带借位减法指令需注意以下问题：

1）由于减法本身就属于带符号数运算，所以不宜将操作数看成是无符号数。单片机在进行减法时，实际上是在控制器的控制下，采用补码加法来实现的。

执行减法指令时，首先将减数变为原码，再取负（改变符号）并求补变为补码，然后再与以补码表示的被减数相加，将减法变加法。

2）在实际应用中，也可以通过手工减法运算判定减法的操作结果。只是这时 PSW 中的标志位改为按如下规则产生：

借位标志 Cy：差的 D7 位有借位时，（Cy） =1；否则，（Cy） =0。

辅助借位标志 AC：差的 D3 位有借位时，（AC） =1；否则，（AC） =0。

溢出标志 OV：差的 D7、D6 位同时有借位或同时无借位时，（OV） =0；差的 D7、D6 位只有一个

有借位时，(OV) =1。可表示为：(OV) = (D7 借位) + (D6 借位)。

当 OV =1 时，表示按补码运算法则得到的结果产生溢出，超出了 8 位二进制补码所允许的数值范围（-128 ~ +127）。

奇偶标志 P：当累加器 ACC 中 1 的个数为奇数时，(P) =1；为偶数时，(P) =0。

3）MCS-51 指令系统中没有不带借位的减法指令，若需进行不带借位的减法，可通过在带借位减法指令前插入一条对 Cy 清 0 的指令 CLR C 来实现。

例 3-16：已知 (A) =98H，(30H) =85H，求 (A) - (30H)。程序如下：

```
CLR  C；将前次 Cy 清 0
SUBB  A，30H
```

假设 (A) =7EH，(R2) =FFH，(Cy) =0，执行指令

```
SUBB  A，R2；A← (A) - (R2) - (Cy)
```

计算：7EH - FFH = 7EH - FFH = 0111 1110B - 1111 1111B。

4　乘除法指令（2 条）

(1) 乘法指令

该指令的功能是将累加器 A 与寄存器 B 中的两个无符号 8 位整数相乘，执行后乘积为 16 位，并把 16 位乘积的高 8 位存入寄存器 B 中，低 8 位存入累加器 A 中。

该指令只影响 PSW 中的 3 个标志位：当乘积大于 0FFH 即 255，溢出标志位 (OV) =1，否则 OV 复位；奇偶标志 P 仍由累加器 A 中 1 的个数而定；进位标志 Cy 总是被清 0。

例如，若 (A) = A0H，(B) =40H，执行指令：MUL　AB。

结果为：(B) =28H，(A) =00H，(OV) =1，(P) =0，(Cy) =0。

说明：当积大于 255 (0FFH) 时，即积的高字节 B 不为 0 时，置 OV =1，否则 OV =0；Cy 位总是 0。

MUL 指令实现 8 位无符号数的乘法操作，乘法指令是整个指令系统中执行时间最长的 2 条指令之一。它需要 4 个机器周期（48 个振荡周期）完成一次操作，对于 12MHz 晶振频率的系统，其执行一次的时间为 4μs。

(2) 除法指令

该指令的功能是将累加器 A 中的 8 位无符号二进制数除以寄存器 B 中的 8 位无符号二进制数，所得的商存入累加器 A 中，余数存入寄存器 B 中。该指令也只影响 PSW 中的 3 个标志位，对 Cy 和 P 的影响与乘法指令相同。指令执行后，进位标志位 Cy 总是清 0，当除数为 0 时，表示除数为 0 的除法无意义，结果 A、B 中的内容不定，此时 OV 标志位置位，说明除法溢出。累加器 A 的结果影响 P 标志。

例如，假设 (A) = A0H，(B) =40H，执行指令：DIV　AB。

结果为：(A) =02H，(B) =20H，(OV) =0，(P) =1，(Cy) =0。

算术运算指令都是针对 8 位二进制无符号数的。若要进行带符号或多字节二进制数运算，需编写具体的运算程序，通过执行程序实现。无符号数相除，当除数 (B) =0 时，结果为无意义，并置 OV =1；Cy 位总是 0。

乘除法指令、功能操作、机器代码和执行机器周期数见表 3-10。

表 3-10　乘除法指令、功能操作、机器代码和执行机器周期数

指令	功能操作	机器代码（十六进制）	机器周期数
MUL　AB	$(B_{7\sim0})$ $(A_{7\sim0})$←(A)×(B)	A4	4
DIV　AB	(A)←(A)/(B) 的商 (B)←(A)/(B) 的余数	84	4

5　加 1 指令（5 条）

增量指令：助记符为 INC，指令的功能是将操作数中的内容加 1。除对 A 操作影响 P 外不影响任何标志。

加 1 指令、功能操作、机器代码和执行机器周期数 如表 3-11 所示。

表 3-11　加 1 指令、功能操作、机器代码和执行机器周期数

指令	功能操作	机器代码（十六进制）	机器周期数
INC　Rn	Rn←(Rn) +1	08 ~ 0F	1
INC　direct	direct←(direct) +1	05，direct	1
INC　@Ri	(Ri)←((Ri)) +1	06 ~ 07	1
INC　A	A←(A) +1	04	1
INC　DPTR	DPTR←(DPTR) +1	A3	2

6　减 1 指令（4 条）

这组指令的功能是将指令中指定单元的内容减 1，结果再送回原单元。除了 DEC A 指令影响 PSW 中的 P 标志位，其余指令都不影响 PSW 中的标志位。功能是指定的变量减 1。若原来为 00H，减 1 后下溢为 FFH，不影响标志位（P 标志除外）。

减 1 指令、功能操作、机器代码和执行机器周期数见表 3-12。

表 3-12　减 1 指令、功能操作、机器代码和执行机器周期数

指令	功能操作	机器代码（十六进制）	机器周期数
DEC　Rn	Rn←(Rn) -1	18 ~ 1F	1
DEC　direct	direct←(direct) -1	15，direct	1
DEC　@Ri	(Ri)←((Ri)) -1	16 ~ 17	1
DEC　A	A←(A) -1	14	1

注意：没有对 DPTR 的减 1 操作指令。

虽然没有不带 C 的减法指令，但可在带 C 的减法指令前将 C 清 0（清进位标志指令 CLR C），其实际效果就是不带 C 的减法运算。

7　十进制调整指令（1 条）

ADD、ADDC 指令都是对 8 位二进制数进行加法运算，当两个 BCD 码数进行加法时，必须增加一条 DA A 指令（对其结果进行调整），否则结果就会出错。出错原因在于 BCD 码共有 16 个编码，但只用其中的 10 个，剩下 6 个没用到。这 6 个没用到的编码（1010，1011，1100，1101，1110，1111）为无效编码。在 BCD 码加运算中，凡结果进入或者跳过无效编码区时，结果出错。无论哪种错误，都是因为 6 个无效编码造成的。因此，只要出现上述两种情况之一，就必须调整。方法是把运算结果加 6 调整，即十进制调整修正。

十进制调整方法如下：

1）累加器低 4 位大于 9 或辅助进位位 AC =1，则低 4 位加 6 修正。

2）累加器高 4 位大于 9 或进位位 Cy =1，则高 4 位加 6 修正。

3）累加器高 4 位为 9，低 4 位大于 9，高 4 位和低 4 位分别加 6 修正。

上述调整修正是通过执行指令 DA A 来自动实现的。

该指令的功能是将累加器 A 中刚进行的两个压缩的 BCD 码（十进制数的二进制编码）加法结果进行十进制调整。这条指令通常要紧跟在加法指令之后使用。

十进制调整指令、功能操作、机器代码和执行机器周期数见表 3-13。

表 3-13 十进制调整指令、功能操作、机器代码和执行机器周期数

指令	功能操作	机器代码（十六进制）	机器周期数
DA A	若［$(A_{3\sim0})>9$］∨［(AC)=1］则 $(A_{3\sim0})\leftarrow(A_{3\sim0})+6$ 若［$(A_{7\sim4})>9$］∨［(Cy)=1］则 $(A_{7\sim4})\leftarrow(A_{7\sim4})+6$	D4	1

注意：①DA 指令只能跟在加法指令后面使用；②调整前参与运算的两数是 BCD 码数；③DA 指令不能与减法指令配对使用，但可以实现 A 中压缩 BCD 数进行减 1 操作；④执行十进制调整指令后，PSW 中的 Cy 表示结果的百位值。

由于 BCD 码加法是逢十进一，但单片机实际上进行的是二进制加法，它在两个相邻 BCD 码之间实际上是逢十六进一，从而将 10～15 表示为 AH～FH；16～18 表示为 10H～12H，出现非 BCD 码。所以两个压缩的 BCD 码按二进制相加后，必须经过调整才能得到正确地用 BCD 码形式表示的和。调整的方法是，当出现 AH～FH、10H～12H 时，通过加 6 修正，使之分别调整为 10～15、16～18，符合 BCD 码逢十进一的原则。中间结果的修正是由 ALU 硬件中的十进制修正电路自动进行的。

例 3-17：(A)=56H，(R5)=67H，把它们看作两个压缩的 BCD 数，进行 BCD 加法。执行修正：

```
ADD A, R5              0101  0110；表示 BCD 码 56
                     + 0110  0111；表示 BCD 码 67
                     ------------
DA  A                  1011  1101；是二进制加法结果
                                  ；且高 4 位和低 4 位都大于 9
调整：               + 0110  0110；DA A 调整，对高 4 位和低 4 位都加 6
                     ------------
               Cy=1←0010  0011；调整结果得和数为 123
        BCD 和数：1       2       3
```

结果：(A) =23H，Cy=1，由此可见，56H+67H=123H，结果正确。

设计将两个 BCD 码相加的执行程序如下：

```
ORG  0000H
MOV  A, #56H；将 56H 传送到 A 中，但表示的是 BCD 数 56
MOV  B, #67H；将 67H 传送到 B 中，但表示的是 BCD 数 67
ADD  A, B ; Cy=0，(A) =BDH，但数 BDH 为二进制加法结果，
              ；要得出正确的 BCD 码的和数，必须对结果进行十进制调整
DA   A ; 调整后 Cy=1、(A) =23H、AV=1。Cy 中内容和 A 中内容构成的数正是 BCD
       ; 和数，56H+67H=123H，可见 Cy 中内容表示 BCD 的和数的百位
SJMP  $
END
```

当需要进行 BCD 码减法时，可通过求减数的补数，把被减数－减数变为被减数＋减数的补数，即把减法变为加法，然后再用 DA A 指令进行调整，便可实现 BCD 码的减法运算。

设 X 表示一个 BCD 码，则对于长度为两位 BCD 码的 X 的补数为 $100-|X|$。例如：

$89-69=89+[69]_{补}=89+(100-69)=89+31=120$

在单片机中可用 9AH 代表上式中的 100，实现上述运算。

★3.3.3 逻辑运算类指令

逻辑运算类指令有“或”操作指令、“与”操作指令 、“异或”操作指令、取反与累加器清 0 指令、循环移位指令，共 24 条。特点是当 A 作为目的操作数（第一操作数）时，影响 P 位；带进位的移位指令影响 Cy 位，其余都不影响 PSW。

1 逻辑“或”运算指令（6 条）

按位相“或”，其中有 4 条指令的第一操作数都为 A，另外两条指令的第一操作数为 direct。

逻辑“或”指令、功能操作、机器代码和执行机器周期数见表3-14。

表3-14 逻辑“或”指令、功能操作、机器代码和执行机器周期数

指令	功能操作	机器代码（十六进制）	机器周期数
ORL A，Rn	A←(A)∨(Rn)	48～4F	1
ORL A，direct	A←(A)∨(direct)	45，direct	1
ORL A，@Ri	A←(A)∨((Ri))	46～47	1
ORL A，#data	A←(A)∨ data	44，data	1
ORL direct，A	direct←(direct)∨(A)	42，direct	1
ORL direct，#data	direct←(direct)∨data	43，direct，data	2

这组指令功能：在指出的变量之间执行以位为基础的逻辑“或”操作，结果存放到目的变量所在的寄存器或存储器中。

为了使P1口的高4位都变为1，而低4位保持不变。可以执行如下指令。

```
ORL  P1，#0F0H；P1←(P1)∨F0H
```

2 逻辑“与”运算指令（6条）

指令功能是将A的内容与立即数0FH进行逻辑“与”运算。由于0FH的低4位为1111B，高4位为0000B，所以无论A中的高4位原来是何值，相“与”后，A中的高4位都将变为0000B，而A中的低4位保持不变。因此，该指令的功能是屏蔽A中的高4位，取出A中的低4位。

与ORL指令类似，都是按位“与”，其中4条指令的第一操作数为A，两条指令的第一操作数为direct。

逻辑“与”指令、功能操作、机器代码和执行机器周期数见表3-15。

表3-15 逻辑“与”指令、功能操作、机器代码和执行机器周期数

指令	功能操作	机器代码（十六进制）	机器周期数
ANL A，Rn	A←(A)∧(Rn)	58～5F	1
ANL A，direct	A←(A)∧(direct)	55，direct	1
ANL A，@Ri	A←(A)∧((Ri))	56～57	1
ANL A，#data	A←(A)∧ data	54，data	1
ANL direct，A	direct←(direct)∧(A)	52，direct	1
ANL direct，#data	direct←(direct) ∧data	53，direct，data	2

这组指令在指出的变量之间以位为基础进行逻辑“与”操作，结果存放到目的变量所在的寄存器或存储器中。

```
PUTT1：ANL  A，#0FH；屏蔽高4位
MOV  @R0，A；放进显示缓冲区
```

例3-18：设30H单元内容为56H，将高低4位拆开。

```
MOV  A，30H；取数
ANL  A，#0FH；屏蔽高4位
MOV  40H，A；存低4位
MOV  A，30H；再取
ANL  A，#0F0H；屏蔽低4位
SWAP  A；高低4位交换
MOV  41H，A；存高4位
```

3　逻辑“异或”运算指令（6 条）

“异或”操作的用法：某位用“0”异或不变；用“1”异或该位取反，也称为“指定位取反”。这组指令功能在指出的变量之间执行以位为基础的逻辑“异或”操作，结果存放到目的变量所在的寄存器或存储器中。

逻辑“异或”指令、功能操作、机器代码和执行机器周期数见表 3-16。

表 3-16　逻辑“异或”指令、功能操作、机器代码和执行机器周期数

指令	功能操作	机器代码（十六进制）	机器周期数
XRL　A，Rn	A←(A)⊕ (Rn)	68～6F	1
XRL　A，direct	A←(A)⊕ (direct)	65，direct	1
XRL　A，@Ri	A←(A)⊕((Ri))	66～67	1
XRL　A，#data	A←(A)⊕ data	64，data	1
XRL　direct，A	direct←(direct)⊕(A)	62，direct	1
XRL　direct，#data	direct←(direct) ⊕ data	63，direct，data	2

使用逻辑“异或”指令可以令某个单元中的某些位取“反”，其余位保持不变。为了使 P1 口的高 4 位变“反”，低 4 位保持不变，可以执行如下指令：

```
XRL  P1，#0F0H；P1← (P1) +F0H
```

说明：逻辑运算中，“与”运算常用于对某些位清 0，“或”运算常用于对某些位置 1，“异或”运算常用于对某些位取反。

例如：使 P1 口的低 2 位为 0，高 2 位取反，其余位不变。

```
ANL  P1，#11111100B；对 2 位清 0
XRL  P1，#11000000B；对 2 位取反
```

4　简单逻辑操作指令（2 条）

（1）累加器取反指令

对累加器 A 的内容各位求反，结果送回 A 中，影响 P 位。

功能：累加器 A 按位取反，不影响 Cy、AC、OV 等标志。

（2）累加器清 0 指令

将累加器 A 的内容清 0。

功能：是对累加器 A 的内容取反，操作结果仍留在 A 中，不影响 Cy、AC、OV 等标志。这两条指令皆为单字节单周期指令。虽然使用数据传送或逻辑“异或”指令同样也可以达到对累加器 A 清 0 或取反的目的，但那些指令的长度为两个字节。所以完成同样的功能时，使用上述指令能使程序更为优化。

取反或累加器清 0 指令、功能操作、机器代码和执行机器周期数见表 3-17。

表 3-17　取反或累加器清 0 指令、功能操作、机器代码和执行机器周期数

指令	功能操作	机器代码（十六进制）	机器周期数
CLR　A	A←00H	E4	1
CPL　A	A←$\bar{A}$	F4	1

注意：这两条指令仅对 A 有效。

5　循环移位指令（4 条）

其中有两条不带 Cy 位的逐位循环移位一次指令，不影响 PSW。有两条带 Cy 位的逐位循环移位一

次指令，影响 Cy 位和 P 标志位。

循环移位指令、功能操作、机器代码和执行机器周期数见表 3-18。

表 3-18　循环移位指令、功能操作、机器代码和执行机器周期数

指令	功能操作	机器代码（十六进制）	机器周期数
RL　A	$(A_{n+1})\leftarrow(A_n)$；$n=6\sim0$，$(A_0)\leftarrow(A_7)$	23	1
RR　A	$(A_n)\leftarrow(A_{n+1})$；$n=0\sim6$，$(A_7)\leftarrow(A_0)$	03	1
RLC　A	$(A_{n+1})\leftarrow(A_n)$；$n=6\sim0$，$(A_0)\leftarrow(Cy)$，$(Cy)\leftarrow(A_7)$	33	1
RRC　A	$(A_n)\leftarrow(A_{n+1})$；$n=0\sim6$，$(A_7)\leftarrow(Cy)$，$(Cy)\leftarrow(A_0)$	13	1

注：这 4 条指令仅对 A 有效。

循环移位指令的操作过程如图 3-13 所示。

例 3-19：将双字节数（R2）（R3）右移一位。

```
CLR  C
MOV  A, R2
RRC  A
MOV  R2, A
MOV  A, R3
RRC  A
MOV  R3, A
```

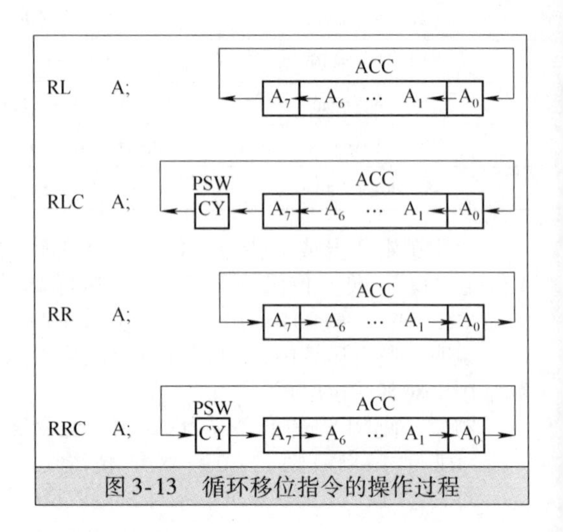

图 3-13　循环移位指令的操作过程

★3.3.4　控制转移类指令

控制程序转移类指令主要功能是控制程序转移到新的 PC 地址去执行。

指令的实质：找一个新的 PC 值，从而改变程序执行方向。分为 4 大类，即无条件转移指令、条件转移指令、调用指令和返回指令、空操作。

1　无条件转移指令（4 条）

（1）长转移指令

LJMP　addr16；PC←(PC)+3，PC←addr16，指令长度为三字节

该指令执行时，把转移的目的地址，即指令的第二和第三字节分别装入 PC 的高位和低位字节中，无条件地转向 addr16 指定的目的地址，即 64KB 程序存储器地址空间的任何位置。

说明：

①因指令中包含 16 位地址，是 64KB 范围内的跳转。由于 addr16 是一个 16 位地址，表示范围为 0000H ~ FFFFH，所以该指令可以在 64KB 的 ROM 范围内实现转移。

②执行：先 PC+3→PC，然后 addr16→PC。由此可见，第一步无实际作用。

例如，执行 2000H：LJMP　3000H 后，PC 的变化？

PC+3=2003H，PC=3000H

实际编程时，addr16 通常也用标号代替，交由编译软件自动计算并仿真。

本指令为三字节指令，其转移的目标地址范围在 ROM 的 64KB 中，addr16 一般用代表转移地址的标号表示，也可以是 ROM 中的地址。若 addr16 为 1234H，则执行 LJMP 1234H 后，转移到 ROM 中的 1234H 处。

（2）短（相对）转移指令

SJMP　rel；PC←PC+2+rel，指令长度为双字节

其指令执行过程是：先将指令中的 rel 值作为目标地址低 8 位（高 8 位视为 00H）；如果是标号，就根据标号找到其对应的目标地址；然后根据目标地址计算需要写进 ROM 中的 rel 值。计算时，运用补码运算法则。若无溢出，表示结果正确，仿真 rel；若产生溢出，表示超出指令所能转移的范围，输出出错信息，提示指令有误。

在编程时，若需要单片机实现动态停机，可以使用如下指令：

```
HERE: SJMP  HERE
```

或用“$”（$代表当前指令的首地址）代替指令中的 rel，写成：

```
HERE: SJMP  $    或
SJMP  $
```

采用以上介绍的计算方法，可求得 rel 值为 -2，补码表示为 FEH。由于目标转移地址与当前指令首地址相同，所以单片机将连续重复执行该指令，貌似停机，却不是真正停机，故称为动态停机。

由于相对转移指令的机器码是 80H rel，长度为 2B。其中，rel 是一个以 8 位补码表示的带符号地址偏移量，取值范围为 +127 ~ -128（00H ~ 7FH 对应表示 0 ~ +127，80H ~ FFH 对应表示 -128 ~ -1）。对应的汇编语言指令 SJMP rel 中的符号 rel 实际上表示的是目标转移地址，只是要求该地址应在相对于该指令下一指令地址的 -128 ~ +127B 的范围内，即有相对意义的目标转移地址。其目的地址是由 PC 中的当前值和指令的第二字节中带符号的相对地址相加而成的。因此，本指令转移的范围为：下一条指令的前 128 或本指令后 127B 的范围内（范围 -126 ~ +129）。为正数时，控制程序向前（PC 值增加方向）跳转；反之向后跳转。

AT89C51 单片机指令系统中，没有停机指令，通常就用指令 SJMP $ 实现动态停机的操作。

例 3-20：

```
LOOP: MOV  A, R6
SJMP  LOOP
```

汇编时，跳到 LOOP 处的偏移量由汇编程序自动计算和填入。

（3）绝对转移指令

AJMP addr11; PC←(PC)+2, $PC_{10\sim0}$←addr11，指令长度为双字节

该指令提供 11 位目的地址 a10 ~ a0（即 addr11），其中 a10 ~ a8 则位于第 1 字节的高 3 位，a7 ~ a0 在第 2 字节。操作码只占第 1 字节的低 5 位。

由于该指令的机器码是 a10a9a80 0001B、a7a6a5a4 a3a2a1a0B，长度为两个字节，所以该指令执行时，PC 当前值等于当前指令首地址加 2（这时 PC 指向的是 AJMP 的下一条指令首地址），然后将指令中的 11 位地址码（a10 ~ a0）替换 PC 当前值的后 11 位，PC 当前值的前 5 位不变，从而构成目标地址，实现无条件转移。这时（PC）中内容的高 5 位 PC_{15} ~ PC_{11} 决定页。对这 5 位而言，它的变化范围为 00000 ~ 11111（0 ~ 31），所以共有 32 个页，对应页号为 0 ~ 31，每页对应的地址范围不同，如图 3-14 和表 3-19 所示。但每页地址范围的字节数都是 2KB（因 11 位二进制数的范围是 0 ~ 7FFH），真正转移的地址是 ROM 中的某个 16 位地址，其高 5 位必须是该指令的下一条指令地址的高 5 位（表示页号），它可在指令下一条指令地址之前或之后。但该地址不能超出对应页号的 2KB 地址范围，否则出错。若该指令正好在某页地址范围的最后两个单元，则绝对转移地址将在下一页 2KB 的地址范围内。例如，指令地址在 0 页中的 07FE、07FF 单元，则绝对转移地址应在 1 页的 0800 ~ 0FFF 内。

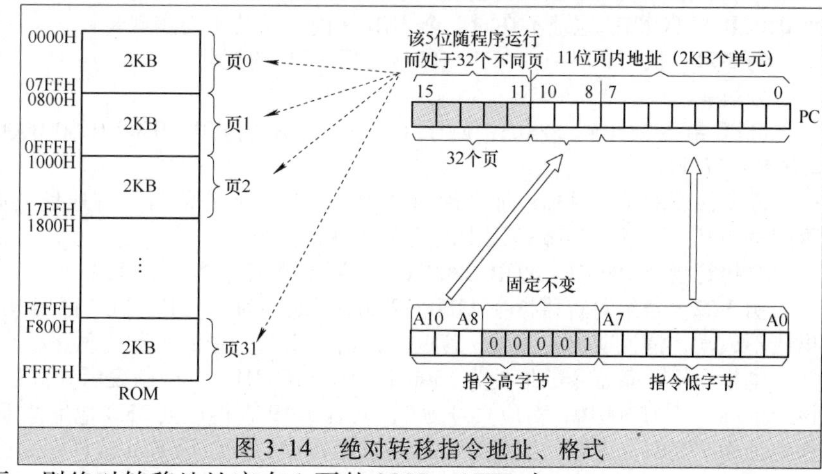

图 3-14　绝对转移指令地址、格式

表 3-19　ROM 空间中 32 个（页）2KB 地址范围（表中省去了十六进制后缀 H）

页号	地址范围	页号	地址范围	页号	地址范围	页号	地址范围
0	0000 ~ 07FF	8	4000 ~ 47FF	16	8000 ~ 87FF	24	C000 ~ C7FF
1	0800 ~ 0FFF	9	4800 ~ 4FFF	17	8800 ~ 8FFF	25	C800 ~ CFFF
2	1000 ~ 17FF	10	5000 ~ 57FF	18	9000 ~ 97FF	26	D000 ~ D7FF
3	1800 ~ 1FFF	11	5800 ~ 5FFF	19	9800 ~ 9FFF	27	D800 ~ DFFF
4	2000 ~ 27FF	12	6000 ~ 67FF	20	A000 ~ A7FF	28	E000 ~ E7FF
5	2800 ~ 2FFF	13	6800 ~ 6FFF	21	A800 ~ AFFF	29	E800 ~ EFFF
6	3000 ~ 37FF	14	7000 ~ 77FF	22	B000 ~ B7FF	30	F000 ~ F7FF
7	3800 ~ 3FFF	15	7800 ~ 7FFF	23	B800 ~ BFFF	31	F800 ~ FFFF

指令提供 11 位地址 a10 ~ a0（即 addr11），其中 a10 ~ a8 位于第 1 字节的高 3 位，a7 ~ a0 在第 2 字节。操作码只占第 1 字节的低 5 位。实际编程时，汇编语言指令 AJMP addr11 中 addr11 往往是代表绝对转移地址的标号或 ROM 中的某绝对转移的 16 位地址。经汇编后自动翻译成相对应的绝对转移机器代码。所以不要将 addr11 理解成一个 11 位地址，而应理解为该指令的下一条指令地址高 5 位所决定的页内的“绝对转移”地址。

指令构造转移目的地址：执行本指令，PC 加 2，然后把指令中的 11 位无符号整数地址 addr11（a10 ~ a0）送入 PC. 10 ~ PC. 0，PC. 15 ~ PC. 11 保持不变，形成新的 16 位转移目的地址。

需注意，目标地址必须与 AJMP 指令的下一条指令首地址的高 5 位地址码 a15 ~ a11 相同，否则将混乱。所以是 2KB 范围内的无条件跳转指令。

若将 MCS－51 系列单片机 64KB 的 ROM 寻址空间分成 32 个 2KB 区，同一个 2KB 区的前 5 位地址相同，后 11 位地址可从全 0 变为全 1。例如，0000H ~ 07FFH、1000H ~ 17FFH、0800H ~ 0FFFH、1800H ~ 1FFFH 均是同一个 2KB 区。

因为，AJMP 指令的目标转移地址和取出该指令后 PC 中的地址（即 PC 当前值）的高 5 位相同。所以，AJMP 指令的目标转移地址和 PC 当前值地址必在同一个 2KB 区。也就是说，AJMP 指令只能在与 PC 当前值对应的同一个 2KB 区内实现向前或向后转移。

实际编程时，addr11 通常也用标号代替，交由编译软件自动计算并仿真。若程序中使用如下指令：

```
AJMP  NEWADDR
```

已知，标号 NEWADDR 对应的地址为 0100H，则有

1）若假设该指令的首地址为 0500H，取出该指令后，PC 当前值为 0502H，转移目标地址 0100H 与 PC 当前地址在同一个 2KB 区内，所以可以转移。

2）若假设该指令的首地址为 0FFEH，则取出该指令后，PC 当前值为 1000H，这时，转移目标地址 0100H 与 PC 当前地址不在同一个 2KB 区内，因此不能实现转移。

例 3-21：执行 2000H：AJMP 600H 之后，PC 的变化？

分析：①PC + 2 = 2002H；

②PC 由 2002H 到 2600H，属于 PC 变化范围内 0010 0000 0000 0000 ~ 0010 0111 1111 1111，即 2000H ~ 27FFH。

需要注意的是，目标地址必须与 AJMP 指令的下一条指令首地址的高 5 位地址码 a15 ~ a11 相同，否则将混乱。所以是 2KB 范围内的无条件跳转指令。

若执行指令 2000H：AJMP 2800H 可以吗？答案显然是不可以。

例 3-22：若绝对转移指令 AJMP 1789H 的地址为 1500H，试讨论用 Keil 汇编此指令是否会成功？若出错不成功，请说明出错原因；若成功，请写出该指令的机器代码。

本指令下一条指令的地址为 1500H + 2H = 1502H，二进制表示（高位在前）为 00010101 00000010。该地址高 5 位为 00010，对应页号为 2，从表 3-19 查得该页 2KB 地址范围为 1000H ~ 17FFH。因绝对转移地址为 1789H，正好在该页的 2KB 地址范围中。所以用 Keil 软件汇编此指令显示结果为成功。

转移地址 1789H 的二进制表示为 0001011110001001，它的低 11 位地址为 11110001001，而该低 11

位地址中的高 3 位是 111，它作为高 3 位与指令操作码 00001 构成指令的第一字节 11100001，即 E1H；指令的第二字节是低 11 位地址的低 8 位 10001001，即 89H。最后指令的机器代码为 E1 89。

（4）间接跳转指令（又称散转指令）

```
JMP   @A+DPTR; PC←(PC)+1, PC←(A)+(DPTR)
```

该指令功能：指令长度为单字节。累加器中的 8 位无符号数与数据指针 DPTR 的 16 位数相加，结果作为下一条指令的地址送入 PC。

注意：不会改变累加器 A 和数据指针 DPTR 的内容，也不影响标志位。

用法：DPTR 的值固定，A 变化，即可实现程序的多分支转移。目的地址由指针 DPTR 和变址 A 的内容之和形成，范围达 64KB。

根据 A 中数值的不同，可实现多分支转移，所以也称之为散转（移）指令。

例 3-23：请分析如下一段程序。

```
MOV   DPTR, #TABLE
JMP   @A+DPTR
TABLE: LJMP   BRANCH0
       LJMP   BRANCH1
       LJMP   BRANCH2
       LJMP   BRANCH3
```

由于其中的 LJMP 指令的长度为 3B，所以执行 JMP @A+DPTR 指令时，将根据 A 中数值的不同，实现如下的不同转移。

当（A）=00H 时，程序将转移到 BRANCH0 处执行。

当（A）=03H 时，程序将转移到 BRANCH1 处执行。

当（A）=06H 时，程序将转移到 BRANCH2 处执行。

其余依此类推。

LJMP 指令的机器码为 02H、addr15～8B、addr7～0B，长度为 3B，比 SJMP 和 AJMP 指令多占一个字节，所以编程时，若转移范围在 256B 之内，通常使用 SJMP 指令；大于 256B 小于 2KB 时，使用 AJMP 指令；2KB 以上则使用 LJMP 指令。编程时，只需写上目的地址标号，相对偏移量由汇编程序自动计算。实际应用时，addr16、addr11、rel 一般用符号地址形式。

无条件转移指令、功能操作、机器代码和执行机器周期数见表 3-20。

表 3-20　无条件转移指令、功能操作、机器代码和执行机器周期数

指令	功能操作	机器代码（十六进制）	机器周期数
SJMP　rel	PC←(PC)+2，PC←(PC)+rel	80H，rel	2
AJMP　addr11	PC←(PC)+2，$PC_{10\sim0}$←addr11	a10a9a80 0001B，addr11	2
LJMP　addr16	PC←(PC)+3，PC←addr16	02H，addr16	2
JMP　@A+DPTR	PC←(PC)+2，PC←(A)+(DPTR)	73H	2

2　条件转移指令（8 条）

条件转移指令都是依据某种条件成立才转移（不成立则继续顺序下去）的指令。此类指令均为相对寻址指令。条件转移指令是依某种特定条件转移的指令。

条件转移指令执行时，首先判断指令指定的条件是否满足。若条件满足，则将 PC 当前值与指令中的 rel 值相加，并把结果送入 PC 中作为转移目标地址；若条件不满足，则不改变 PC 值，顺序执行程序。其范围是以下一条指令的首地址为中心的 -128～+127B 内。

（1）累加器 A 判 0 转移指令

累加器 A 判 0 转移指令、功能操作、机器代码和执行机器周期数见表 3-21。

表 3-21　累加器 A 判 0 转移指令、功能操作、机器代码和执行机器周期数

指令	功能操作	机器代码（十六进制）	机器周期数
JZ rel	若（A）=0　PC←(PC)+2+rel 若（A）≠0　PC←(PC)+2	60，rel	2
JNZ rel	若（A）≠0　PC←(PC)+2+rel 若（A）=0　PC←(PC)+2	70，rel	2

（2）数值比较不相等转移指令

指令功能为比较两个操作数的大小，若值不相等，则转移；若相等，则顺序执行，常用于循环结构。操作过程为：第一数减第二数，状态标志送 PSW，但不改变原来的操作数，均为三字节指令。

比较条件转移指令、功能操作、机器代码和执行机器周期数见表 3-22。

表 3-22　比较条件转移指令、功能操作、机器代码和执行机器周期数

指令	功能操作	机器代码（十六进制）	机器周期数
CJNE A，#data，rel	若（A）≠data　PC←(PC)+3+rel 若（A）=data　PC←(PC)+3	B4，data，rel	2
CJNE A，direct，rel	若（A）≠（direct）　PC←(PC)+3+rel 若（A）=（direct）　PC←(PC)+3	B5，direct，rel	2
CJNE Rn，#data，rel	若（Rn）≠data　PC←(PC)+3+rel 若（Rn）=data　PC←(PC)+3	B8～BF，data，rel	2
CJNE @Ri，#data，rel	若（(Ri)）≠data　PC←(PC)+3+rel 若（(Ri)）=data　PC←(PC)+3	B6～B7，data，rel	2

单片机执行比较不相等转移指令时，为了判断两数是否不相等，需进行减法运算，并根据运算时是否发生借位，产生 Cy 标志位。

当目的字节大于等于源字节时，减法运算不发生借位，Cy=0。

当目的字节小于源字节时，减法运算发生借位，Cy=1。

```
CJNE  A，#0AH，DONE1；不等于 10 转移到 DONE1
…
```

该指令的特点如下：

①前两个操作数相减，但不保留结果，也不改变任何一个操作数。

②影响标志位。当第一操作数小于第二操作数，则进位标志位 Cy=1；当第一操作数大于等于第二操作数，则进位标志位 Cy=0。

（3）循环控制指令 DJNZ（减 1 不为 0 转）转移指令

指令的功能是每执行一次指令就将目的操作数单元的内容减 1 一次，若被减为 0，则转移到指令指定的目标地址执行程序，否则，顺序执行程序。这样的指令，常被用作循环控制。主要应用在循环结构的编程中，作循环结束控制用条件转移指令的应用。预先装入循环次数，以减 1 后是否为 0 作为转移条件，这样可以实现按次数控制循环。

循环转移转移指令、功能操作、机器代码和执行机器周期数见表 3-23。

表 3-23　循环转移转移指令、功能操作、机器代码和执行机器周期数

指令	功能操作	机器代码（十六进制）	机器周期数
DJNZ　Rn，rel	(Rn)←(Rn)-1，n=0~7 若（Rn）≠0，PC←(PC)+2+rel 若（Rn）=0，PC←(PC)+2	D8~DF，rel	2
DJNZ　direct，rel	(direct)←(direct)-1 若（direct）≠0，PC←(PC)+3+rel 若（direct）=0，PC←(PC)+3	D5，direct，rel	2

例 3-24：将片内 RAM 的 20H~2FH 单元清 0，其程序如下。

```
MOV  R2，#16
MOV  R0，#20H
LOOP：MOV  @R0，#00H；对 20 单元清 0
INC  R0；指向下一个单元
DJNZ  R2，LOOP；判断循环是否结束
SJMP  $
```

3　子程序调用及返回指令（4 条）

ACALL 指令要求被调用子程序的首地址必须与执行 ACALL 指令时的 PC 当前值（即指向该指令下一条指令首地址的 PC 值）处在同一个 2KB 区内。

LCALL 指令则允许被调用的子程序放在 64KB 范围内的任意地方。

断点地址：把指向调用指令下一条指令首地址的 PC 值（PC 当前值）称为断点地址。执行子程序调用指令时，断点地址被压入堆栈，先压入低 8 位，再压入高 8 位。保存断点地址的目的是供子程序返回时使用。

实际编程时，addr11、addr16 也都可以用标号代替。目标地址的形成方式与 AJMP、LJMP 指令相似。

子程序调用和返回指令、功能操作、机器代码和执行机器周期数见表 3-24。

表 3-24　子程序调用和返回指令、功能操作、机器代码和执行机器周期数

指令	功能操作	机器代码（十六进制）	机器周期数
ACALL　addr11	PC←(PC)+2，SP←(SP)+1，SP←($PC_{7\sim0}$)，SP←(SP)+1，SP←($PC_{15\sim8}$)，$PC_{10\sim0}$←addr11	a10a9a81 0001B，$addr_{7\sim0}$	2
LCALL　addr16	PC←(PC)+3，SP←(SP)+1，SP←($PC_{7\sim0}$)，SP←(SP)+1，SP←($PC_{15\sim8}$)，PC←addr16	12，addr16	2
RET	$PC_{15\sim8}$←(SP)，SP←(SP)-1 $PC_{7\sim0}$←(SP)，SP←(SP)-1	22	2
RETI	$PC_{15\sim8}$←(SP)，SP←(SP)-1 $PC_{7\sim0}$←(SP)，SP←(SP)-1	32	2

（1）长调用指令

```
LCALL  addr16；三字节指令
```

可调用 64KB 范围内程序存储器中的任何一个子程序。执行时，先把 PC 加 3 获得下一条指令的地址（断点地址），并压入堆栈（先低位字节，后高位字节），堆栈指针加 2。接着把指令的第二和第三字节（a15~a8，a7~a0）分别装入 PC 的高位和低位字节中，然后从 PC 指定的地址开始执行程序。执行后不影响任何标志位。

操作：①（PC）+3→PC，即获得下一条指令的地址（断点地址）。

②（SP）+1→SP，（PCL）→SP，（SP）+1→SP，（PCH）→SP 即压入堆栈保护断点地址

③addr16→PC，即将指令的第二和第三字节（a15～a8，a7～a0）分别装入 PC 的高位和低位字节中，然后从 PC 指定的地址开始执行程序，执行后不影响任何标志位。

例 3-25：设（SP）=07H，（PC）=2100H，子程序首地址为 3456H，执行下列指令，分析执行过程与堆栈操作（见图 3-15）。

```
LCALL  3456H
MOV  A，20H
```

执行结果：(SP)=09H，(09H)=21H，(08H)=03H，(PC)=3456H。

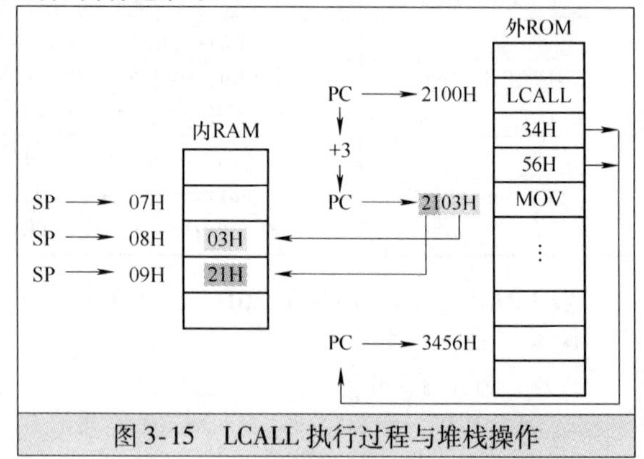

图 3-15　LCALL 执行过程与堆栈操作

（2）绝对调用指令

ACALL　addr11；双字节指令

与 AJMP 指令类似，为兼容 MCS－48 的 CALL 指令而设，不影响标志位。格式如下：

第 1 字节	A10	A9	A8	0	1	0	0	1
第 2 字节	A7	A6	A5	A4	A3	A2	A1	A0

2KB 范围内的调用子程序的指令。子程序地址必须与 ACALL 指令下一条指令的 16 位首地址中的高 5 位地址相同，否则将混乱。

操作：与 AJMP 指令类似，不影响标志位。

①（PC）+2→PC；

②（SP）+1→SP，(PCL)→SP；（SP）+1→SP，(PCH)→SP；

③addr11→PC.10～PC.0。

例 3-26：

```
MOV  SP，#60H
6100H：ACALL  480H
(PC)：6100+2=6102H----断点
(PC)=6480H
(SP)=32H
((SP))=61H
((SP) -1)=02H
```

断点值 PC=6100H+2=6102H，入栈保护；SP=32H，转移到 PC=6480H 处执行子程序。

（3）子程序的返回指令 RET

子程序返回指令，其功能是把调用子程序时压入堆栈的断点地址从堆栈弹出到 PC 中（弹出顺序与入栈顺序相反），从而控制子程序返回主程序，使单片机从断点地址处继续运行。

执行本指令时，(SP)→PCH，然后（SP）－1→SP；(SP)→PCL，然后（SP）－1→SP。

功能：从堆栈中弹出数据（断点）地址值到 PC 的高 8 位和低 8 位字节（先高后低，栈指针减 2），从刚恢复的 PC 值处开始继续执行程序。不影响任何标志位。

（4）中断返回指令 RETI

中断服务程序返回指令，其功能与子程序返回指令类似，是把单片机响应中断时由控制电路自动压入堆栈的断点地址从堆栈弹出到 PC 中，从而控制中断服务程序返回主程序，使单片机从断点地址处继续运行程序。此外，执行该指令时，还将清除相应中断优先级状态位，以允许单片机响应低优先级别的中断请求。

与 RET 指令相似，不同之处是：该指令同时还清除了中断响应时被置 1 的内部中断优先级寄存器的中断优先级状态，其他操作与 RET 相同。

除具有 RET 指令的所有功能外，还将自动清除优先级状态触发器。RETI 指令用在中断服务子程序中，作最后一条返回指令。

注意：不能用 RET 指令代替 RETI。

例 3-27：设（SP）=0BH，（0AH）=23H，（0BH）=01H。

执行 RET 后，分析执行过程与堆栈操作如图 3-16 所示。

结果：（SP）=09H；（PC）=0123H（返回主程序）。

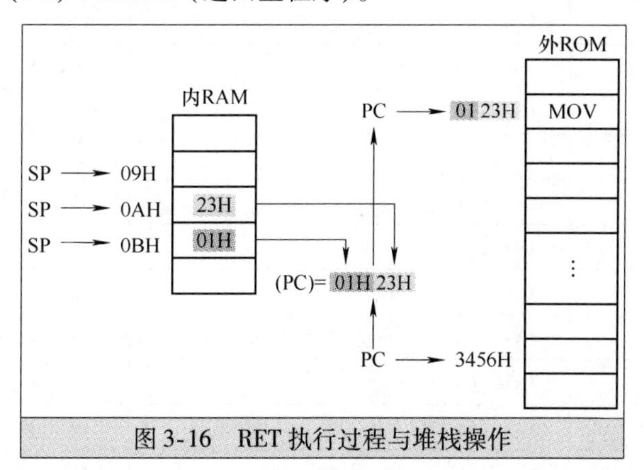

图 3-16　RET 执行过程与堆栈操作

4　空操作指令（1 条）

这条指令的功能是将 PC 的内容加 1。除此之外，不进行其他操作。

执行这条指令的时间为一个机器周期（即 12 个时钟周期），故常常通过执行该指令来耗费 CPU 的时间，以实现较短时间的延时。常用于程序中的等待或时间的延迟。

例如，在延时子程序中微调延时时间；调试程序时用一些 NOP 来过渡；有些单片机应用系统中还应用它来实现软件抗干扰等。

空操作指令、功能操作、机器代码和执行机器周期数见表 3-25。

表 3-25　空操作指令、功能操作、机器代码和执行机器周期数

指令	功能操作	机器代码（十六位进制）	机器周期数
NOP	PC←（PC）+1	00	1

★3.3.5　位操作类指令

由于单片机内部有一个位处理机，所以对位地址空间具有比较丰富的位操作指令。这类指令不影响其他标志位，只影响本身的 Cy（写作 C）。

位操作指令的操作数不是字节，而只是字节中的某一位，每位取值只能是 0 或 1。位操作指令有位传送、位置位和位清 0 操作，以及位逻辑运算和位控制转移指令。

为便于阅读程序和设计程序，位寻址的表示方法有 4 种。

1）直接使用位地址。例如：

```
MOV  C，7FH；(C)←(7FH)
```

其中，7FH 是位地址，它表示片内 RAM 区中 2FH 的最高位 D7。

2）采用字节某位的表示法。此时可将上例改写为

```
MOV  C，2FH.7；(C)←2FH.7
```

3）可位寻址的特殊功能寄存器名 + 位数的命名法。例如，累加器 A 中最高位可以表示为 ACC.7，可以把 ACC.7 位状态送到进位标志位 C 的指令是

```
MOV  C，ACC.7；(C)←ACC.7
```

4）经伪指令定义后的字符名称。例如：

```
BUSY  EAU  P3.2；BUSY=P3.2
JB  BUSY，$
```

位操作指令、功能操作、机器代码和执行机器周期数见表3-26。

表3-26　位操作指令、功能操作、机器代码和执行机器周期数

位指令类型	指令	功能操作	机器代码（十六进制）	机器周期数
位传送	MOV C，bit	Cy←(bit)	A2，bit	1
	MOV bit，C	bit←(Cy)	92，bit	
位置位和位清0	CLR　C	Cy←0	C3	2
	CLR　bit	bit←0	C2，bi	
	SETB　C	Cy←1	D3	
	SETB　bit	bit←1	D2，bit	
位逻辑运算	ANL C，bit	Cy←(Cy)∧(bit)	82，bit	1
	ANL C，/bit	Cy←(Cy)∧(/bit)	B0，bit	
	ORL C，bit	Cy←(Cy)∨(bit)	72，bit	
	ORL C，/bit	Cy←(Cy)∨(/bit)	A0，bit	
	CPL　C	Cy←/(Cy)	B3	
	CPL　bit	bit←(/bit)	B2，bit	
位控制转移	JC　rel	若（Cy）=1，PC←(PC)+2+rel 若（Cy）=0，PC←(PC)+2+rel	40，rel	2
	JNC　rel	若（Cy）=0，PC←(PC)+2+rel 若（Cy）=1，PC←(PC)+2	50，rel	
	JB bit，rel	若（bit）=1，PC←(PC)+3+rel 若（bit）=0，PC←(PC)+3	20，bit，rel	
	JNB bit，rel	若（bit）=0，PC←(PC)+3+rel 若（bit）=1，PC←(PC)　+3	30，bit，rel	
	JBC bit，rel	若（bit）=1，PC←(PC)+3+rel 且bit←0 若（bit）=0，PC←(PC)+3	10，bit，rel	

1　数据位传送指令（2条）

比较：

```
MOV  A, 2FH; A← (2FH)
MOV  C, 2FH; Cy← (2FH)
```

不难看出，第一条指令中的2FH是直接地址direct，第二条指令中的2FH属于位地址bit。

指令中必须有一个位操作数是布尔累加器C，另一个才可以是直接可寻址的位，注意其中一个操作数必须是进位标志。

例如：

```
MOV  P1.5, C; 把C中的值送到P1.5口线输出
```

2　位变量修改指令（4条）

对Cy和位地址bit指定的位单元进行清0。

```
CLR  C; Cy←0
CLR  bit; bit←0
```

对Cy和位地址bit指定的位单元进行置1。

```
SETB  C; Cy←1
```

SETB bit; bit←1

例如:

CLR C; 将Cy位清0

CPL P1.1; P1.1取反

3 位逻辑运算指令(6条)

这组指令的第一操作数必须是C,两位逻辑运算的结果送到C中,式中的斜杠表示位取反,但并不影响操作数本身的值。

指令中的/bit,不影响直接寻址位求反前原来的状态。

逻辑“或”指令的功能是把位地址bit中的内容或bit中的内容取反值与Cy中的内容进行逻辑“与”运算和逻辑“或”运算,结果送回Cy中。

位变量逻辑“非”指令用来实现对位清0,取反,置1,不影响其他标志位。

4 位条件转移类指令(5条)

(1) Cy条件转移指令

JC rel; 若(Cy)=1,则PC←(PC)+2+rel,若(Cy)=0,则PC←(PC)+2

JNC rel; 若(Cy)=0,则PC←(PC)+2+rel,若(Cy)=1,则PC←(PC)+2

第一条指令的功能是当(Cy)等于1时,转移;第二条指令的功能是当(Cy)等于0时,转移;不满足转移条件时,顺序执行程序。

(2) bit条件转移指令

JB bit, rel; 若(bit)=1,则PC←(PC)+3+rel;若(bit)=0,则PC←(PC)+3

JNB bit, rel; 若(bit)=0,则PC←(PC)+3+rel;若(bit)=1,则PC←(PC)+3

JBC bit, rel; 若(bit)=1,则PC←(PC)+3+rel,且bit←0;若(bit)=0,则PC←(PC)+3

第一条指令的功能是当(bit)=1时,转移;第二条指令的功能是当(bit)=0时,转移;第三条指令的功能与第一条相似,也是当(bit)=1时,转移,但转移时具有将(bit)清0的功能;不满足转移条件时,顺序执行程序。

例3-28:判断正负数要求从P1口输入一个数,若为正数将其存入20H单元,为负数则取反后存20H单元。

解:分析怎样判断数的正负?

D7=1 负数,D7=0 正数

程序如下:

```
ORG 0030H
MAIN: MOV P1, #0FFH;
MOV A, P1
JNB ACC.7, STOR; 正数
CPL A
STOR: MOV 20H, A;
SJMP $
```

小结:

1) MCS-51系列单片机的指令系统共有111条指令,7种寻址方式,共分为五大类:数据传送类指令、算术运算类指令、逻辑运算类指令、控制转移类指令、位操作类指令。

2) 指令按用户规定排列形成程序,该程序顺序被存放在ROM中。

3) 每条指令机器码都占若干个字节,有长有短,一旦存好就有确切的地址号。

4) PC程序计数器实时指向该地址号,使CPU按用户所编程序顺序执行指令。

5) 如遇跳转,也就是把新的目的地址送给PC。

★3.3.6 访问 I/O 接口指令的使用说明

1 关于并行 I/O 接口的读引脚和读锁存器指令的区别

例如，当 P1 口的 P1.0 引脚外接一个发光二极管 LED 的阳极，LED 阴极接地。

若想查看一下单片机刚才向 P1.0 脚输出的信息是 0 还是 1，不能直接从 P1.0 脚读取，因为单片机刚才向 P1.0 输出的信息若是 1，则 LED 导通点亮，此时 P1.0 引脚就为 0 电平，如果直接读引脚，结果显然错误。

正确的做法是读 D 锁存器的 Q 端状态，那里储存的才是前一时刻送给 P1.0 的真实值。也就是说，凡遇读取 P1 口前一状态以便修改后再送出的情形，都应当读锁存器的 Q 端信息，而不是读取引脚的信息。

当 P1 口外接输入设备时，要想 P1 口引脚上反映的是真实的输入信号，必须要设法先让该引脚内部的场效应晶体管截止才行，否则当场效应晶体管导通时，P1 口引脚上将永远为低电平，无法正确反映外设的输入信号。让场效应晶体管截止，就是用指令给 P1 口的相应位送一个 1 电平，这就是在读引脚之前，一定要先送出 1 的原因。

指令 MOV C，P1.0 读的是 P1.0 脚，同样指令 MOV A，P1 也是读引脚指令，读引脚指令之前一定要有向 P1.0 写 1 的指令。

而指令 CPL P1.0 则是读锁存器，也即读 - 修改 - 写指令，它会先读 P1.0 的锁存器的 Q 端状态，接着取反，然后再送到 P1.0 引脚上。而指令 ANL P1，A 也是读锁存器命令。类似的读 - 修改 - 写指令举例如下：

```
INC  P1
XRL  P3，A
ORL  P2，A
ANL  P1，A
CPL  P3.0
```

2 关于操作数的字节地址和位地址的区分问题

如何区别指令中出现的字节变量和位变量?

例如，指令 MOV C，40H 和指令 MOV A，40H 两条指令中源操作数 40H 都是以直接地址形式给出的，40H 是字节地址还是位地址？对于助记符相同指令，观察操作数就可看出。

显然前条指令中的 40H 肯定是位地址，因为目的操作数 C 是位变量。

后条指令的 40H 是字节地址，因为目的操作数 A 是字节变量。

3 关于累加器 A 与 ACC 的书写问题

累加器可写成 A 或 ACC，区别是什么?

ACC 汇编后的机器码必有一个字节的操作数是累加器的字节地址 E0H，A 汇编后则隐含在指令操作码中。

例如，INC A 的机器码，查表是 04H。

如写成 INC ACC 后，则成了 INC direct 的格式，再查表，对应机器码为 05H E0H。在对累加器 A 直接寻址和累加器 A 的某一位寻址时要用 ACC，不能写成 A。

例如，指令 POP ACC 不能写成 POP A；指令 SETB ACC.0 不能写成 SETB A.0。

4 书写 2 位十六进制数据前要加 0

经常遇到必须在某些数据或地址的前面多填一个前导 0。

由于部分十六进制数是用字母来表示的，而程序内的标号也常用字母表示，为了将标号和数据区分开，几乎所有的汇编语言都规定，凡是以字母开头（对十六进制数而言，就是A～F开头）的数字量，应当在前面添加一个数字0。

至于地址量，它也是数据量的一种，前面也应该添加0。

例如：

```
MOV  A，#0F0H；F0以字母开头的数据量
MOV  A，0F0H；F0以字母开头的地址量
```

如不加前导0，就会把字母开头的数据量当作标号来处理，从而出错并不能通过汇编。

操作数为工作寄存器或特殊功能寄存器时，允许用工作寄存器和特殊功能寄存器的代号表示。

例如，工作寄存器用R7～R0，累加器用A（或ACC）表示。另外，工作寄存器和特殊功能寄存器也可用其地址来表示，如累加器A可用其地址E0H来表示。

表3-27是一段源程序的汇编结果。可查表手工汇编，来验证下面的汇编结果是否正确。机器码从1000H单元开始存放。

表3-27　源程序及汇编结果

汇编源程序		汇编后的机器代码	
标号	助记符指令	地址（十六进制）	机器代码（十六进制）
	MOV　A，#08H	1000	74，08
	MOV　B，#76H	1002	75，F0，76
START：	ADD　A，A	1005	25，E0
	ADD　A，B	1007	25，F0
	LJMP　START	1009	02，20，00

例3-29：班级成绩存在片内以30H为首址的单元中，统计该班及格、不及格人数（R1装≥60分的人数，R2装<60分的人数，R7装班级人数）。

程序段如下：

```
MOV  R0，#52H
MOV  R7，#23H
AAA：MOV  A，@R0
CJNE  A，#60，XU60
INC  R1；=60
SJMP  DEND
XU60：JNC  DU60
INC  R2；<60
SJMP  DEND
DU60：INC  R1；>60
DEND：DEC  R0
DJNZ  R7，AAA
END
```

3.4　80C51汇编语言程序设计

★3.4.1　伪指令

在汇编语言源程序中应有向汇编程序发出的指示信息，告诉它如何完成汇编工作，这是通过伪指令来实现的。伪指令不属于指令系统中的汇编语言指令，它是程序员发给汇编程序的命令，也称为汇编程序控制命令。只有在汇编前的源程序中才有伪指令。“伪”体现在汇编后，伪指令没有相应的机器

代码产生。伪指令具有控制汇编程序的输入/输出、定义数据和符号、条件汇编、分配存储空间等功能。

伪指令是对“汇编”过程进行控制，或者对符号、标号赋值的“指令”。在汇编过程中，不被翻译成机器码的指令。

常用伪指令见表3-28。

表3-28　常用伪指令

伪指令名称（英文含义）	伪指令格式	作用
ORG（origin）	ORG　addr16	汇编程序段起始
END	END	结束汇编
DB（Define　Byte）	DB　8位二进制数表	定义字节
DW（Define　Word）	DW　16位二进制数表	定义字
DS（Define　Storage）	DS　表达式	定义预留存储空间
EQU（equate）	字符名称 EQU　数据或汇编符	给左边的字符名称赋值
DATA（Define Label Data）	字符名称　DATA 表达式	数据地址赋值，定义标号数值
BIT	字符名称　BIT　位地址	位地址赋值

伪指令不属于指令系统中的汇编语言指令，是控制汇编（翻译）过程的一些控制命令，它是程序员发给汇编程序的命令，也称为汇编程序控制命令。MCS－51系列单片机汇编语言，包含两类不同性质的指令。

1）基本指令：也就是指令系统中的指令。它们都是机器能够执行的指令，每一条指令都有对应的机器码。

2）伪指令：汇编时用于控制汇编的指令。它们都是机器不执行的指令，无机器码。

在一个源程序中，可多次用ORG指令，规定不同的程序段的起始地址。但是，程序地址必须由小到大排列，且不能交叉、重叠。对不同的程序段不能相同。如果不用ORG，则汇编得到的目标程序将从0000H地址开始。通常在源程序开头使用伪指令ORG 0000H。

例3-30：在内部RAM中以ADR1、ADR2开始的空间里已存放了被加数、加数（多字节的），它们的字节数长度为L，要求和放回到存放原被加数的空间中。

源程序以及汇编后的目标程序在程序存储器中的安排如图3-17所示。

图3-17　源程序以及汇编后的目标程序在程序存储器中的安排

1 END 指令

END 指令用于终止源程序的汇编工作。源程序结束标志终止源程序的汇编工作。整个源程序中只能有一条 END 指令，且位于程序的最后。如果 END 出现在程序中间，其后的源程序将不进行汇编处理。

2 EQU 指令

EQU 指令是将一个数据或汇编符号赋予规定的字符名称，汇编程序会自动将 EQU 右边的数或汇编符号（地址或常数）赋给左边的字符名称。所以应先定义后使用，给予赋值。其值在整个程序有效，一般放在程序开始处。字符名称不是标号，不能用“：”作分隔符。字符名称、EQU、数据或汇编符号之间要用空格符分开。用 EQU 伪指令赋值的字符名称可以用作数据地址、寄存器、代码地址、位地址或者当作一个立即数来使用。给字符名称所赋的值可以是 8 位或 16 位的数据或地址。字符名称一旦被赋值，它就可以在程序中作为一个数据或地址使用。通过 EQU 赋值的字符名称不能被第二次赋值，即一个字符名称不可以指向多个数据或地址。字符名称必须先定义后使用，所以该语句通常放在源程序的开头。

例 3-31：执行以下程序指令。

```
ORG  0000H
LJMP  START
ORG  2000H
COUNT  EQU  10H
START：MOV  10H，#20H；(10H)=20H
MOV  11H，#30H；(11H)=30H
MOV  R0，#10H；(R0)=10H
MOV  R1，#COUNT；(R1)=10H
MOV  R2，COUNT；(R2)=20H
MOV  R3，#COUNT+1；(R3)=11H
MOV  R4，COUNT+1；(R4)=30H
SJMP  $
END
```

执行后结果为：R0=10H，R1=10H，R2=20H，R3=11H，R4=30H。

3 DATA 指令

DATA 指令是将数据、地址、表达式赋值给规定的字符名称。字符名称、DATA 与表达式之间要用空格符分开。

例 3-32：执行以下指令。

```
FST  DATA  30H；用 FST 代表 30H
SEC  DATA  FST*2+8；用 SEC 代表表达式
ORG  0000H
MOV  A，FST；A←(FST)
MOV  R1，#SEC；R1←SEC
SJMP  $
END
```

可见，DATA 伪指令可将一个表达式赋给字符名称，所定义的字符变量也可出现在表达式中。

4 DB 指令

DB 指令定义了字节常数或数表。表明从该标号地址单元开始定义一个或若干个字节的数。用于从指定地址开始在程序存储器连续单元中定义字节数据。

例 3-33：执行以下指令。

```
ORG  1000H
TAB：DB -2H，-4H，66H；从1000H单元开始存放数
     DB  78H，9AH，00H；换行，仍要先写DB
```

功能：从指定的地址单元开始，定义若干个 8 位内存单元的数据，数据与数据间用“,”来分隔。若数据表首有标号，数据依次存放到以左边标号为首地址的存储单元中，这些数可以采用二进制、十进制、十六进制和 ASCII 码等多种形式表示。其中，ASCII 码用引号“ ”或单引号‘ ’包括住。

例 3-34：执行以下指令。

```
ORG  0100H
TAB：DB  34，34H
     DB  0101B
     DB  'a'
     DB  '2'
```

以上指令经汇编后，从 ROM 地址 100H 开始的相继地址单元中赋值如下：

(100H)=22H；为十进制34对应的十六进制数

(101H)=34H；为十六进制

(102H)=05H；为二进制0101B对应的十六进制数

(103H)=61H；“a”的ASCII码

(104H)=32H；‘2’的ASCII码

5 DS 指令

DS 指令指定从标号地址单元开始，保留指定数目的字节单元作为存储区，供程序运行使用。预留单元数量由 DS 语句中“表达式”的值决定。

例如，TAB2：DS　100；通知汇编程序从 TAB2 开始保留 100 个字节单元，以备源程序另用。

例 3-35：执行以下指令程序段。

```
ORG  2000H
DS  08H
DB  30H，8AH；则30H从2008H单元开始存放
```

特别注意：DB、DW 和 DS 指令只能对程序存储器有效，不能对数据存储器使用。

```
ORG  0100H
DS  7
CLR  A
```

汇编后从 100H 单元开始，保留 7 个字节的内存单元，然后从 107H 放置指令 CLR　A 的机器码 0E4H，即（107H）= E4H。

6 BIT 指令

BIT 指令用于给字符名称赋以位地址，位地址可以是绝对位地址，也可以是符号地址。一般用来将位地址赋给标号名称，以方便用户编程和阅读程序。

例如：

```
M0  BIT  20H.0
MOV  C，M0
FT1  BIT  P0.0
FT2  BIT  ACC.1
```

把 P0.0 和 ACC.1 的位地址分别赋以字符名称 FT1 和 FT2。在以后的编程中 FT1、FT2 可作为位地址用。

7　DW 指令

DW 指令定义字常数或 ASCII 字符，从指定的地址单元开始，定义若干个 16 位数据。因为 16 位数据必须占用两个字节，所以高 8 位先存入，占低位地址；低 8 位后存入，占高位地址。不足 16 位的用 0 填充。

例如：

```
ORG  0100H
TAB：DW  12
DW  45H
DW  3343H
```

以上指令经汇编后，从 ROM 的 100H 起的单元依次存放 00，0CH，00，45H，33H，43H，共占 6 个单元。

DW 用于从指定的地址开始在程序存储器的连续单元中定义字数据。

例 3-36：执行以下指令。

```
ORG  2000H
DW 1246H，7BH，10
```

汇编后：

```
(2000H)=12H；第 1 个字
(2001H)=46H
(2002H)=00H；第 2 个字
(2003H)=7BH
(2004H)=00H；第 3 个字
(2005H)=0AH
```

★3.4.2　常见汇编程序设计应用

1　顺序结构程序

顺序结构程序是按程序顺序一条指令紧接一条指令执行的程序。顺序结构程序是所有程序设计中最基本的程序结构，是应用最普遍的程序结构。它是实际编写程序的基础。

例 3-37：设计一个顺序结构程序，将内部 RAM 的 30H 中的数据送到内 RAM 的 40H 和外 RAM 的 40H 中，再将内 RAM 的 30H 和 31H 的数据相互交换。设（30H）=16H，（31H）=28H。

解：汇编语言程序如下：

```
ORG  0000H
SJMP  STAR
ORG  0030H
STAR: MOV  30H，#16H
MOV  31H，#28H
MOV  A，30H；(A)←(30H)
MOV  40H，A；(40H)←(A)，(A)=16H
MOV  R0，#40H；(R0)←40H
MOV  P2，#00H；(P2)←00H
MOVX  @R0，A；外 (0040H)←(A)
XCH  A，31H；(A) 与 (31H) 数据互换
MOV  30H，A；(30H)←(A)
SJMP  $
END
```

结果：(40H) = 16H，(0040H) = 16H，(30H) = 28H，(31H) = 16H。

2 选择结构程序（分支程序）

选择结构程序是程序执行过程中，依据条件选择执行不同分支程序的程序。所以又称“分支程序”。为实现程序分支，编写选择结构程序时要合理选用具有判断功能的指令，如条件转移指令、比较转移指令和位转移指令等。分支程序结构分为有条件转移和无条件转移。有条件分支转移程序又可分为单分支转移和多分支转移。

间接转移指令 JMP @A + DPTR 由数据指针 DPTR 决定多分支转移程序的首地址，由 A 的内容选择对应分支。CJNE 四条比较转移指令能对两个欲比较的单元内容进行比较，当不相等时，程序实现相对转移；若两者相等，则顺序往下执行。

简单的分支转移程序的设计，常采用逐次比较法，就是把所有不同的情况一个一个地进行比较，发现符合就转向对应的处理程序。缺点是程序太长，有 *n* 种可能的情况，就需有 *n* 个判断和转移。在实际应用中，典型例子就是当单片机系统中的键盘按下时，就会得到一个键值，根据不同的键值，跳向不同的键处理程序入口。此时，可用直接转移指令（LJMP 或 AJMP 指令）组成一个转移表，然后把该单元的内容读入累加器 A，转移表首地址放入 DPTR 中，再利用间接转移指令实现分支转移。

例 3-38：根据寄存器 R2 的内容转向各处理程序 PRGX（X = 0 ~ n），（R2）= 0，转 PRG0；(R2) = 1，转 PRG1；…；(R2) = n，转 PRGn。

解：程序段如下：

```
JMP：MOV  DPTR，#TAB50；转移表首地址送 DPTR
MOV  A，R2；分支转移参量送 A
MOV  B，#03H；乘数 3 送 B
MUL  AB；分支转移参量乘 3
MOV  R6，A；乘积的低 8 位暂存 R6
MOV  A，B；乘积的高 8 位送 A
ADD  A，DPH；乘积的高 8 位加到 DPH 中
MOV  DPH，A
MOV  A，R6
JMP  @A + DPTR；多分支转移选择
TAB50：LJMP  PRG0
LJMP  PRG1
…
LJMP  PRGn
```

例 3-39：设计比较两个无符号 8 位二进制数的大小，并将较大数存入高地址中的程序。设两数分别存入 30H 和 31H 中，并设 (30H) = 42H，(31H) = 30H。

解：汇编语言程序如下：

```
ORG  0000H
LJMP  STAR
ORG  0200H
STAR：MOV  30H，#42H；(30H)←42H
MOV  31H，#30H；(31H)←30H
CLR；C←0
MOV  A，30H；(A)←(30H)
SUBB  A，31H；做减法比较两数
JC  NEXT；(31H)≥(30H) 转
MOV  A，30H
XCH  A，31H；大数存入 31H 中
MOV  30H，A；小数存入 30H 中
```

```
NEXT: SJMP  $
END
```

结果：(31H) = 42H，(30H) = 30H。

例 3-40：已知 X、Y 均为 8 位二进制数，分别存在 R0、R1 中，试编制能实现下面函数的程序，结果送入 R1 中。

$$Y = \begin{cases} +1, X > 0 \\ 0, X = 0 \\ -1, X < 0 \end{cases}$$

解：程序设计流程图如图 3-18 所示，为选择结构程序中的有嵌套的分支程序。

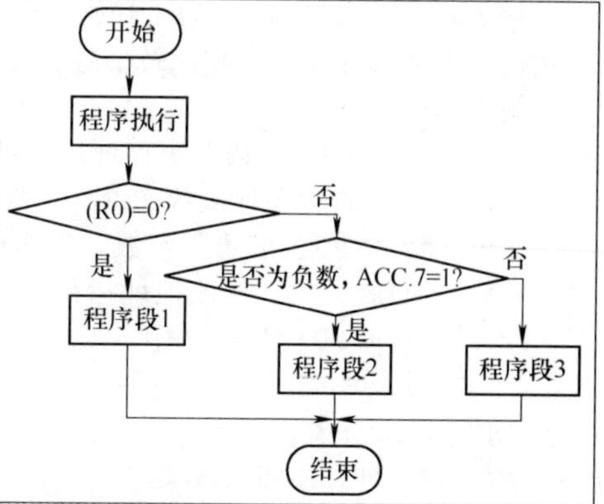

汇编语言程序如下：设 $X = -6$（补码为 FAH）。

```
ORG  0000H
MOV  R0, #0FAH; X 数赋给 R0
CJNE  R0, #00H, MP1; R0≠0 转 MP1
MOV  R1, #00H; (R0) = 0, 则 (R1) = 0
SJMP  MP3; 转程序尾
MP1: MOV  A, R0; (A)←(R0)
JB  ACC.7, MP2; A 的符号位 = 1 转 MP2, 表明 (A) < 0
MOV  R1, #01H; A 的符号位 = 0, 则 (R1) = 1
SJMP  MP3; 转程序尾
MP2: MOV  R1, #0FFH; 送 -1 的补码 0FFH 到 R1
MP3: SJMP  $
END
```

图 3-18 有嵌套分支程序流程图

结果：(R1) = FFH。

选择结构程序允许嵌套，即一个程序的分支又由另一个分支程序所组成，从而形成多级

选择程序结构。汇编语言本身并不限制嵌套的层数，但过多的嵌套将使程序的结构变得十分复杂，以致造成逻辑上的混乱，因此应尽量避免过多的嵌套。

3 循环结构程序

循环程序按结构形式，有单重循环与多重循环。在多重循环中，只允许外重循环嵌套内重循环。不允许循环相互交叉，也不允许从循环程序的外部跳入循环程序的内部。

循环程序的结构主要由以下 4 部分组成：

（1）循环初始化（赋初值）

完成循环前的准备工作。例如，在进入循环体之前需给用于循环过程的工作单元设置初值，循环控制计数初值的设置、地址指针起始地址的设置、为变量预置初值等。它们是保证循环程序正确执行所必需的。

（2）循环处理（循环体）

完成实际的处理工作，反复循环执行的部分，故又称循环体。它是循环结构的核心部分。在循环体中，有的还包括改变循环变量、地址指针等有关修改循环参数部分。

（3）循环控制

在重复执行循环体的过程中，不断修改循环控制变量，直到符合结束条件就结束循环程序的执行。是控制循环与结束的部分，通过循环变量和结束条件进行控制。

（4）循环结束

这部分是对循环程序执行的结果进行分析、处理和存放。

循环处理程序的结束条件不同，相应的控制部分的实现方法也不一样，分为计数循环控制法和条件控制法。判断是否符合结束条件，若符合就结束循环程序的执行。有的修改循环参数和判断结束条

件由一条指令完成，如 DJNZ 指令。经常使用的延时程序便是其中的典型。

1）计数循环控制结构。依据计数器的值来决定循环次数，一般为减 1 计数器，计数器减到 0 时，结束循环。计数器初值在初始化时设定。MCS－51 系列单片机的指令系统提供了功能极强的循环控制指令。

```
DJNZ  Rn，rel；以工作寄存器作控制计数器
DJNZ  direct，rel；以直接寻址单元作控制计数器
```

计数控制只有在循环次数已知的情况下才适用。循环次数未知，不能用循环次数来控制，往往需要根据某种条件来判断是否应该终止循环。

例 3-41：在内 RAM 的 40H 开始存放了一串单字节数，串长度为 8，编程求其中最大值并送 R7 中。对数据块中的数逐一两两相比较，较大值暂存于 A 中，直到整串比完，A 中的值就为最大值。

解：程序如下。

```
MOV  R0，#40H；数据块首址送地址指针 R0
MOV  R2，#7；循环次数送 R2
MOV  A，@R0；取第一个数，当作极大值
LOOP：INC  R0；修改地址指针
MOV  B，@R0；暂存 B 中
CJNE  A，B，$+3；比较后产生标志（Cy），$+3 为下条指令的地址
JNC  NEXT；Cy=0?
MOV  A，@R0；更大数送 A
NEXT：NOP
DJNZ  R2，LOOP；循环次数结束?
MOV  R7，A；存最大值
SJMP  $
```

2）条件控制结构。在该循环控制中，设置一个条件，判断是否满足该条件，若满足，则循环结束，若不满足该条件，则循环继续。

例 3-42：一串字符依次存放在内部 RAM 从 30H 单元开始的连续单元中，字符串以 0AH 为结束标志，测试字符串长度。

采用逐个字符依次与 0AH 比较（设置的条件）的方法。如果字符与 0AH 不等，则长度计数器和字符串指针都加 1；如果比较相等，则表示该字符为 0AH，字符串结束，计数器值就是字符串的长度。

解：程序段如下。

```
MOV  R4，#0FFH；长度计数器初值送 R4
MOV  R1，#2FH；字符串指针初值送 R1
NEXT：INC  R4
INC  R1
CJNE  @R1，#0AH，NEXT；比较，不等则进行下一字符比较
END
```

最常见的多重循环是由 DJNZ 指令构成的软件延时程序。

例 3-43：50ms 延时程序。

解：软件延时程序与指令执行时间有很大的关系。在使用 12MHz 晶振频率时，一个机器周期为 1μs，执行一条 DJNZ 指令的时间为 2μs，可用双重循环方法的延时 50ms 程序。

```
DEL：MOV  R7，#200；本指令执行时间 1μs
DEL1：MOV  R6，#125；本指令执行时间 1μs
DEL2：DJNZ  R6，DEL2；执行内循环 125 次，共 125×2μs=250μs
DJNZ  R7，DEL1；指令执行时间 2μs，执行外循环共 200 次
RET；指令执行时间 2μs
```

它的延时时间为 $[1+(1+250+2)\times200+2]\ \mu s=50.603ms$

注意，用软件实现延时程序不允许有中断，否则将严重影响定时的准确性。对于延时更长的时间，

可采用多重的循环。

多重循环就是循环的嵌套，即一个循环程序包含了其他循环程序，也就是循环内套循环的结构形式，也称多重循环。一般内层循环完成后，外层才执行一次，然后再逐次类推，层次分明。

例 3-44：设在外 RAM 的 TAB 处开始有一个 ASCII 字符串，该字符串以 0 结尾，编程把它们从 P1 口输出。

解：程序如下：

```
ORG  0000H
MOV  DPTR，#TAB；设字符串首地址指针
STOUT：MOVX  A，@DPTR；取字符
JZ  NEXT；整串结束则转跳
MOV  P1，A；
INC  DPTR；修改地址指针
SJMP  STOUT；没结束继续取数发送
NEXT：…；结束处理
ORG  2000H
TAB：DB  XXH，XXH，…；定义 ASCII 字符串
     DB  XXH，XXH，…，00H；以 0 结尾
END
```

4　子程序结构

将那些需多次应用的、完成相同的某种基本运算或操作的程序段从整个程序中独立出来，单独编制成一个程序段，需要时进行调用，这样的程序段称为子程序。其优点是可使程序结构简单，缩短程序的设计时间，减少占用的程序存储空间。

子程序是可在主程序中通过 LCALL、ACALL 等指令调用的程序段，该程序段的第一条指令地址称为子程序入口地址，它的最后一条指令必须是 RET 返回指令，即返回到主程序中调用子程序指令的下一条指令。

（1）子程序的设计原则

1）子程序的入口地址，子程序首条指令前必须有标号。

2）主程序调用子程序，是通过调用指令来实现。

3）子程序结构中必须用到堆栈，用来进行断点和现场的保护。

4）子程序返回主程序时，最后一条指令必须是 RET 指令，其功能是把堆栈中的断点地址弹出送入 PC 指针中，从而实现子程序返回后能从主程序断点处继续执行主程序。

5）子程序可以嵌套，即主程序可以调用某子程序，该子程序又可调用另外的子程序。

（2）子程序设计应注意的问题

1）参数的传递：在调用子程序前，主程序应先把有关参数（即入口参数）放到某些约定的位置，子程序在运行结束返回前，也应该把运算结果（出口参数）送到约定的位置/单元。可以用 Rn 或 A 传参数；用指针传参数，如 DPTR、R0、R1；用堆栈传参数，如 PUSH、POP 指令。

2）信息的保护（现场的恢复和保护）。

利用堆栈：

```
PUSH  ACC
PUSH  PSW
PUSH  B
POP  B
POP  PSW
POP  ACC
```

（3）子程序的基本结构

典型的子程序的基本结构如下：

```
MAIN:    ；MAIN 为主程序入口标号
LCALL  SUB；调用子程序 SUB
SUB：PUSH  PSW；现场保护
PUSH  ACC；子程序处理程序段
POP  ACC；现场恢复，注意要先进后出
POP  PSW
RET；最后一条指令必须为 RET
```

注意：在上述子程序结构中，现场保护与现场恢复不是必需的，要根据实际情况而定。

例 3-45：设计一程序，由它的主程序循环调用子程序 SHY。子程序 SHY 使连接到单片机 P1 口上的 8 个 LED 灯中的某个闪烁 5 次。主程序中的指令 RL A 将确定某个 LED 灯闪烁。

解：程序段如下：

```
ORG  0000H
MOV  A，#0FEH；灯亮初值
STAR：ACALL  SHY；调用闪烁子程序
RL  A；左移
SJMP  STAR；短跳到 STAR，循环以上程序段为主程序，
           ；以下程序段为子程序，标号 SHY 为其入口
SHY：MOV  R2，#5；闪烁子程序，闪烁 5 次计数
SHY1：MOV  P1，A；点亮
NOP；延时
MOV  P1，#0FFH；熄灭
NOP；延时
DJNZ  R2，SHY1；循环
RET；子程序返回
END
```

本例中的子程序入口地址是标号 SHY 地址，子程序返回指令是 RET，主程序调用该子程序的调用指令是 ACALL SHY。为观察到 LED 灯的闪烁，要求状态时钟信号频率低，为此，单片机可采用频率很低的外部振荡器信号。

子程序内主要是一个循环结构程序，很简单。实际应用中，大多数子程序的结构具有复杂程度不等的结构。主程序调用的子程序运行时有可能改变主程序中某些寄存器的内容，PSW、A、B、工作寄存器等。这样就必须先用 PUSH 指令将相应寄存器内容压入堆栈保护起来（保护现场），然后再用 POP 指令将压入堆栈的内容弹回到相应的寄存器中（恢复现场）。一般地，保护、恢复现场方法有两种：①调用前由主程序保护，返回后由主程序恢复；②在子程序开头保护现场，在子程序末尾恢复。

5 查表程序

查表程序是一种常用程序，可避免复杂的运算或转换过程，可完成数据补偿、修正、计算、转换等各种功能，具有程序简单、执行速度快等优点。

查表是根据自变量 x，在表格寻找 y，使 $y=f(x)$。在单片机中，数据表格存放于程序存储器内，在执行查表指令时，发出读程序存储器选通脉冲。两条极为有用的查表指令如下：①MOVC A，@A+DPTR；②MOVC A，@A+PC。

例 3-46：设计一子程序，功能是根据累加器 A 中的数 x（0~9 之间）查 x 的平方表 y，即根据 x 的值查出相应的平方值 y。本例中的 x 和 y 均为单字节数。

解：使用指令 MOVC A，@A+DPTR 时不必计算偏移量，表格可以设在 64KB 程序存储器空间内的任何地方，而不像 MOVC A，@A+PC 那样只设在 PC 下面的 256 个单元中。

程序指令可以用如下形式：

```
PUSH  DPH；保存 DPH
PUSH  DPL；保存 DPL
```

```
MOV  DPTR, #TAB
MOVC  A, @A+DPTR
POP  DPL; 恢复DPL
POP  DPH; 恢复DPH
RET
TAB: DB  00H, 01H, 04H, 09H, 10H; 平方表
DB  19H, 24H, 31H, 40H, 51H
```

说明：如果 DPTR 已被使用，则在查表前必须保护 DPTR，且结束后恢复 DPTR。实际查表程序设计中，有时 x 为单字节数，y 为双字节数，也有时 x 和 y 都是双字节数，如下例所示。

例 3-47：以 STC89C52 为核心的温度控制器，温度传感器输出的电压与温度为非线性关系，传感器输出的电压已由 A-D 转换为 10 位二进制数。测得不同温度下的电压值数据构成一个表，表中温度值为 y（双字节无符号数），x（双字节无符号数）为电压值数据。设测得电压值 x 放入 R2、R3 中，根据电压值 x 查找对应的温度值 y，仍放入 R2、R3 中。

解：参考程序段如下：

```
LTB: MOV  DPTR, #TAB1
MOV  A, R3
CLR  C
RLC  A
MOV  R3, A
XCH  A, R2
RLC  A
XCH  R2, A
ADD  A, DPL
MOV  DPL, A
MOV  A, DPH
ADDC  A, R2
MOV  DPH, A; (R2R3)+(DPTR)→(DPTR)
CLR  A
MOVC  A, @A+DPTR; 查第一字节
MOV  R2, A; 第一字节存入R2中
CLR  A
INC  DPTR
MOVC  A, @A+DPTR; 查第二字节
MOV  R3, A; 第二字节存入R3中
RET
TAB1: DW; 温度值表
```

例 3-48：将 1 位十六进制数转换为 ASCII 码。设 1 位十六进制数放在 R0 的低 4 位，转换为 ASCII 后再送回 R0。（用查表法设计程序，使用查表指令 MOVC A，@A+DPTR）

解：设计程序如下：

```
ORG  0000H
MOV  R0, #0BH; 设(R0)=BH
MOV  A, R0; 读数据
ANL  A, #0FH; 屏蔽高4位
MOV  DPTR, #TAB; 置表格首地址
MOVC  A, @A+DPTR; 查表
MOV  R0, A; 回存
SJMP  $
```

```
ORG  0050H
TAB:
DB 30H, 31H, 32H, 33H, 34H, 35H, 36H, 37H, 38H, 39H; 0~9的ASCII码
DB  41H, 42H, 43H, 44H, 45H, 46H; A~F的ASCII码
END
```

结果：用查表法查得1位十六进制数B的ASCII码为42H。

6 延时程序

在单片机应用系统中，延时程序是经常使用的程序，一般设计成具有通用性的循环结构延时子程序。在设计延时子程序时，延时的最小单位为机器周期，所以要注意晶振频率。

例3-49：当晶振频率为12MHz时，设计延时20ms的子程序。

解：为便于理解调用子程序过程和子程序的通用性，将程序设计为主程序中调用子程序方式。

程序设计如下：

```
ORG  0000H
LCALL  YASH20; 调用延时20ms子程序
SJMP  $
YASH20: MOV  R7, #100; 延时20ms子程序
AA0: MOV  R6, #49
AA1: NOP
NOP
DJNZ  R6, AA1
NOP
DJNZ  R7, AA0
NOP
RET; 子程序返回
END
```

结果：经Keil软件运行测得延时20.006ms。

7 码制转换程序

在单片机应用程序的设计中，经常涉及各种码制的转换问题。在单片机系统内部进行数据计算和存储时，多采用二进制码。二进制码具有运算方便、存储量小的特点。在输入/输出中，按照人的习惯多采用代表十进制数的BCD码（用4位二进制数表示的十进制数）表示。

（1）二进制（或十六进制）数转换成BCD码

十进制数常用BCD码表示。而BCD码又有两种形式：一种是1个字节放一位BCD码，它适用于显示或输出；另一种是压缩的BCD码，即1个字节放两位BCD码，高4位、低4位各存放一个BCD码，可以节省存储单元。

单字节二进制（或十六进制）数在0~255之间，设单字节数在累加器A中，转换结果的百位数放在R3中，十位和个位同时放入A中。除法指令完成的操作为：A除以B的商放入A中，余数放入B中。

例3-50：将单字节二进制数转换成BCD码。

解：设计程序如下：

```
ORG  0000H
MOV  A, #89H; 十六进制数89H送A中
MOV  B, #100; 100作为除数送入B中
DIV  AB; 十六进制数除以100
MOV  R3, A; 百位数送R3，余数在B中
```

```
MOV  A，#10；分离十位和个位数
XCH  A，B；余数送入A中，除数10在B中
DIV  AB；分离出十位在A中个位在B中
SWAP  A；十位数交换到A中的高4位
ADD  A，B；将个位数送入A中的低4位
SJMP  $
END
```

结果：(R3)=1，(A)=37H，89H的BCD码为137。

(2) BCD码转换成二进制（或十六进制）数

例3-51：将两位压缩BCD码按其高、低4位分别转换为二进制数。

解：设计程序如下，将两位压缩BCD码存放在R2中，将其高、低4位分别转换为二进制数，并存于R3中。

```
STAR：MOV  R2，#89H；表示BCD码为89
MOV  A，R2；(A)←(R2)
ANL  A，#0F0H；屏蔽低4位
SWAP  A；高4位与低4位交换
MOV  B，#10；乘数
MUL  AB；相乘
MOV  R3，A；(R3)←(A)
MOV  A，R2；(A)←(R2)
ANL  A，#0FH；屏蔽高4位
ADD  A，R3；(A)←(A)+(R3)
MOV  R3，A；(R3)←(A)
SJMP  $
END
```

结果：BCD码89，转换为十六进制为59H，放在R3中。

★3.4.3 汇编语言程序设计举例

1 数据排序程序

在单片机应用程序中，有时要对数据进行排序。排序有从小到大，从大到小排等。

例3-52：设计一个排序程序，将单片机内RAM中若干单字节无符号的正整数，按从小到大的顺序重新排列。

解：先将不等的11个任意数据置于内RAM的50H～5AH中，设依次为56H、88H、34H、57H、18H、62H、42H、24H、01H、31H、11H。

设计程序如下（俗称冒泡法）：

```
ORG  0000H
SOP：MOV  R0，#50H；指针送R0
MOV  R7，#0AH；每次冒泡比较的次数
CLR  F0；交换标志清0
LOOP：MOV  A，@R0；取前数
MOV  R2，A；暂存前数于R2
INC  R0；取后一个数
MOV  30H，@R0；后数暂存于R3
CLR  C；清进位为0
CJNE  A，30H，LP1；前后两数相比较
SJMP  LP2
```

```
LP1: JC  LP2; 前数≤后数，不交换
MOV  A, @R0
DEC  R0; 前数>后数，则交换
XCH  A, @R0
INC  R0
MOV  @R0, A
SETB  F0; 置交换标志
LP2: DJNZ  R7, LOOP; 进行下一次比较
JB  F0, SOP; 一趟循环中有交换，进行下一趟冒泡
SJMP  $; 无交换退出
END
```

结果：RAM 从小到大在 50H ~ 5AH 中的排列依次为 01H、11H、18H、24H、31H、34H、42H、56H、57H、62H、88H。

2 算术计算程序

指令系统中有加、减、乘、除、加 1、减 1 等指令，可通过设计程序来处理一般不太复杂的算术运算。设计中要注意程序执行对 PSW 的影响。

例 3-53：设计一个顺序程序，求解 $Y=(3\times X+4)\times 5\div 8-1$。$X$ 的取值范围为 0 ~ 15，X 值存放于 30H 中，设 $(X)=4$，计算结果 Y 存放在 31H 中。

解：设计程序如下：

```
ORG  0000H
LJMP  STAR
ORG  0100H
STAR: MOV  30H, #4; X=4, (30H)=4
MOV  A, 30H
CLR  C
RLC  A, 2X
ADD  A, 30H; (A)=3X
MOV  31H, A; (31H)= (A)=3X
MOV  A, #4
ADD  A, 31H; (A)=3X+4
MOV  B, #5
MUL  AB; (A)=5 (3X+4)
MOV  B, #8
DIV  AB; (A)=5 (3X+4) /8
DEC  A; (A)= [5 (3X+4) /8] -1
MOV  31H, A; 结果在 31H 中，余数在 B 中。
SJMP  $
END
```

结果：(31H)=9。

例 3-54：用程序实现 $c=a^2+b^2$。设 a、b、c 存于片内 RAM 的 3 个单元 R2、R3、R4 中，可用子程序来实现。通过两次调用查平方表的子程序来得到 a^2 和 b^2，并在主程序中完成相加。(设 a、b 为 0 ~ 9 之间的数，若 $a=6$，$b=4$)

解：设计程序如下：

```
ORG  0000H
MOV  R2, #6; 赋值 (R2)=6
MOV  R3, #4; 赋值 (R3)=4
```

```
MOV  A, R2; 取第一个被加的数据 a
ACALL  SQR; 第一次调用, 得 a²
MOV  R1, A; 暂存 a² 于 R1 中
MOV  A, R3; 取第二个被加的数据 a
ACALL  SQR; 第二次调用, 得 b²
ADD  A, R1; 完成 a² +b²
MOV  R4, A; 存 a² +b² 结果到 R4
SJMP  $
SQR: INC  A; 查表位置调整
MOVC  A, @A+PC; 查平方表
RET; 子程序返回
TAB: DB  0, 1, 4, 9, 16, 25, 36, 49, 64, 81
END
```

结果：(R4) =34H =52。

例 3-55：设计 n 个正整数的求和程序。设 Xi 均为单字节数，并按顺序存放在内 RAM 以 50H 为首址的连续的存储单元中。数据长度（个数）n 存在 R2 中，求 $S = X1 + X2 + \cdots Xn$，并将和数 S（双字节）存放在 R3、R4 中（设和数 <65536）。

解：取 n =5，程序结构为“计数控制循环结构”。

设计程序如下：

```
ORG  0000H
MOV  50H, #23H; 寄存器 50H~54H 预置数据
MOV  51H, #05H
MOV  52H, #0FFH
MOV  53H, #44H
MOV  54H, #60H; 以下四条指令为置循环初值
MOV  R2, #5; 数据个数计数器 R2 置数
MOV  R3, #00H; 结果高位存储器 R3 清 0
MOV  R4, #00H; 结果低位存储器 R4 清 0
MOV  R0, #50H; 寄存器 (R0) =50H
LOOP: MOV  A, R4
ADD  A, @R0
MOV  R4, A
CLR  A
ADDC  A, R3
MOV  R3, A; 以下三条分别为循环修改、循环控制、退出循环
INC  R0; 循环修改
DJNZ  R2, LOOP; 循环控制
SJMP  $; 退出循环
END
```

结果：高位（R3）=01H；低位（R4）=CBH。

例 3-56：设单片机片内存储区首地址为 30H，片外存储区首地址为 3000H，存取数据字节个数为 16 个，并将片内存储区的这 16 个字节的内容设置为 01H～10H，将片内首地址为 30H 开始的 16 个单元的内容传送到片外首地址为 3000H 开始的数据存储区中保存。

解：程序代码如下。

```
ORG  0000H
DADDR  EQU  30H; 片内数据区首地址
XADDR  EQU  3000H; 片外数据区首地址
```

```
COUNT  EQU  10H；传送数据大小，共16个字节
MAIN：MOV  SP，#60H；重置堆栈指针
MOV  R0，#DADDR；设置片内数据区首地址
MOV  R2，#COUNT；设置传送数据区大小即16个字节
/* * * * * * * * * * 片内数据区初始化* * * * * * * * * * /
INIT：MOV  A，#01H
LOOP1：MOV  @R0，A
INC  A
INC  R0
DJNZ  R2，LOOP1
/* * * * * * * * * * 片内外数据传送* * * * * * * * * * /
DXMOV：MOV  R0，#DADDR；设置片内数据区首地址
MOV  DPTR，#XADDR；设置片外数据区首地址
MOV  R2，#COUNT；设置传送数据区大小即16个字节
LOOP2：MOV  A，@R0
MOVX  @DPTR，A
INC  R0
INC  DPTR
DJNZ  R2，LOOP2
END
```

运行结果：内部数据区30H～3FH单元内容为01H～10H，片外数据区3000H～300FH内容为01H～10H。

3 用累加器A或工作寄存器Rn传递参数

例3-57：把A中一个十六进制数的ASCII字符转换为一位十六进制数。

解：主程序部分如下：

```
START：
MOV  A，#34H；设置入口参数于A中
LCALL  ASCH；子程序入口地址为ASCH
 ⋮
子程序：
ASCH：CLR  C
SUBB  A，#30H
CJNE  A，#10，$+3；$+3为下条指令的首址
JC  NEXT；<10，转NEXT
SUBB  A，#07H；≥0AH，则再减07H（共减37H）
NEXT：NOP
RET
```

4 用寄存器作为指针来传递参数

例3-58：在内RAM的40H、50H开始的空间中，分别存有单字节的无符号数据块，长度分别为12和8。编程求这两个数据块中的最大数，存入MAX单元。

思路：用子程序求某数据块的最大值。

入口参数：数据块的首地址存入R0，长度存入R2，出口参数在A中，即最大数。

解：程序如下：

```
FMAX：MOV  A，@R0；取第一个数
```

```
LOOP0: INC  R0
MOV  B, @R0; 取下一个数
CJNE  A, B, $+3; 比较
JNC  LOOP1
MOV  A, B; 把大的数送 A
LOOP1: DJNZ  R2, LOOP0
RET; 出口参数在 A 中
/* * * 主程序* * * /
ORG  1000H
MAX  EQU  30H
MOV  R0, #40H; 设置入口参数 R0, R2
MOV  R2, #12 -1
ACALL  FMAX
MOV  MAX, A; 出口参数暂存 MAX 中
MOV  R0, #50H; 设置入口参数 R0, R2
MOV  R2, #8 -1
ACALL  FMAX
CJNE  A, MAX, $+3; 比较两个数中较大值
JC  NEXT
MOV  MAX, A
NEXT: SJMP  $
```

5　非数值运算程序设计举例

例 3-59：将 8 位二进制数据转换为压缩式 BCD 码。设该数已在 A 中，转换后存在内 RAM 的 30H、31H 单元中。

解：程序如下：

```
MOV  R0, #31H; 地址指针
MOV  B, #100
DIV  AB; 把该数据除 100, 得到 A 中的商即为 BCD 码的百位数
MOV  @R0, A; 存结果的百位数
DEC  R0; 修改指针
MOV  A, #10; 把刚才除 100 所得余数再去除 10
XCH  A, B
DIV  AB; 所得商为 BCD 码的十位数, 余数即为 BCD 码的个位数
SWAP  A; 为了压缩, 先把低 4 位送到高 4 位
ADD  A, B; A 中高字节的十位数与 B 中低半字节的个位数合成存入 A
MOV  @R0, A; 存放结果的十位数和个位数
SJMP  $
```

6　算术运算程序设计举例

例 3-60：多字节数求补运算。注意：在 MCS－51 系列单片机的指令系统中没有求补指令，通过末位取反加 1 得到。

解：程序如下：

```
CMPT: MOV  A, @R0
CPL  A
ADD  A, #01; 最低字节采用取反加 1
```

```
MOV  @R0, A
DEC  R2
LOOP: INC  R0
MOV  A, @R0
CPL  A
ADDC  A, #00；其余字节采用取反加进位
MOV  @R0, A
DJNZ  R2, LOOP
RET
```

例 3-61：一个双字节与一个单字节无符号数乘法子程序。

入口参数：被乘数 R3R4，乘数 R2。

出口参数：积有 3 个字节，按先低后高的顺序放在片内 RAM 以 MULADR 为首地址的空间。

解：程序如下：

```
MUL: PUSH  PSW；保护现场
SETB  RS0；选择第二组工作寄存器
PUSH  ACC
PUSH  B
MUL0: MOV  R0, #MULADR；首地址→R0
MOV  A, R2；取乘数
MOV  B, R4
MUL  AB
MOV  @R0, A；存积的最低字节
INC  R0
MOV  R1, B；暂存中间值
MUL1: MOV  A, R2；取乘数
MOV  B, R3
MUL  AB
ADD  A, R1
MOV  @R0, A；存积的次高字节
INC  R0
MOV  A, B
ADDC  A, #00H
MOV  @R0, A；存积的高字节
POP  B；恢复现场
POP  A
POP  PSW
RET
```

7 I/O 控制程序设计举例

例 3-62：要求在 P1.0 脚上产生周期为 20ms 的方波。

解：程序如下：

```
FB: CPL  P1.0；P1.0 取反
ACALL  DL10MS
SJMP  FB
DL10MS: …；延时 10ms 子程序
RET
```

例 3-63：如图 3-19 所示，编程实现当按 K 一次蜂鸣器“嘀、嘀”响两声。

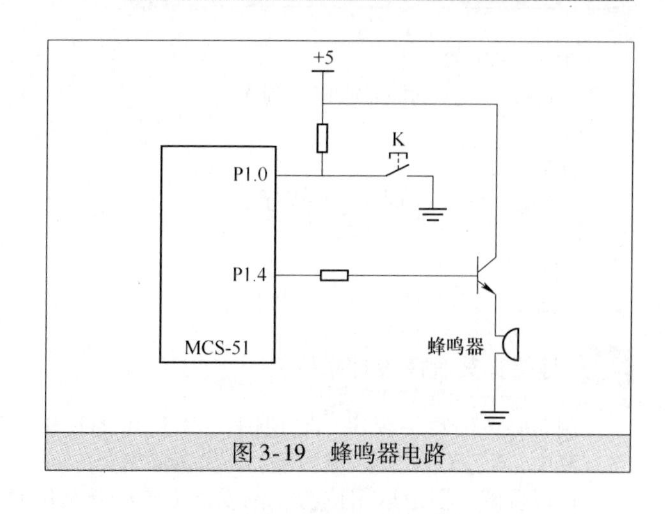

图 3-19　蜂鸣器电路

解：程序如下：

```
STA: MOV  R2, #2
CLR  P1.4
STA1: JB  P1.0, STA1
LCALL  DL10MS
JB  P1.0, STA1
JNB  P1.0, $
LOOP: SETB  P1.4; 产生两个短脉冲
LCALL  DL300MS
CLR  P1.4
LCALL  DL300MS
DJNZ  R2, LOOP
LJMP  STA
DL10MS: …; 延时 10ms 的子程序
RET
```

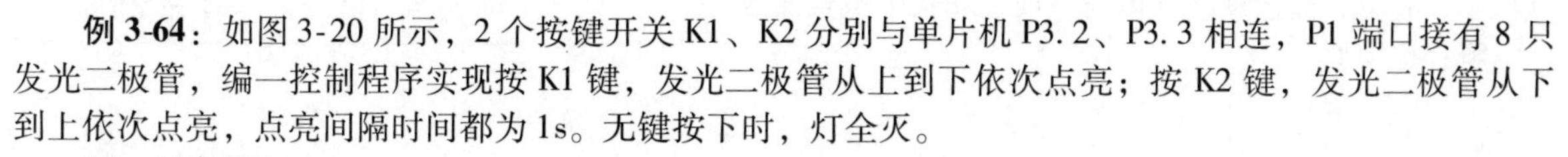

例 3-64：如图 3-20 所示，2 个按键开关 K1、K2 分别与单片机 P3.2、P3.3 相连，P1 端口接有 8 只发光二极管，编一控制程序实现按 K1 键，发光二极管从上到下依次点亮；按 K2 键，发光二极管从下到上依次点亮，点亮间隔时间都为 1s。无键按下时，灯全灭。

解：程序如下：

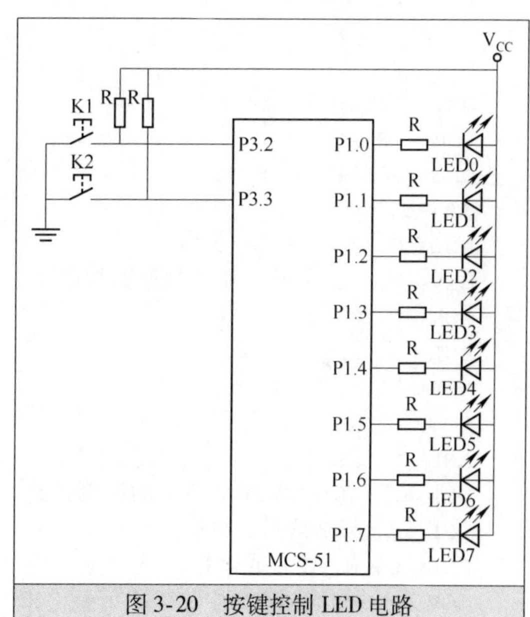

图 3-20　按键控制 LED 电路

```
START: MOV  P1, #0FFH; 设置输出口初值，灯全灭
MOV  P3, #0FFH; 设置输入方式
LOOP: MOV  A, P3; 读入键盘状态
CJNE  A, #0FFH, LP0; 是否有键按下
JMP  LOOP; 无键按下等待
LP0: ACALL  DELAY1; 调用延时去抖动
MOV  A, P3; 重新读入键盘状态
CJNE  A, #0FFH, LP1; 非误读则跳转
JMP  LOOP
LP1: JNB  P3.2, A1; K1 按下则发光点从上到下依次点亮
JNB  P3.3, A2; K2 按下则发光点从下到上依次点亮
JMP  START; 无键按下则返回
A1: MOV  R0, #8; 设置左移位数
MOV  A, #0FEH; 设置左移初值
LOOP1: MOV  P1, A; 输出至 P1
ACALL  DELAY; 调用延时 1s 子程序
RL  A
DJNZ  R0, LOOP1; 判断移动位数
JMP  START
A2: MOV  R0, #8; 设置右移位数
MOV  A, #7FH; 设置右移初值
LOOP2: MOV  P1, A
ACALL  DELAY
RR  A
DJNZ  R0, LOOP2
```

```
JMP  START
DELAY1：…；消抖延时子程序
…
RET
DELAY：…；延时1s子程序
…
RET
END
```

8 逻辑运算程序设计举例

例3-65：编写一程序，实现图3-21所示的逻辑运算电路。其中，X、Y、Z代表输入项，F代表输出项。

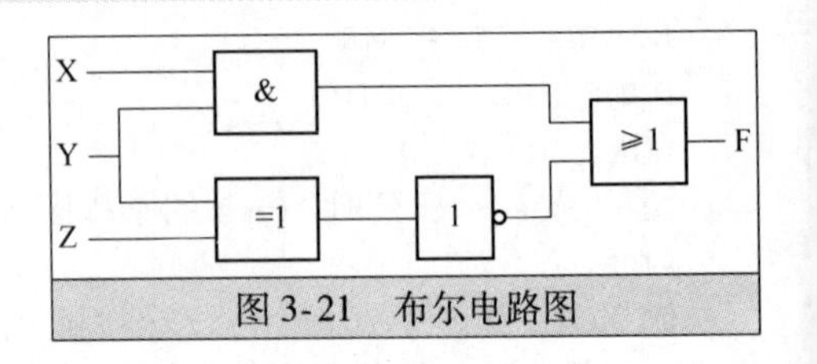

图3-21 布尔电路图

可以看到，图中运用位与、位或、位非，以及位异或等逻辑运算形式。但单片机指令中只提供了与、或、非等位运算指令，故位异或运算必须由与、或、非指令组合而成。

解：程序如下：

```
X  BIT  01H
Y  BIT  02H
Z  BIT  03H
F  BIT  00H
ORG  0000H
LJMP  START
ORG  0030H
START：MOV  C，X
ANL  C，Y
MOV  F，C；实现X和Y的逻辑与运算
MOV  C，Z
ANL  C，/Y
MOV  10H，C
MOV  C，Y
ANL  C，/Z
ORL  C，10H；实现Y和Z的逻辑异或
CPL  C；异或之后，再取反
ORL  C，F；逻辑或运算
MOV  F，C；输出F
END
```

第 4 章

MCS－51 系列单片机的中断系统

在单片机系统中，中断技术主要用于实时监测与控制，也就是要求单片机能及时响应中断请求源提出的服务要求，并做出快速响应及时处理。如果单片机没有中断系统，单片机的大量时间可能会浪费在是否有服务请求发生的查询操作上，即不论是否有服务请求发生，都必须查询。采用中断技术提高了单片机的工作效率和实时性。由于中断工作方式的优点极为明显，因此，单片机的片内硬件都带有中断系统。

4.1 单片机中断概述

★4.1.1 中断的基本概念

所谓中断，是指在单片机执行程序的过程中，当出现某种情况，如发生紧急事件或其他情况时，由服务对象向 CPU 发出中断请求信号，要求 CPU 暂时中断当前程序的执行，而转去执行相应的处理程序，待处理程序执行完毕后，再返回来继续执行原来被中断的程序。

在中断系统中，通常将 CPU 在正常情况下运行的程序称为“主程序”；把引起中断的设备或事件称为“中断源”；由中断源向 CPU 发出请求中断的信号称为“中断请求信号”；CPU 接受中断申请终止现行程序而转去为服务对象的服务称为“中断响应”；为对象服务的程序称为“中断服务程序”（也称中断处理程序）；现行程序中断的地方称为“断点”；为中断服务对象服务完毕后返回原来的程序称为“中断返回”；整个过程称为“中断”，如图 4-1 所示。

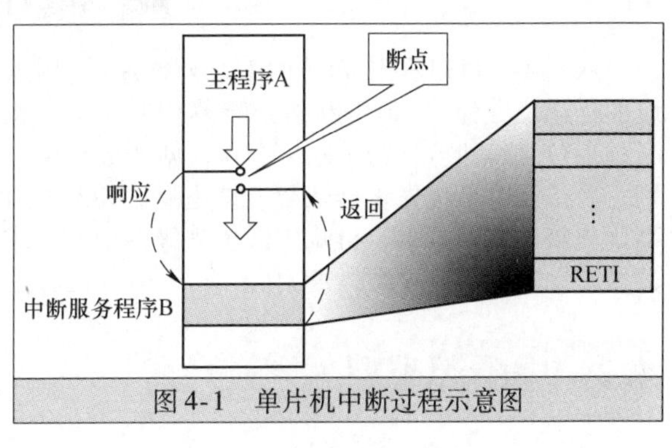

图 4-1 单片机中断过程示意图

★4.1.2 中断的作用与功能

利用中断可极大地提高单片机的工作效率和处理问题的灵活性。

1）实现分时操作：可以解决快速 CPU 和慢速 I/O 外设之间的数据传送矛盾，可以分时为多个 I/O 设备服务，使 CPU 和外设同时工作；CPU 启动外设后继续执行主程序，而外设也在工作，当外设完成一件事时就发送中断请求，请求 CPU 中断，转去执行中断服务程序，中断处理完后 CPU 返回执行主程序，外设也继续工作，提高了 CPU 的利用率。

2）具有实时处理功能：在实时控制中，现场的参数和信息是不断变化的，有了中断，外界的变化量就可以根据要求随时向单片机的 CPU 发送中断请求，让它去执行中断服务程序。

3）实时响应具有故障处理功能：CPU 能够及时处理应用系统的随机事件，系统的实时性大大增强。

系统中的中断系统常由硬件控制逻辑和中断服务程序构成。

★4.1.3　中断系统结构

MCS－51系列单片机中断系统由中断源、定时/计数器控制寄存器TCON、串行接口控制寄存器SCON、中断允许控制寄存器IE、中断优先级控制寄存器IP以及中断优先级排队与查询电路组成。MCS－51系列单片机中断系统内部结构如图4-2所示。MCS－51系列单片机通常有5个中断源，可提供两级中断源优先级（高级中断、低级中断），实现两级中断嵌套。对每个中断源而言，根据实际需要，通过IP寄存器可程控为高级中断或低级中断，也可通过IE寄存器程控为中断开放或中断屏蔽。

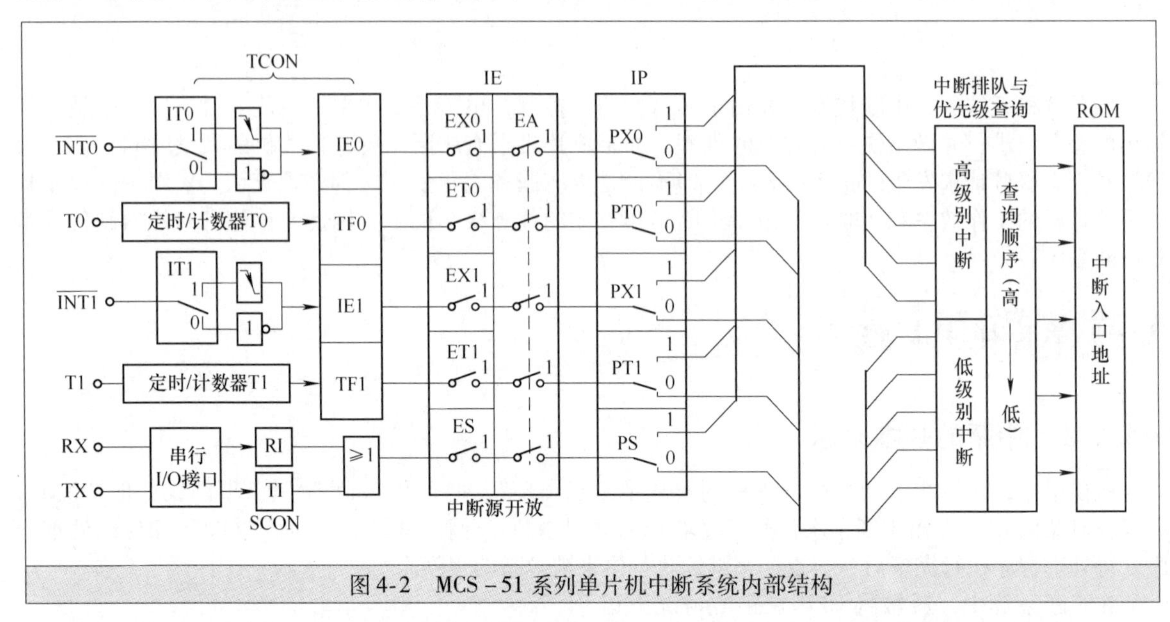

图4-2　MCS－51系列单片机中断系统内部结构

从图4-2可以看出MCS－51系列单片机的中断系统内部结构组成。当中断源产生中断请求时，相应的标志位置为1，但中断是否能被CPU响应，则要受中断允许寄存器IE的控制，IE中的EA称为中断总控位，其他位称为中断分控位。对于允许响应的中断，通过中断优先级控制寄存器IP决定优先级别，并送到中断优先级排队与查询电路，CPU按照从高优先级到低优先级的顺序进行查询，首先响应高优先级的中断请求，再响应低优先级的中断请求。被CPU响应的中断请求，其相应的中断入口地址器被自动送到程序计数器PC中，于是CPU便转去执行相应的中断服务程序。

4.2　中断源类型

MCS－51系列单片机的中断源通常有下列几种。

1）外部中断源：外部设备准备就绪时，向CPU发出中断请求。在MCS－51系列单片机中的$\overline{INT0}$、$\overline{INT1}$即为外部中断源。

2）定时中断源：实时时钟或计数器信号，如定时器时间到或计数器溢出，则可向CPU发出中断请求。在MCS－51系列单片机中的计数器溢出标志TF0、TF1为中断源。

3）串行中断源：串行中断源是为串行数据传送的需要而设置的。每当串行接口接收或发送完一组串行数据时，就产生一个中断请求。在MCS－51系列单片机中有一个全双工的串行口，发送标志为TI、接收标志为RI的即为中断源。

4）其他中断源：当采样或运算结果出现超出范围或系统停电时，可通过报警、掉电等信号向CPU发出中断请求；为调试程序而设置的中断源，如调试程序时，为了检查中间结果而在程序中设置的断点等。

为了及时发现中断源发出的中断请求，MCS－51系列单片机在CPU执行程序过程中，总在每一个机器周期的S5P2期间，对中断系统的各个中断源进行取样。当中断源发出中断请求时，就将对应的中断标志位置1，然后在下一个机器周期内检测中断标志位的状态，以决定是否响应该中断。

MCS－51系列单片机的中断请求标志位设置在定时/计数器控制寄存器TCON和串行接口控制器SCON中，外部中断请求触发方式控制位设置在TCON中。

★4.2.1 定时中断类

单片机定时器T0、T1和T2溢出中断：单片机内部的两个定时/计数器T0、T1是加1计数器，工作时可以对内部定时脉冲或者对从T0（P3.4）引脚或T1（P3.5）引脚输入的计数脉冲进行加法计数，当计数状态从“全1”加1变为“全0”时，定时/计数器电路就会产生溢出中断请求信号。定时器T0（T1）溢出中断标志TF0（TF1），当定时器T0（T1）发生计数溢出时，由硬件将TF0（TF1）置1，向CPU申请中断，CPU响应中断后，由硬件自动清0。

定时器T2溢出中断标志TF2，仅MCS－52系列单片机具有。

★4.2.2 串行中断类

串行接口中断分为串行接口发送中断和串行接口接收中断两种。每当串行接口发送或接收完一组串行数据时，串行接口电路便会自动产生串行接口中断请求。但要区分是接收还是发送中断请求，则需要通过对它们的中断标志位RI、TI进行查询才能知道。

串行接口的发送（TXD）和接收（RXD）中断标志TI和RI存放在特殊功能寄存器SCON中的D1和D0位，其他6位D7～D2与串行通信有关。串行接口控制特殊功能寄存器SCON的地址为98H，可位寻址，每一位有相应的位地址。其格式见表4-1。

表4-1 特殊功能寄存器SCON的格式

SCON	D7	D6	D5	D4	D3	D2	D1	D0	字节地址
位地址	9FH	9EH	9DH	9CH	9BH	9AH	99H	98H	(98H)
功能	SM0	SM1	SM2	REN	TB8	RB8	TI	RI	

1）RI：接收中断标志位D0，串行接口接收中断标志位。当允许串行接口接收数据时，每接收完一个串行数据帧，串行接口电路便将RI置位，向CPU发出串行接口中断请求。

2）TI：发送中断标志位D1，串行接口发送中断标志位。当CPU将一个发送数据写入串行接口发送缓冲器时，就启动了发送过程。每发送完一个串行数据帧，串行接口电路便将TI置位，向CPU发出串行接口中断请求。

注意：RI和TI由硬件置位，由软件清除。

CPU响应串行接口中断后，中断系统不会通过硬件电路自动将RI或TI复位，而必须在串行接口中断服务程序中通过软件对它们进行清除。这是因为MCS－51系列单片机的串行接口中断是由RI和TI所共用的，因此，进入串行接口中断服务程序后，常需要对它们进行检测，以确定发生的串行口中断到底是接收中断还是发送中断。为了防止CPU再次响应这类中断，应在中断服务程序的适当位置通过如下位操作指令将它们撤除：

```
CLR  RI; 撤除接收中断标志
CLR  TI; 撤除发送中断标志
```

若采用字节操作指令，则指令如下：

```
ANL  SCON, #0FCH; 撤除发送和接收中断标志，其余控制位不变
```

★4.2.3 80C51中断系统

外部中断源的外部中断0和外部中断1的中断请求信号，分别由外部中断请求输入引脚$\overline{\text{INT0}}$（P3.2）、$\overline{\text{INT1}}$（P3.3）输入，可以通过定时/计数器控制寄存器TCON设定为低电平触发或负边沿触发。

外部中断有两种触发方式，分别为电平触发和边沿触发，并由特殊功能寄存器TCON中的IT0、IT1位控制。TCON既与中断控制有关，又与定时器控制有关。特殊功能寄存器TCON的地址为88H，可位寻址，每一位有相应的位地址。其格式见表4-2。

表 4-2　特殊功能寄存器 TCON 格式

TCON	D7	D6	D5	D4	D3	D2	D1	D0	字节地址
位地址	8FH	8EH	8DH	8CH	8BH	8AH	89H	88H	(88H)
功能	TF1	TR1	TF0	TR0	IE1	IT1	IE0	IT0	

1）IT0：外中断 0 触发方式控制位 D0。由 IT0 选择为低电平有效还是下降沿有效。

2）IE0：外中断 0 中断请求标志位 D1。

IT0 = 0，电平触发方式；IT0 = 1，边沿触发方式（下降沿有效）。CPU 在每个机器周期的 S5P2 期间取样 $\overline{INT0}$ 引脚电平，如果在连续的两个机器周期检测到 $\overline{INT0}$ 引脚由高电平变为低电平，即第一个周期取样到 $\overline{INT0}$ = 1，第二个周期取样到 $\overline{INT0}$ = 0，则置 IE0 = 1，即此时出现有效的中断信号申请中断，中断标志 IE0 由硬件自动置 1，并产生中断请求。在边沿触发方式下，CPU 响应中断时，由硬件自动清除 IE0 标志。但应注意，为保证 CPU 能检测到负跳变，$\overline{INT0}$ 上的低电平持续时间至少应保持 1 个机器周期。IT0 = 0，为电平触发方式。CPU 在每个机器的 S5P2 取样 $\overline{INT0}$ 引脚电平，当取样到低电平时，中断标志 IE0 置 1，向 CPU 请求中断，当 CPU 响应中断请求进入相应中断服务程序执行时，取样到 $\overline{INT0}$ 高电平时，清除 IE0 标志，IE0 被自动复位。

3）IT1：外部中断 INT1 触发方式控制位 D2，与 IT0 相同。

4）IE1：外中断 1 中断请求标志位 D3，与 IE0 相同。

5）TR0/TR1：定时/计数器的启/停控制位 D4/D6。

6）TF0：定时/计数器 T0 溢出中断请求标志位 D5。T0 启动后便从初值开始进行加 1 计数，直至最高位产生溢出时，向 CPU 发出溢出中断请求，CPU 检测到中断请求后，由硬件将 TF0 置位。CPU 响应中断时，由硬件自动将 TF0 复位为 0。

7）TF1：定时/计数器 T1 溢出中断请求标志位 D7。其控制功能与 TF0 类似。

单片机复位后，TCON 和 SCON 各位均被清 0。另外，所有的中断请求标志位均可由软件置 1 或清 0，获得的效果与硬件置 1 或清 0 相同。

★4.2.4　中断请求触发方式

中断有两种触发方式，即电平触发方式和边沿触发方式。

1　电平触发方式

若中断定义为电平触发方式，中断申请触发器的状态随着 CPU 在每一个机器周期采样到的中断输入引脚的电平变化而变化，能提高 CPU 对中断请求的响应速度。当中断源被设定为电平触发方式时，在中断服务程序返回之前，中断请求输入必须无效（中断请求输入已由低电平变为高电平），否则 CPU 返回主程序后会再次响应中断。所以电平触发方式适合中断以低电平输入且中断服务程序能清除外部中断请求源（中断请求输入又变为高电平）的情况。

2　边沿触发方式

若中断定义为边沿触发方式，中断申请触发器能锁存中断输入线上的负跳变。即便是 CPU 暂时不能响应，中断请求标志也不会丢失。在这种方式下，如果相继连续两次采样，一个机器周期采样到外部中断输入为高，下一个机器周期采样为低，则中断申请触发置 1，直到 CPU 响应此中断时，该标志才清 0。这样就不会丢失中断，但输入的负脉冲宽度至少保持 12 个时钟周期（若晶振频率为 6MHz，则为 2μs），才能被 CPU 采样到。边沿触发方式适合以负脉冲形式输入的外部中断请求。

4.3　中断控制

中断控制是指 MCS－51 系列单片机提供给用户的中断控制手段，由中断允许控制寄存器 IE 和中断优先级控制寄存器 IP 组成。它们均是特殊功能寄存器，均可位寻址。

★4.3.1　中断允许控制寄存器

在 MCS－51 系列单片机内部的 5 个中断源都可以屏蔽。用户可通过设置中断允许寄存器（IE）来控制中断的允许/屏蔽。IE 地址为 A8H，每一位有相应的位地址。复位时，IE 被清 0。中断源中断请求发出后，系统是否响应中断请求，要对中断允许寄存器 IE 进行相关设置。其格式见表 4-3。

表 4-3　中断允许寄存器 IE 的格式

IE	D7	D6	D5	D4	D3	D2	D1	D0	字节地址
位地址	AFH	AEH	ADH	ACH	ABH	AAH	A9H	A8H	（A8H）
功能	EA	–	* ET2	ES	ET1	EX1	ET0	EX0	

MCS－51 系列单片机的中断系统通过中断允许控制寄存器 IE 对所有中断以及某个中断源进行中断允许控制。IE 中设置有中断允许总控位和各个中断源的分控位，这些位的状态可以通过程序由软件设定，只有当总控位和分控位都为 1 时，相应的中断源才被允许。单片机开机/复位时，IE 各位被复位为 0，处于关闭所有中断的状态。所以需要用到某个中断源时，必须通过指令使 IE 开放所需中断，才能使相应的中断请求发生时为 CPU 所响应。

1）EX0：外中断 0 允许位 D0，外部中断 $\overline{\text{INT0}}$ 的中断允许位。EX0＝0 时，外部中断 0 的中断请求被关闭；EX0＝1 时，外部中断 0 的中断请求被允许，但 CPU 最终能否响应 $\overline{\text{INT0}}$ 中断请求还要取决于 IE 中的中断允许总控位 EA 的状态。

2）EX1：外中断 1 允许位 D2，外部中断 $\overline{\text{INT1}}$ 中断允许位。当 EX1＝1 时，外部中断 1 允许中断响应；当 EX1＝0 时，外部中断 1 禁止中断响应。

3）ET0：T0 中断允许位 D1，定时器/计数器 T0 中断允许位。ET0＝0 时，T0 的中断请求被关闭；ET0＝1，且 EA＝1 时，T0 的中断请求被允许。

4）ET1：T1 中断允许位 D3，定时器 T1 中断允许位。当 ET1＝1 时，定时器 T1 允许中断响应；当 ET1＝0 时，定时器 T1 禁止中断响应。

5）ES：串行接口中断允许位 D4。ES＝0 时，串行口禁止中断响应，则串行口的中断请求被关闭；ES＝1，且 EA＝1 时，串行口允许中断响应，则串行口的中断请求被允许。

6）EA：CPU 中断允许（总允许）位 D7，CPU 中断允许控制位。当 EA＝1 时，开放所有中断源的中断允许总控，中断请求最终能否为 CPU 响应还要取决于 IE 中相应中断源的中断允许分控位的状态单独加以控制；EA＝0，关闭所有中断源的中断请求，禁止所有中断。

系统复位后，IE 中各中断允许位均被清 0，即禁止所有中断。

★4.3.2　中断优先级控制寄存器

在 MCS－51 系列单片机中，中断系统通常具有若干个中断源，但在同一时刻，CPU 只能响应若干个中断源中的一个中断请求。为了避免在同一时刻出现若干个中断请求而混乱，每个中断源的中断请求赋予一个特定的优先级，中断源的优先级分为两级。CPU 按照优先级高低来响应中断，实际应用中，可按照突发事件紧急程度安排相应优先级。

对每个中断源而言，可设置为高优先级中断或低优先级中断，可通过对中断优先级寄存器（IP）相应位置 1 或清 0 实现。IP 中的控制位与各中断源一一对应。

当 IP 中的某一控制位的状态设定为 1 时，与之相应的中断源为高优先级中断；设定为 0 时，相应的中断源为低优先级中断。单片机开机/复位时，IP 各位清 0，各中断源均为低优先级中断。中断优先级寄存器 IP 地址为 B8H，可位寻址，每一位有相应的位地址。其格式见表 4-4。

表 4-4　控制寄存器 IP 的格式

IP	D7	D6	D5	D4	D3	D2	D1	D0	字节地址
位地址	BFH	BEH	BDH	BCH	BBH	BAH	B9H	B8H	（B8H）
功能	–	–	* PT2	PS	PT1	PX1	PT0	PX0	

1）PX0：外部中断 0 优先级设定位。

2）PT0：定时/计数器 T0 中断优先级设定位。

3）PX1：外部中断 1 优先级设定位。

4）PT1：定时/计数器 T1 中断优先级设定位。

5）PS：串行接口中断优先级设定位。

中断优先级及中断嵌套的执行：MCS－51 系列单片机对同级中断源的优先权有规定，依次是外部中断 0、定时器 T0、外部中断 1、定时器 T1、串行接口中断、定时器 T2，见表 4-5。

表 4-5　同级中断源的中断优先权结构

中断源	优先级的优先顺序
外部中断 0（$\overline{INT0}$）	最高
定时/计数器 0 溢出中断（T0）	↓
外部中断 1（$\overline{INT1}$）	↓
定时/计数器 1 溢出中断（T1）	↓
串行接口中断（RI/TI）	↓
* 定时器 T2 中断	最低

表 4-3～表 4-5 中“*”处的表示 TF2 + EXF2 仅 MCS－52 有，是定时器 T2 的溢出中断和边沿检测中断通过“或”逻辑后产生的定时器 T2 中断。

当 CPU 执行中断服务程序时，又有优先级更高的中断申请服务，则 CPU 会中断当前的中断，进入高级的中断处理程序，待处理完毕后再恢复处理被中断的低级中断，实现中断嵌套，即高级中断能中断低级中断，如图 4-3 所示。如果新的中断请求是相同级别的或更低级别的，则 CPU 不予理睬，直至现行中断程序运行完毕后才去响应新的中断请求。

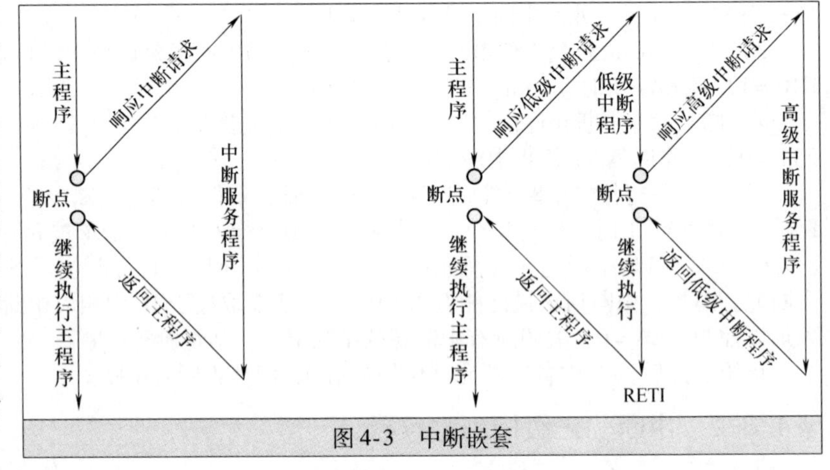

图 4-3　中断嵌套

中断嵌套条件：首先是中断服务程序中没有关闭中断，中断系统处于开中断状态；其次要有中断优先级更高的中断请求发生。只要条件成立，这样的嵌套就可以发生多次。MCS－51 系列单片机各中断源由 IP 寄存器编程设定为高优先级中断和低优先级中断，可实现两级中断嵌套。

★4.3.3　中断的响应

1　中断响应的条件

CPU 在每一机器周期的 S5P2 状态顺序查询每一个中断源，到机器周期的 S6 状态时，便将有效的中断请求按优先级（权）顺序排好。当有中断请求、对应中断允许位为 1、开中断（即 EA＝1）同时满足时，才可能响应中断。当有下列三种情况之一发生时，不会响应中断请求，在下一机器周期重新开始查询；否则，CPU 响应中断。

1）CPU 正在响应同级或更高优先级的中断。

2）当前指令未执行完。

3）正执行的指令是 RETI 中断返回指令或正在访问特殊功能寄存器 IE 或 IP 的指令（执行这些指令后至少再执行一条指令后才会响应中断）。

中断响应条件可以是以下的几条：

1）中断系统为开中断状态（即中断允许总控位 EA＝1，且相应中断源的中断允许分控位为 1）。

2）中断源发出中断请求。

3）没有同优先级或高优先级的中断正在处理。

4）现行的单条指令已经执行完毕（保证单条指令在执行过程中不会被中途打断）。

5）若 CPU 正在执行的指令是 RET、RETI 或任何访问特殊功能寄存器 IE 或 IP 的指令，则在当前指令执行完后，还要紧接着再执行完下一条指令。

2　中断响应的过程

CPU 响应中断执行过程为

1）当前指令完毕后立即中止现行程序的运行，置位优先级状态寄存器，以阻止同级和低级中断。

2）程序计数器 PC 将当前值压入堆栈，保存断点处的地址，以便从中断服务程序返回时能继续执行原来的程序。

3）转至对应的中断源入口地址，执行中断服务程序，结束时由 RETI 弹出断点，返回主程序。

MCS－51 系列单片对各中断源的中断服务程序入口地址及有关的中断请求标志清除状态有规定，见表 4-6。

表 4-6　中断源的中断服务程序入口地址

中断源	中断请求标志	是否硬件自动消除	中断入口地址
外部中断 0	IE0	是（边沿触发） 否（电平触发）	0003H
定时器 T0	TF0	是	000BH
外部中断 1	IE1	是（边沿触发） 否（电平触发）	0013H
定时器 1	TF1	是	001BH
串行接口	RI/TI	否	0023H
定时器 2	TF2/EXF2	否	002BH

中断入口地址相邻中断源之间的地址空间只有 8B。一般不足以容纳一个中断服务程序。也就是说，如果一个中断服务程序的长度超过这个限度，就会占用下一个中断源的入口地址，导致出错，我们称之为“地址覆盖”。一般在中断入口处写一条“LJMP XXXXH”或“AJMP XXXXH”的跳转指令，把中断服务程序的实际处理内容放到 64KB 程序存储器的任何地方或在 ROM 的 2KB 范围内其他位置转移，以避开“地址覆盖”现象。

1）将与被响应中断源对应的中断优先级状态触发器置 1，以阻止后来的同级或低级的中断请求。

2）撤除所响应中断源的中断标志（复位为 0），以防止 CPU 因中断标志未能得到及时撤除而重复响应同一中断请求。

3）执行一条由中断系统硬件电路提供的 LCALL 指令。该指令的转移地址就是被响应中断源的中断服务程序入口地址（见表 4-6）。执行这条指令时，先把断点（发生中断的当前指令的下一条指令首地址）压入堆栈，以便中断返回时使用；然后将相应的中断服务程序入口地址送入 PC，于是 CPU 转去执行相应的中断服务程序。

4）执行到中断服务程序的最后一条指令——中断返回指令 RETI 时，首先将响应中断时压入堆栈保存的断点地址从堆栈弹出到 PC，使 CPU 从原来中断的地方继续执行程序；然后将与已响应中断源对应的中断优先级状态触发器清 0，通知中断系统，该中断服务程序已执行完毕，在没有更高级别的中断请求发生时，允许 CPU 响应同优先级或低优先级的中断请求。

★4.3.4　技术中断的处理

中断处理就是执行中断服务程序。中断服务程序是根据中断源的处理要求而设计的专门程序。每个中断源都有自己相应的中断服务程序。通常，在中断服务程序的开头，首先要保存有关的寄存器内容（保护现场），在完成中断源要求的处理工作后，还要恢复这些寄存器内容（恢复现场），并在中断服务程序的末尾，安排一条中断返回指令 RETI，执行该指令，便能够返回主程序。中断返回指令的功能是把中断前主程序的地址，即断点地址送回程序计数器 PC，以便 CPU 可以继续执行被中断的主程序。中断处理流程图如图 4-4 所示。

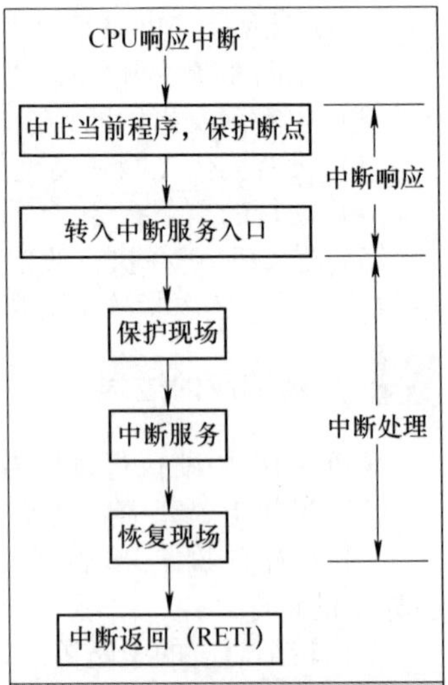

CPU响应中断 → 中止当前程序，保护断点 → 转入中断服务入口 → 保护现场 → 中断服务 → 恢复现场 → 中断返回（RETI）

（中断响应：中止当前程序，保护断点；转入中断服务入口。中断处理：保护现场；中断服务；恢复现场。）

图 4-4　中断处理流程图

★4.3.5　中断的返回

不能用 RET 指令代替 RETI 指令。因为 RET 指令虽然也能控制 PC 返回原来中断的地方，但 RET 指令没有对中断优先级状态触发器进行清 0 的功能，中断控制系统就会认为所响应的中断仍在进行，其后果是使与此中断同级的中断请求将不被响应。所以中断服务程序结束时必须使用 RETI 指令实现中断返回。

若用户在中断服务程序中进行了入栈操作，则在 RETI 指令执行前，应进行相应的出栈操作，使栈顶指针 SP 与保护断点后的值相同，即在中断服务程序中，PUSH 指令与 POP 指令必须成对使用，否则不能正确返回断点。

★4.3.6　中断请求撤除

CPU 响应某一中断后，在中断返回前，该中断请求应该撤除；否则，会引起重复中断而发生错误。

对于定时器 T0 和 T1 的溢出中断及边沿触发方式的外部中断，CPU 响应中断后，便由中断系统的硬件自动清除相关的中断请求标志，即这些中断请求是自动撤除的，用户无须采取其他措施。

但对电平触发方式的外部中断，情况则不同。光靠清除中断标志，并不能彻底解决中断请求的撤除问题。因为尽管中断请求标志位撤除了，但是中断请求的有效低电平仍然存在，在下一个机器周期采样中断请求时，又会使 IE0 或 IE1 重新置 1。为此，要想彻底解决中断请求的撤除，必须在中断响应后把外部输入端信号从低电平强制改为高电平。

对于串行接口中断，CPU 响应中断后，硬件不能清除它们的中断标志，必须在中断服务程序中用软件清除中断标志，如“CLR RI”、“CLR TI”。MCS－52 的 T2 定时中断标志必须由软件清 0。电平触发方式的外部中断请求撤除电路如图 4-5 所示。

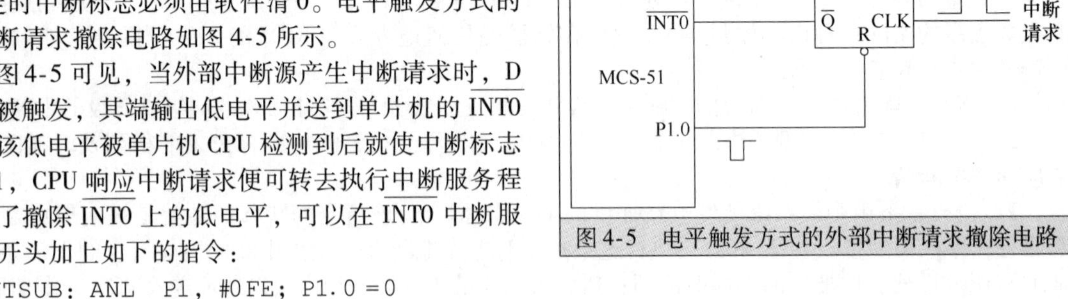

图 4-5　电平触发方式的外部中断请求撤除电路

由图 4-5 可见，当外部中断源产生中断请求时，D 触发器被触发，其端输出低电平并送到单片机的 $\overline{\mathrm{INT0}}$ 引脚，该低电平被单片机 CPU 检测到后就使中断标志 IE0 置 1，CPU 响应中断请求便可转去执行中断服务程序。为了撤除 $\overline{\mathrm{INT0}}$ 上的低电平，可以在 $\overline{\mathrm{INT0}}$ 中断服务程序开头加上如下的指令：

```
INTSUB: ANL  P1, #0FE; P1.0 =0
ORL  P1, #01H; P1.0 =1
CLR  IE0
…
RETI
```

CPU 执行上述 $\overline{\mathrm{INT0}}$ 的中断服务程序时，可在 P1.0 上产生一个宽度为两个机器周期的负脉冲。在该负脉冲作用下，D 触发器的端被置位成 1 状态，$\overline{\mathrm{INT0}}$ 上的电平因此而变高，从而撤除了其上的中断请求。

★4.3.7　中断响应时间

中断响应时间指的是从中断源发出中断请求，到 CPU 响应中断需要经历的时间。中断响应时序如图 4-6 所示。在单片机的实时控制系统中，为了满足控制速度的要求，需要明确知道 CPU 响应中断所需的时间。

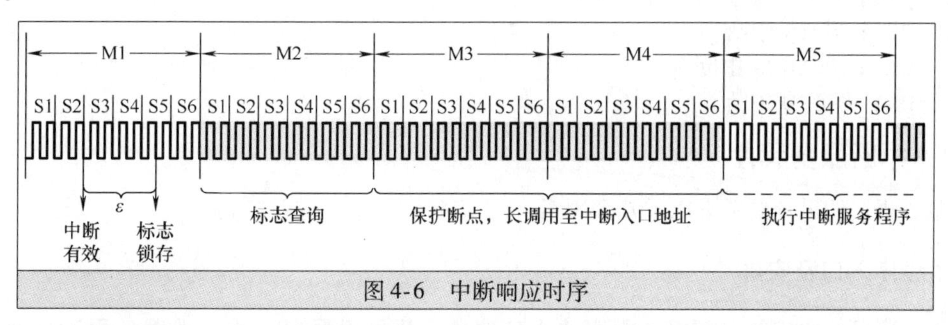

图 4-6　中断响应时序

中断响应（从标志置 1 到进入相应的中断服务）至少需要 3 个完整的机器周期。在一个单一中断系统中，MCS－51 的 CPU 响应外部中断时间需要 3～8 个机器周期。

假定某中断在图 4-6 中 M1 周期的 S5P2 前生效，在 S5P2 期间，其中断请求被 CPU 查询到，并将相应的标志位置 1。若下一个机器周期 M2 恰好是当前指令的最后一个机器周期，且该指令不是 RET、RETI 或访问 IE、IP 的指令，CPU 便可以在后面的两个机器周期 M3 和 M4 里执行硬件 LCALL 指令，在 M5 周期将转入相应中断入口地址执行中断服务程序。

可见，MCS－51 的中断响应时间（从中断标志位置 1 到进入相应的中断服务程序）至少需要 3 个完整的机器周期。

若发生如下情况，就要增加中断响应等待时间：

1）若标志查询周期不是正在执行指令的最后机器周期，需增加 1～3 个机器周期，因为 MCS－51 指令系统中，执行时间最长的乘法、除法指令（MUL 和 DIV）也只需要 4 个机器周期。

2）若标志查询周期恰逢 CPU 执行 RET、RETI 或访问 IE、IP 指令，而这类指令之后又紧跟着 MUL 或 DIV 指令，则需多用 1 个机器周期完成正在执行的指令，再加上执行 MUL 或 DIV 指令需用 4 个机器周期。所以在这种情况下，需要附加的等待时间不会超过 5 个机器周期。

由此可见，对于没有嵌套的单级中断，响应时间为 3～8 个机器周期。若 CPU 正在响应同级或高级中断，则所需要的附加等待时间取决于正在执行的中断服务程序的长短，中断响应时间不确定。

4.4　中断程序设计及举例

为实现中断而设计的相关程序称为中断程序。

★4.4.1　中断初始化程序

MCS－51 系列单片机的中断系统是可以通过有关的特殊功能寄存器来进行设置的，中断系统的初始化指的是用户根据各中断源的具体要求，对与中断控制有关的特殊功能寄存器中的各控制位进行赋值。其基本步骤如下：

1）开放相应中断源的中断。

2）设定所用中断源的中断优先级。

3）若为外部中断，则应规定其为低电平还是负边沿的中断触发方式。

MCS－51 系列单片机中断系统初始化程序包括设置堆栈、选择中断触发方式（对外中断而言）、开中断及设置中断优先级等。

系统复位或上电后，在中断初始化程序中将 SP 的值重新设定。通常将 SP 的值设定在 30H 以上。另外，系统复位后，定时器控制寄存器 TCON、中断允许寄存器 IE 及中断优先级寄存器 IP 等均复位为 00H，也需要根据中断控制的要求，在中断初始化程序中对这些寄存器编程。

例 4-1：假设系统的堆栈为 61H～7FH，允许外部 0 中断、定时器 T0 中断，并设定 $\overline{\text{INT0}}$ 为高级中断，采用边沿触发，其他中断为低级中断，则在主程序中的中断初始化程序如下：

```
MOV  SP，#60H；设定堆栈为 61H～7FH
SETB  PX0；设定 INT0 为高优先级
SETB  IT0；设定 INT0 为下降沿触发
SETB  ET0；开 T0 中断
SETB  EX0；开 INT0 中断
SETB  EA；开 CPU 中断
```

★4.4.2 中断服务程序

中断服务程序的设计要考虑以下几个因素。

1 中断程序入口及安排

由表 4-6 可见，两相邻中断服务程序的入口地址之间只相距 8B，而一般服务程序长度都会超过 8B，这样就必须在中断入口地址处安排一条跳转指令，将程序转移到别的存储空间，以避免和下一个中断地址相冲突。程序结构如下：

```
ORG  0000H
LJMP  MAIN
ORG  0003H
LJMP  INT0
ORG  000BH
LJMP  T0
…
ORG  0030H
MAIN：…；主程序
…
INT0：…；外部中断 0 处理程序
…
RETI
T0：；T0 中断处理程序
…
RETI
…
```

2 现场保护和工作寄存器分区

中断服务程序中要使用与主程序有关的寄存器，因此 CPU 在中断之前要保护这些寄存器的内容，即要“保护现场”，而在中断返回时又要使它们恢复原值，即“恢复现场”。同时为了避免中断程序与主程序中所用的工作寄存器 R0～R7 冲突，一般将主程序和不同的中断源之间使用不同的寄存器组，故常用的中断服务程序结构如下：

```
SERV：PUSH  PSW；保护程序状态字和中断子程序前所选的寄存器组
PUSH  ACC；保护累加器 A
PUSH  B；保护寄存器 B
PUSH  DPL；保护数据指针低字节
PUSH  DPH；保护数据指针高字节
SETB  RS0；选择寄存器组 1
CLR  RS1
```

```
…；中断处理程序
POP  DPH；恢复现场
POP  DPL
POP  B
POP  ACC
POP  PSW
RETI；中断返回
```

要注意 PUSH 和 POP 指令必须成对使用。否则，可能会使保存在堆栈中的数据丢失，或使中断不能正确返回。此外，只有在中断程序中要使用的寄存器内容才需要加以保护。

3 高优先级中断源的中断禁止（如有需要）

单片机具有两级中断优先级，可实现两级中断嵌套。高优先级的中断请求可以中断低优先级的中断处理。但是，对于某些不允许被中断的服务程序来说，也可以在 CPU 响应中断后用 CLR 指令（或其他指令）对 IE 寄存器某些位清 0 来禁止相应高优先级中断源的中断。

★4.4.3 中断应用举例

例 4-2：在图 4-7 中，正常情况下 P1 口所接的发光二极管依次循环点亮（每次只有一个亮）。当 S0 按下时，产生中断，此时 8 只发光管“全亮—全灭”交替出现 8 次，然后恢复正常。

由于每次按键或放开可能会有弹跳现象（抖动），因而会引发多次中断，解决的方法有两种：一种是利用软件 DELAY 延时的方法去抖动；另一种是利用图 4-7中所示的按键电路，采用 RC 电路硬件去抖动。

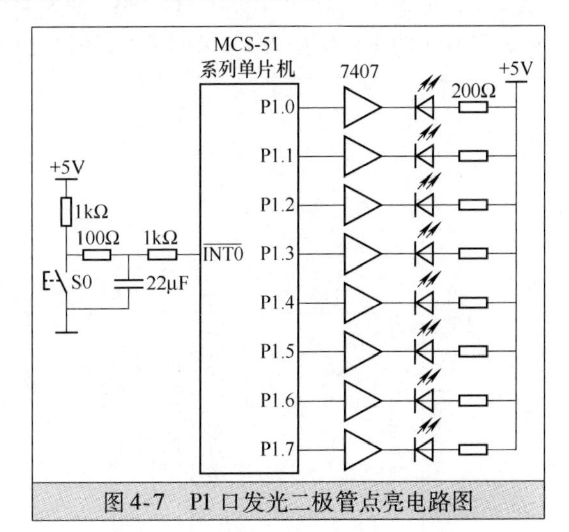

图 4-7 P1 口发光二极管点亮电路图

解：汇编语言程序如下：

```
ORG  0000H
LJMP  MAIN
ORG  0003H
LJMP  INT0
ORG  0030H
MAIN: MOV  SP, #60H；设定堆栈为 61H～7FH
SETB  EA；开 CPU 中断
CLR  IT0；设定 INT0 低电平触发
SETB  EX0；开 INT0 中断
MOV  A, #0FEH；点亮一个 LED
AGAIN: MOV  P1, A
ACALL  DELAY
RL  A；循环左移 1 位
SJMP  AGAIN
DELAY: MOV  R3, #100；延时程序
MOV  R4, #0
DELAY1: DJNZ  R4, $
DJNZ  R3, DELAY1
RET
ORG  0300H
INT0: PUSH  PSW；外部 0 中断处理程序，保护现场
PUSH  ACC
SETB  RS0；选择工作寄存器 1
```

```
CLR  RS1
MOV  R0，#08
AGAIN1：MOV  P1，#0；点亮所有的LED
ACALL  DELAY
MOV  P1，#0FFH；熄灭所有的LED
ACALL  DELAY
DJNZ  R0，AGAIN1；没闪烁8次，则继续
POP  ACC；恢复现场
POP  PSW
RETI；中断返回
```

★4.4.4　80C51 外部中断源扩展

MCS－51（80C51）外部中断源的扩展：当实际的单片机应用系统需要用到两个以上的外部中断源时，就需要对单片机的外部中断源进行扩展。扩展的方法通常有以下3种。

1）借用定时器溢出中断扩展外部中断源。

2）采用查询法扩展外部中断源。

3）采用外接可编程序中断扩展芯片（如8259中断控制器）扩展外部中断源。

例4-3：根据图4-8，外部中断1为边沿触发的外部中断源，当按下按键K1，产生外部中断1信号，单片机读取输入信号P1.0～P1.3引脚，将采样到的信号转换为输出信号去驱动相应发光二极管的亮灭，单片机的工作频率为11.0592MHz，编写相应驱动程序。

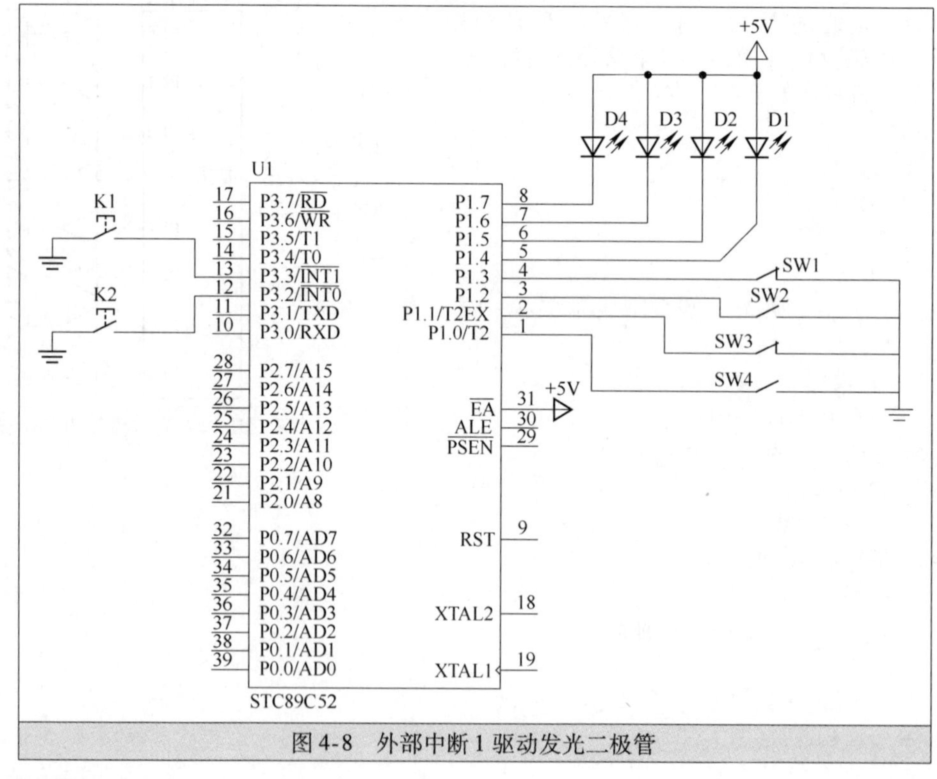

图4-8　外部中断1驱动发光二极管

解：程序清单如下：

```
/* * * 汇编语言中断方式* * * /
ORG  0000H
LJMP  MAIN；上电转向主程序
ORG  0013H；外部中断1入口地址
```

```
LJMP  EXINT1；指向中断服务子程序
ORG   0100H；主程序
MAIN：MOV  SP，#50H
SETB  IT1；选择边沿触发方式
SETB  EX1；允许外部中断 1
SETB  EA；CPU 允许中断
HERE：AJMP  HERE；主程序踏步
/* * * 以下是中断服务子程序* * * /
EXINT1：MOV  P1，#0FFH
MOV  A，P1；读取 P1 口输入信号
SWAP  A；将采样到的信号转换为输出信号
MOV  P1，A；输出信号驱动发光二极管
RETI；中断返回
END
/* * * 汇编语言查询方式* * * /
ORG  0000H
START：SETB  IT1
HERE：JB  P3.3  HERE
EXINT1：MOV  P1，#0FFH
MOV  A，P1
SWAP  A
MOV  P1，A
AJMP  HERE
END
```

第5章

MCS－51系列单片机的定时/计数器

单片机中的定时器和计数器是同一个东西，只不过计数器用来记录外界发生的事情，而定时器则是由单片机提供的一个非常稳定的计数源。定时器和计数器可编程是指其功能如工作方式、计数长度、定时时间、启动/停止等均可由指令来改变和设定，从而满足单片机控制中的准确定时、精确延时、实时检测以及计数等需要。当定时/计数器作为“计数器”用时，可对接到14引脚（T0/P3.4）或15引脚（T1/P3.5）的脉冲信号数进行计数。单片机内部操作是：在一个机器周期内检测到该引脚为高电平“1”，在相邻的下一机器周期内检测到低电平“0”时，计数器确认加1。所以，每检测一个外来脉冲信号，至少需要2个机器周期，但占空比无特别要求。显然，所能检测的最高外部脉冲信号频率为晶振频率的1/24。若晶振频率为12MHz，则所能检测的最高外部脉冲信号频率为500kHz。

当定时/计数器作为“定时器”用时，定时信号来自内部时钟发生电路，每个机器周期等于12个振荡周期，每过一个机器周期，计数器加1。当晶振频率为12MHz，则机器周期为1μs。在此情况下，若计数器中的计数为100，则定时＝100×1μs＝100μs。

为实现定时/计数器的各种功能，还用到SFR中的几个特殊功能寄存器，见表5-1。

表5-1　与定时/计数器有关的特殊功能寄存器

定时/计数器的SFR	用途	地址	有无位寻址
TCON	控制寄存器	88H	有
TMOD	方式寄存器	89H	无
TL0	定时器T0低字节	8AH	无
TL1	定时器T1低字节	8BH	无
TH0	定时器T0高字节	8CH	无
TH1	定时器T1高字节	8DH	无

5.1　定时/计数器的结构及工作原理

MCS－51系列单片机定时器内部结构框图如图5-1所示，内部有两个16位的定时器T0和T1。计数脉冲有两个来源：一个是由系统内部的时钟振荡器输出脉冲经12分频后送来；另一个是由T0或T1引脚输入的外部脉冲源。定时器和计数器实质上是一样的，“计数”就是对外部输入脉冲的计数；所谓“定时”，是通过计数内部脉冲完成的。

定时器T0、T1各由两个8位的特殊功能寄存器TH0、TL0和TH1、TL1构成。方式寄存器TMOD用于设置定时器的工作方式。控制状态寄存器TCON用于启动和停止定时器的计数，并检测定时器的状态。每一个定时器的内部结构实质上是一个可程控的加法计数器，通过内总线与CPU相连，由CPU编程设置定时器的初值、工作方式、启动、停止。当设置了定时器的工作方式、初值并启动定时器工作后，定时器就按被设定的工作方式独立工作，不再占有CPU时间，只有在定时器溢出时，才向CPU

申请中断。由此可见，定时器是单片机中工作效率高且应用灵活的部件。如图5-2所示是定时器T*x*（*x*为0或1，分别表示T0或T1）的原理框图，图中的“外部引脚T*x*”是外部输入引脚的标识符，通常将引脚P3.4、P3.5用T0、T1表示。

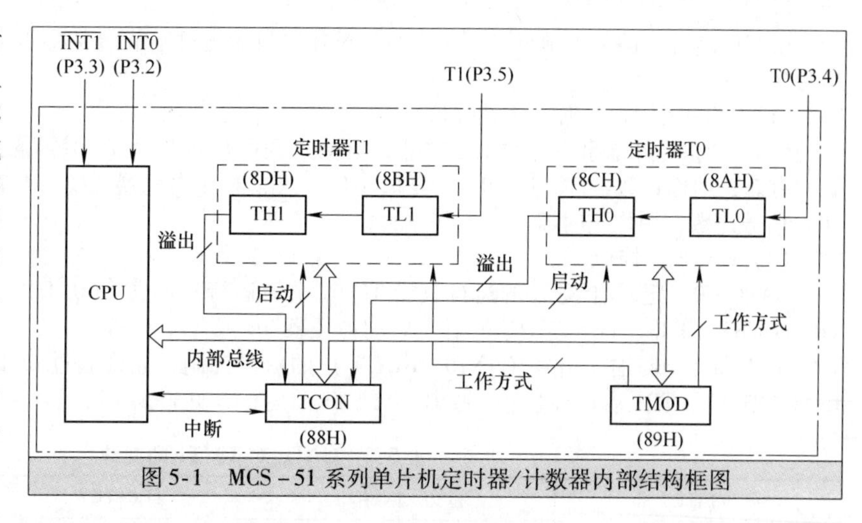

图5-1 MCS－51系列单片机定时器/计数器内部结构框图

当控制信号K为0时，定时器工作在定时方式。加1计数器对内部时钟*f*进行计数，直到计数器计满溢出。*f*是振荡器时钟频率的12分频，脉冲周期为一个机器周期，即计数器计数的是机器周期脉冲的个数，以此来实现定时。当控制信号为1时，定时器工作在计数方式。加1计数器对来自外部引脚T*x*的外部信号脉冲计数（下降沿触发）。在每一个机器周期的S5P2期间，采样引脚输入电平。若前一个机器周期采样值为1，后一个机器周期采样值为0，则计数器加1。由于它需要两个机器周期（24个时钟周期）来识别一个“1”到“0”的跳变信号。对外部输入信号脉冲的占空比没有特别的限制，但必须保证输入信号电平在它发生跳变前至少被采样一次，因此输入信号的电平至少应在一个完整的机器周期中保持不变。

控制信号K的作用是控制计数器的启动和停止。如图5-2所示，当GATE＝0时，K＝TR*x*，K不受输入电平的影响：若TR*x*＝1，允许计数器加1计数；若TR*x*＝0，计数器停止计数。当GATE＝1时，与门的输出由输入电平和TR*x*位的状态来确定：仅当TR*x*＝1，且引脚＝1时，才允许计数；否则停止计数。

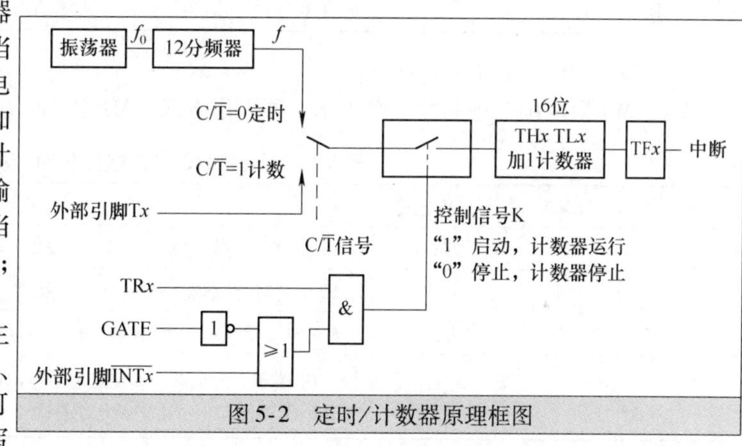

图5-2 定时/计数器原理框图

MCS－51系列单片机的定时器主要由特殊功能寄存器TMOD、TCON、TH0、TL0、TH1、TL1组成。所谓可编程序定时器，就是通过软件读/写这些特殊功能的寄存器，达到控制定时器目的。其中，TH*x*和TL*x*分别用来存放计数器初值的高8位和低8位，TMOD用来控制定时器的工作方式，TCON用来存放中断溢出标志并控制定时器的启、停。

★5.1.1 工作方式寄存器TMOD

MCS－51系列单片机定时/计数器的工作由两个特殊功能寄存器TMOD和TCON的相关位来控制。TMOD用于设置定时/计数器的工作方式，其字节地址为89H。低4位用于T0工作方式字段，高4位用于T1工作方式字段，它们的含义是完全相同的。其格式见表5-2。

表5-2 工作方式寄存器TMOD格式

TMOD	D7	D6	D5	D4	D3	D2	D1	D0
(89H)	GATE	C/T̄	M1	M0	GATE	C/T̄	M1	M0
	定时器T1				定时器T0			

虽有位名称，但无位地址，不可进行位操作，只能通过字节指令进行设置。复位时，TMOD 所有位均为 0。

（1）$C/\overline{T}$：计数/定时方式选择位

$C/\overline{T}=1$，为外部事件计数工作方式，对输入到单片机 T0、T1 引脚的外部信号脉冲计数，负跳变脉冲有效，用作计数器。$C/\overline{T}=0$，为定时工作方式，对片内机器周期（1 个机器周期等于 12 个晶振周期）信号计数，用作定时器。

（2）GATE 门控位

GATE=0，定时/计数器的运行只受 TCON 中的运行控制位 TR0/TR1 的控制，可允许软件控制位 TR0 或 TR1（TR0、TR1 在 TCON 中）启动计数器 T0 或 T1；GATE=1，定时器/计数器的运行同时受 TR0/TR1 和外中断输入信号（$\overline{INT0}$ 和 $\overline{INT1}$）的双重控制，允许通过外部引脚 $\overline{INT0}$（P3.2）、TR0 或 $\overline{INT1}$（P3.3）、TR1 启动计数器，控制 T0 或 T1 的运行，见表 5-3 所示。

表 5-3　GATE 对 T0/T1 的制约

GATE	$\overline{INT0}$，$\overline{INT1}$	TR0/TR1	功能
0	无关	0/0	T0/T1 停止
0	无关	1/1	T0/T1 运行
1	1/1	1/1	T0/T1 运行
1	1/1	0/0	T0/T1 不运行
1	0/1	1/1	T0 不运行，T1 运行
1	1/0	1/1	T0 运行，T1 不运行

（3）M1、M0：工作方式选择位

M1、M0 为两位二进制数，可表示 4 种工作方式。M1 和 M0 方式选择位对应关系见表 5-4。

表 5-4　M1 和 M0 方式选择位对应关系

M1	M0	工作方式	功能说明
0	0	方式 0	13 位定时/计数器，$N=13$，容量 $2^{13}=8192$
0	1	方式 1	16 位定时/计数器，$N=16$，容量 $2^{16}=65536$
1	0	方式 2	8 位自动重装定时/计数器，初值自动装入，$N=8$，容量 $2^{8}=256$
1	1	方式 3	定时器 T0：分成两个 8 位定时器/计数器；定时器 T1：停止计数；在其他方式下可工作，但不能产生溢出中断请求标志。仅适用于 T0，$N=8$，容量 $2^{8}=256$

★5.1.2　控制寄存器 TCON

TCON 是可位寻址的特殊功能寄存器，用于控制其启动和中断请求。其字节地址为 88H，位地址由低到高顺序分别为 88H～8FH。用来存放定时器的溢出标志 TF0、TF1 和定时器的启、停控制位 TR0、TR1，见表 5-5。TCON 的低 4 位只与外中断有关，其高 4 位与定时器/计数器有关。具有位地址，可位寻址，复位时，TCON 的所有位均为 0。

表 5-5　TCON 结构及各位名称、地址

位号	TCON.7	TCON.6	TCON.5	TCON.4	TCON.3	TCON.2	TCON.1	TCON.0
位名	TF1	TR1	TF0	TR0	IE1	IT1	IE0	IT0
位地址	8FH	8EH	8DH	8CH	8BH	8AH	89H	88H

TCON 的高 4 位存放定时器的运行控制位和溢出标志位；低 4 位存放外部中断的触发方式控制位和锁存外部中断请求源，与中断有关。

1）TFx：定时器Tx溢出标志。定时器的核心为加法计数器，从初值开始加1计数，当定时器Tx发生计数溢出时，即最高位产生溢出，由硬件将此位置1。表示计数溢出，同时提出中断请求。TFx可以由程序查询，也是定时中断的请求源，当CPU响应中断、进入中断服务程序后，由单片机内部的“硬件”自动将TFx清0。也可在程序中用指令查询TFx或将TFx清0。

2）TRx：定时器Tx运行控制位，通过软件（指令“SETB TRx”或“CLR TRx”）置1或清0。TRx为1，启动计数器计数；为0，停止计数器计数。

5.2 定时器T0、T1的工作方式

MCS－51系列单片机的定时器T0有4种工作方式，即方式0、方式1、方式2及方式3。定时器T1只有3种工作方式，即方式0、方式1及方式2。

★5.2.1 方式0（模式0）

当M1、M0的两个D1、D0位为00时，定时/计数器T0被选为工作方式0，内部13位计数器。其逻辑结构如图5-3所示。在这种方式下，16位寄存器TH0和TL0只用13位，由TH0的8位和TL0的低5位构成。TL0的高3位是不定的，可以不必理会，见表5-6。因此方式0是一个13位的定时/计数器。TL0低5位计数满时不向TL0第6位进位，当TL0的低5位计数溢出时即向TH0进位，而TH0计数溢出时向中断标志位TF0进位（称硬件置位TF0），并请求中断。因此，可通过查询TF0是否置1或考察中断是否发生（通过CPU响应）来判断定时器T0是否溢出。最大计数值$2^{13}=8192$（计数器初值为0时）。

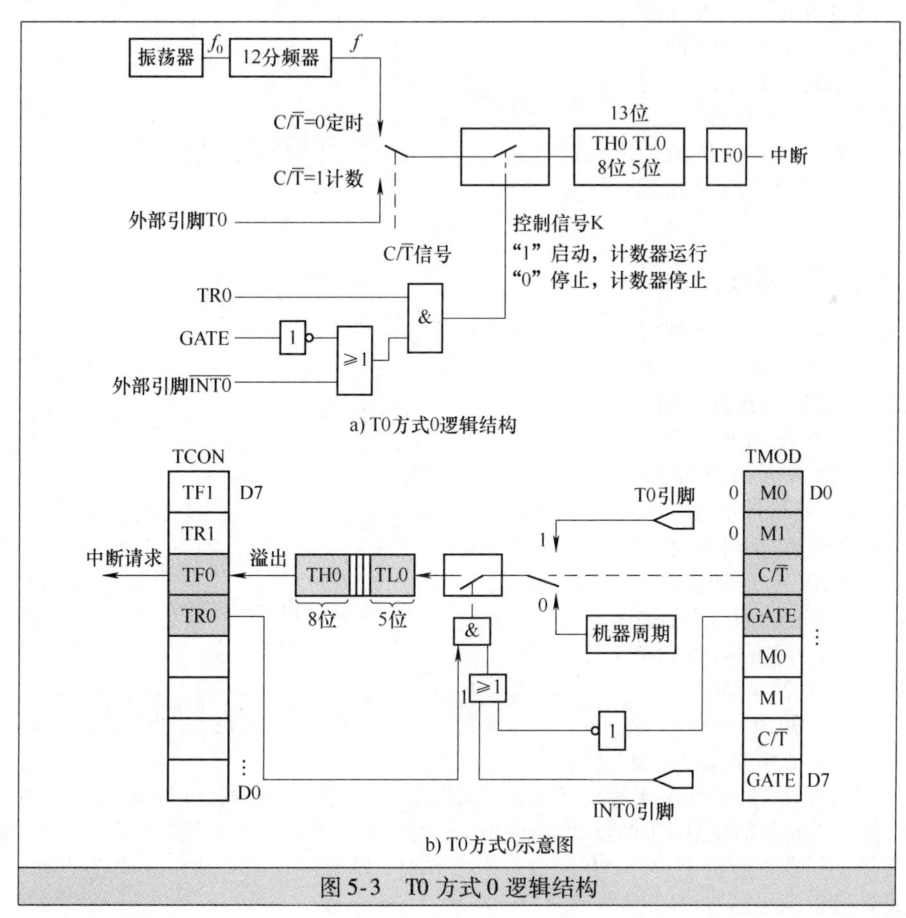

图5-3　T0方式0逻辑结构

表 5-6 TH0、TL0 构成 13 位结构

TH0								TL0							
D12	D11	D10	D9	D8	D7	D6	D5	×	×	×	D4	D3	D2	D1	D0

当 C/$\overline{T}$ =0 时，为定时方式。开关接到振荡器的 12 分频器输出，计数器对机器周期脉冲计数。其定时时间为计数值×机器周期：(2^{13} - 初值) ×时钟周期×12。

若晶振频率为 12MHz，时钟周期为 (1/12)) μs，当初值为 0 时，则最长的定时时间为

$$(2^{13}-0) \times (1/12) \times 12\text{ms} = 8.192\text{ms}$$

当 C/$\overline{T}$ =1 时，为计数方式。开关与外部引脚 T0 (P3.4) 接通，计数器对来自外部引脚 T0 的输入脉冲计数，当外部信号发生负跳变（下降边沿）时，计数器加 1。

定时器的运行控制信号 K 如前述，以上分析同样适合于定时器 T1。

★5.2.2 方式 1（模式 1）

当 M1、M0 的两个 D1、D0 位为 01 时，定时/计数器 T0 被选为工作方式 1，方式 1 和方式 0 的差别仅在于计数器的位数不同。

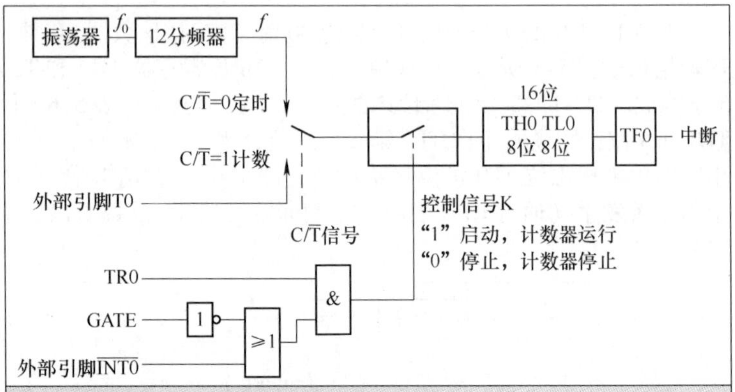

方式 1 为 16 位计数器，其逻辑结构如图 5-4 所示。由 TL0 低 8 位和 TH0 高 8 位组成。16 位计数溢出时，TF0 置 1，请求中断。最大计数值为 2^{16} = 65536，用作定时器时。作为定时方式使用时，其定时时间为 (2^{16} - 初值) × 时钟周期 × 12。若晶振频率为 12MHz，则最长的定时时间为 (2^{16} - 0) × (1/12) × 12ms = 65.536ms。

图 5-4 T0 方式 1 逻辑结构

★5.2.3 方式 2（模式 2）

当 M1、M0 的两个 D1、D0 位为 10 时，定时/计数器 T0 被选为工作方式 2，为 8 位计数器，其逻辑结构如图 5-5 所示。TL0 作为 8 位计数器，TH0 作为重置初值的缓冲器，在程序初始化时，由软件赋予同样的初值，一旦计数器溢出便置位 TF0，同时自动将 TH0 中的初值再装入 TL0，从而进入新一轮的计数，如此循环不止，而 TH0 中的初值始终不变。最大计数值为 2^8 = 256。其一次定时时间为 (2^8 - 初值) × 时钟周期 × 12。方式 2 仅用 TL0 计数，计数满溢出后，一方面进位 TF0，使溢出标志 TF0 = 1，请求中断；另一方面，使原来装在 TH0 中的初值装入 TL0。所以方式 2 能自动恢复定时器/计数器初值。而在方式 0、方式 1 时，定时/计数器的初值不能自动恢复，必须用指令重新给 TH0、TL0 赋值。所以方式 2 既有优点又有缺点。优点是定时初值可自动恢复，缺点是计数范围小。

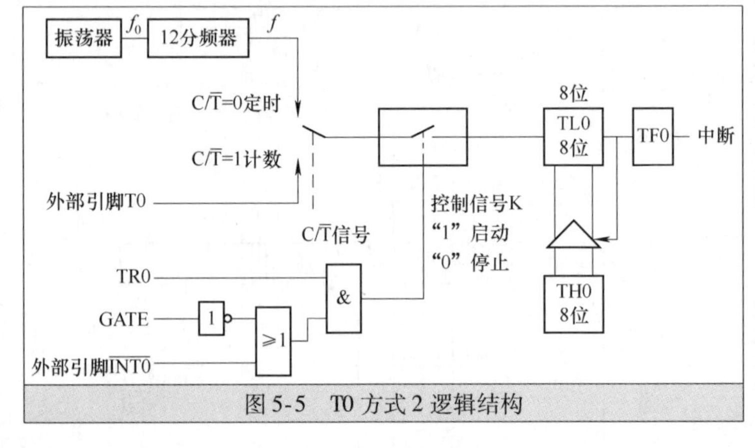

图 5-5 T0 方式 2 逻辑结构

方式 2 适用于需要重复定时，而定时范围不大的应用场合。具有初值自动装入的功能，可以避免

在程序中因重新装入初值而对定时精度的影响，适用于需要产生高精度的定时时间的应用场合，常用作串行接口波特率发生器。

★5.2.4　方式 3（模式 3）

当 M1、M0 的两个 D1、D0 位为 11 时，定时/计数器 T0 被选为工作方式 3，这种工作方式只有定时器 T0 才有。此时 T0 被拆成两个独立的 8 位计数器 TL0 和 TH0。其逻辑结构如图 5-6 所示。

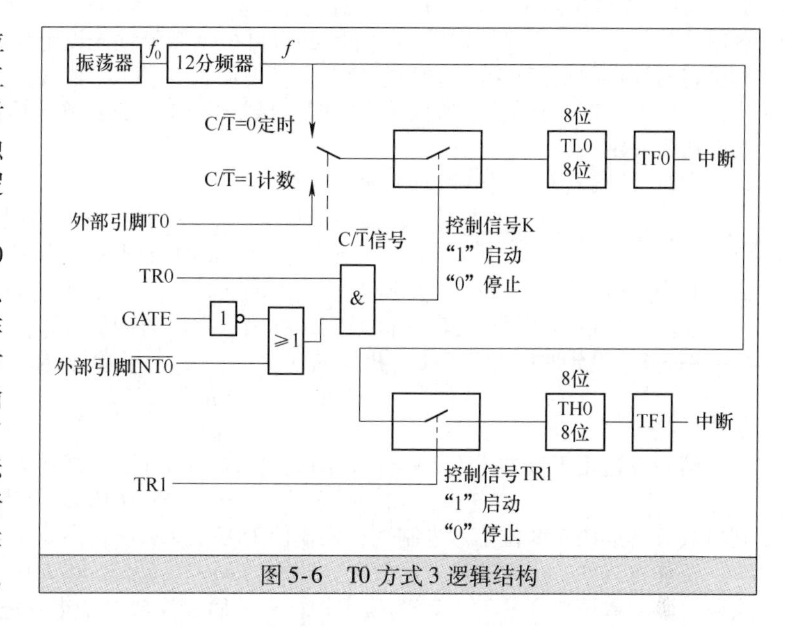

图 5-6　T0 方式 3 逻辑结构

在图 5-6 中，8 位计数器 TL0 使用原定时器 T0 的控制位 C/T、GATE、TR0 和 TH0。它既可以工作在定时方式，也可以工作在计数方式，计数来自外部引脚 T0 的外部输入脉冲。8 位计数器 TH0，占用了原定时器 T1 的控制位 TR1 和溢出标志位 TF1，同时也占用了 T1 中断源。它被固定为一个 8 位定时工作方式，其启动和停止仅受 TR1 控制。TR1 =1 时，启动 TH0 计数；TR1 = 0 时，停止 TH0 计数。由此可见，在方式 3 下，TH0 只能用作定时工作方式，不能对外部脉冲进行计数。

必须指出，当定时器 T0 用作方式 3 时，定时器 T1 仍可设置为方式 0、方式 1 或方式 2。但由于 TR1、TF1 及 T1 的中断源已被定时器 T0 占用，此时定时器 T1 仅由控制位 C/T 选择计数的时钟源，当计数器计数满溢出时，产生的信号只能送往内部的串行接口，作为串行通信的收发时钟，即用作串行接口波特率发生器。如果要将定时器 T1 置为方式 3，则它将停止计数，其效果与置 TR1 =0 相同，即关闭定时器。

5.3　定时/计数器 T0、T1 的应用举例

综上所述，我们已知定时/计数器是一种可编程部件，所以在其开始工作之前，CPU 必须将一些命令（控制字）写入其中，这个过程称为定时/计数器的初始化。当 CPU 用软件给定时器设置了某种工作方式之后，定时器就会按设定的工作方式独立运行，不再占用 CPU 的操作时间，除非定时器计数溢出，才可能中断 CPU 当前操作。

★5.3.1　定时/计数器对输入信号的要求

首先要通过软件对 MCS－51 系列单片机进行初始化。初始化包括下述几个步骤：

1）确定工作方式字：对 TMOD 寄存器正确赋值。

2）确定定时器初值：计算初值，并直接将初值写入寄存器 THx、TLx。由于计数器采用加法计数，通过溢出产生中断标志，因此不能直接输入所需的“计数值”，而是要从计数器的最大值减去“计数值”才是应置入 THx、TLx 的初值。

3）根据需要，开放定时器中断：对寄存器 IE 置初值。

4）启动定时器：对寄存器 TCON 中的 TR1 或 TR0 置 1，置 1 后计数器即按规定的工作方式和初值开始计数。

设计数器的最大值为 M，在不同的工作方式中，M 可以为 2^{13}（方式 0）、2^{16}（方式 1）、2^{8}（方式 2、3），则置入的初值可这样来计算，即计数方式时，初值 = M －“计数值”；定时方式时，初值 = M －

（“定时时间”/T）。其中，T 为机器周期，是单片机时钟脉冲周期的 12 倍。

若定时/计数器工作在方式 1，则 $N=16$，计数容量为 65536。若从 0 开始计数，当计到第 65536 个计数时，计数器内容由 FFFFH 变为 1000H，因 16 位加一计数器只能容纳 16 位数，所以计数产生溢出，定时/计数器的中断标志位（TF0 或 TF1）被置 1，请求中断。与此同时，计数器内容变为 0。定时/计数器计数起点不一定要从 0 开始。计数起点可根据需要预先设定为 0 或任何小于计数容量的值。这个预先设定的计数起点值称为“计数初值”（以下简称初值）。显然，从该初值开始计数，直到计数溢出，计数容量为（2^N – 初值）。所以，当定时/计数器的工作方式确定后，其所能计的计数容量（2^N – 初值）就由初值决定。

定时/计数器作定时器用时的初值计算：

$$定时时间 = (2^N - 初值) \times 机器周期$$

$$初值 = 2^N - 定时时间/机器周期$$

其中，机器周期 $=12/f_{OSC}$。所以又有初值 $=2^N-$（定时时间 $\times f_{OSC}$）/12。

显然，初值为 0 时的定时时间最大，称最大定时时间。

例 5-1：设定时时间为 2ms，机器周期 Tp 为 2μs，可求得定时计数次数 x。

$$x = \frac{2\text{ms}}{2\mu\text{s}} = 1000 \text{ 次}$$

解：设选用工作方式 1，$N=16$，则应设置的定时计数初值。

$$(x)_{补} = 2^N - x = 2^{16} - x = 65536 - 61000 = 64536 = \text{FC18H}$$

则将其分解成两个 8 位十六进制数，低 8 位 18H 装入 TLx，高 8 位 FCH 装入 THx 中。

工作方式 0、1、2 的最大计数次数分别为 8192、65536 和 256。对于外部事件计数模式，只需根据实际计数次数值以 2^8、2^{13}、2^{16} 为模求补，求补后变换成两个十六进制码即可。

例 5-2：①若晶振频率为 12MHz，当定时/计数器分别工作在工作方式为 1、2 的情况下的最大定时时间为多少？②求工作方式为 1 时定时时间为 50ms 的初值；③求工作方式为 2 时定时时间为 200μs 时的初值。

解：因晶振频率为 12MHz，所以机器周期，即定时脉冲的周期就是 1μs，即 10^{-6}s。方式 1、2 的 N 分别为 16、8。

①由公式：定时时间 =（2^N – 初值）× 机器周期，分别求得：

方式 1 时，最大定时时间为 65536μs = 65.536ms。

方式 2 时，最大定时时间为 256μs。

②当定时时间为 50ms 即 50×10^{-3} s，代入公式，初值 $=2^N-$ 定时时间/机器周期，求得初值为 15536。

③当定时时间为 200μs 即 200×10^{-6} s，代入公式，初值 $=2^N-$ 定时时间/机器周期，求得初值为 56。

例 5-3：若晶振频率为 6MHz，当定时/计数器工作方式为 2 时，初值为 56 时的定时时间。

解：因晶振频率为 6MHz，所以，机器周期，即定时脉冲的周期就是 2μs。因工作方式为 2，所以，$N=8$。将它们和初值 56 代入公式，求得定时时间为 400×10^{-6}s = 400μs。

可见，定时初值与单片机所选的晶振、定时/计数器的工作方式和所要求的定时时间有关。初值越大，定时时间越短。

例 5-4：如图 5-7 所示，若 $f_{OSC}=12$MHz，在 P1.0 输出周期为 400μs 方波，定时/计数器为工作方式 2，问计数初值为多少？并编写初始化程序。

图 5-7　P1.0 输出周期为 400μs 方波

解：机器周期为 $12/f_{OSC}=1$μs

定时时间为（$256-x$）× 1μs = 200μs

则 $x=56=38$H

定时/计数器为工作方式 2，初始化程序如下：

```
MOV  TMOD, #02H
SETB  ET0
```

```
SETB  EA
MOV  TL0, #38H
MOV  TH0, #38H
SETB  TR0
```

例5-5：用定时/计数器1（T1）的工作方式1，采用查询方法设计一个定时1s的程序段。

解：问题分析，这是采用查询定时器/计数器1（T1）溢出标志方法设计延时子程序的例子，因采用12MHz的晶振频率，最大定时为65.536ms。要实现1s的定时，先用定时/计数器1做一个50ms的定时器，再循环20次。设置R0寄存器初值为20。每查询到定时器溢出标志为1时，则进行清溢出标志、重置定时器初值、判R0中内容减1后是否为0等操作。若非0返回LP1作循环，若为0（已循环20次）则结束子程序。因采用查询方法，而非中断方法，所以不要开通中断允许。在这种情况下，定时/计数器的溢出标志位TF1、TF0可由程序指令清0。程序设计如下：

```
DELAY: MOV  R0, #20; 置50ms定时循环计数初值
MOV  TMOD, #10H; 置T1工作方式1
MOV  TH1, #03CH; 置T1初值
MOV  TL1, #0B0H
SETB  TR1; 启动T1
LP1: JB  TF1, LP2; 若查询溢出标志位TF1为1跳转到LP2
SJMP  LP1; 未到50ms定时继续加1计数
LP2: CLR  TF1; 清TF1为0
MOV  TH1, #3CH; 重置定时器初值
MOV  TL1, #0B0H
DJNZ  R0, LP1; 未到1s继续循环
CLR  TR1; 关T1
SJMP  $
END
```

★5.3.2 定时控制、脉宽检测

例5-6：利用T0方式0产生1ms的定时，在P1.0引脚上输出周期为2ms的方波。设单片机晶振频率$f_{osc}=12MHz$。

解：要在P1.0输出周期为2ms的方波，需要使P1.0每隔1ms取反一次输出即可。

(1) 确定工作方式字

T0为方式0，定时工作状态，GATE=0，不受控制，T1不用全部取0值，故TMOD=00H。

(2) 计算1ms定时初值N

方式0为13位计数方式（见表5-7），取$M=2^{13}$。

机器周期$T=(1/f_{osc})\times12=[1/(12\times10^6)]\times12\mu s=1\mu s$。

计算初值$N=2^{13}-1\times10^3/T=2^{13}-1\times10^3/1=8192-1000=(7192)_D=(1110000011000)_B$

表5-7 工作方式的初值

TH0								TL0							
D12	D11	D10	D9	D8	D7	D6	D5	×	×	×	D4	D3	D2	D1	D0
1	1	1	0	0	0	0	0	×	×	×	1	1	0	0	0

TH0=E0H，TL0=18H，故TH0初值为E0H，TL0初值为18H。

(3) 采用查询TF0的状态来控制P1.0输出

其程序如下：

```
MOV  TMOD, #00H; 置T0为方式0
MOV  TL0, #18H; 送计数初值
```

```
MOV  TH0, #0E0H
SETB  TR0; 启动 T0
LOOP: JBC  TF0, NEXT; 查询定时时间到，转 NEXT，同时清 TF0
SJMP  LOOP
NEXT: MOV  TL0, #18H; 重赋计数初值
MOV  TH0, #0E0H
CPL  P1.0; 输出取反
SJMP  LOOP; 重复循环
END
```

例 5-7：方式 0、1 的应用

设单片机系统晶振频率 $f_{osc}=6\text{MHz}$，要在 P1.0 引脚上输出 1 个周期为 2ms、占空比为 50% 的方波信号，如图 5-8 所示。

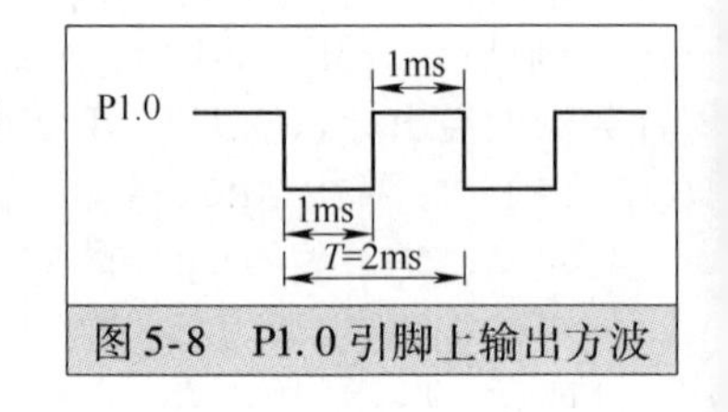

图 5-8　P1.0 引脚上输出方波

解：（1）计算初值

单片机工作在 12T 模式，有

机器周期 $T=(1/f_{osc})\times 12=[1/(6\times 10^6)]\times 12\mu s=2\mu s=2\times 10^{-6}s$，T0 工作方式 0。

定时 1ms 计数次数为

$$x=\frac{1\text{ms}}{2\mu\text{s}}=500\text{ 次}$$

选择工作方式 0，则 $N=13$。定时计数初值：$(x)_{补}=2^{13}-500=7692=1E0CH$；$x=(1111000001100)_B$；则 TH0 = F0H，TL0 = 0CH。

（2）初始化程序

工作方式控制字（TMOD）的设置；TMOD = 00H，定时方式 0。计数初值装入 THx、TLx；TH0 = F0H，TL0 = 0CH。中断允许位 ET0 = 1、EA = 1，使主机开放中断；启/停位 TRx 设置 TR0 = 1。

方法 1：中断方式

```
ORG  0000H
LJMP  MAIN
ORG  000BH
LJMP  T0P
ORG  0100H
MAIN: MOV  SP, #60H; 设置堆栈指针
      MOV  TMOD, #00H; T0 为定时、方式 0、门控 GATE0 = 0
      MOV  TL0, #0CH; 装载计数初值
      MOV  TH0, #0F0H
      SETB  TR0; 启动定时器 0 计数
      SETB  ET0; 允许定时器 0 中断
      SETB  EA; 允许 CPU 中断
HERE: AJMP  HERE; 踏步等待
/* * * * * * * * * * * 中断服务子程序* * * * * * * * * * * /
T0P: MOV  TL0, #0CH; 重装载计数初值
   MOV  TH0, #0FEH
   CPL  P1.0; P1.0 输出求反
   RETI
   END
```

方法 2：软件查询

计算初值：机器周期为 $2\mu s=2\times 10^{-6}s$，T0 工作方式 1。

$(x)_{补} = 2^{16} - \frac{1ms}{2\mu s} = 65536 - 500 = 65036 = FE0CH$，则 TH0 = 0FEH，TL0 = 0CH。

程序段如下：

```
ORG  0000H
START：MOV  SP，#60H；设置堆栈区
MOV  TMOD，#01H；T0 定时方式 1 门控 GATE0 =0
SETB  TR0；启动定时器 0 计数
L1：MOV  TH0，#0FEH；装载计数初值
MOV  TL0，#0CH
LOOP1：JNB  TF0，LOOP1；判计数溢出？没有，踏步等待
CLR  TF0；溢出，清溢出标志位
CPL  P1.0；P1.0 输出求反
SJMP  L1
END
```

例 5-8：方式 2 的应用

设单片机系统晶振频率 f_{osc} = 6MHz，将 T0（P3.4）引脚上发生负跳变信号作为 P1.0 引脚产生方波的启动信号。要求 P1.0 脚上输出周期为 1ms 的方波，如图 5-9所示。

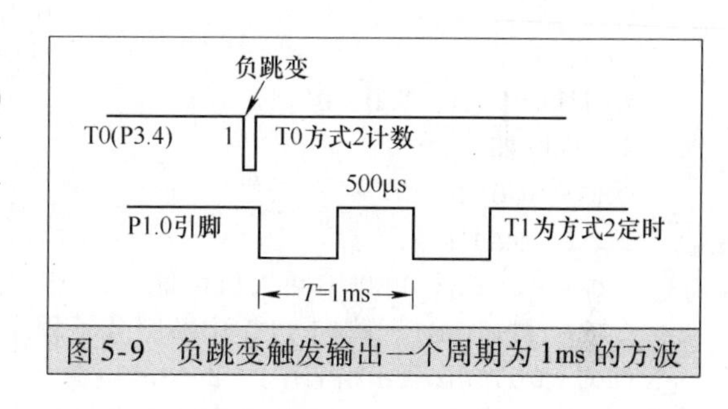

图 5-9　负跳变触发输出一个周期为 1ms 的方波

解：1）T0 方式 2 计数，计数初值：TH0 = 0FFH，TL0 = 0FFH。

T1 方式 2 定时，定时初值：

$$(x)_{补} = 2^{8} - \frac{500\mu s}{2\mu s} = 256 - 250 = 06$$

2）程序如下：

```
ORG  0000H
LJMP  MAIN；跳向主程序 MAIN
ORG  000BH；T0 的中断入口
LJMP  T0XINT；T0 中断服务程序
ORG  001BH；T1 的中断入口
LJMP  T1TIME；T1 中断服务程序
ORG  0030H；主程序入口
MAIN：MOV  SP，#60H；设堆栈区
MOV  TMOD，#26H；T0 方式 2 计数，T1 方式 2 定时
MOV  TL0，#0FFH；T0 置初值，计 1 个脉冲
MOV  TH0，#0FFH
SETB  ET0；允许 T0 中断
MOV  TL1，#06H；T1 置初值
MOV  TH1，#06H
SETB  ET1；允许 T1 产生定时中断
SETB  EA；总中断允许
SETB  TR0；启动 T0 计数
HERE：AJMP  HERE
/* * * * * * * * * * * T0 中断服务子程序* * * * * * * * * * * /
T0XINT：CLR  TR0；停止 T0 计数
        SETB  TR1；启动 T1 定时
        RETI
```

```
/* * * * * * * * * * * T1 中断服务子程序* * * * * * * * * * * /
T1TIME: CPL  P1.0; P1.0 取反
        RETI
        END
```

例 5-9：方式 3 的应用

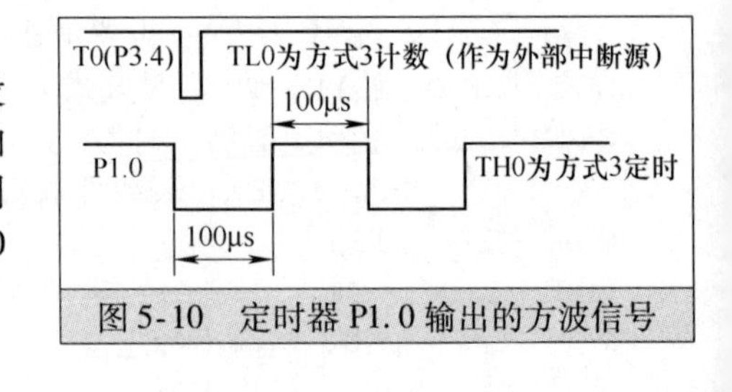

图 5-10　定时器 P1.0 输出的方波信号

假设某单片机应用系统的 2 个外部中断源已被占用，设置定时器 T1 工作在方式 0，作波特率发生器用，现要求增加 1 个外部中断源，并控制 P1.0 引脚输出 1 个频率 5kHz（周期为 200μs）的方波，晶振频率 f_{OSC} = 12MHz，如图 5-10 所示。

解：T0 工作于方式 3。

1）初值计算：TL0 计一个脉冲，TH0 定时 100μs。

定时初值：

$$(x)_{补} = 2^8 - \frac{100\mu s}{1\mu s} = 256 - 100 = 156$$

则 TH0 = 9CH，TL0 = 0FFH。

2）程序如下：

```
ORG  0000H
LJMP  MAIN
ORG  000BH; TL0 中断入口地址
LJMP  TL0INT; 跳向 TL0 中断服务子程序，
ORG  001BH; TH0 占用 T1 的中断资源
LJMP  TH0INT; 跳向 TH0 中断服务子程序
ORG  0100H; 主程序入口
MAIN: MOV  TMOD, #07H; T0 方式 3, T1 方式 0 定时
      MOV  TL0, #0FFH; 设置 TL0 计数初值
      MOV  TH0, #9CH; 设置 TH0 定时初值
      SETB  TR0; 启动 T0 计数
      MOV  IE, #8AH; 设置各中断允许, CPU 允许
HERE: AJMP  HERE; 循环等待
TL0INT: MOV  TL0, #0FFH; 重装 TL0 计数初值
      SETB  TR1; 启动 TH0 定时
      RETI
TH0INT: MOV  TH0, #9CH; 重装 TH0 定时初值
      CPL  P1.0; P1.0 输出求反
      RETI
      END
```

例 5-10：采用定时/计数器 0 及其中断实现 LED 亮点由低位到高位的循环流动，每个亮点亮 1s，f_{OSC} = 12MHz。

解：问题分析，定时时间到了以后并不进行亮点流动的操作，而是将中断溢出计数器中的内容加 1，如果此计数器计到了 20，就进行亮点流动的操作，并清除此计数器中的值；否则直接返回。如此一来，就变成了 20 次定时中断为 1s 的定时，因此定时时间就成了 20 × 50ms 即 1000ms，即 1s。

程序设计如下：

```
ORG  0000H
AJMP  STAR
ORG  000BH; 定时器 0 的中断向量地址
SJMP  T0F; 跳转到定时器程序处
```

```
ORG  0030H
STAR: MOV  P1, #0FFH; 关所有的灯
MOV  30H, #00H; 软件计数器预清0
MOV  TMOD, #00000001B; 定时/计数器0工作于方式1
MOV  TH0, #3CH; 装入定时初值
MOV  TL0, #0B0H; 15536的十六进制
SETB  EA; 开总中断允许
SETB  ET0; 开定时/计数器0允许
SETB  TR0; 定时/计数器0开始运行
MOV  P1, #0FEH
SJMP  $
T0F: INC  30H; 定时器0的中断处理程序
MOV  A, 30H
CJNE  A, #20, T_ RET; 30H单元中的值到了20了吗?
MOV  A, P1; 到了, 亮点流动
RL  A
MOV  P1, A
MOV  30H, #0; 清软件计数器
T_ RET: MOV  TH0, #3CH
MOV  TL0, #0B0H; 重置定时常数
RETI
END
```

例5-11：已知f_{osc}=6MHz，检测T0引脚上的脉冲数，并将1s内的脉冲数保存在内RAM的30H及31H单元中（设1s内脉冲数≤65536个）。

解：问题分析，根据题意，可选定时/计数器0（T0）作为计数器，定时/计数器1（T1）作为定时器。因f_{osc}=6MHz，所以机器周期0=$(12/f_{osc})\times10^6\mu s=2\mu s$。因要求定时1s，故T1取工作方式1为宜。这时定时最大值约为131ms，取定时值为100ms来计算初值，定时中断10次，便可实现1s的定时。因1s内脉冲计数不大于65536个，故T0取工作方式1为宜，且T0不会溢出。所以，程序中不开T0计数中断。程序中使用工作寄存器R7，其初值R7=10，为定时中断的次数，递减10次后为0便是定时1s时间到。

1）计算定时初值：初值$=2^{16}-100000\mu s/2\mu s=65536-50000=15536$=3CB0H。

所以：TH1=3CH，TL1=B0H。

2）设置TMOD：无关位为0，所以TMOD=15H。

3）程序设计如下：

```
ORG  0000H
SJMP  STAR; 转主程序
ORG  001BH; T1中断入口地址
LJMP  T1F; 转T1中断服务程序
ORG  0020H; 主程序起始地址
STAR: MOV  SP, #60H; 置堆栈
MOV  R7, #10; 计时1s
MOV  TMOD, #15H; 置T0计数方式1, T1定时方式1
MOV  TH0, #00H; 置T0计数初值
MOV  TL0, #00H
MOV  TH1, #3CH; 置T1定时初值
MOV  TL1, #0B0H
SETB  PT1; 置T1为高优先级
```

```
MOV  IE，#10001101B；T0、串行接口不开中，其余开中
SETB  TR0；T0 运行
SETB  TR1；T1 运行
MOV  R7，#10；置 100ms 溢出计数初值
SJMP  $；等待 T1 中断
T1F：MOV  TH1，#3CH；重置 T1 定时初值
MOV  TL1，#0B0H
DJNZ  R7，RTN
CLR  TR1
MOV  30H，TH0
MOV  31H，TL0
RTN：RETI
END；程序结束
```

例 5-12：要求在 P1.0 引脚输出周期为 400μs 的方波。设 $f_{osc}=12MHz$。使用 T1，分别在方式 0、方式 1 和方式 2 下的设计程序。

解：这是定时/计数器用于定时的例子。按要求输出周期为 400μs 的脉冲方波，即使 P1.0 状态（高电平或低电平）每 200μs 翻转一次。这样，问题变为 200μs 定时溢出时 P1.0 状态取反的问题。因 $f_{osc}=12MHz$，所以机器周期 =（$12/f_{osc}$）$\times 10^6$μs = 1μs。

如图 5-11 和图 5-12 所示分别为程序的主程序流程图、定时 200μs 中断服务程序流程图。

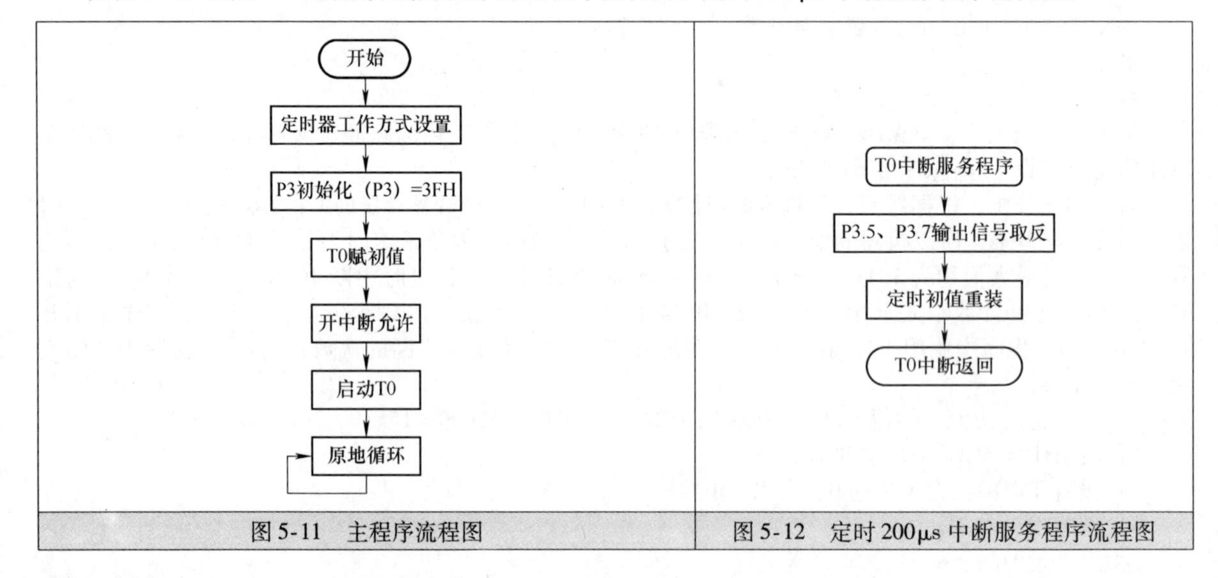

图 5-11　主程序流程图

图 5-12　定时 200μs 中断服务程序流程图

1　工作方式 0

1）计算定时初值：初值 $=2^{13}-200\mu s/1\mu s=8192-200=7992=1F38H$。

1F38H = 0001 1111 0011 1000B = 000 <u>11111001</u> <u>11000</u>B；（TH1：8 位，TL1：5 位）

所以 TH1 = F9H，TL1 = 18H。

2）设置 TMOD：无关位为 0，所以 TMOD = 0。

3）程序设计如下：

```
ORG  0000H
LJMP  STAR；转主程序
ORG  001BH；T1 中断入口地址
AJMP  T1F；转 T1 中断服务程序
ORG  0100H；主程序起始地址
```

```
STAR: MOV  TMOD, #00000000B; 置 T1 为定时器，工作方式 0
MOV  TH1, #0F9H; 置 T1 定时初值
MOV  TL1, #18H
MOV  IP, #00001000B; 置 T1 为高优先级
MOV  IE, #0FFH; 全部开中断
SETB  TR1; T1 运行
SJMP  $; 等待 T1 中断
ORG  0200H; 中断服务程序起始地址
T1F: CPL  P1.0; 输出波形取反
MOV  TH1, #0F9H; 重装 T1 定时初值
MOV  TL1, #18H
RETI; 中断返回
END; 程序结束
```

2 工作方式 1

1）计算定时初值：$2^{16}-200\mu s/1\mu s=65536-200=65336=FF38H$，TH1 = FFH，TL1 = 38H。

2）设置 TMOD：无关位为 0，所以 TMOD = 10H。

3）程序设计如下：

```
ORG  0000H
LJMP  STAR; 转主程序
ORG  001BH; T1 中断入口地址
AJMP  T1F; 转 T1 中断服务程序
ORG  0100H; 主程序起始地址
STAR: MOV  TMOD, #00010000B; 置 T1 为方式 1
MOV  TH1, #0FFH; 置 T1 定时初值
MOV  TL1, #38H;
MOV  IP, #00001000B; 置 T1 为高优先级
MOV  IE, #0FFH; 全部开中断
SETB  TR1; T1 运行
SJMP  $; 等待 T1 中断
ORG  0200H; 中断服务程序起始地址
T1F: CPL  P1.0; 输出波形取反
MOV  TH1, #0FFH; 重装 T1 定时初值
MOV  TL1, #38H
RETI; 中断返回
END; 程序结束
```

3 工作方式 2

1）计算定时初值：$2^{8}-200\mu s/1\mu s=256-200=56=38H$，所以 TH1 = 38H，TL1 = 38H。

2）设置 TMOD：无关位为 0，所以 TMOD = 20H。

3）程序设计如下：

```
ORG  0000H
LJMP  STAR; 转主程序
ORG  001BH; T1 中断入口地址
LJMP  T1F; 转 T1 中断服务程序
ORG  0100H; 主程序起始地址
```

```
STAR: MOV  TMOD, #0010000B; 置 T1 为方式 2
MOV  TH1, #038H; 置 T1 定时初值
MOV  TL1, #38H
MOV  IP, #00001000B; 置 T1 为高优先级
MOV  IE, #0FFH; 全部开中断
SETB  TR1; T1 运行
SJMP  $; 等待 T1 中断
ORG  0200H; 中断服务程序起始地址
T1F: CPL  P1.0; 输出波形取反
RETI; 中断返回
END; 程序结束
```

从以上三种方式可以看到：方式0与方式1除定时初值及TMOD值不同外，其余相同。方式2与方式0、方式1相比，优点是定时初值不需重装。

例5-13：脉冲宽度测试

门控GATE1使定时/计数器T1启动计数受控。当GATE1为1，TR1为1时，只有引脚INT1输入高电平，T1才被允许计数，故可测引脚P3.3上正脉冲宽度（机器周期数），如图5-13所示。

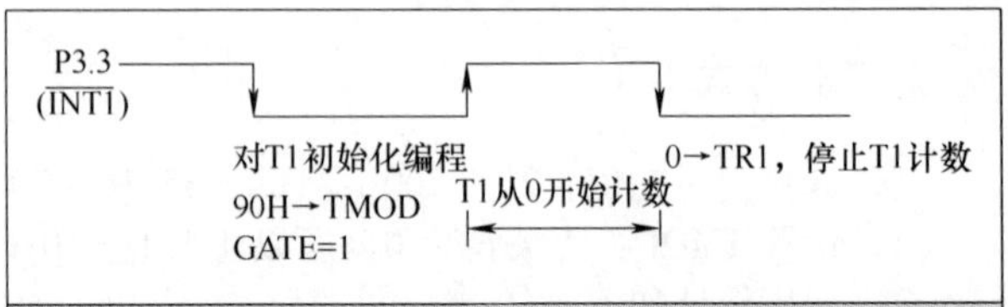

图5-13　测引脚P3.3上正脉冲宽度

解：门控为1，定时器启动计数受外部输入电平的影响，可测外部输入脉冲宽度。

被测脉冲输入引脚P3.3（$\overline{INT1}$），T1为定时方式。当GATE=1时，若TR1=1，$\overline{INT1}$=1，计数开始；若TR1=0或$\overline{INT1}$=0，计数停止。

1）建立被测脉冲：设置定时/计数器0定时、工作方式2，门控GATE0=0，定时溢出使P3.0引脚求反，从而输出周期为1ms方波作为被测脉冲，P3.0输出信号连接到P3.3引脚。

2）测量方法：采用查询方式来测量P3.3引脚输入正脉冲宽度，设置定时/计数器1为定时工作方式1，GATE1=1，则利用引脚（P3.3）和TR1信号控制定时器1计数（启、停），当GATE1=1时，若$\overline{INT1}$=1且TR1=1，启动定时器1计数；若$\overline{INT1}$=0，或者TR1=0，禁止定时器计数，如图5-13所示。将计数器的TH1计数值送P2口，TL1计数值送P1口显示。

3）计数初值的计算：计算定时器0工作方式2。

定时/计数器1设置为定时工作方式1，计片内脉冲，从0开始计数，初值为0000H，即TH1=00H，TL1=00H。

T0计数初值为

$$(x)_{补}=2^8-\frac{0.5\text{ms}}{2\mu\text{s}}=256-250=06$$

4）程序如下：

方法1：查询方式的汇编程序

```
ORG  0000H
RESET: AJMP  MAIN; 复位入口转主程序
ORG  000BH
CPL  P3.0
RETI
ORG  0030H; 主程序入口
MAIN: MOV  SP, #60H
MOV  TMOD, #92H; T0 方式 2 定时, T1 为方式 1 定时, 门控为 1
MOV  TL1, #00H
MOV  TH1, #00H
```

```
MOV  TL0, #06H
MOV  TH0, #06H
SETB  TR0
SETB  ET0
SETB  EA
LOOP0: JB  P3.3, LOOP0; 等待为低电平
SETB  TR1; 如为低电平，设置 TR1 =1
LOOP1: JNB  P3.3, LOOP1; 等待升高电平
LOOP2: JB  P3.3, LOOP2; INT1 =1, 启动 T1 计数
CLR  TR1; INT1 =0, 停止 T1 计数
CLR  TR0
MOV  P2, TH1; T1 计数值送显示器
MOV  P1, TL1
AJMP  LOOP0
END
```

执行以上程序，使引脚上出现的正脉冲宽度以机器周期数的形式显示在数码管上，TH0 = 00H，TL0 = FBH，则脉冲宽度 TW = FBH × 2μs = 502μs，理论值为 500μs。

方法 2：中断方式

从图 5-13 中可知，外部中断 1 引脚 P3.3 第 1 次下降沿信号，产生第 1 次中断触发，在中断服务程序中设置 TR1 = 1，由于此时不能启动定时器 1 工作，当脉冲信号出现 P3.3 上升沿时，自动启动定时器 1 计数，而当脉冲信号出现 P3.3 第 2 次下降沿，即降为 0，自动停止定时器 1 计数，则在中断服务程序中使 TR1 = 0，从启动 T1 计数到停止 T1 计数所记录的计数值乘以机器周期值就是正脉冲的宽度。

```
ORG  0000H
RESET: AJMP  MAIN; 复位入口地址，转主程序
ORG  000BH
AJMP  T0TIME
ORG  0013H
AJMP  INT1INT
ORG  0030H; 主程序入口地址
MAIN: MOV  SP, #60H; 设置堆栈指针
MOV  TMOD, #92H; T1 为方式 1 定时，GATE1 =1, T0 方式 2 定时
MOV  TL1, #00H; 设置 T1 定时初值
MOV  TH1, #00H
MOV  TL0, #06H; 设置 T0 定时初值
MOV  TH0, #06H
SETB  TR0; 启动 T0 计数
SETB  ET0; 允许 T0 中断
SETB  IT1; 设置外部中断 1 下降沿触发中断
SETB  EX1; 允许外部中断 1 的中断请求
SETB  EA; 允许 CPU 总中断
CLR  00H; 设置中断标志，该位为 0，中断 1 次；为 1，中断 2 次
LOOP0: MOV  P2, TH1; T1 计数值送显示器
MOV  P1, TL1
AJMP  LOOP0
T0TIME: CPL  P3.0; P3.0 输出求反
RETI
```

```
INT1INT：JB  00H，INT12；第 2 次中断？是，转 INT12
SETB  TR1；第 1 次，启动定时器 1 计数
SETB  00H；建立中断标志
RETI
INT12：CLR  TR1；第 2 次中断，禁止定时器计数
RETI
END
```

执行以上程序，使引脚上出现的正脉冲宽度以机器周期数的形式显示在数码管上，TH0 = 00H，TL0 = F9H，则脉冲宽度为：TW = F9H × 2μs = 249 × 2μs = 498μs，理论值为 500μs。

★5.3.3 电压/频率转换

在工程实践中，常利用电压/频率（V/F）转换器，配合单片机定时/计数器构成高分辨率、高精度、低成本的 A－D 转换器。其设计思想为：模拟量传感器输出的毫级的电压信号经运算放大器放大后，用 V/F 转换器转换成频率随电压变化的脉冲信号，然后利用单片机内部的定时/计数器进行计数，再通过软件进行处理获得相应模拟量的数字量。

若令定时器 T0 工作于定时方式，用于产生计数的门限时间 t，再用定时器 T1 对输入的被测脉冲进行计数，即工作于计数方式 1，初值为 0，最大计数值为 65536。当 V/F 转换器选定之后，其最大的模拟量所对应的最大输出频率值 f_{max} 已确定，则最大计数值为 $f_{max} \times t$，被测信号的电压值为

$$V_x = V_{max} \times (N_x / N_{max}) = V_{max} \times [N_x / (f_{max} \times t)]。$$

式中，N_x 为 t 时间段内的实际计数值；V_{max} 为 V/F 转换器的最大量程。

V/F 转换器具有良好的精度、线性和积分输入的特点，其转换速率不低于双积分型 A－D 器件。与单片机接口电路相比具有以下优点：

1）接口电路简单：每一路模拟信号只占用 1 位 I/O 线。

2）输入方式灵活：既可以作为 I/O 输入，也可以作为中断方式输入，还可以作为计数器信号输入，从而满足各种不同系统的要求。

3）具有较强的抗干扰性：由于 V/F 转换的过程是对输入信号不断积分的过程，因而对噪声有一定的平滑作用，同时其输出为数字量，便于采用光电隔离技术。

4）易于远距离传输：V/F 输出的是一个串行信号，易于远距离传输，若与光导纤维技术相结合，可构成一个不受电磁干扰的远距离传输系统。

5.4 定时/计数器 T2

在 MCS－51 的 52 子系列单片机中，增加了一个 16 位定时/计数器 T2，这是一个 16 加法（或减法）计数器。定时器 T2 使 52 子系列的 P1.0、P1.1 具有了第二功能，分别是时钟信号输入脚 T2 和外部边沿信号输入脚 T2EX，同时也增加了一个中断源 T2 和中断入口地址 0002BH。

T2 的功能比 T0、T1 更强，在特殊功能寄存器中有 5 个与 T2 有关的寄存器，分别是 TH2、TL2、定时器 2 控制寄存器 T2CON、捕捉寄存器 RCAP2L、RCAP2H。T2 与 T0、T1 有类似的功能，也可作为定时/计数器使用，此时由 T2CON 中的 $C/\overline{T2}$ 位来控制。除此之外，T2 还可具有 16 位捕捉方式、16 位常数自动重装入方式和波特率发生器方式。

T2 控制寄存器 T2CON 与模式寄存器 T2MOD 相应位配置来确定 T2 用于定时还是计数模式、T2 的工作方式、T2 的启停和中断触发方式，TL2 和 TH2 用于装载 T2 的计数值，RCAP2L 和 RCAP2H 用于装载捕获值或重新装载值。

★5.4.1 特殊功能寄存器 T2MOD

设置特殊功能寄存器 T2MOD 中的 DCEN 位可将其作为加法（向上）计数器或减法（向下）计数器。T2MOD 寄存器是定时/计数器 2 的模式寄存器，字节地址为 C9H，不可位寻址。特殊功能寄存器 T2MOD 的格式见表 5-8。

表 5-8 特殊功能寄存器 T2MOD 格式

T2MOD（C9H）	D7	D6	D5	D4	D3	D2	D1	D0
位名	–	–	–	–	–	–	T2OE	DCEN

1）T2OE：定时/计数器 2 时钟输出使能位，当 T2OE = 1 时，允许时钟输出到 P1.0。

2）DCEN：定时/计数器 2 的向下计数使能位，当 DCEN = 1 时，定时/计数器 2 向下计数，否则向上计数。

★5.4.2 T2 的状态控制寄存器 T2CON

T2CON 为状态控制寄存器，用于设置 T2 工作模式：定时或计数，T2 的三种工作方式（捕获、重新装载、波特率发生器）。字节地址为 C8H，可位寻址。其位地址和格式见表 5-9。

表 5-9 T2CON 结构及各位名称、地址

T2CON（C8H）	D7	D6	D5	D4	D3	D2	D1	D0
位名	TF2	EXF2	RCLK	TCLK	EXEN2	TR2	$C/\overline{T2}$	$CP/\overline{RL2}$
位地址	CFH	CEH	CDH	CCH	CBH	CAH	C9H	C8H

其中，D7、D6 为状态位，其余为控制位，D0、D2、D4、D5 设定 T2 的三种工作方式，见表 5-10。

表 5-10 定时器 T2 方式选择

RCLK + TCLK	$CP/\overline{RL2}$	TR2	工作方式
0	0	1	16 位常数自动装入方式
0	1	1	16 位捕捉方式
1	X	1	串行接口波特率发生器
X	X	0	停止计数

1）溢出中断标志位 TF2：T2 溢出标志位，T2 溢出时置位，并申请中断，只能用软件清除。但 T2 作为波特率发生器使用的时候（即 RCLK = 1 或 TCLK = 1），T2 溢出时不对 TF2 置位。

2）外部中断标志 EXF2：T2 的捕获或重装的标志，必须用软件清 0。当 EXEN2 = 1 且 T2EX 引脚（P1.1）负跳变产生 T2 的捕获或重装时，EXF2 置位。当 T2 中断允许时，EXF2 = 1 将使 CPU 进入中断服务子程序，即 EXF2 只能当 T2EX 引脚（P1.1）负跳变且 EXEN2 = 1 时才能触发中断，使 EXF2 = 1。在递增或递减计数器模式（DCEN = 1）中，EXF2 不会引起中断。

3）串行接口接收时钟选择位 RCLK：串行接口接收时钟标志，只能通过软件的置位或清除。RCLK = 1，将 T2 溢出脉冲作为串行接口模式 1 或模式 3 的接收时钟；RCLK = 0，将 T1 溢出脉冲作为串行接口模式 1 或模式 3 的接收时钟。

4）串行接口发送时钟选择位 TCLK：串行接口发送时钟标志，只能通过软件的置位或清除。TCLK = 1，将 T2 溢出脉冲作为串行接口模式 1 或模式 3 的发送时钟；TCLK = 0，将 T1 溢出脉冲作为串行接口模式 1 或模式 3 的发送时钟。

5）外部允许标志位 EXEN2：T2 的外部使能标志，用来选择定时/计数器工作方式，只能通过软件的置位或清除。EXEN2 = 0，禁止外部时钟触发 T2，T2EX 引脚（P1.1）负跳变对 T2 不起作用。EXEN2 = 1 且 T2 未用作串行接口波特率发生器时，允许外部时钟触发 T2，即 T2EX（P1.1）引脚负跳变产生捕获或重装，并置位 EXF2，申请中断。

6）T2 的计数控制位 TR2：定时/计数器 2 的启动控制标志。TR2 = 1，启动 T2 计数；TR2 = 0，停止 T2 计数。

7）定时器或计数器功能选择位 $C/\overline{T2}$：定时器/计数器 2 的模式选择位，只能通过软件的置位或清除。$C/\overline{T2}$ = 0，定时/计数器 2 为内部定时模式；$C/\overline{T2}$ = 1，定时/计数器 2 为外部计数模式，下降沿触发。

8）捕捉或16位常数自动重装方式选择位CP/$\overline{RL2}$：T2的捕获/重装载标志，只能通过软件的置位或清除。CP/$\overline{RL2}$=1且EXEN2=1时，T2EX引脚（P1.1）负跳变产生捕获；CP/$\overline{RL2}$=0且EXEN2=0时，定时器2溢出或T2EX引脚（P1.1）负跳变都可使定时器2自动重装载，若RCLK=1或TCLK=1，控制位不起作用，定时器被强制为溢出时自动重装载模式。

★5.4.3 T2的工作方式

1 捕捉模式

若EXEN2=1，T2除实现上述定时/计数器的功能外，还可实现捕捉功能，其结构原理如图5-14所示。此时，T2CON中的EXEN2位控制T2捕捉动作的发生。也就是当在T2EX引脚（P1.1）上发生负跳变时，就会把TH2和TL2的内容锁入捕捉寄存器（RCAP2H和RCAP2L）中，并将T2CON中的中断标志EXF2置1，向CPU发出中断请求。

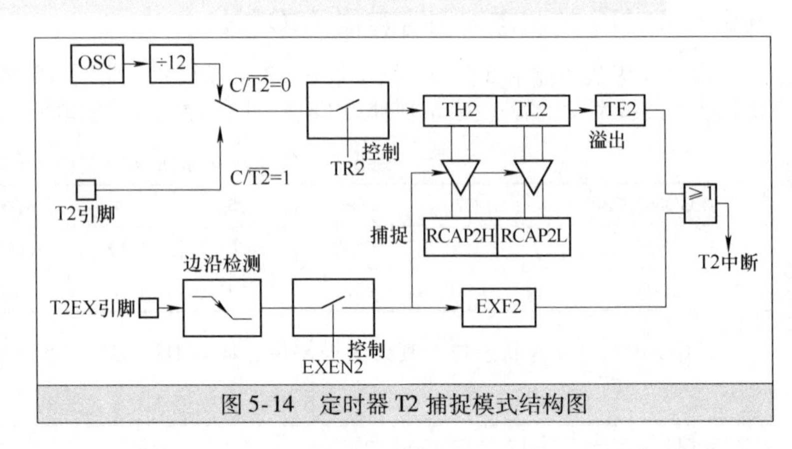

图5-14 定时器T2捕捉模式结构图

T2的16位捕捉方式主要用于测试外部事件的发生时间，如可用于测试输入脉冲的频率、周期等，此时T2的初值一般取0，使T2循环地从0开始计数。

当EXEN2=0时，不发生捕捉动作，T2作为定时/计数器使用。当C/$\overline{T2}$=0时，T2为定时器；当C/$\overline{T2}$=1时，T2为外部事件计数器（下降沿触发），当T2计数溢出时，将TF2标志置1，并发出中断请求。在这种情况下，TH2和TL2的内容不会送入捕捉寄存器中。

注意：EXF2像TF2一样会引起中断（EXF2中断向量与定时器T2溢出中断地址相同，为002BH，在T2中断服务程序中可以通过查询TF2和EXF2来确定引起中断的事件）。

2 16位常数自动装入模式

当定时器T2工作于自动装入方式时，可通过C/$\overline{T2}$配置为定时器或计数器，并且可编程控制向上或向下计数，计数方向通过特殊功能寄存器T2MOD的DCEN位来选择，DCEN置为0，定时器2默认为向上计数，当DCEN置位1时，则定时器T2通过T2EX引脚来确定向上计数还是向下计数。

1）当CP/$\overline{RL2}$=0时，T2工作于16位常数自动装入方式结构原理如图5-15所示。此时，T2CON中的EXEN2位控制T2常数自动装入动作的发生，定时器T2自动设置为向上计数。当EXEN2=0时，T2作为定时/计数器使用，当TR2=1时，T2从初值开始加1计数，定时器T2为向上计数至0FFFFH溢出，置位TF2激活中断，溢出时将打开控制初值装入的三态门，同时

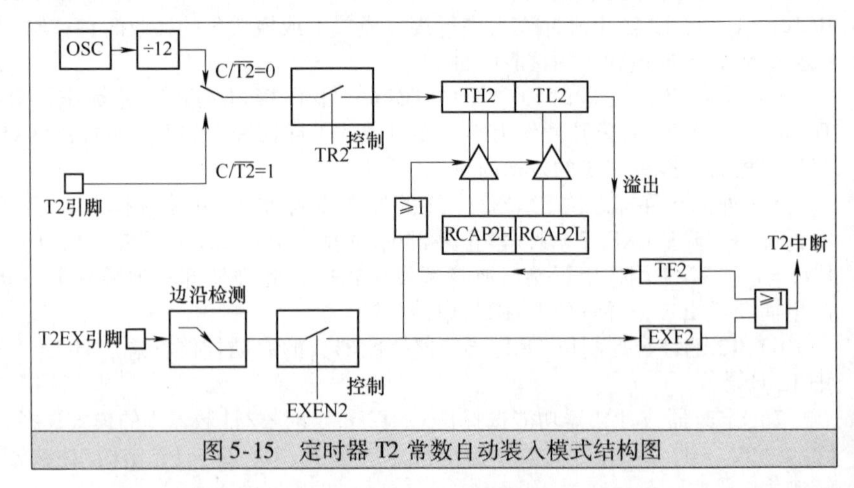

图5-15 定时器T2常数自动装入模式结构图

把RCAP2H和RCAP2L中存放的计数初值重新装入TH2和TL2中，使T2从该值开始重新计数，同时将TF2标志置1，向CPU发出中断请求。RCAP2H和RCAP2L中的初值在初始化时由软件编程预置。若EXEN2 =1，T2在T2EX引脚（P1.1）上发生的负跳变或计数器加法溢出时，都可以将RCAP2H和RCAP2L中存放的计数初值重新装入TH2和TL2中，使T2从该值开始重新计数。此时，当T2EX引脚（P1.1）上出现负跳变，将外中断标志EXF2置1或计数器加法溢出时，将TF2置1均向CPU发出中断请求。如果中断允许，同样产生中断。

T2的16位常数自动装入方式的初值只需设定一次。在定时方式（$C/\overline{T2}=0$）时，若设定初值为N，则定时时间精确地等于$(2^{16}-N)\times 12/f_{OSC}$。

2）当DCEN =1时，如图5-15所示，定时器T2向上或向下计数。在这种模式下，T2EX引脚控制着计数的方向。

T2EX上的一个逻辑1使得T2递增计数，计到0FFFFH溢出，并置位TF2，若中断允许，还将产生中断。定时器的溢出也使得RCAP2H和RCAP2L中的16位值重新加载到TH2和TL2中。T2EX上的一个逻辑0使得T2递减计数，当TH2和TL2计数到等于RCAP2H和RCAP2L中的值时，计数器下溢，置位TF2，并将0FFFFH值加载到TH2和TL2中。T2上溢或下溢，外部中断标志位EXF2被锁死。在这种工作模式下，EXF2不能触发中断。

3 波特率发生器方式

当T2CON中的控制位RCLK = 1或TCLK = 1时，T2作为串行接口方式1和方式3的波特率发生器，这时的逻辑结构如图5-16所示。

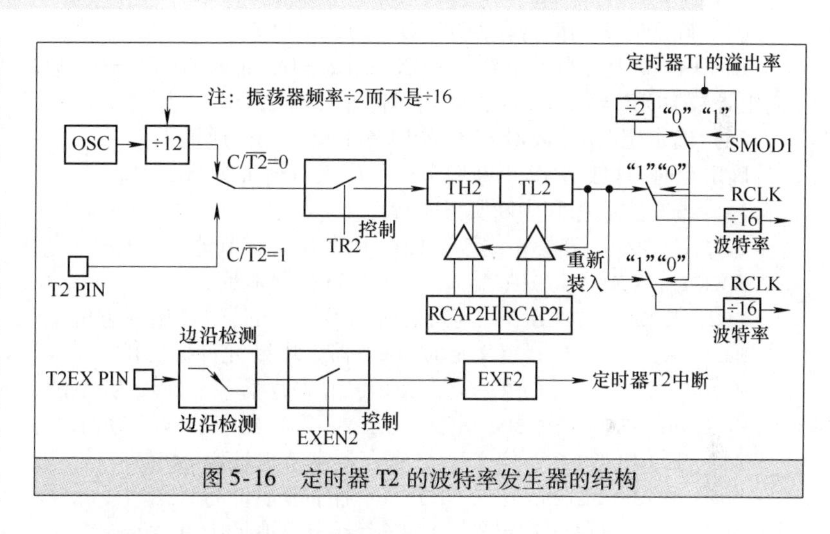

图5-16 定时器T2的波特率发生器的结构

T2的波特率发生器方式和内部控制的16位常数自动装入方式相类似。不同的是当$C/\overline{T2}=0$时，以振荡器的二分频信号作为T2的计数脉冲，当计数溢出时，将RCAP2H和RCAP2L中存放的计数初值重新装入TH2和TL2中，使T2从初值开始重新计数，但并不置TF2为1，也不向CPU发中断请求，因此可以不必禁止T2中断。

RCAP2H和RCAP2L中的常数由软件设定为N后，T2的溢出率是严格不变的，其值为

$$T2的溢出率=(2^{16}-N)\times 振荡器频率/2$$

因而使串行接口的方式1和方式3的波特率非常稳定，其值为

$$方式1和方式3的波特率=(2^{16}-N)\times 振荡器频率/32$$

若EXEN2 =1，当T2EX引脚（P1.1）上发生负跳变时，也不会将RCAP2H和RCAP2L中存放的计数初值重新装入TH2和TL2中，而仅仅置位EXF2，向CPU请求中断，因此T2EX可以作为一个外部中断源使用。由于在计数过程中（TR2 =1），不能对TH2、TL2、RCAP2H和RCAP2L进行写操作，因此初始化时，应对它们均设置初值后，再将TR2置1，启动计数。如果EXEN2（T2外部使能标志）被置位，T2EX引脚上1到0的负跳变，则会置位EXF2（T2外部中断标志位），但不会使（RCAP2H，RCAP2L）重装载到（TH2，TL2）中。即使T2作为串行接口波特率发生器，不需要禁止中断，T2EX可以作为一个附加的外部中断源使用。

4 可编程时钟输出

可设定T2通过P1.0引脚输出时钟，P1.0引脚除作为通用I/O外，还有两个功能可供选用：用于

T2 的外部计数输入和 T2 时钟信号输出（占空比为 50%）。当设置 T2 为时钟发生器时，即 C/$\overline{\text{T2}}$ 为 0，T2OE（T2MOD.1）为 1，必须由 TR2 启动或停止定时器。

时钟输出频率取决于晶振频率和定时器 T2 捕捉寄存器（RCAP2H，RCAP2L）的重新装载值，如下所示：

$$\text{时钟输出频率} = \frac{\text{晶振频率}}{n \times [65536 - (\text{RCAP2H, RCAP2L})]}$$

其中，$n=2$（6 时钟/机器周期），$n=4$（12 时钟/机器周期）。

★5.4.4 定时/计数器 T2 的应用

例 5-14：自动重装方式

设单片机系统时钟频率 f_{OSC} 为 12MHz，使用定时器/计数器 T2 工作方式于自动重装方式，请编写程序使得在 P1.6 引脚上输出周期为 2ms，占空比为 50% 的方波信号。

解：设计步骤如下。

（1）求定时初值

设置定时/计数器 T2 为 16 位自动重装载方式，工作模式为定时，选择向上计数，即 DCEN=0，取 EXEN2=0，定时器 T2 为向上计数至 0FFFFH 溢出，置位 TF2 激活中断，TF2 需软件清 0。

$(x)_{补} = 2^{16} - 1\text{ms}/1\mu\text{s} = 65536 - 1000 = 64536 = \text{FC18H}$

（2）确定特殊功能寄存器 T2CON、T2MOD 值

T2CON=04H（自动重新装入 CP/$\overline{\text{RL2}}$=0、定时 C/$\overline{\text{T2}}$=0，启动 T2 工作 TR2=1），T2MOD=00H（向上计数 DCEN=0，T2 时钟输出不使能，即 T2OE=0）。

（3）确定定时/计数器 T2 中断服务子程序入口地址

确定定时/计数器 T2 中断服务子程序入口地址为 002BH。

（4）编写主程序和中断服务子程序

```
T2CON  EQU  0C8H; 定义 T2CON 寄存器字节地址为 C8H
T2MOD  EQU  0C9H; 定义 T2MOD 寄存器地址为 C9H
TF2  EQU  T2CON.7; 定义定时/计数器 2 计数溢出标志位
ET2  EQU  IE.5; 定义定时/计数器 2 中断允许标志位
RCAP2L  EQU  0CAH; 定义 RCAP2L 寄存器字节地址为 CAH
RCAP2H  EQU  0CBH; 定义 RCAP2H 寄存器字节地址为 CBH
TL2  EQU  0CCH; 定义 TL2 寄存器字节地址为 CCH
TH2  EQU  0CDH; 定义 TH2 寄存器字节地址为 CDH
IPH  EQU  0B7H; 定义 IPH 寄存器字节地址为 B7H
ORG  0000H
AJMP  MAIN
ORG  002BH; 定时/计数器 2 中断入口地址
LJMP  PT2INT
ORG  0100H
MAIN: MOV  SP, #60H; 设置堆栈区
      MOV  T2MOD, #00H; 置 T2 向上计数且时钟输出不使能
      MOV  T2CON, #04H; 置 T2 自动重装载定时且启动 T2
      MOV  TH2, #0FCH; 装载定时器 2 的定时初值
      MOV  TL2, #18H
      MOV  RCAP2L, #18H
      MOV  RCAP2H, #0FCH
      MOV  IE, #0A0H; 允许 T2 中断, EA 允许
      MOV  IP, #20H; 置 T2 为第 4 级中断优先级
      MOV  IPH, #20H
```

```
    SETB  P1.6; 预置 P1.6 =1
HERE: SJMP  HERE; 踏步等待中断
PT2INT: CLR  TF2; 清计数溢出标志
CPL  P1.6; P1.6 输出求反
RETI
END
```

例 5-15：捕获方式

设单片机系统时钟频率为 12MHz，T2 工作方式为捕获方式，将捕获的计数值低 8 位送 P3 口，高 8 位送 P2 口，用频率仪和示波器观察 P1.1 引脚捕获脉冲频率值和波形。

设计步骤：据题意知 T2 工作方式为捕获方式，T2CON 中 EXEN2 选择两种选项，此处选择 EXEN2 =1，即外部捕获，选定时模式，选择向上计数，即 DCEN =0。

捕获脉冲：利用 T0 定时工作方式 1，使 P1.5 输出周期为 2ms 的方波，该方波接入到 P1.1 引脚作为捕获脉冲。

解：（1）求定时初值

为了捕获 P1.1 引脚脉冲频率值，利用 P1.1 引脚负跳变触发定时器 T2 外部中断，第一次中断时，启动定时器 T2 开始计数。此时定时器 T2 的最初计数值为 0，即 TH2 =00H，TL2 =00H，而此时捕获值 RCAP2L =00H，RCAP2H =00H、到第二次中断时，禁止定时器 T2 计数，此时捕获寄存器内容就是记录机器周期个数，可求出输出脉冲频率值。

T0 选择定时工作方式 1，输出周期为 2ms 方波，则定时器 0 的初值为 TH0 =0FCH，TL0 =18H。

$$初值 = 2^{16} - \frac{1\text{ms}}{1\mu\text{s}} = 65536 - 1000 = \text{FC18H}$$

T2 采用外部捕获，则 T2CON =09H，T2 选择的是向上计数，则 T2MOD =00H。允许 T2 中断请求，允许总中断，则 IE = A0H；T0 工作方式 1、定时、门控 GATE0 =0，则 TMOD =01H。

（2）程序清单

程序由 4 部分组成：主程序、显示子程序、定时器 0 中断服务子程序和定时器 2 中断服务子程序。具体如下：

```
T2CON  EQU  0C8H
T2MOD  EQU  0C9H
CP  EQU  T2CON.0
TR2  EQU  T2CON.2
EXEN2  EQU  T2CON.3
EXF2  EQU  T2CON.6
TF2  EQU  T2CON.7
ET2  EQU  IE.5
RCAP2L  EQU  0CAH
RCAP2H  EQU  0CBH
TL2  EQU  0CCH
TH2  EQU  0CDH
IPH  EQU  0B7H
ORG  0000H
AJMP  MAIN
ORG  000BH
LJMP  PT0INT
ORG  002BH
LJMP  PT2INT
ORG  0100H
MAIN: MOV  SP, #60H
```

```
MOV  TMOD, #01H; T0 定时，工作方式 1
MOV  TH0, #0FCH; T0 定时初值
MOV  TL0, #18H
SETB  TR0; 启动定时器 0
MOV  T2MOD, #00H; 定时/计数器 2 加法计数
MOV  T2CON, #09H; T2 捕获方式定时允许外部信号触发
MOV  TH2, #00H; 定时器 2 计数寄存器初值
MOV  TL2, #00H
MOV  RCAP2L, #00H; 设置捕获寄存器计数初值
MOV  RCAP2H, #00H
MOV  IE, #0A2H; T0、T2 中断允许，总允许
CLR  20H.0; 设置中断次数标志
CLR  20H.1; 设置捕获值大于量程标志
LOOP: ACALL  DISP
AJMP  LOOP
/* * * * * * * * * * * 显示子程序* * * * * * * * * * * /
DISP: MOV  C, 20H.1
JC  NEQUT; 查询捕获值是否大于量程?
MOV  P2, RCAP2H; 捕获值小于量程，显示捕获值
MOV  P3, RCAP2L
RET
NEQUT: MOV  P2, #0FFH; 捕获值大于量程，则显示 FFFFH
MOV  P0, #0FFH
RET
/* * * * * * * * * * * 定时器 0 中断服务子程序* * * * * * * * * * * /
PT0INT: MOV  TH0, #0FCH; 定时器 0 重装计数初值
MOV  TL0, #18H
CPL  P1.5; P1.5 求反，使 P1.5 输出方波
RETI
/* * * * * * * * * * * 定时器 2 中断服务子程序* * * * * * * * * * * /
PT2INT: CLR  P1.7; 点亮 P1.7，表明进入 T2 中断服务程序
JBC  TF2, PTF2; 定时溢出引起中断?
JBC  EXF2, PEXF2; P1.1 负跳变引发中断吗?
RETI
PEXF2: MOV  C, 20H.0; P1.1 引脚负跳变引起中断，中断标志位送 C
JC  TT2; 判断第一中断吗? Cy=0?
SETB  TR2; 第一次中断，启动定时器 2 计数
SETB  20H.0; 中断次数标志置 1
RETI
TT2: CLR  TR2; 第二次中断，定时器 2 停止计数
CLR  20H.0; 中断次数标志清 0
CLR  EXEN2; T2 的外部使能位清 0
ESC: RETI
PTF2: MOV  TH2, RCAP2H; 溢出中断，重装计数初值
MOV  TL2, RCAP2L
SETB  20H.1; 置捕获脉冲宽度大于量程标志位
RETI
```

第 6 章

I/O 接口的扩展应用

由于外部设备（简称外设）与 CPU 的速度差异很大，且外设的种类繁多，数据信号形式多样，控制方案复杂，所以外设不能与 CPU 直接相连，必须通过接口电路使 CPU 与外设之间达到最佳耦合与匹配。因此，接口是 CPU 与外设连接的桥梁，是信息交换的中转站。

大多数情况下，外设的速度是很慢的，无法跟上微秒级的单片机速度，为了保证数据传输的安全、可靠，必须设计合适的单片机与外设的 I/O 接口电路。I/O 接口是指输入/输出接口，分为并行接口和串行接口两种，是 CPU 和输入/输出设备进行数据传输的通道。I/O 接口通常由大规模集成电路组成，可以和 CPU 集成在同一块芯片上，也可以是一块独立的芯片。常见的输入设备有键盘、开关及各种传感器等，输出设备有 LED 显示、打印机等。MCS－51 系列单片机内部有 4 个并行 I/O 接口和 1 个串行 I/O 接口。并行接口采取多位数据同时传输数据。串行接口采用逐位串行移位方式传输数据。对于简单的 I/O 设备单片机可以直接连接，当连接设备有特殊要求，或系统较为复杂，需要使用较多的 I/O 接口时，就必须通过外接 I/O 接口芯片来完成单片机与 I/O 设备的连接，如图 6-1 所示。

I/O 接口与 I/O 端口的区别如下：

I/O 接口是 CPU 与外界的连接电路，是 CPU 与外界进行数据交换的通道，CPU 发出命令和输出运算结果以及外设输入数据或状态信息都是通过 I/O 接口电路。

I/O 端口是 CPU 与外设直接通信的地址，通常是 I/O 接口电路中能够被 CPU 直接访问的寄存器地址或缓冲器称为端口。CPU 通过这些端口发送命令、读取状态或传输数据。一个接口电路可以有一个或多个端口，包含地址端口、数据端口、控制端口、命令端口、状态端口等。例如，可编程并行接口芯片 8255A 包含一个命令/状态端口和 3 个数据端口，有些端口只读不写，有些端口只写不读。

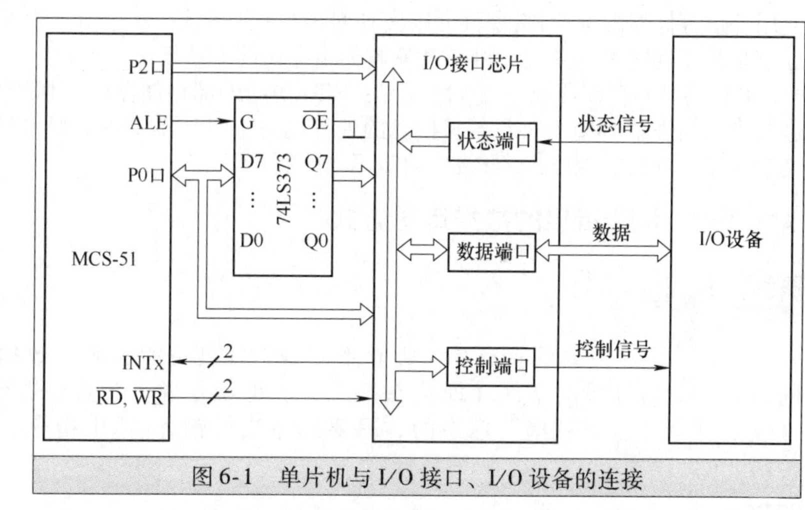

图 6-1　单片机与 I/O 接口、I/O 设备的连接

6.1　I/O 接口的使用

★6.1.1　I/O 接口的主要作用

单片机对 I/O 设备的访问时间大大短于 I/O 设备对数据的处理时间。CPU 通常是把输出数据快速写入 I/O 接口的数据端口，先将输出数据锁存下来，然后再交给外设处理；外设输入数据时，通常也是先将数据锁存起来，再通知 CPU 读取。

利用 I/O 接口的三态缓冲功能，便可以实现 I/O 设备与数据总线的隔离，便于其他设备与总线挂接。单片机系统设备传送数据时占用总线，不传送数据时必须让总线呈高阻状态。

当单片机和外部设备之间的数据传送方式不相同时，可以通过具有并/串变换或串/并变换的I/O接口来进行数据传送方式的转换。通常CPU输入/输出的数据和控制信号是TTL电平（小于0.6V表示0，大于3.4V表示1），而外部设备的信号电平类型较多（如小于5V表示为0，大于24V表示为1），当出现这种情况时，可利用具有电平转换功能的I/O接口进行自动变换。

单片机输入数据时，只有在确认输入设备已向I/O接口提供了有效的数据后，才能进行读操作；输出数据时，只有在确认输出设备已做好了接收数据的准备后，才能进行写操作。不同I/O设备的定时与控制逻辑不同，往往与CPU的时序不一致，这就需要I/O接口进行时序协调。

★6.1.2 I/O接口的编址

1 对I/O接口单独编址

I/O接口单独编址是指对I/O接口和存储器存储单元分别编址，各自独立。这种编址方式的优点是不占用存储器地址，但需要使用专用的I/O指令，以区分CPU访问的地址究竟是存储器地址还是I/O接口的地址。由于MCS-51系列单片机指令集中没有专用的I/O指令，所以MCS-51系列单片机不采用这种编址方式。

2 I/O接口和存储器统一编址

这种编址方式是把I/O接口当成存储器单元对待，让I/O接口地址占用存储器的部分单元地址。例如，将0000H~FFFFH范围的存储器地址中的FF00H~FFFFH作为I/O接口地址。这样，CPU通过使用外部存储器的读/写指令就可以实现对I/O接口的输入/输出。MCS-51系列单片机的I/O接口地址就是采用这种编址方式，利用MOVX类指令访问I/O接口。

I/O接口和存储器统一编址的优点：CPU访问外部存储器的一切指令均适用于对I/O接口的访问，这就大大增强了CPU对外设端口信息的处理能力。CPU本身不需要专门为I/O接口设置I/O指令。能灵活安排I/O接口地址，I/O接口数量不受限制。

★6.1.3 I/O接口的数据传送方式

1 无条件传送

无条件传送方式的特点是，CPU不测试I/O设备的状态，数据是否进行传送只取决于程序的执行，而与外设的条件（即状态）无关。也就是说，在需要进行传送数据时，CPU总是认为外设是处于“准备就绪”状态的，只要程序执行输入/输出指令，CPU就立即与外设同步数据传送。

2 条件传送

条件传送也叫查询传送，采用这种传送方式时，单片机在执行输入/输出指令前，首先查询I/O接口的状态端口的状态。向外设输入数据时，需先查询外设是否已“准备就绪”；向外设输出数据时，需先查询外设是否“空闲”。由此条件来决定是否可以执行输入/输出操作。这种传送方式与无条件的同步传送不同，它是有条件的异步传送。

3 中断传送

采用中断传送方式时，每个I/O设备都具有请求中断的主动权。外设一旦需要传送数据服务时，就会主动向CPU发出中断请求，CPU便可中止当前正在执行的程序，转去执行为该I/O设备服务的中断程序，进行一次数据传送。中断服务结束后，再返回执行原来的程序。这样，在I/O设备处理数据期间，单片机不必浪费大量的时间去查询I/O设备的状态。

4 DMA（直接存储器存取）传送

DMA（Direct Memory Access）方式是一种采用专用硬件电路执行输入/输出的传送方式，它使I/O设备可直接与内存进行高速数据传送，而不必经过CPU执行传送程序。这种传送方式必须依靠带有DMA功能的CPU和专用的DMA控制器来实现，由于MCS-51系列单片机不具备DMA功能，所以该系列单片机不能采用DMA方式传送数据。

6.2 并行I/O接口扩展

单片机的并行总线扩展，就是利用三总线AB（地址总线）、DB（数据总线）、CB（控制总线）进行系统扩展。该扩展方法不再是单片机系统唯一的扩展结构，除并行总线扩展技术之外，近年又出现串行总线扩展技术。例如，Philips公司的I²C串行总线接口、DALLAS公司的单总线（1-Wire）接口和Motorola公司的SPI串行外设的串行接口。

★6.2.1 并行接口的结构

MCS-51系列单片机共有4个并行I/O接口P0~P3，每个均由8位锁存器和8位输出驱动器组成。4个8位数据锁存器和端口号P0、P1、P2和P3同名，均为特殊功能寄存器，通过对锁存器的读写，就可以实现数据的输入/输出操作。

★6.2.2 并行接口的操作

使用51单片机并行接口的直接电路连接的方式，如使用单片机的并行接口P1~P3直接驱动发光二极管，电路如图6-2所示。由于P1~P3内部有30kΩ左右的上拉电阻，根据欧姆定律$I=U/R$公式可换算电平与电流关系。如果引脚输出高电平，则强行从P1、P2和P3口输出的电流I_d会造成单片机端口的损坏，如图6-2a所示。如果端口引脚输出为低电平，能使电流I_d从单片机外部流入内部（吸入电流），则将大大增加流过的电流值，如图6-2b所示。所以，当P1~P3口驱动LED发光二极管时，应该采用低电平驱动。

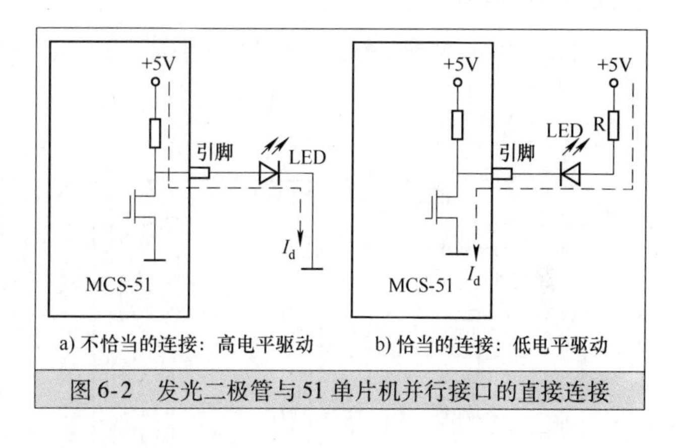

图6-2 发光二极管与51单片机并行接口的直接连接

1 输出数据方式

在输出数据方式下，CPU通过一条字节操作指令就可以把输出数据写入P0~P3的端口锁存器，然后通过输出驱动器送到端口引脚。

例如，如下指令均可在P1口输出数据：

```
MOV  P1, A; P1←(A)
ANL  P1, #data; P1←data
ORL  P1, R2; P1←(R2)
XRL  P1, 30H; P1←(30H)
```

2 读端口数据方式

CPU 读入的数据并非端口引脚线上输入的数据。因此，CPU 只要用一条传送指令就可把端口锁存器中数据读入累加器 A 或内部 RAM 中。例如，如下指令可以从 P1 口输入数据：

```
MOV  A, P1; A←(P1)
MOV  R2, P1; R2←(P1)
MOV  30H, P1; 30H←(P1)
MOV  @R1, P1; (R1)←(P1)
```

3 读引脚方式

读引脚方式可以从端口引脚线上读入信息，引脚成为高阻抗输入。然后再用传送指令把引脚线上的数据读入累加器 A 或内部 RAM 中。

如下两条指令可以将 P1 口的 8 条引脚上的数据读入累加器 A 中：

```
MOV  P1, #0FFH; 向 P1 口写入 1，为读引脚做好准备
MOV  A, P1; 读 P1 口所有引脚的数据
```

如下两条指令可以将 P1 口低 4 位 4 条引脚上的数据读入累加器 A 的低 4 位中。

```
ORL  P1, #0FH; 向 P1 口低 4 位写入 1，其余位不变
MOV  A, P1; 读 P1 口低 4 位引脚
```

★6.2.3 单片机控制的跑马灯

1 电路原理图

采用 LED 发光管作为亮点跑马灯元器件（8 个）。电路原理如图 6-3 所示。晶振频率为 12MHz。

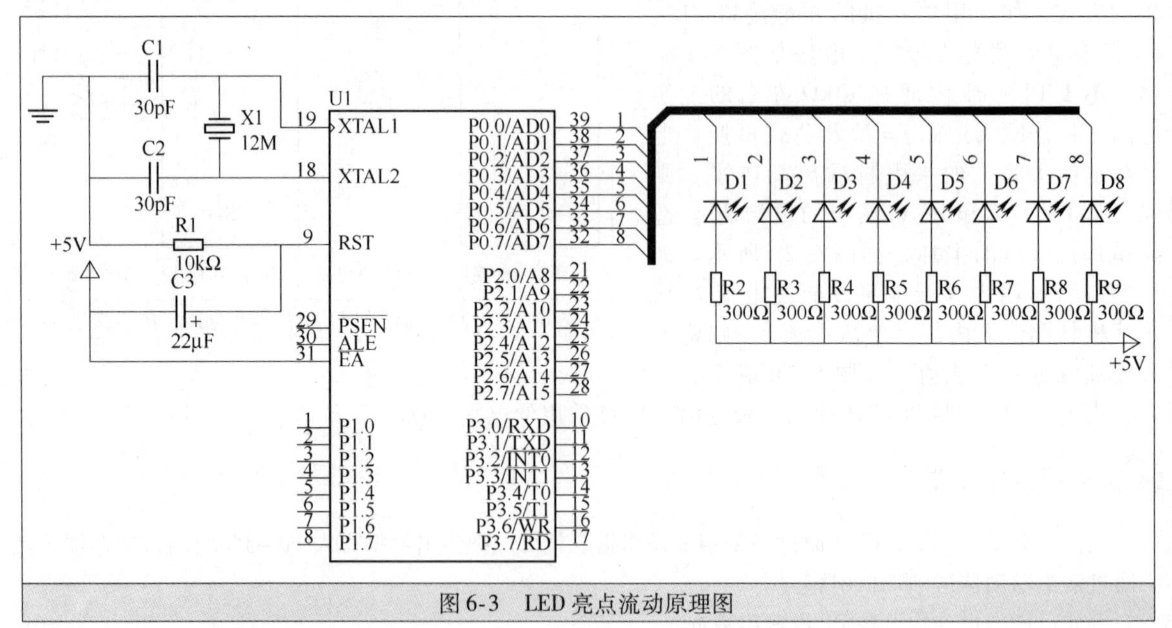

图 6-3 LED 亮点流动原理图

2 程序设计、汇编和编程（固化）

要求每隔 500ms 亮点循环左移动一次。

程序设计如下：

```
ORG  0000H
```

```
LJMP  STAR
ORG  0030H
STAR: MOV  A, #7FH; (A)←7FH
LOOP: RL  A; 循环左移
MOV  P0, A; 输出到 P0 口显示
LCALL  DELAY; 调延时子程序
LJMP  LOOP; 返回运行
DELAY: MOV  R7, #250; 延时 500ms
D1: MOV  R6, #250
D2: NOP
NOP
NOP
NOP
NOP
NOP
DJNZ  R6, D2
DJNZ  R7, D1
RET
END
```

3 电路连接及现象观察

根据电路原理图在单片机实验板（或面包板）上安装好电路，将已固化目标代码的单片机安装到单片机插座上。上电后观察现象：可看到一个亮点流动的跑马灯现象。

分析如下：执行第 4 句，A 中的值是 7FH，也就是 01111111B；执行第 5 句，将 A 中的值进行左移，执行后为 FEH，也就是 11111110B；执行第 6 句，使接在 P0.0 上的 LED 亮，而其他的都灭，形成了一个“亮点”；第 7 句调用延时程序，让它“亮” 500ms。然后又跳转到 LOOP 处（LJMP LOOP）。下一个应当是接在 P0.1 上灯亮了。这样依次循环，就形成了“亮点流动”的跑马灯现象，见表 6-1。

表 6-1 亮点流动状态分析

P0 口上的数据								P0 口上的现象
P0.7	P0.6	P0.5	P0.4	P0.3	P0.2	P0.1	P0.0	
0	1	1	1	1	1	1	1	赋初值，然后循环左移
1	1	1	1	1	1	1	0	D1 亮其余灭
1	1	1	1	1	1	0	1	D2 亮其余灭
1	1	1	1	1	0	1	1	D3 亮其余灭
1	1	1	1	0	1	1	1	D4 亮其余灭
1	1	1	0	1	1	1	1	D5 亮其余灭
1	1	0	1	1	1	1	1	D6 亮其余灭
1	0	1	1	1	1	1	1	D7 亮其余灭
0	1	1	1	1	1	1	1	D8 亮其余灭

★6.2.4 I/O 接口输入/输出应用

1 单片机用开关控制 LED 显示实验

采用8位拨动开关作为单片机输入控制元件，LED 发光管作为显示元件。将接在 P1 口的拨动开关输入状态通过单片机输出在 P2 口上，用 LED 发光管表示出来。P1.0 ~ P1.7 上的8个开关1 ~ 8 输入对应于输出 P2.0 ~ P2.7。若开关1 打开，LED0 亮；开关2 打开，LED1 亮；……开关8 打开，LED7 亮。

程序设计如下：

```
ORG  0000H
STAR: MOV  P1, #0FFH; 设置 P1 口为输入
MOV  P2, #0FFH; P2 口上的 LED 全灭
ST1: MOV  A, P1; 从 P1 口读入
MOV  P2, A; 送 P2 口显示
SJMP  ST1; 返回 ST1, 循环
END
```

根据电路原理图在单片机实验板（或面包板、实验 PCB 板）上安装好电路。将已固化目标代码的单片机安装到单片机插座上。上电后观察现象：拨动开关时，相应的发光管亮。

2 单个开关控制点亮多个 LED 灯实验

（1）电路原理图

电路原理图如图6-4 所示。开关1（接 P1.0 引脚）负责控制4 个 LED 灯（D1、D3、D5、D7），当其闭合时，点亮这4 个灯；反之，断开时，这4 个灯熄灭。开关2（接 P1.2 引脚）负责控制另外4 个 LED 灯（D2、D4、D6、D8）。

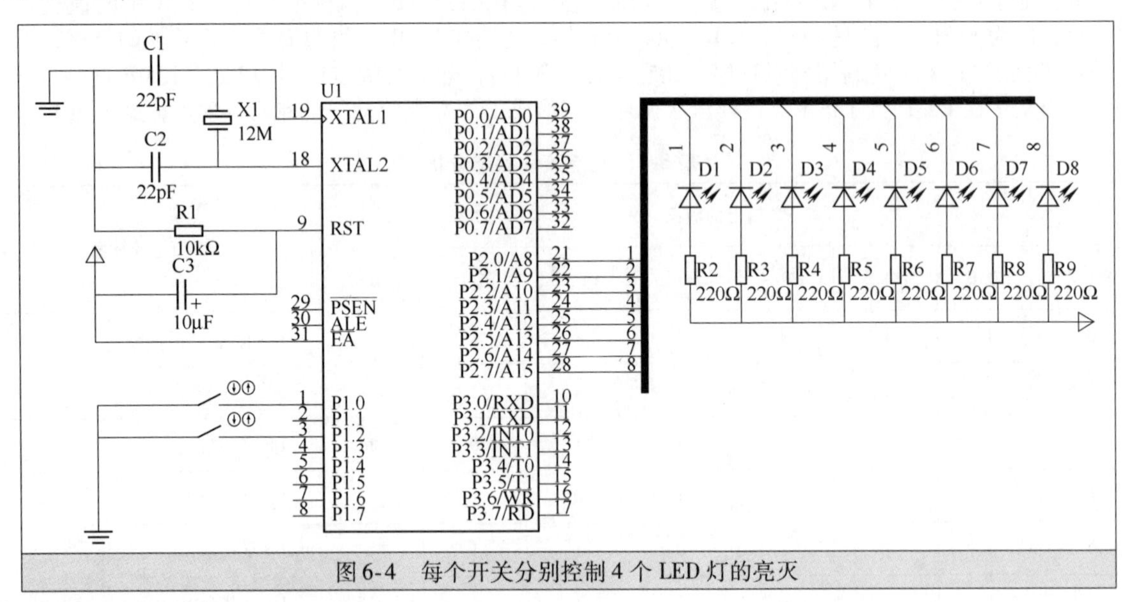

图6-4 每个开关分别控制4 个 LED 灯的亮灭

（2）程序设计、汇编和编程（固化）

程序设计如下：

```
CNTR0: JB  P1.0, NEXT
ANL  P2, #10101010B
SJMP  CNTR1
NEXT: ORL  P2, #01010101B
```

```
CNTR1：JB  P1.2，NEXT1
ANL  P2，#01010101B
SJMP  FIN
NEXT1：ORL  P2，#10101010B
FIN：SJMP  CNTR0
```

(3) 电路连接及现象观察

引脚电平信号受外部开关控制，当开关闭合时，引脚外部接地，呈现出低电平“0”信号；当开关断开时，引脚受内部上拉电阻影响，呈现出高电平“1”信号。每个开关控制 4 个 LED 灯是不能影响另 4 个 LED 灯状态的，可以利用逻辑运算指令 ANL 和 ORL 来完成。而点亮 LED 灯需要低电平“0”信号，与“0”相与即可；熄灭 LED 灯需要高电平“1”信号，与“1”相或即可。

3 8 个 LED 灯自动交替闪烁实验

在 P1 引脚上的 8 个 LED 灯自动闪烁，实际上就是让 LED 灯亮一段时间，再灭一段时间，然后再亮，再灭，如此循环。换句话说，就是 P1 口周期地输出高低电平。但如果直接使用下面的几条指令是不行的，会出现一个问题：计算机执行指令的时间很快，是微秒级的。在极短时间内，LED 灯亮了又灭，灭了又亮，LED 灯无法闪烁发光，只能看到常亮的实际效果。

```
START：MOV  P1，#01010101B
MOV  P1，#10101010B
SJMP  START
```

为了解决这个问题，就必须在第一条 MOV 指令执行之后，延时一段时间，再执行第二条 MOV 指令，然后再延时一段时间，重复上述过程即可。

程序设计如下：

```
START：MOV  P1，#01010101B
LCALL  DELAY
MOV  P1，#10101010B
LCALL  DELAY
SJMP  START
DELAY：MOV  R7，#250
D1：MOV  R6，#250
D2：DJNZ  R6，D2
DJNZ  R7，D1
RET
END
```

6.3 单片机系统中的键盘接口设计

★6.3.1 键盘接口设计

1 单片机与独立式键盘的接口

在图 6-5 中，连接按键的是单片机的 P1 口，由于 P1 口内部有上拉电阻，所以无须再外接上拉电阻。这种独立式键盘配置灵活，软件结构简单，但每个按键必须占用一根端口线，按键数量多时，需占用的端口线也多。所以独立式按键常用于按键数量不多的场合。

2 独立式键盘扫描方式

1）随机扫描方式：当 CPU 空闲时，调用键盘扫描子程序，在子程序中对键盘进行扫描，从而识别按键，响应键盘的输入请求。

2）定时扫描方式：利用单片机内部的定时器产生定时中断，在中断服务程序中对键盘进行扫描，并在有按键被按下时，转入键功能处理程序。定时扫描方式的硬件接口电路与随机扫描方式相同。

3）中断扫描方式：当键盘上有按键闭合时，产生中断请求，CPU 响应中断并在中断服务程序中判断键盘闭合键的键号，并进行相应的处理。采用中断扫描方式的一种键盘接口电路如图 6-6 所示。

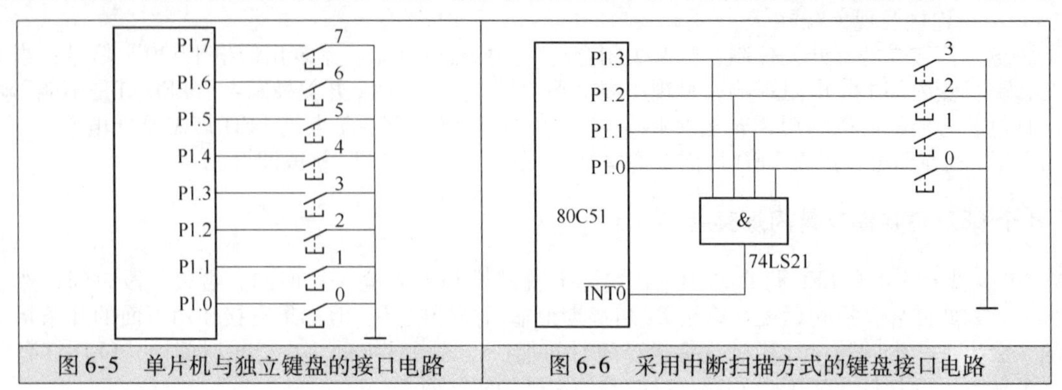

图 6-5　单片机与独立键盘的接口电路　　图 6-6　采用中断扫描方式的键盘接口电路

与图 6-6 对应的键盘扫描子程序（随机扫描方式）如下：

```
SCAN：MOV  P1，#0FFH；置 P1 口为输入方式
MOV  A，P1；读 P1 口信息
JNB  ACC.0，KEY0；0 号键按下，转 0 号键处理
JNB  ACC.1，KEY1；1 号键按下，转 1 号键处理
…
JNB  ACC.7，KEY7；7 号键按下，转 7 号键处理
RET；无键按下，返回主程序
```

★6.3.2　矩阵式键盘扫描应用

1　单片机与矩阵式键盘的接口

矩阵式键盘采用行列式结构，按键设置在行列的交叉点上。当使用单片机的 P1 口与矩阵式键盘连接时，可以将 P1 口低 4 位的 4 条端口线定义为行线，P1 口高 4 位的 4 条端口线定义为列线，形成 4×4 键盘，可以配置 16 个按键，如图 6-7所示。

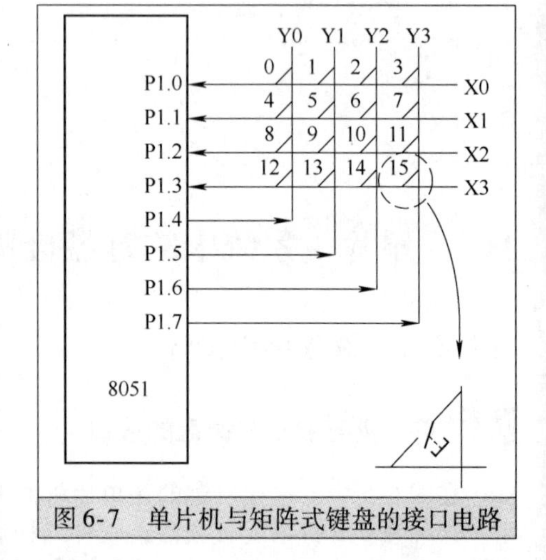

图 6-7　单片机与矩阵式键盘的接口电路

通常将矩阵式键盘的行线作为输入线，通过上拉电阻接 +5V 电源（在图 6-7 中，由于 P1 口内部有上拉电阻，所以不用外接上拉电阻），使行线的状态为 1；列线作为输出线，送出低电平 0。当键盘上没有键闭合时，所有行线与列线相互分开，行线均呈高电平 1 状态；当键盘上某一个按键被按下时，该按键所对应的行线与列线短接，此时该行线的电平将被短接的列线钳位为低电平 0。

在确认有按键按下，并进行了去抖动后，接下来需要确定被按键所在的行号和列号，并在查找过程中进行防窜键处理。求列号的方法是：先让 Y0 列线送出低电平，其余列线为高电平，然后读入行线状态，如行线状态不全为 1，则说明所按键就在该列；否则，不在该列。然后让 Y1 列线为低电平，其他列线为高电平，从而判断 Y1 列有无按键按下。其余列类推。

键号是键盘上每个按键的编号。键号的求法，与键盘接口电路的连线和键号的编排方式有关，对

应图 6-7 所示的矩阵式键盘接口电路，可采用如下方法求得键号：

键号 = 所在行号 × 键盘列数 + 所在列号；键号 = 所在行号的行首键号 + 所在列号

在图 6-7 中，键号为 14 的按键，所在行号为 3，所在列号为 2，键盘的列数为 4，所在行号的行首键号是 12，所以键号 = 3 × 4 + 2 = 14 或键号 = 12 + 2 = 14。

求出被按键的键号后，即可调用执行被按键处理程序，在执行被按键处理程序时，再根据键号执行该键所对应的功能程序，以完成该键被按下时所要实现的系统功能。

2 键盘扫描的控制程序

键盘读键程序设计一般有两种方法，即反转读键法和扫描读键法。

（1）反转读键法

采用反转读键盘法，行、列轮流作为输入线。

1）置单片机行线 P2.0 ~ P2.3 为输入线，列线 P2.4 ~ P2.7 为输出线，且输出为 0。相应的 I/O 接口的编程数据为 0FH。若读入低 4 位的数据不等于 F，则表明有键按下，保存低 4 位数据。其中为电平“0”的位对应的是被按下键的行位置。

2）设置输入、输出口对换，行线 P2.0 ~ P2.3 为输出线，且输出为 0，列线 P2.4 ~ P2.7 为输入线，I/O 接口编程数据为 F0H。若读入高 4 位数据不等于 F，即可确认按下的键。读入高 4 位数据中为 0 的位为列位置。保存高 4 位数据。将两次读数值组合，便得按键码。

（2）扫描读键法

扫描读键法，将所有行线 I/O 依次置为低电平，如果有键按下，总有一根列线电平被拉至低电平，从而使列输入 I/O 不全为 1。依次向不同行线送低电平，保证在只有一行为低电平的情况下，查所有列的输入线状态。如果全为 1，则按键不在此列，否则按键必在此列，且是在与 0 电平行线相交点上的那个键。

1）送 1110 到行线：P2.3 ~ P2.0 = 1110B，再从列线 P2.7 ~ P2.4 读入数据。若有按键，则其中必有一位为 0，如按“3”键，则读入 P2.7 ~ P2.4 = 0111B；同理按“1”键，读入数据为 1101B。

2）第一行接着送出 P2.3 ~ P2.0 = 1101B，扫描第二行，依此类推。P2.3 ~ P2.0 变化为 1110B→1101B→1011B→0111B→1110B 循环进行。各按键的扫描码列表见表 6-2。

表 6-2 各按键的扫描码列表

按键	输入				输出			
	P2.7	P2.6	P2.5	P2.4	P2.3	P2.2	P2.1	P2.0
0	1	1	1	0	1	1	1	0
1	1	1	0	1	1	1	1	0
2	1	0	1	1	1	1	1	0
3	0	1	1	1	1	1	1	0
4	1	1	1	0	1	1	0	1
5	1	1	0	1	1	1	0	1
6	1	0	1	1	1	1	0	1
7	0	1	1	1	1	1	0	1
8	1	1	1	0	1	0	1	1
9	1	1	0	1	1	0	1	1
A	1	0	1	1	1	0	1	1
B	0	1	1	1	1	0	1	1
C	1	1	1	0	0	1	1	1
D	1	1	0	1	0	1	1	1

（续）

按键	输入				输出			
	P2.7	P2.6	P2.5	P2.4	P2.3	P2.2	P2.1	P2.0
E	1	0	1	1	0	1	1	1
F	0	1	1	1	0	1	1	1

3）由于扫描码不易让人联想按键，因此需将扫描码用程序转换成按键码。

4）显示按键情况，可在电路中设计数码显示管。使得按“0”显示0，按“1”显示1……。例如，单片机采用矩阵式键盘接口电路，连接数码管为共阳型，晶振频率为12MHz。

（3）反转读键法的程序设计

```
ORG  0000H
SJMP  STAR
ORG  30H
STAR：ACALL    DE100；调用延时
KEY：MOV  P2，#0FH；查键开始，行定义输入，列定义输出为0
MOV  A，P2；读入P2的值
CPL  A
ANL  A，#0FH；确保低4位
JZ  KEY；无键按下返回
MOV  R5，A；有键按下，暂存
MOV  P2，#0F0H；列定义输入，行定义输出为0
MOV  A，P2
CPL  A
ANL  A，#0F0H
JZ  KEY
MOV  R4，A；暂存高4位输入
LCALL  DE10；消抖动
KEY1：MOV  A，P2；等待键松开
CPL  A
ANL  A，#0F0H
JNZ  KEY1；按键没松开，等待
LCALL  DE10
MOV  A，R4；取列值
ORL  A，R5；与行值相或为组合键值
MOV  B，A；结果暂存于B中
MOV  R1，#0；键值寄存器R3赋初值=0
MOV  DPTR，#TAB；取键码表首址到DPTR
VAL0：MOV  A，R1
MOVC  A，@A+DPTR；查键码表
CJNE  A，B，VAL；非当前按键码，继续查找
ACALL  KEYV；以按键码查显示码
MOV  P1，A；查找到显示码送P1二极管显示
SJMP  KEY；下一次按键输入，循环
VAL：INC  R1
SJMP  VAL0
TAB：DB  11H，21H，41H，81H；组合键码
```

```
DB    12H, 22H, 42H, 82H
DB     14H, 24H, 44H, 84H
DB     18H, 28H, 48H, 88H
KEYV: MOV  A, R1
INC  A
MOVC  A, @A+PC; 取显示码（即共阳段码）
RET
DB  0C0H, 0F9H, 0A4H, 0B0H; 共阳段码0, 1, 2, 3
DB  99H, 92H, 82H, 0F8H; 4, 5, 6, 7
DB  80H, 90H, 88H, 83H; 8, 9, A, B
DB  0C6H, 0A1H, 86H, 8EH; C, D, E, F
DE100: MOV  R6, #200; 延时100ms
D1: MOV  R7, #250
DJNZ  R7, $
DJNZ  R6, D1
RET
DE10: MOV  R6, #20; 延时10ms
D2: MOV  R7, #248
DJNZ  R7, $
DJNZ  R6, D2
RET
END
```

（4）扫描读键法的程序设计

将上述反转读键法程序设计中读键部分（从标号KEY到标号TAB）换为以下程序，其余部分不变。两种程序设计方法实现的功能完全一样。

```
KEY: MOV  R3, #0FEH ; 扫描初值
MOV  R1, #0; 取码指针
KEY1: MOV  A, R3; 开始扫描
MOV  P2, A; 将扫描值输出至P2
MOV  A, P2; 读入P2值，判断是否有按键按下
SWAP  A; 高低4位互换
MOV  R4, A; 有按键，存入R4，以判断是否放开
SETB  C; C=1
MOV  R5, #4; 扫描P2.4~P2.7
KEY2: RRC  A; 将按键值右移1位
JNC  KEYIN;  =0有键按下，转KEYIN
INC  R1; 无按键，取码指针加1
DJNZ  R5, KEY2; 4列扫描完毕?
MOV  A, R3
SETB  C
RLC  A; 扫描下一行
MOV  R3, A; 存扫描指针
JB  ACC.4, KEY1
JMP  KEY; 4行扫描完
KEYIN: ACALL  DE10; 消抖动
K1: MOV  A, P2; 与上次读入值进行比较
XRL  A, R4
```

```
JZ  K1；相等，键未放开
ACALL  KEYV；键放开后调显示段码
MOV  P1, A；段码送 P1 口显示
SJMP  KEY；不相等，键放开，进入下一次的扫描
```

6.4 单片机系统中的 LED 数码显示器

这里所说的 LED，指的是在单片机应用系统中经常用来作为显示器件的 LED 数码显示管，是由发光二极管作为显示字段的数码型显示器件。

★6.4.1 LED 数码显示器的结构与原理

LED 数码（显示）管在结构上可分为七段和八段（含小数点）两种，八段编号分别是 a、b、c、d、e、f、g 和 dp，分别与相同名称的引脚相连。dp 段显示一个圆点，可作为小数点，其余段显示笔画，七段管比八段管少一个 dp 段。以八段 LED 数码管为例，其外形及引脚如图 6-8 所示。

将阴极连在一起的称为共阴（极）LED 数码管，用高电平（+5V）驱动。将阳极连在一起的称为共阳（极）LED 数码管，用低电平驱动。

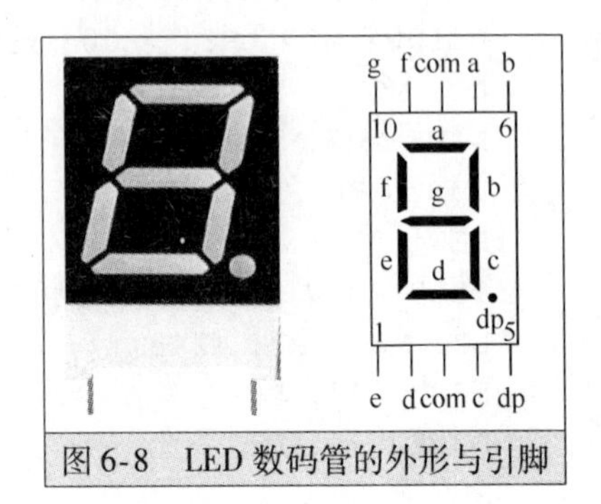

图 6-8　LED 数码管的外形与引脚

1　LED 数码管的显示原理

控制相应的发光二极管导通，就使对应的笔画发光，从而显示出相应的字符。例如，欲使八段共阴 LED 数码管显示 0，可依次给 dp、g、f、e、d、c、b、a 字段加上 0011 1111B，使 dp、g 两段为 0V，不亮，其余为高电平而被点亮。我们把 0011 1111B = 3FH 称为使八段共阴 LED 数码管显示 0 的字形码或段码。若需使八段共阳 LED 数码管显示 0，其字形码则为 1100 0000B = C0H，与前者互为反码。其他一些字符的字形码见表 6-3。所以，在两种极型数码管上显示同一个字符，虽点亮相同的段，但送入各段点亮信号组成的二进制码（简称字形码，dp 熄灭）正好相反。

表 6-3　八段 LED 数码管的部分字形码表

显示字符	共阴字形码	共阳字形码	显示字符	共阴字形码	共阳字形码
0	3FH	C0H	C	39H	C6H
1	06H	F9H	d	5EH	A1H
2	5BH	A4H	E	79H	86H
3	4FH	B0H	F	71H	8EH
4	66H	99H	P	73H	8CH
5	6DH	92H	y	6EH	91H
6	7DH	82H	H	76H	89H
7	07H	F8H	L	38H	C7H
8	7FH	80H	U	3EH	C1H
9	6FH	90H	-	40H	BFH
A	77H	88H	灭	00H	FFH
b	7CH	83H	8.	FFH	00H

2 LED 数码管的编码方式

数码管与单片机的接口方法一般是 a、b、c、d、e、f、g、dp 各段依次（有的要通过驱动元件）与单片机某一并行接口 PX. 0 ~ PX. 7 顺序相连接，a 段对应 PX. 0 端……dp 对应 PX. 7 端。如在数码管上要显示数字 8，那么 a、b、c、d、e、f、g 都要点亮（小数点不亮），则送入并行口的段码为 7FH（共阴）或 80H（共阳）。

★6. 4. 2 单片机控制单管数码显示器

数码管的使用与发光二极管相同，根据其材料不同正向电压降一般为 1. 5 ~ 2V，额定电流一般为 10mA，最大电流一般为 40mA。静态显示时取 10mA 为宜，动态扫描显示时，可加大脉冲电流，但一般不要超过 40mA。

静态显示时数码管的 com 端接不变的电平，共阴极数码管多用于多个数码管显示的场合，用该方式明显减少了单片机 I/O 接口线资源。

1 单片机控制单管数码管显示实验

（1）电路原理图

采用共阳型数码管，电路原理图如图 6-9 所示。晶振频率为 12MHz。要求数码管依次显示 0 ~ F，每位数字显示 1s。

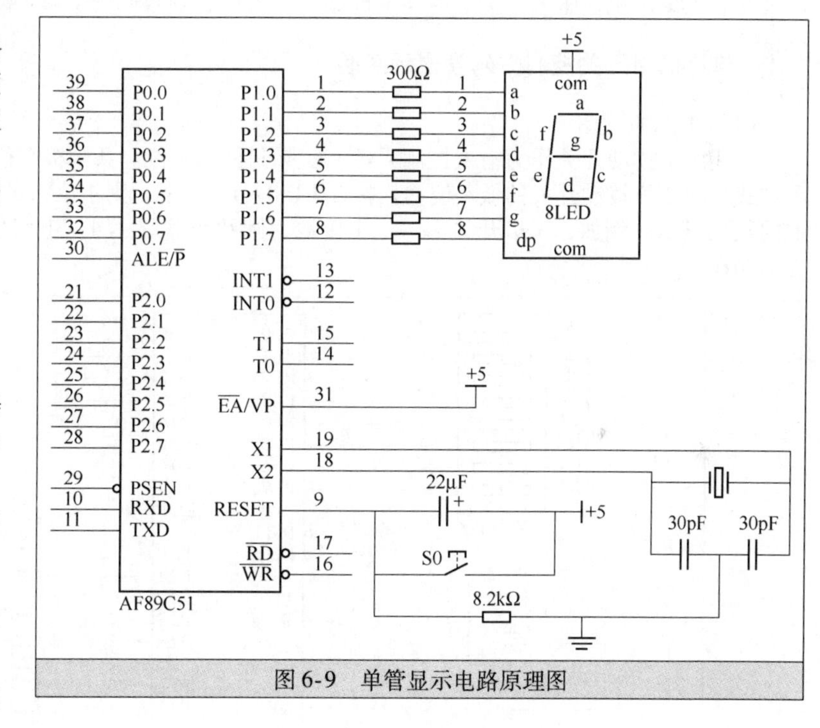

图 6-9 单管显示电路原理图

（2）程序设计、汇编和编程（固化）

程序设计如下：

```
ORG  0000H
SJMP  STAR
ORG  30H
STAR: MOV   P1, #0FFH; 数码管的 8 段 LED 全灭
ST1: MOV  R0, #0; 显示初值
ST2: MOV  A, R0
ACALL  SEG7; 根据显示数字查显示码
MOV  P1, A; 显示码送 P1 口显示
ACALL  DELAY; 延时 500ms
ACALL  DELAY; 延时 500ms
INC  R0; 显示数字加 1
CJNE  R0, #10H, ST2; 16 个数没显示完转 ST2
JMP  ST1; 16 个数显示完转 ST1, 循环显示
DELAY: MOV  R7, #250
D1: MOV  R6, #250; 延时子程序, 500ms
D2: NOP
NOP
NOP
```

```
NOP
NOP
NOP
DJNZ  R6, D2
DJNZ  R7, D1
RET
SEG7: INC  A; 数字转换为显示码
MOVC  A, @A+PC
RET
DB  0C0H, 0F9H, 0A4H, 0B0H; 0~3 的共阳型显示码
DB  99H, 92H, 82H, 0F8H; 4~7 的共阳型显示码
DB  80H, 90H, 88H, 83H; 8~B 的共阳型显示码
DB  0C6H, 0A1H, 86H, 8EH; C~F 的共阳型显示码
END
```

(3) 电路连接及现象观察

根据电路原理图在单片机实验板（或面包板、实验 PCB）上安装好电路，将已固化目标代码的单片机安装到单片机插座上。上电后观察现象，应可以看到数码管上以 1s 的间隔循环显示 0~F。

2 单片机用开关控制数码管显示实验

(1) 电路原理图

采用8位拨动开关作为输入控制元件，实际只用低4位。共阳极数码管作为显示元件。采用静态显示方式。将8位拨动开关的低4位输入接在 P1.0~P1.3 上，则4位二进制数通过单片机控制接在 P2 口上的数码显示。例如，只拨开关1、2、4接地，则数码管显示4。电路原理如图 6-10 所示。晶振频率为 12MHz。

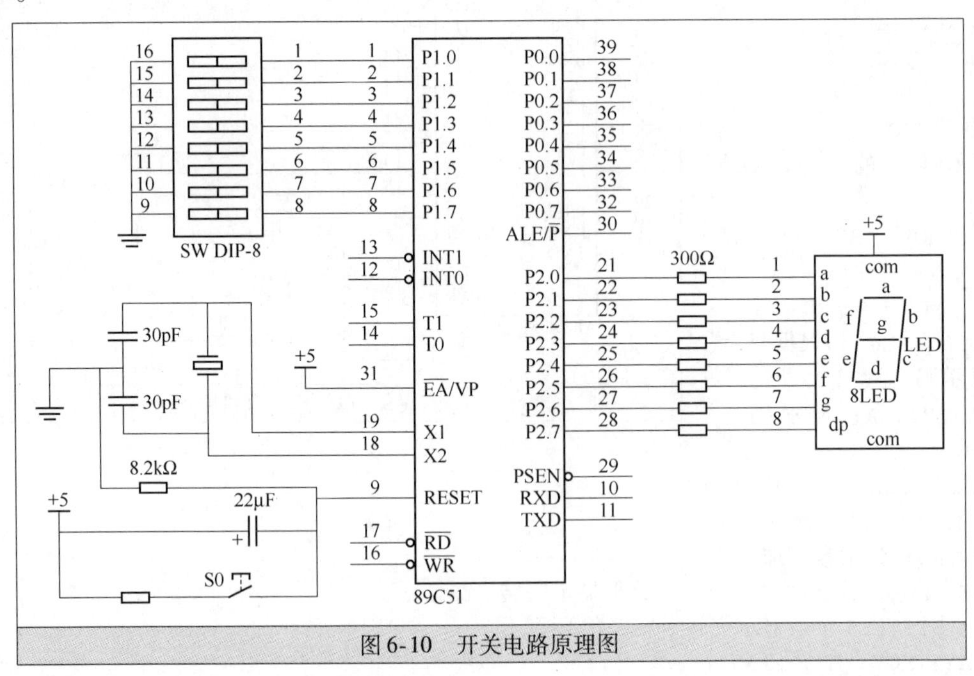

图 6-10　开关电路原理图

(2) 程序设计、汇编和编程（固化）

程序设计如下：

```
ORG  0000H
SJMP  STAR
```

```
ORG  0030H
STAR: MOV  P1, #0FFH; 设置 P1 口为输入
MOV  P2, #0FFH; P2 口上数码管灭
ST1: MOV  A, P1; 读入 P1 口状态
ANL  A, #0FH; 屏蔽 P1 口高 4 位
ACALL  SEG7; 调数码管显示码
MOV  P2, A; 显示码送 P2 口显示
SJMP  ST1; 转 ST1 循环
SEG7: INC  A; 数字转换为显示码
MOVC  A, @A+PC
RET
DB  0C0H, 0F9H, 0A4H, 0B0H; 0~3 的共阳型显示码
DB  99H, 92H, 82H, 0F8H; 4~7 的共阳型显示码
DB  80H, 90H, 88H, 83H; 8~B 的共阳型显示码
DB  0C6H, 0A1H, 86H, 8EH; C~F 的共阳型显示码
END
```

(3) 电路连接及现象观察

根据电路原理图在单片机实验板（或面包板、实验 PCB）上安装好电路，将已固化目标代码的单片机安装到单片机插座上。上电后观察现象：看到当拨动开关的低4位时，其二进制数以十六进制数对应显示在数码管上。

★6.4.3 秒钟计时数码管显示电路

单片机与 LED 数码显示管的接口

在单片机应用系统中，可利用 LED 显示器灵活构成所要求位数的显示器。*N* 位 LED 显示器有 *N* 根位选线和 8×*N* 根段选线。根据显示方式的不同，位选线和段选线的连接方法有所不同。段选线控制字符选择，位选线控制显示位的亮或暗。数码管工作方式有两种，即静态显示驱动和动态显示驱动。

(1) 静态显示接口（直流驱动）

静态驱动是指每个数码管的每一个段码都由一个单片机的 I/O 接口进行驱动，或者使用如 BCD 码二—十进位转换器进行驱动。例如，驱动5个数码管静态显示，则需要 5×8=40 根 I/O 接口来驱动，要知道一个 MCS-51 系列单片机可用的 I/O 接口只有32个，故实际应用时必须增加驱动器进行驱动，但增加了硬件电路的复杂性。LED 工作在静态显示方式下，共阴极接地或共阳极接 +5 V；每一位的段选线（a~g、dp）与一个8位并行 I/O 接口相连。静态显示也是指 LED 数码管显示字符时，在时间上是连续恒定发光的。缺点是由于每个 LED 数码管都需要一个并行输出芯片与之连接，所以显示位数较多时，硬件开销较大。单片机与3位共阳 LED 数码管采用静态显示的一种接口电路如图 6-11 所示。

静态显示接口电路程序如下：

```
DIPLAY: MOV  R0, #20H; 数据区首地址
MOV  R2, #03H; 计数初值
ANL  P2, #0F7H; P2 口低 3 位输出初值 000B
MOV  DPTR, #SEGCOD; 指向字形码表首地址
LOOP: MOV  A, @R0; 取出需显示的数据
MOVC  A, @A+DPTR; 查表，获取字形码
MOVX  @R0, A; 送字形码到锁存器，点亮 LED
INC  R0; 指向下一个显示数据
INC  P2; 为显示下一个字符做准备
DJNZR2, LOOP; 未显示完，继续
RET; 显示结束，返回主程序
SEGCOD: DB  0C0H, 0F9H, 0A4H; 共阳 LED 字形码表
```

```
DB  0B0H, 99H, 92H, 82H
DB  0F8H, 80H, 90H, 88H
DB  83H, 0C6H, 0A1H, 86H, 8EH
```

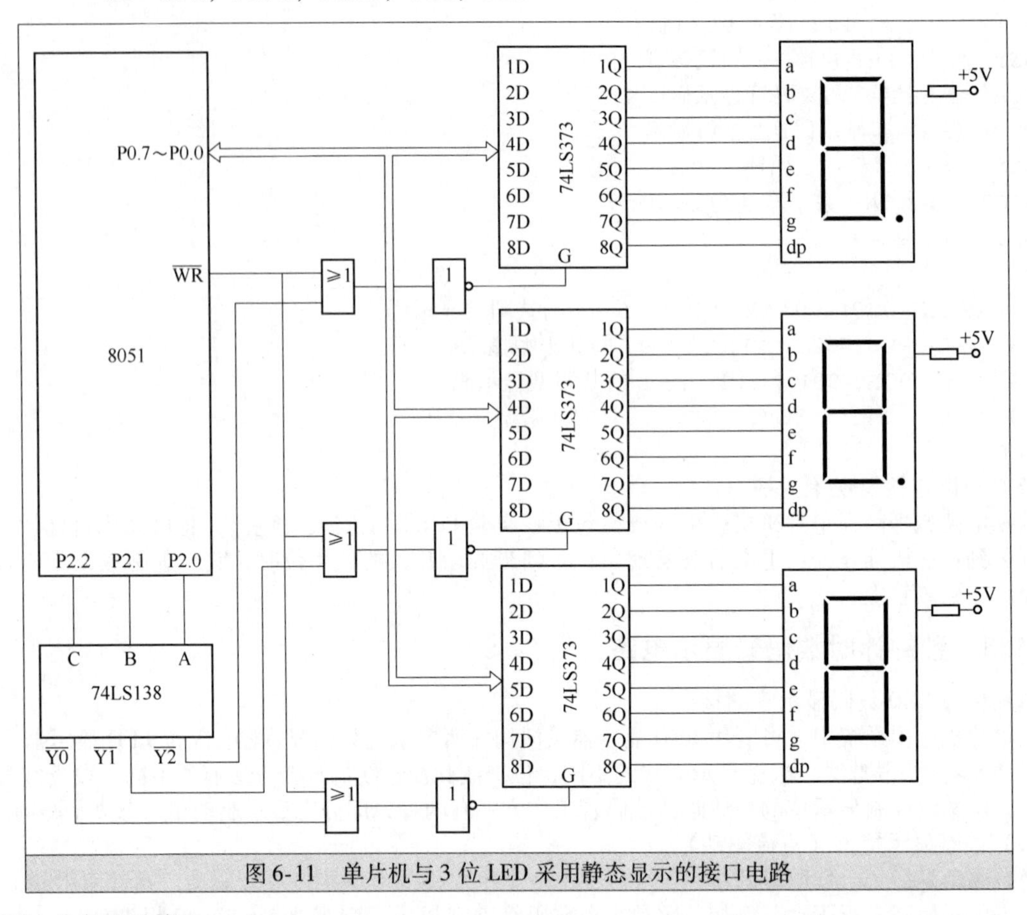

图 6-11　单片机与 3 位 LED 采用静态显示的接口电路

（2）动态显示接口

动态显示目前是单片机中应用最为广泛的一种显示方式之一，动态驱动是将所有数码管的 8 个显示笔画“a、b、c、d、e、f、g、dp”的同名端连在一起，另外为每个数码管的公共极增加位选来控制电路，位选由各自独立的 I/O 线控制。当单片机输出字形码时，所有数码管都接收到相同的字形码，但究竟是哪个数码管会显示出字形，取决于单片机对位选通端电路的控制，所以只要将需要显示的数码管的位选通控制打开，该位就显示出字形，没有选通的数码管就不会亮。

在应用项目中，单片机与 6 个共阴 LED 数码管的接口电路如图 6-12 所示。利用 8155 对单片机进行并行接口扩展，8155 的 B 口作为字形码输出口（简称字形口），经两片同相驱动器 74LS07（其中一片只用两路），与各个 LED 数码管的对应脚并接在一起，用于输出字形码；8155 的 A 口作为字位口，经一片 74LS07 分别与各个 LED 数码管的公共脚连接，用于输出字位控制码。

应用项目中 8155 的端口地址：

8000H　　命令/状态口

8001H　　A 口（字位口）

8002H　　B 口（字形口）

8003H　　C 口（未使用）

8004H　　定时/计数器低字节（未使用）

8005H　　定时器高 8 位（未使用）

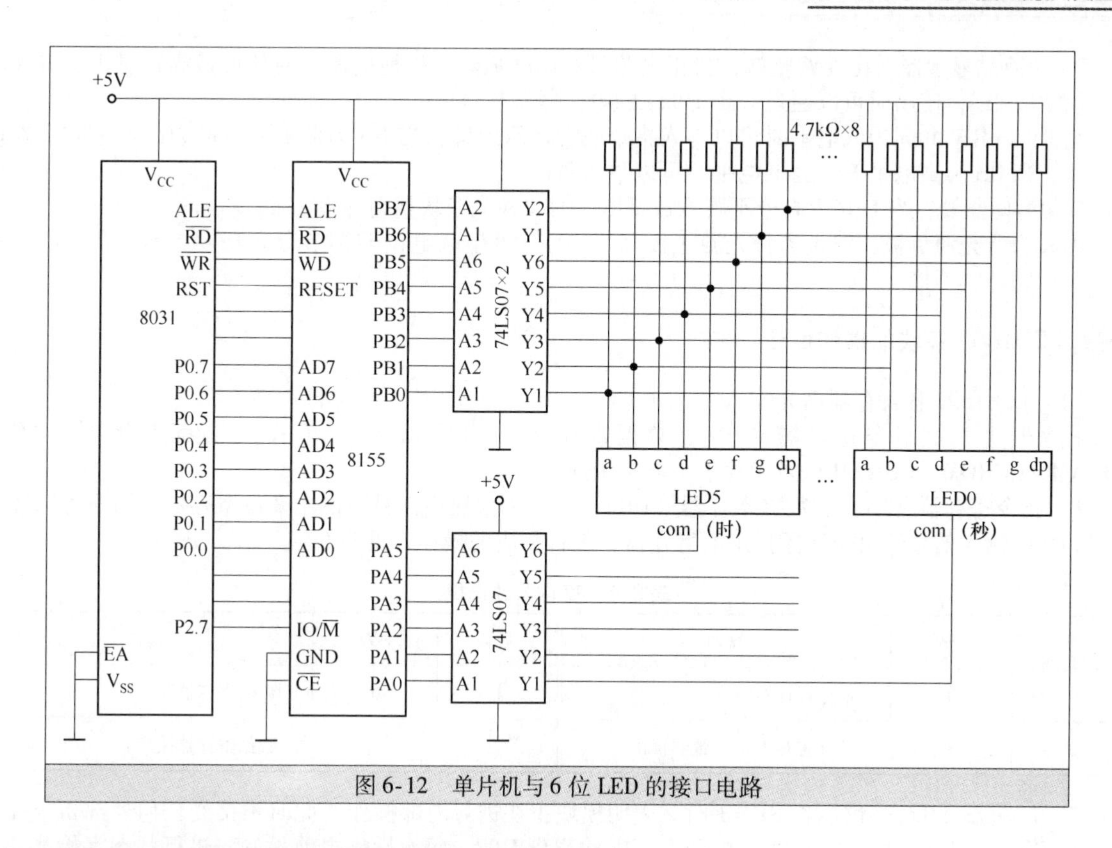

图 6-12 单片机与 6 位 LED 的接口电路

6.5 单片机系统中的 LCD 液晶显示器

LCD 液晶显示器是一种被动式的显示器，与 LED 不同，液晶本身并不发光，而是利用液晶在电压作用下，能改变光线通过方向的特性，达到显示白底黑字或黑底白字的目的。常见的液晶显示器有七段式 LCD 显示器、点阵式字符型 LCD 显示器和点阵式图形 LCD 显示器。

★6.5.1 字符型液晶显示模块的组成和基本特点

字符型液晶显示模块是专门用于显示字母、数字、符号等的点阵型字符液晶显示模块，分 4 位和 8 位数据传输方式，提供“5×7 点阵 + 光标”和“5×10 点阵 + 光标”的显示模式。模块由一组组点阵像素排列而成。相邻位间有一定的间隔，相邻行间也有一定的间隔，所以不能显示图形。字符型液晶显示模块可以直接与单片机接口或者挂接在其总线上，接口电路设计较为简单。控制器和译码驱动器对液晶显示模块进行显示驱动控制，一般将两者组合在一起，制作成专用集成电路。提供内部上电自动复位电路，当外加电源电压超过 +4.5V 时，自动对模块进行初始化操作，将模块设置为默认的显示工作状态。字符发生器可提供常见的 190 个字符库，包括英文大小写字母、阿拉伯数字、特殊字符或符号，固化在其内部 ROM 中，有时还可根据用户需要内置 RAM，由用户自行设计字符和符号，进行字符扩充。

★6.5.2 LCD1602 模块接口引脚功能

1 LCD1602 的引脚

LCD1602 每行可显示 16 个字符，总共可显示两行，采用标准的 14 脚（无背光）或 16 脚（带背光）接口。有少数的为 14 个引脚，其中包括 8 条数据线、3 条控制线和 3 条电源线，通过单片机写入模块的命令和数据，就可对显示方式和显示内容做出选择。

V_{EE}为液晶显示器对比度调整端，接正电源时对比度最弱，接地电源时对比度最高，对比度过高时会产生“鬼影”，使用时可以通过一个10kΩ的电位器调整对比度。

当RS和RW共同为低电平时可以写入指令或者显示地址，当RS为低电平RW为高电平时可以读忙信号，当RS为高电平RW为低电平时可以写入数据。

E端为使能端，当E端由高电平跳变成低电平时，液晶模块执行命令。

BLK为背光源负极，BLA为背光源正极（+5V），可串联电位器调节背光亮度。不带背光的模块这两个引脚悬空不接。

2 LCD1602模块的操作命令

（1）LCD1602各寄存器简介

控制器主要由指令寄存器（IR）、数据寄存器（DR）、忙标志（BF）、地址计数器（AC）、DDRAM、CGROM、CGRAM以及时序发生电路组成。

1）指令寄存器（IR）和数据寄存器（DR）。本系列模块内部具有两个8位寄存器，用户可以通过RS和R/W输入信号的组合选择指定的寄存器，进行相应的操作，见表6-4。

表6-4　寄存器的选择

RS	RW	操作	RS	RW	操作
0	0	命令寄存器写入	1	0	数据寄存器写入
0	1	忙标志和地址计数器读出	1	1	数据寄存器读出

2）忙标志（BF）。忙标志BF=1时，表明模块正在进行内部操作，此时不接受任何外部指令和数据。当RS=0、RW=1以及E为高电平时，BF输出到DB7。每次操作之前最好先进行状态字检测，只有在确认BF=0之后，MPU才能访问模块。

3）地址计数器（AC）。AC地址计数器是DDRAM或者CGRAM的地址指针。随着IR中指令码的写入，指令码中携带的地址信息自动送入AC中，并做出AC作为DDRAM的地址指针还是CGRAM的地址指针的选择。

4）显示数据寄存器（DDRAM）。DDRAM存储显示字符的字符码，其容量的大小决定着模块最多可显示的字符数目。控制器内部有80B的DDRAM缓冲区。

5）字符发生器ROM。在CGROM中，模块已经以8位二进制数的形式生成了5×8点阵的字符字模组（一个字符对应一组字模）。字符字模是与显示字符点阵相对应的8×8矩阵位图数据（与点阵行相对应的矩阵行的高3位为“0”），同时每一组字符字模都有一个由其在CGROM中存放地址的高8位数据组成的字符码对应。字符码地址范围为00H～FFH，其中00H～07H字符码与用户在CGRAM中生成的自定义图形字符的字模组相对应。

6）字符发生器RAM。在CGRAM中，用户可以生成自定义图形字符的字模组。可以生成5×8点阵的字符字模8组，相对应的字符码从CGROM的000H～0FFH范围内选择。

（2）LCD1602指令说明

模块向用户提供了11条指令，见表6-5。大致可以分为4大类：模块功能设置，如显示格式、数据长度等；设置内部RAM地址；完成内部RAM数据传送；完成其他功能。

表6-5　LCD1602指令说明

序号	指令	RS	RW	D7	D6	D5	D4	D3	D2	D1	D0
1	清屏	0	0	0	0	0	0	0	0	0	1
2	光标返回	0	0	0	0	0	0	0	0	1	*
3	输入模式	0	0	0	0	0	0	0	1	I/D	S

（续）

序号	指令	RS	RW	D7	D6	D5	D4	D3	D2	D1	D0
4	显示控制	0	0	0	0	0	0	1	D	C	B
5	光标/字符移位	0	0	0	0	0	1	S/C	R/L	*	*
6	功能	0	0	0	0	1	DL	N	F	*	*
7	置字符发生器地址	0	0	0	1	字符发生存储器地址					
8	置数据存储器地址	0	0	1		显示数据存储器地址					
9	读忙标志和地址	0	1	BF	计数器地址						
10	写数据到指令 7/8 所设地址	1	0	要写的数据内容							
11	从 7/8 所设的地址读数据	1	1	读出的数据内容							

1）清屏（01H）：清除屏幕显示，并给地址计数器 AC 置“0”。

2）返回（02H 或 03H）：置 DDRAM（显示数据 RAM）及显示 RAM 的地址为“0”，显示返回到原始位置。

3）输入方式设置（04H、05H、06H、07H）：设置光标的移动方向，并指定整体显示是否移动。其中，I/D = 1，为增量方式；I/D = 0，为减量方式；S = 1，表示移位；S = 0，表示不移位。

4）显示开关控制（08H、09H、0AH、0BH、0CH、0DH、0EH、0FH）：

D 位（DB2）控制整体显示的开与关，D = 1，表示开显示；D = 0，表示关显示。

C 位（DB1）控制光标的开与关，C = 1，表示光标开；C = 0，表示光标关。

B 位（DB0）控制光标处字符闪烁，B = 1，表示字符闪烁；B = 0，表示字符不闪烁。

5）光标/字符移位：移动光标或整体显示，DDRAM 中内容不变。其中，S/C = 1 时，显示移位；S/C = 0 时，光标移位；R/L = 1 时，向右移位；R/L = 0 时，向左移位。

6）功能设置：DL 位设置接口数据位数，DL = 1 为 8 位数据接口，DL = 0 为 4 位数据接口；N 位设置显示行数，N = 0 表示单行显示，N = 1 表示双行显示；F 位设置字形大小，F = 1 为 5510 点阵，F = 0 为 557 点阵。

7）CGRAM（自定义字符 RAM）地址设置（40H ~ 7FH）。设置 CGRAM 的地址，地址范围为0 ~ 63。

8）DDRAM（数据显示存储器）地址设置（80H ~ FFH）。设置 DDRAM 的地址，地址范围为0 ~ 127。

9）读忙标志 BF 及地址计数器（忙，地址计数器为 0：80H）。BF = 1 表示忙，此时 LCD1602 不能接收命令和数据，BF = 0 表示 LCD1602 不忙，可接收命令和数据。AC 位为地址计数器的值，范围为0 ~ 127。

10）向 CGRAM/DDRAM 写数据。将数据写入 CGRAM 或 DDRAM 中，应与 CGRAM 或 DDRAM 地址设置命令结合使用。

11）从 CGRAM/DDRAM 中读数据。从 CGRAM 或 DDRAM 中读出数据，应与 CGRAM 或 DDRAM 地址设置命令结合使用。

DDRAM 地址与 LCD 显示屏上（16 字字 2 行）的显示位置的对应关系见表 6-6。

表 6-6　DDRAM 地址与 LCD 显示位置对应关系

显示位		1	2	3	4	5	6	7	8	9	10	11	…	39	40
DDRAM	第 1 行	00	01	02	03	04	05	06	07	08	09	0A	…	26	27
地址	第 2 行	40	41	42	43	44	45	46	47	48	49	4A	…	66	67

要在LCD1602上的第一行第一列显示一个“A”字，向DDRAM的00H地址写入“A”的代码即可。

LCD1602液晶模块内部的字符发生存储器（CGROM）已经存储了190个不同的点阵字符图形，如图6-13所示，可显示190个5×7点阵字符。这些字符有阿拉伯数字、英文字母的大小写、常用的符号和日文假名等，每一个字符都有一个固定的代码，由该字符库可看出显示的数字和字母部分的代码值，恰好与ASCII码表中的数字和字母相同。所以在显示数字和字母时，只需送入对应的ASCII码即可。例如，大写的英文字母“A”的代码是01000001B（41H），显示时模块把地址41H中的点阵字符图形显示出来，我们就能看到字母“A”。

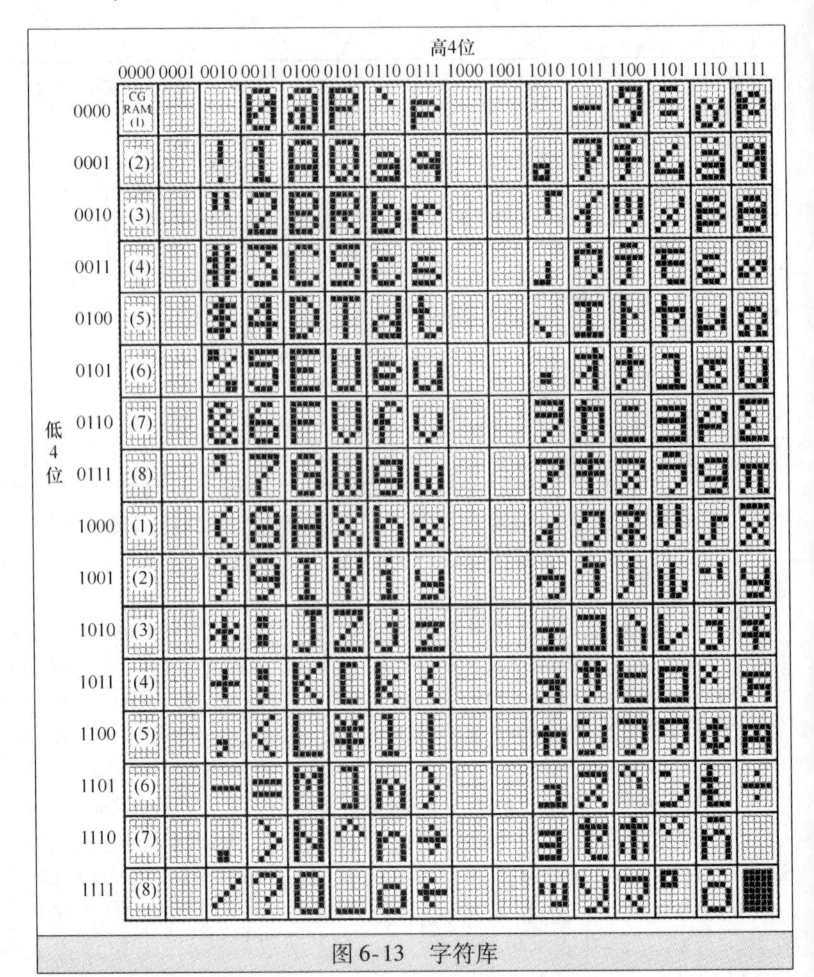

图6-13　字符库

★6.5.3　LCD液晶显示器应用

采用单片机AT89S51的I/O接口模拟LCD1602的操作，连接方法如图6-14所示。接口电路将占用很多AT89S51宝贵的I/O接口资源，将AT89S51的读写信号经门电路变换后，可直接将LCD1602连到AT89S51的三总线上。

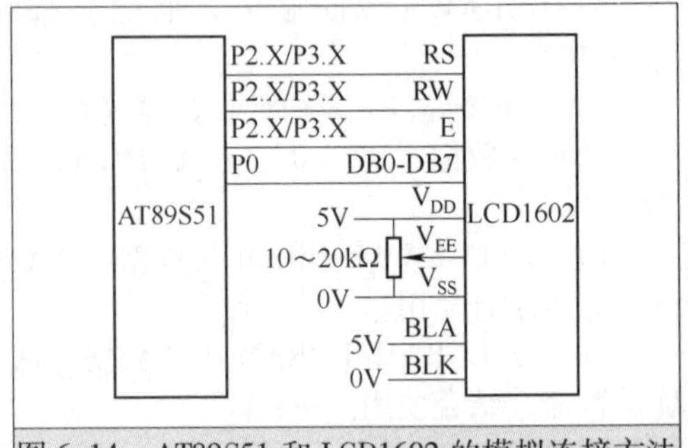

图6-14　AT89S51和LCD1602的模拟连接方法

字符型液晶显示模块在显示字符时，被显示的每个字符都有一个对应的十六进制代码，液晶显示模块从处理器得到此代码，并把它存储到显示数据RAM中，字符发生器根据此代码产生相应的点阵图形，如图6-15所示。

程序清单如下：

```
ORG  0000H
E  EQU  P3.4；确定硬件连接方式
RS  EQU  P3.5；确定硬件连接方式
RW  EQU  P3.6；确定硬件连接方式
MOV  P1，#00000001B；清屏并光标复位
ACALL  ENABLE；调用写入命令子程序
MOV  P1，#00111000B；设置显示模式，8位2行5×7点阵
```

```
ACALL  ENABLE；调用写入命令子程序
MOV  P1，#00001111B；显示器开、光标开、光标允许闪烁
ACALL  ENABLE；调用写入命令子程序
MOV  P1，#00000110B；文字不动，光标自动右移
ACALL  ENABLE；调用写入命令子程序
MOV  P1，#0C0H；写入显示起始地址（第二行第一个位置）
ACALL  ENABLE；调用写入命令子程序
MOV  P1，#01000001B；字母 A 的代码
SETB  RS；RS =1
CLR  RW；RW =0，准备写入数据
CLR  E；E =0，执行显示命令
ACALL  DELAY；判断液晶模块是否忙?
SETB  E；E =1，显示完成，程序停止
AJMP  $
ENABLE：CLR  RS；写入控制命令的子程序
CLR  RW
CLR  E
ACALL  DELAY
SETB  E
RET
DELAY：MOV  P1，#0FFH；判断液晶显示器是否忙的子程序
CLR  RS
SETB  RW
CLR  E
NOP
SETB  E
JB  P1.7，DELAY；如果 P1.7 为高电平表示忙，就循环等待
RET
END
```

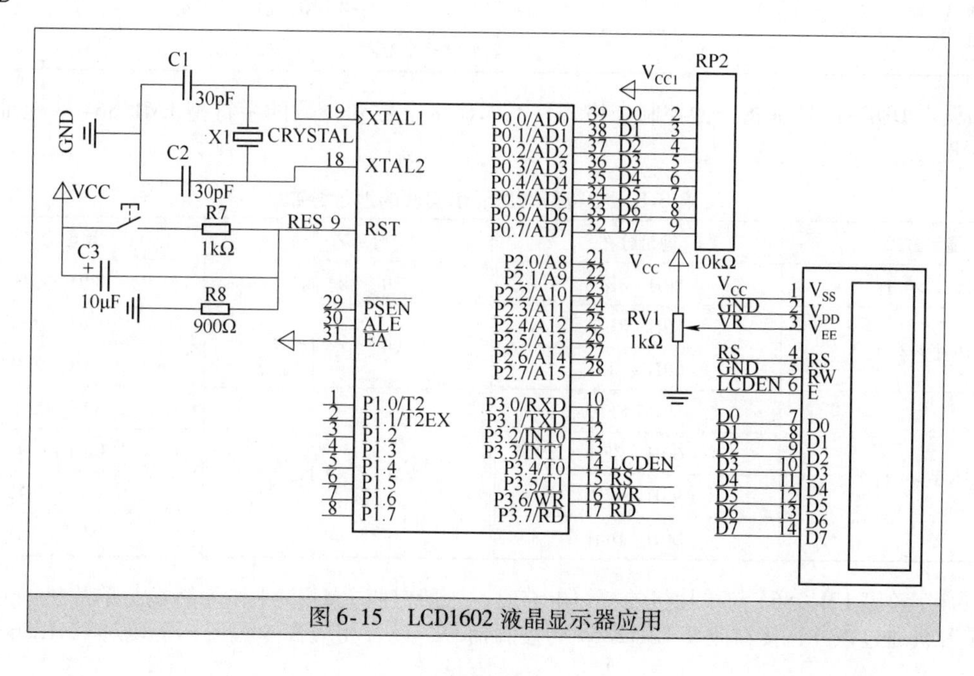

图 6-15 LCD1602 液晶显示器应用

6.6 单片机控制点阵模块信息显示

★6.6.1 点阵模块结构与显示原理

点阵式液晶显示模块 LM12864 是全屏幕图形点阵式液晶显示器组件，由控制器、显示缓冲 DDRAM、驱动器和全点阵液晶显示器组成。在点阵图形液晶显示模块中，其点阵像素连续排列，行和列在排布中均没有空隔，显示模块与 CPU 接口是 8 位数据线和几条地址线，另外 3 条电源线供芯片和 LCD 驱动。

LM12864 可内置 8192 个中文汉字（16×16 点阵）、128 个字符（8×16 点阵）及 64×256 点阵。LM12864 每屏可显示 4 行 8 列共 32 个 16×16 点阵的汉字，每屏最多可实现 32 个中文字符或 64 个 ASCII 码字符的显示，提供 128×2B 的字符显示 RAM 缓冲区（DDRAM）。字符显示是通过将字符显示编码写入该字符显示 RAM 实现的。根据写入内容的不同，可分别在液晶屏上显示 CGROM（中文字库）、CGROM（ASCII 码字库）及 CGRAM（自定义字形）的内容。三种不同字符/字型的选择由在 DDRAM 中写入的编码选择，编码范围为 0000～0006H（其代码分别是 0000、0002、0004、0006 共 4 个）的将选择 CGRAM 的自定义字型，02H～7FH 显示半角英数字 ASCII 码字符，A1A0H～F7FFH 显示 8192 种 GB2312 中文字库字形。字符显示 RAM 在液晶模块中的地址为 80H～9FH。字符显示的 RAM 的地址与 32 个字符显示区域有着一一对应的关系。

仅使用串口通信模式，可将 PSB 接固定低电平，也可以将模块上的 J8 和 GND 用焊锡短接，若仅使用并行通信模式，PSB 引脚接固定高电平，模块内部接有上电复位电路，因此在不需要经常复位的场合可悬空，背光和模块共用一个电源，可将模块上的 JA、JK 短接。

控制光标移位或使整个显示字幕移位指令执行时间为 40μs。由指令定义的 S/C、R/L 两位编码，可设定为表 6-7所示的 4 种情况。

表 6-7　光标、显示器的字符移动设定

S/C	R/L	设定情况
0	0	光标左移一格，并且 AC 的值减 1
0	1	光标右移一格，并且 AC 的值加 1
1	0	显示器的字符全部右移一格，但光标不动
1	1	显示器的字符全部左移一格，但光标不动

对照设定 DDRAM 地址指令的控制字格式，不同显示字数和行数的字符型 LM12864 的地址分配情况见表 6-8。

表 6-8　字符型液晶显示模块的地址分布

显示方式	地址分布	显示方式	地址分布
16 字×1 行	80H～8FH	20 字×1 行	80H～93H
16 字×2 行	80H～8FH	20 字×4 行	80H～93H
	C0H～CFH		C0H～D3H
16 字×4 行	80H～8FH	20 字×4 行	80H～93H
	C0H～CFH		C0H～D3H
	90H～9FH		94H～A7H
	D0H～DFH		D4H～E7H

在设计字符型 LM12864 与单片机的接口电路时，一般是将 LM12864 作为终端与单片机的并行接口连接，单片机通过该并行接口改变 LM12864 的控制信号、设置相应命令编码，实现对 LM12864 的控制

和显示要求。对并行接口的选用，原则上没有限制，可用单片机的内部 I/O 及其扩展 I/O 接口。

但在设计接口电路和应用程序时，应特别注意以下问题：

1）对字符型 LM12864 进行读/写操作不是利用单片机的读/写信号，而是通过对 LM12864 使能信号 E 的控制来完成的。

2）字符型 LM12864 的数据总线不是三态总线，所以在调试阶段，RW 引脚为低电平，以保证 LM12864 处于写状态；如果 RW 引脚为高电平，则 LM12864 处于读状态，将会造成数据总线混乱，形成死机现象。

3）由于单片机复位后 4 个并行接口都为 FFH，因此其并行接口输出信号要经过反相器反相后，连接到字符型液晶显示模块的 RW 输入端。

4）模块在接收指令前，向处理器必须先确认模块内部处于非忙状态，即读取 BF 标志时 BF 需为 0，方可接受新的指令。如果在送出一个指令前不检查 BF 标志，则在前一个指令和这个指令中间必须延迟一段较长的时间，即等待前一个指令确定执行完成。指令执行的时间请参考指令表中的指令执行时间说明。RE 为基本指令集与扩充指令集的选择控制位。当变更 RE 后，以后的指令集将维持在最后的状态，除非再次变更 RE 位，否则使用相同指令集时，无须每次均重设 RE 位。

如图 6-16 所示是 51 系列单片机驱动字符型液晶显示模块的电路图。这种驱动控制方式是把字符型液晶显示模块作为终端与单片机的并行接口连接，单片机通过该并行接口的操作间接地实现对字符型液晶显示模块的控制。

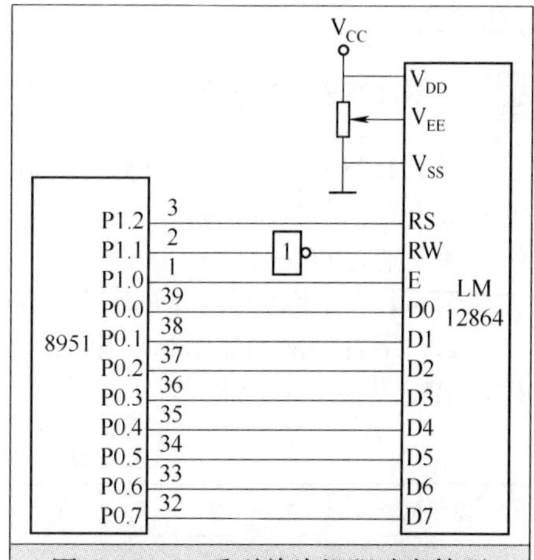

图 6-16　51 系列单片机驱动字符型液晶显示模块的接口电路图

★6.6.2　单片机控制点阵模块的应用

1　线段的显示

点阵图形式液晶显示模块由 $M \times N$ 个显示单元组成，假设 LCD 显示屏有 64 行，每行有 128 列，每 8 列对应 1B 的 8 位，即每行有 16B，共 $16 \times 8 = 128$ 个点组成，屏上 64×16 个显示单元与显示 RAM 区 1024B 相对应，每一字节的内容和显示屏上相应位置的亮暗对应。例如，屏的第一行的亮暗由 RAM 区的 000H ~ 00FH 16B 的内容决定，当（000H）= FFH 时，则屏幕的左上角显示一条短亮线，长度为 8 个点；当（3FFH）= FFH 时，则屏幕的右下角显示一条短亮线；当（000H）= FFH、（001H）= 00H、（002H）= FFH、…（00EH）= FFH、（00FH）= 00H 时，则在屏幕的顶部显示一条由 8 条亮线和 8 条暗线组成的虚线。

先设垂直地址，再设水平地址，RAM 的地址计数器（AC）只会对水平地址（X 轴）自动加 1，当水平地址为 00FH 时会重新设为 00H，但并不会对垂直地址做进位自动加 1，故当连续写入多笔信息时，程序需自行判断垂直地址是否需重新设定。

2　字符的显示

用 LCD 显示一个字符时比较复杂，因为一个字符由 6×8 或 8×8 点阵组成，既要找到和显示屏幕上某几个位置对应的显示 RAM 区的 8B，还要使每字节的不同位为“1”，其他的为“0”，为“1”的点亮，为“0”的不亮。这样一来就组成某个字符。但对于内带字符发生器的控制器来说，显示字符就比较简单了，可以让控制器工作在文本方式，根据在 LCD 上开始显示的行列号及每行的列数找出显示 RAM 对应的地址，设立光标，在此送上该字符对应的代码即可。

3　汉字的显示

汉字的显示一般采用图形的方式，事先从微机中提取要显示汉字的点阵码（一般用字模提取软件）。欲在某一个位置显示中文字符时，应先设定显示字符位置，即先设定显示地址，再写入中文字符编码。不过在显示连续字符时，只需设定一次显示地址，由模块自动对地址加 1 指向下一个字符位置，否则，显示的字符中将会有一个空 ASCII 字符位置。当字符编码为 2B 时，应先写入高位字节，再写入低位字节。

每个汉字占 32B，分左右两半，各占 16B，左边为 1、3、5 等，右边为 2、4、6 等，可找出显示 RAM 对应的地址，设立光标，送上要显示的汉字的第一个字节，光标位置加 1；再送上第二个字节，换行并且按列对齐（两列），依次再送上第三个字节……直到 32B 显示完就可以在 LCD 上得到一个完整的汉字。

4 LM12864 初始化

对 LM12864 的初始化，实质上是对其进行指令系统中的指令操作。LM12864 驱动控制器的指令系统并非是单片机内部执行相关操作的命令，而是通过接口电路对 LM12864 的引脚信号设置相应命令编码，主要通过相应程序来实现。

例 6-1：让字符型液晶显示模块显示两行字串“WELLCOME”和“TESTLCD”。

解：字符型液晶显示模块显示两行字串“WELLCOME”和“TESTLCD”的显示位置如表6-9 所示，接口电路图如图 6-17 所示。

表6-9 “WELLCOME”和“TESTLCD”显示位置

显示位置	1	2	3	4	5	6	7	8	9	10	11	12	13	14	15	16
第 1 行	W	E	L	L	C	O	M	E								
第 2 行	T	E	S	T	L	C	D									

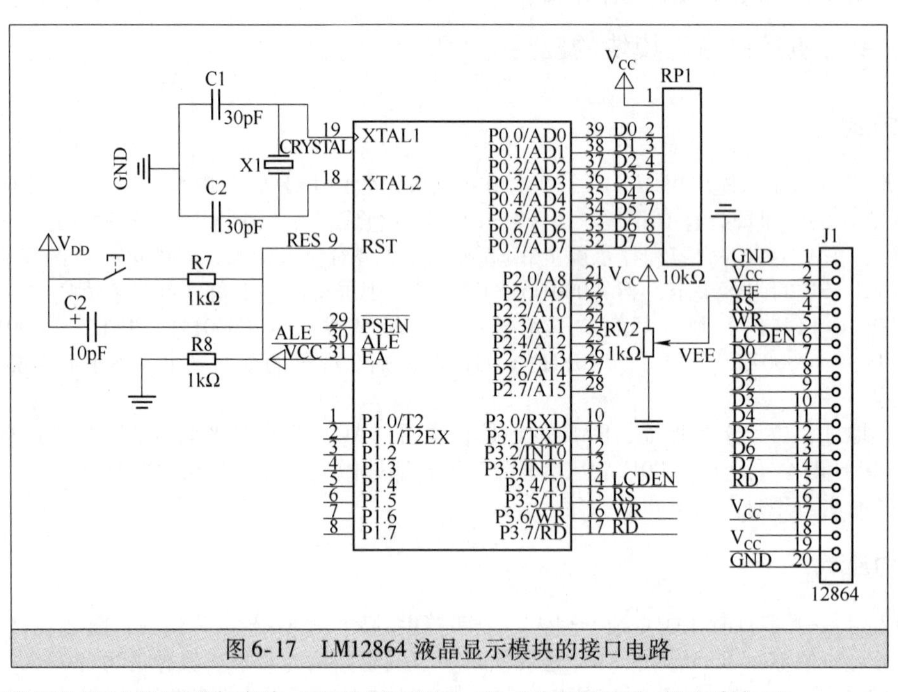

图 6-17 LM12864 液晶显示模块的接口电路

让字符型 LM12864 显示两行字串“WELLCOME”和“TESTLCD”的程序如下。

```
ORG  0000H；程序从地址 0000H 开始存放
JMP  BEGIN；跳到 BEGIN 处执行程序
ORG  0030H
BEGIN：LCALL  Initial；调用启动字符型液晶显示模块的子程序
LCALL  CLS；调用清除显示器子程序
```

```
MOV  A, #80H ; 将80H送入累加器，设定DDRAM的地址为00H,
             ; 即将光标移到第1行第1列的位置上
LCALL  Write Instruction; 调用将指令码写到IR指令寄存器的子程序
MOV  DPTR, #LINE1; 将第1行字符串按程序存储器的起始地址存入DPTR
LCALL  STRING; 调用STRING子程序，将字符串放到液晶显示屏上显示
MOV  A, #C0H ; 将C0H送入累加器，设定DDRAM的地址为40H,
             ; 即将光标移到第2行第1列的位置上
LCALL  Write Instruction; 调用将指令码写到IR指令寄存器的子程序
MOV  DPTR, #LINE1; 将第2行字符串按程序存储器的起始地址存入DPTR
LCALL  STRING; 调用STRING子程序，将字符串放到液晶显示屏上显示
JMP  BEGIN; 执行多次循环
STRING: PUSH  ACC
PLOOP: CLR  A; 清除ACC的内容
MOVC  A, @A+DPTR; 按照DPTR与ACC的值从程序存储器中读取数据存入ACC
JZ  ENDPR; 判断ACC的值是否为零，若ACC的值为零，结束显示字符串
LCALL  Write LCD Data; 调用将数据写到DR数据寄存器的子程序
INC  DPTR; 将DPTR中的值加1，以便显示字符串的下一个字符
JMP  PLOOP; 跳到标记PLOOP处继续执行程序
ENDPR: POP  ACC
RET
LINE1: DB 'WELLCOME', 00H ; 在液晶显示屏上显示出的第1行字符串内容为“WELLCOME”
LINE2: DB 'TESTLCD', 00H ; 在液晶显示屏上显示出的第2行字符串内容为“TESTLCD”
END
```

LM12864 接口设置单片机片内 RAM 的 40H ~ 5FH 共 32 个单元为显示缓冲区，其中 40H ~ 4FH 这 16 个单元对应液晶显示模块的第 1 行，50H ~ 5FH 这 16 个单元对应液晶显示模块的第 2 行。其显示控制程序清单如下：

```
ORG  0000H; 程序从地址0000H开始存放
JMP  BEGIN
ORG  0030H
BEGIN: MOV  SP, #20H
MOV  DPTR, #TAB
MOV  R7, #32; 共32个字符
MOV  R1, #40H; 设置单片机显示缓冲区的首地址
BUF: CLR  A; 将32个字符的ASCII码送到单片机的显示缓冲区
MOVC  A, @A+DPTR
MOV  @R1, A
INC  DPTR
INC  R1
DJNZ  R7, BUF
CLR  P1.0
SETB  P1.0; 产生一正脉冲，使液晶显示模块使能
MOV  A, #38H; 功能设置为8位、双行显示、5×7点阵
ACALL  WR1
MOV  A, #01H; 清屏
ACALL  WR1
MOV  A, #0FH; 开显示、开光标、光标闪烁
ACALL  WR1
```

```
MOV  A, #06H；进入模式设置，所显示字符不移位，光标移位，DDRAM 写入时地址加 1
ACALL  WR1
MOV  A, #80H；写入 DDRAM 首地址（第 1 行）
ACALL  WR1
MOV  R0, #40H；单片机显示缓冲区的首地址
MOV  R7, #16；第 1 行共显示 16 个字符
DDRAM1: ACALL  RD1
INC  R0
DJNZ  R7, DDRAM1
MOV  A, #C0H；写入 DDRAM 首地址（第 2 行）
SETB  P1.0
ACALL  WR1
MOV  R0, #50H；单片机显示缓冲区的第 2 行首地址
MOV  R7, #16；第 2 行共显示 16 个字符
DDRAM2: ACALL  RD1
INC  R0
DJNZ  R7, DDRAM2
WR1: MOV  R3, A；把控制字保存在 R3 中
CLR  P1.2；RS =0，选择指令寄存器
CLR  P1.1；RW =1，检查“忙”状态
BUSY1: MOV  A, P0
RLC  A
JC  BUSY1；BF =1，进行等待
SETB  P1.1；RW =0，进入写方式
CLR  P1.0；写入指令码
SETB  P1.0
MOV  A, R3
ACALL  DL0；延时，确保数据操作有效稳定
RET
RD1: CLR  P1.2；RS =0，选择指令寄存器
CLR  P1.1；RW =1，读“忙”标志
BUSYD: MOV  A, P0
RLC  A
JC  BUSYD；BF =1，进行等待
SETB  P1.2；RS =1，选择数据寄存器
SETB  P1.1；RW =0，单片机向液晶显示模块写数据
CLR  P1.0
SETB  P1.0
MOV  A, @R0；从单片机的显示缓冲区中取出数据
MOV  P0, A；将数据写入到液晶显示模块，进行显示
CLR  P1.0
ACALL  DL0；延时，确保数据操作有效稳定
RET
DL0: MOV  R2, #7FH；延时约 128ms，设振荡频率为 6MHz
DL1: MOV  R4, #0FAH
DL2: DJNZ  R4, DL2；延时约 1ms
DJNZ  R2, DL1
```

```
RET
TAB: DB 57H, 45H, 4CH, 4CH, 43H, 4FH, 4DH, 45H
     DB 20H, 54H, 4FH, 20H, 20H, 55H, 53H, 45H
     DB 54H, 48H, 45H, 20H, 20H, 20H, 20H, 20H
     DB 20H, 20H, 20H, 20H, 20H, 4CH, 43H, 4DH
END
```

6.7 并行 I/O 接口扩展应用

在较为复杂的控制系统（尤其是工业控制系统）中，经常需要扩展 I/O 接口。在 MCS－51 系列单片机中，虽然有 4 个并行的 I/O 接口，但通常 P2 口作为高 8 位地址线，P0 口作为低 8 位地址线及数据总线，由于 P0 口和 P2 口配合使用用于系统扩展，无法满足应用系统输入/输出的要求，而 P3 口一般作为双功能口，因此仅有 1 个并行 I/O 接口 P1 和 1 个串行 I/O 接口，真正供用户使用的只有 P1 口，况且常常因扩展 I^2C 和 SPI 等需占用 P1 口某些引脚，这使用户不得不扩展并行接口以满足实际的需要。

★6.7.1　8×55 可编程并行 I/O 接口扩展

8×55 是 Intel 公司生产的一种通用的可编程并行 I/O 接口电路芯片。这类可编程接口电路的最大特点是工作方式的确定和改变要由程序完成，能实现复杂的控制功能。

8155 芯片含有 256×8 位静态 RAM，两个可编程的 8 位 I/O 接口，一个可编程的 6 位 I/O 接口，一个可编程的 14 位定时/计数器，8155 芯片具有地址锁存功能。若要求输出连续方波，则设置定时/计数器的最高两位 M2 M1＝01，在 8155 的初始化时，假定 A 口为输出方式，允许中断；B 口为输入方式，不允许中断；C 口为对 A 口控制方式（ALT3）。计数器的其他 14 位装入计数初值。由于 8155 为减法计数方式，所以计数初值为 1000，化为十六进制数为 03E8H，则定时/计数器的高 8 位为 43H，低 8 位为 0E8H。命令字的设置见表 6-10。

表 6-10　8155 命令字的设置

计数器		B 口	A 口		C 口	B 口	A 口
装入后启动		不允许中断	允许中断		ALT3	输入	输出
D7	D6	D5	D4	D3	D2	D1	D0
1	1	0	1	1	0	0	1

因此，命令字的内容为 0D9H。假定命令/状态寄存器的地址为 0FDF8H，则初始化程序如下：

```
MOV   DPTR, #0FDF8H; 命令/状态寄存器地址
MOV   A, #0D9H; 命令字
MOVX  @DPTR, A; 装入命令字
MOV   DPTR, #0FDFEH; 计数器低 8 位地址
MOV   A, #0E8H; 低 8 位计数值
MOVX  @DPTR, A; 写入计数值低 8 位
INC   DPTR; 计数器高 8 位地址
MOV   A, #43H; 高 8 位计数值
MOVX  @DPTR, A; 写入计数值高 8 位
```

8255 是 Intel 公司生产的可编程并行 I/O 接口芯片，有 3 个 8 位并行 I/O 接口，具有 3 个通道，是每个接口具有三种工作方式的可编程并行接口芯片（40 引脚），见表 6-11。8255A 可以不需要其他元器件搭配。

表 6-11　8255A 芯片的引脚说明

引脚符号	引脚号	引脚名称（功能）
V_{CC}	26	电源 +5V 端
GND	7	电源 0V 端
RESET	35	复位信号输入端，使内部各寄存器清除，置 A、B、C 口为输入口
$\overline{WR}$	36	写信号输入端，使 CPU 输出数据或控制字到 8255A
$\overline{RD}$	5	读信号输入端，使 8255A 送数据或状态信息到 CPU
$\overline{CS}$	6	片选端
A1/A0	8/9	地址总线的最低 2 位，用于决定端口地址
D7 ~ D0	27 ~ 34	双向数据总线
PA7 ~ PA0	37 ~ 40、1 ~ 4	A 口的 8 位 I/O 引脚
PB7 ~ PB0	25 ~ 18	B 口的 8 位 I/O 引脚
PC7 ~ PC0	10 ~ 13、17 ~ 14	C 口的 8 位 I/O 引脚

8255A 芯片的内部结构如图 6-18 所示。同时必须具有与外设连接的接口 A、B、C 口。

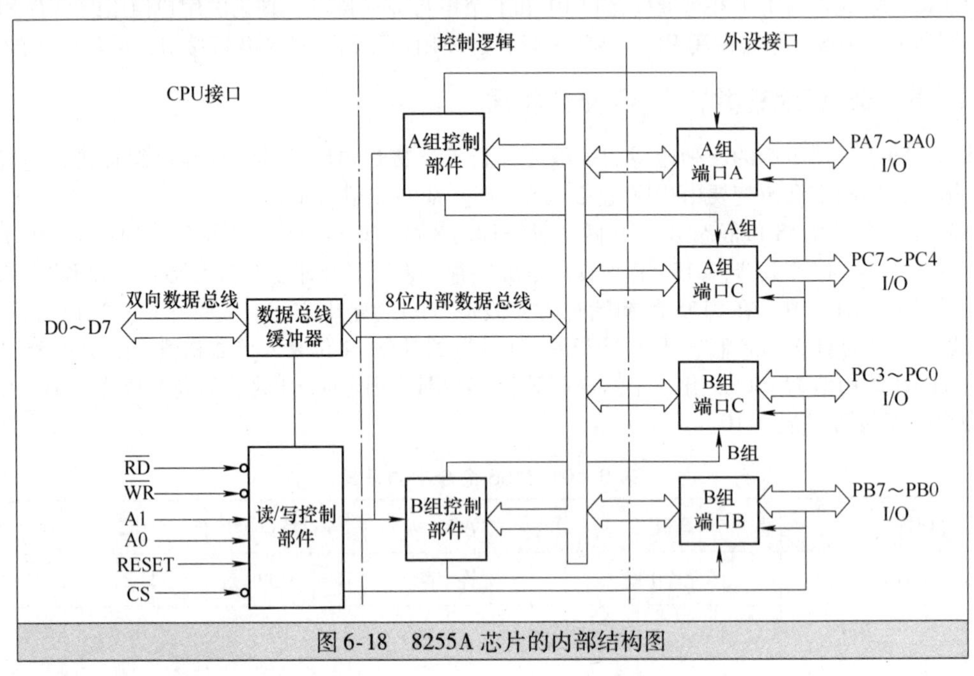

图 6-18　8255A 芯片的内部结构图

8255A 芯片接口连接部分可分为与 CPU 连接部分、与外设连接部分、控制器连接部分。8255A 芯片与单片机的连接如图 6-19 所示。

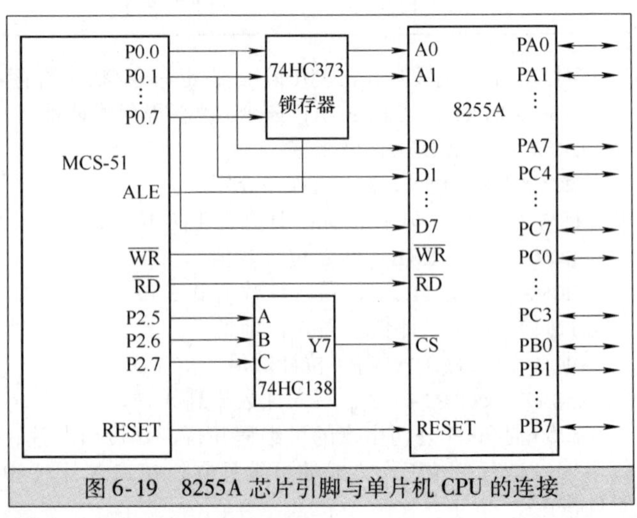

图 6-19　8255A 芯片引脚与单片机 CPU 的连接

如图 6-19 所示的 8255A 芯片 3 个通道引脚与单片机 CPU 的连接方式说明如下：

1）数据总线（DB）引脚：单片机的 P0.0 ~ P0.7 与 8255A 的 D0 ~ D7 连接。

2）地址总线（AB）引脚：A0、A1 通过 74HC373 锁存器与单片机的 P0.0、P0.1 连接。A1A0 取 00 ~ 11 值，可选择 A、B、C 口与控制字寄存器，选择方法如下所示：

A1A0 = 00：选择 A 口，A 口的 8 个引脚 PA0 ~ PA7 与外设连接，用于 8 位数据的输入与输出。

A1A0=01：选择B口，B口的8个引脚PB0～PB7与外设连接，用于8位数据的输入与输出。

A1A0=10：选择C口，C口的8个引脚PC0～PC7与外设连接，用于8位数据的输入与输出或通信线。

A1A0=11：选择控制字寄存器。

3）控制总线（CB）引脚：片选信号由P2.5～P2.7经74HC138译码器$\overline{Y7}$产生，若要选中8255A，则$\overline{Y7}$必须有效，此时P2.7～P2.5=111，由此可推知各口的地址如下：

A口：1110000000000000=E000H；

B口：1110000000000001=E001H；

C口：1110000000000010=E002H；

控制口：1110000000000011=E003H。

8255A有两个控制字：方式选择控制字和C口置/复位控制字。8255A的全部工作状态是通过读/写控制逻辑和工作方式选择来实现的。8255A工作方式选择字共8位，存放在8255A控制字寄存器中。设置工作方式时，必须将标志位D7置1。当用户把相应控制字送到8255A的控制寄存器（A0 A1=11），就决定了PA、PB、PC口的工作方式。A、B组控制电路根据CPU的命令字控制8255A工作方式的电路，A组控制A口及C口的高4位，B组控制B口及C口的低4位。D7=0表示控制字寄存器中存放的是C口置位/复位控制字。D5、D6用于A组的控制，D6D5=00表示A组工作于基本I/O方式0，D6D5=01表示A组工作于应答I/O方式1，D6D5=1x表示A组工作于双向应答I/O方式2（x取0或1）。D4=1表示A口工作于输入方式，D4=0表示A口工作于输出方式。D3=1表示上C口工作于输入方式，D3=0表示上C口工作于输出方式。D1、D2用于B组的控制，D2=0表示B组工作于基本I/O方式0，D2=1表示B组工作于应答I/O方式1，D1=1表示B口工作于输入方式，D1=0表示B口工作于输出方式。D0=1表示下C口工作于输入方式，D0=0表示下C口工作于输出方式。接口方式与A、B、C口分配关系见表6-12。工作方式字应输入控制字寄存器，按图6-19的连接方式，控制寄存器的地址为E003H。

表6-12 接口方式与A、B、C口分配关系

接口方式	A	B	C
方式0	基本I/O接口方式	基本I/O接口方式	基本I/O接口方式
方式1	应答I/O接口方式	应答I/O接口方式	通信线
方式2	双向应答I/O接口方式	—	通信线

程序设定方式的应用举例如下：设定PA口和PC上为输入方式1，PB口和PC下为输出方式0。

```
MOV   DPTR, #7FFFH; 控制口地址
MOV   A, #10111000B; 0B8H
MOVX  @DPTR, A
```

如图6-19所示的是A、B两组根据CPU写入的“命令字”控制8255A工作方式选择的定义关系。

A组：控制PA口和PC口的上半部（PC7～PC4）；B组：控制PB口和PC口的下半部（PC3～PC0）。可根据“命令字”对端口的每一位实现按位“置位”或“复位”。

例6-2：对8255A各口进行如下设置：A口方式0输入，B口方式0输出，C口高位部分为输出、低位部分为输入。设控制字寄存器的地址为03FFH，则其工作方式控制字可设置为

D0=1：C口低半部输入；

D1=0：B口输出；

D2=0：B口方式0；

D3=0：C口高半部输出；

D4=1：A口输入；

D6D5=00：A口方式0；

D7=1：工作方式字标志。

控制字设置为1001 0001 B，即91H。

初始化程序段如下：

```
MOV  DPTR, #03FFH
MOV  A, #91H
MOVX  @DPTR, A
```

可对C口8位中的任一位置“1”或清“0”，用于位控。

读/写控制逻辑操作选择由单片机输出的地址A1、A0及控制信号$\overline{CS}$、$\overline{RD}$、$\overline{WR}$组合控制。选择口的操作状态见表6-13。

表6-13　读/写控制逻辑操作选择

A1	A0	$\overline{CS}$	$\overline{RD}$	$\overline{WR}$	操作	操作状态
输入操作（读）						
0	0	0	0	1	读A口	A口数据→数据总线
0	1	0	0	1	读B口	B口数据→数据总线
1	0	0	0	1	读C口	C口数据→数据总线
输出操作（写）						
0	0	0	1	0	写A口	数据总线数据→A口
0	1	0	1	0	写B口	数据总线数据→B口
1	0	0	1	0	写C口	数据总线数据→C口
1	1	0	1	0	写控制口	数据总线数据→控制口
禁止操作						
×	×	1	×	×	未选	数据总线为高阻
1	1	0	0	1	–	非法操作
×	×	0	1	1	数据	数据总线为高阻

从表6-13中可以看出，8255A和CPU数据总线的接口、CPU和8255A间的命令数据与状态的传输都通过双向三态总线缓冲器传送。D0～D7接CPU的数据总线，A0、A1、为8255A的端口选择信号和片选。

例6-3：单片机向8255A的控制字寄存器写入按位置位/复位控制字07H，则PC3置1；08H写入控制口，则PC4清0。程序段如下：

```
MOV  DPTR, #××××H; 控制字寄存器端口地址××××H送DPTR
MOV  A, #07H; 按位置位/复位控制字07H送A
MOVX    @DPTR, A; 控制字07H送控制寄存器，把PC3置1
…
MOV  DPTR, #××××H; 控制字寄存器端口地址送DPTR
MOV  A, #08H; 方式控制字08H送A
MOVX  @DPTR, A; 08H送控制字寄存器，PC4清0
```

外部RAM地址分配如下：

　　P2　　　　　P0

×××× ××00 ×××× ×××× → FCFFH，PA口

×××× ××01 ×××× ×××× → FDFFH，PB口

×××× ××10 ×××× ×××× → FEFFH，PC口

×××× ××11 ×××× ×××× → FFFFH，控制口

例6-4：8255A可以直接与MCS－51总线接口相连，如图6-20所示是MCS－51和8255A方式0的接口逻辑图。设PA口接一组指示灯，PB口接一组开关。将MCS－51内部寄存器R2的内容送PA口指示灯显示，将PB口开关状态读入累加器ACC。

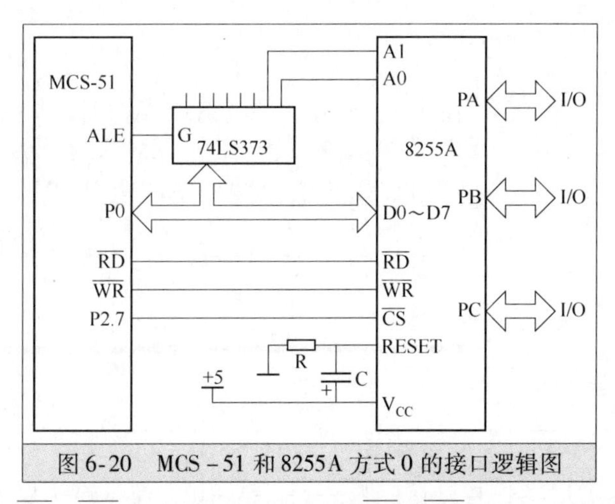

图6-20 MCS－51和8255A方式0的接口逻辑图

图6-20中，8255A的$\overline{RD}$、$\overline{WR}$分别连接MCS－51的$\overline{RD}$、$\overline{WR}$；8255A的D0～D7接MCS－51的P0口；8255A采用线选法寻址，即MCS－51的P2.7接8255A的$\overline{CS}$；MCS－51的最低两位地址线A1、A0连接8255A的端口选择线A1、A0，所以8255A的PA口、PB口、PC口、控制口的地址分配为7FFCH、7FFDH、7FFEH、7FFFH。

解：根据题意，PA口为输出口，输出信息点亮指示灯；PB口为输入口，输入开关状态。由此可写出方式控制字定义，见表6-14。

表6-14 控制字分配

82H	D7	D6	D5	D4	D3	D2	D1	D0
	1	0	0	0	0	0	1	0

具体程序如下：

```
MOV   DPTR，#7FFFH；写入控制字，控制口地址7FFFH
MOV   A，#82H
MOVX  @DPTR，A
MOV   DPTR，#7FFCH；将R2写入PA口
MOV   A，R2
MOVX  @DPTR，A
MOV   DPTR，#7FFDH；从PB口读入A
MOVX  A，@DPTR
```

例6-5：从口线读入一组开关状态，向端口输出数字量，控制一组指示灯的亮、灭。不需要联络信号，外设的I/O数据可在8255A的各端口得到锁存和缓冲。

基本功能如下：

1）具有两个8位端口（A、B）和两个4位端口（C的上半部分和下半部分）。

2）任一个端口都可以设定为输入或输出，各端口的输入、输出可构成16种组合。

3）数据输出锁存，输入不锁存。

用8255A的PA口作为输出口，PB口作为输入口。将PB口读入的开关信号送PA口外接的8位LED上显示出来。电路图如图6-21所示。

解：端口地址分配如下（仅与P2有关，P0＝0FFH）：

PA：0111 1100（7CH）

PB：0111 1101（7DH）

PC：0111 1110（7EH）

控制器：0111 1111（7FH）

控制字定义：方式0，PA、PC输出，PB输入，则控制字定义分配为1000 0010B（82H）。

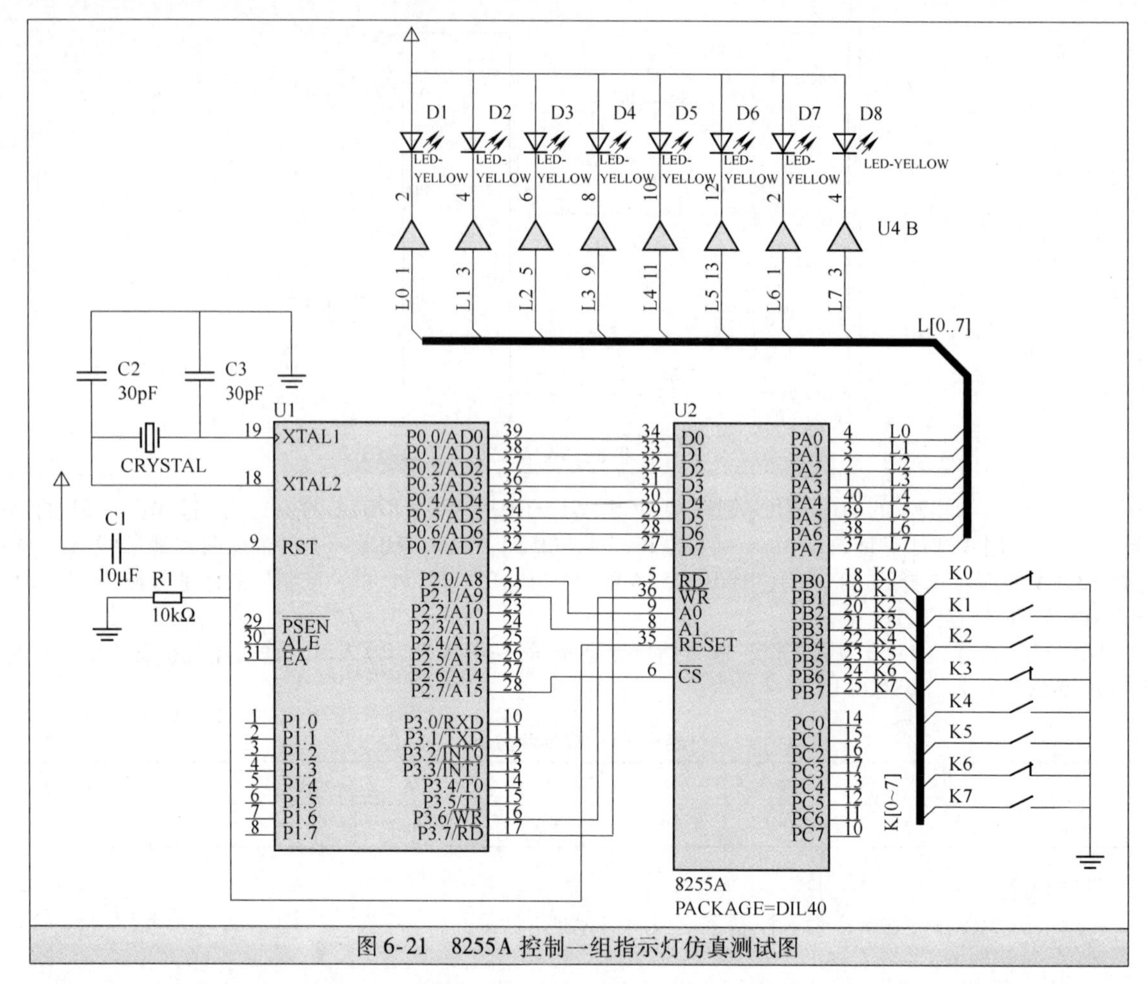

图 6-21　8255A 控制一组指示灯仿真测试图

例 6-6：试按图 6-21 所示的扩展电路写出自 8255A 的 B 口输出单片机中 R7 内容与自 8255A 的 A 口输入数据到单片机 R3 的程序。使用 8 位地址，8255A 的 A、B、C 口及控制口地址分别为 7CH、7DH、7EH、7FH。

解：实现所要求功能的程序如下：

```
MOV  R0，#7FH；R0 作地址指针，指向控制口
MOV  A，#91H
MOVX  @R0，A；方式控制字送控制寄存器
MOV  R0，#7DH；R0 指向 B 口
MOV  A，R7
MOVX  @R0，A；R7 的内容输出到 B 口
DEC  R0；使 R0 指向 A 口
MOVX  A，@R0；从 A 口输入数据到累加器 A
MOV  R3，A；把输入数据送存到 R3 中
```

例 6-7：如图 6-22 所示，由 PA 口输出点亮八段数码管，PC 口接 8 个开关用作输入信号。当某开关合上时显示相应的开关号，即 K1 合显示“1”，K2 合显示“2”，依此类推。

解：（1）分析

8255A 的 4 个地址分别为（无关位取 1）：

PA 口：7CFFH

PB 口：7DFFH

PC 口：7EFFH

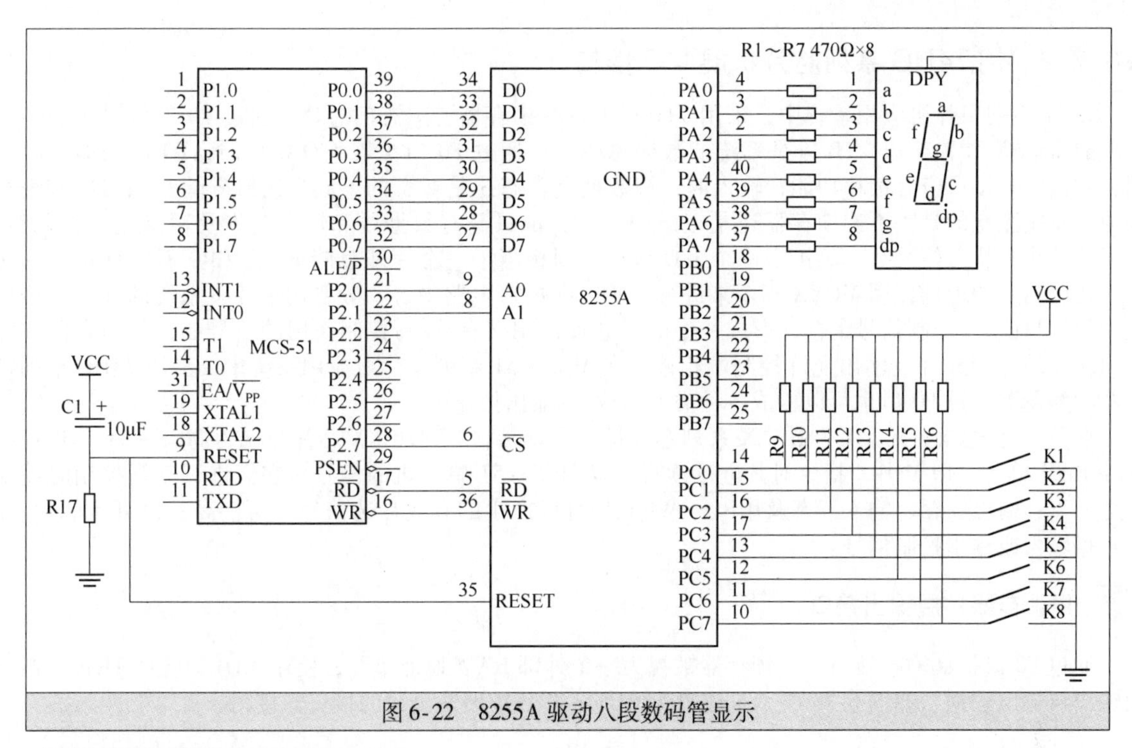

图 6-22 8255A 驱动八段数码管显示

控制字寄存器地址：7FFFH

（2）确定方式控制字

PA 口应该工作在方式 0 且输出，PB 口没有用，PC 口输入，则方式控制字是 10001001B。

（3）应用子程序

```
EX8255A：MOV  DPTR，#7FFFH；8255A 初始化
MOV  A，#89H
MOVX  @DPTR，A
MOV  DPTR ，#7EFFH；取开关信号
MOVX  A，@DPTR
MOV  R3，#0；开关号单元清 0
MOV  R2，#8；8 个键
EX8_1：RRC  A；移出一位信号
JC  EX8_2；判断开关断开跳转
INC  R3；键号 +1
MOV  A，R3；显示值转换显示码
MOV  DPTR，#DIRTAB；七段数码管显示段码表首地址
MOVC  A，@A+DPTR；查表
MOV  DPTR，#7CFFH；送 PA 口显示
MOVX  @DPTR，A
RET
EX8_2：    INC  R3；键号 +1
DJNZ  R2，EX8_1；8 个键判断完?
RET
DIRTAB：DB  0C0H，0F9H，0A4H，0B0H；定义段码 0，1，2，3
DB  99H，92H，82H，0F8H；4，5，6，7
DB  80H，98H，88H，83H；8，9，A，B
DB  0C6H，0A1H，86H，8EH；C，D，E，F
```

★6.7.2　用74HC系列芯片扩展I/O接口

在51系列单片机应用系统中，采用TTL或CMOS锁存器、三态门芯片，通过P0口可以扩展各种类型的简单输入/输出口。P0口是系统的数据总线口，通过P0口扩展I/O接口时，P0口只能分时使用，故输出时接口应有锁存功能；输入时，视数据是常态还是暂态的不同，接口应能三态缓冲或锁存选通。还应注意的是，不论锁存器还是三态门芯片，都只具有数据线和锁存允许及输出允许控制线，而无地址线和片选信号线。而扩展一个I/O接口，则相当于一个片外存储单元。CPU对I/O接口的访问，要以确定的地址，用MOVX指令来进行。所以在接口电路中，一般要用单片机系统的地址线或地址译码线与读/写控制信号组合，形成一个既有寻址作用又有读/写控制作用的信号线，与锁存器或三态门芯片的锁存允许及输出允许控制端相接。在MCS－51系列单片机应用系统中，采用74HC系列锁存器和触发器通过P0也可以构成各种类型的输入/输出接口。

在单片机数据总线上用74HCXX系列芯片扩展I/O接口，74HCXX芯片被视为MCS－51单片机的片外RAM单元，用MOVX指令对其进行读写。以MCS－51单片机的信号对它们进行读写控制时需要注意三点：输出锁存、输入三态及用$\overline{RD}$、$\overline{WR}$和地址线产生的有效片选信号（可能高、也可能低），作为数据输入或输出控制信号。

1　用锁存器扩展输出接口

通过P0口扩展输出接口时，锁存器被视为一个外部RAM地址单元，使用MOVX @DPTR，A指令向输出口输出数据。如图6-23所示是通过74HC573芯片扩展输出口的接口连接图。

2　用总线驱动器扩展输入接口

通过P0口扩展输入接口时，总线驱动器被视为一个外部RAM地址单元。使用MOVX　A，@DPTR指令从输入口读取数据。如图6-24所示是通过74HC245扩展输入口的接口连接图。A15＝1和$\overline{RD}$＝0时单片机可从扩展输入口读取数据，74HC245在外部的RAM地址为8000H（大于它即可）。

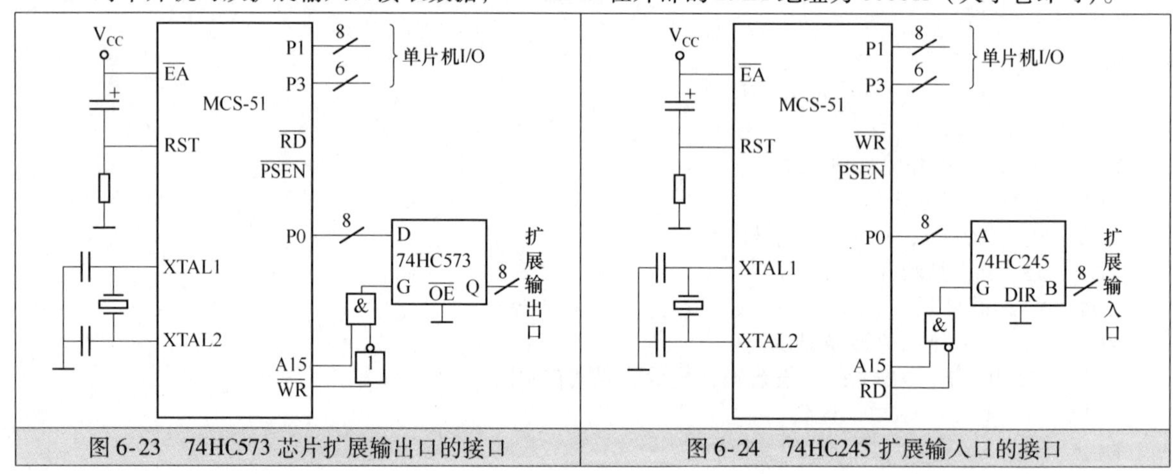

图6-23　74HC573芯片扩展输出口的接口　　　图6-24　74HC245扩展输入口的接口

★6.7.3　数码管接口扩展

1　LED数码管的动态显示接口技术

（1）LED数码管的动态显示

数码管静态显示稳定，但占用单片机I/O接口较多。在多位数码管显示的情况下，为节省口线，简化电路，将所有数码管段选线一一对应并联在一起，由同一个8位I/O接口控制（有时要通过驱动元件）；而位选线独立，分别由各I/O接口线控制（一般要通过驱动元件）。如图6-25所示，四个数码管的段选码共用一个 P2 的 I/O 接口，在每个瞬间，数码管的段码相同。要达到多位显示的目的就要在每一瞬间只有一位 com 端有效，即只选通一位数码管。段码由共用 I/O 接口送来，各位数码管依次轮流选通，使每位显示该位的字符，并保持（延时）一段时间，以适应视觉暂留的效果。

（2）延时时间的估算

延时可由人眼视觉暂留时间来估算。一般地，1s 内对四位数码管扫描 24 次就可看到不闪烁的显示。也就是扫描一次时间约 42ms。由此算出对应于每位数码管显示延时时间约 11ms。经实验，每位延时超过 18ms 则观察到明显闪烁。这里选择每位数码管延时时间为 10ms。

（3）数码管 LED 限流（保护）电阻的估算

数码管由 LED 发光管组成。一般数码管的电压降（V_{LED}）为 1.8V 左右。若电源电压（V）为 5V，数码管每段 LED 的电流为 10mA，则估算的限流电阻 R 为：$R=(V-V_{LED})/0.010=320\Omega$。

（4）接口电路设计

接口电路典型原理图如图 6-25 所示，晶振频率为 12MHz。设计采用动态显示数码管方式，采用共阳极数码管，与其相串的 7 只限流电阻根据计算取值为 300Ω。

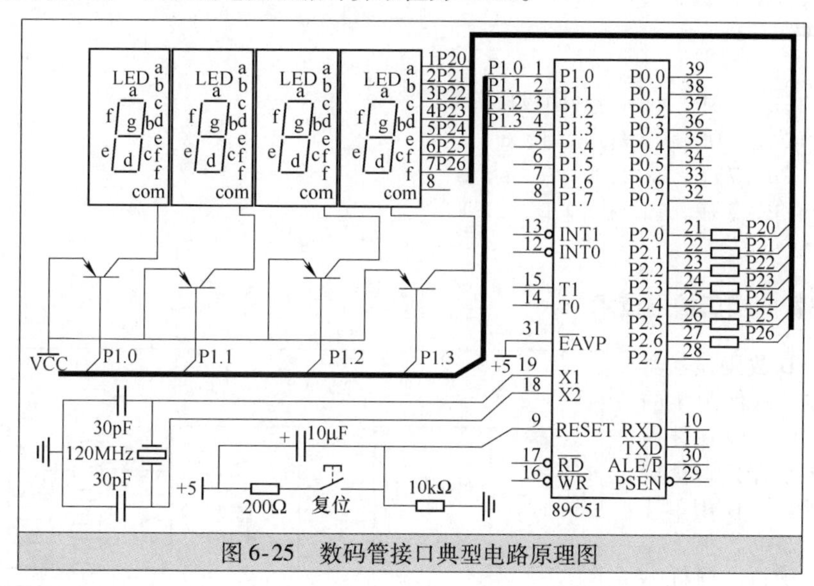

图 6-25　数码管接口典型电路原理图

（5）接口程序设计

程序设计的目的是使 4 个数码管稳定显示“0123”，要求不闪烁。

```
ORG  0000H
SJMP  STAR

ORG  30H
STAR：MOV  P1，#0FFH；关闭位选口
MOV  P2，#0FFH；关闭段选口
ST1：MOV  R0，#0；计数器预设为 0
MOV  R1，#0FEH；选通 P1.0 控制的显示器
ST2：MOV  A，R0
LCALL SEG7；将 R0 中数字转换为显示码从 P2 口输出
CPL  A；取反，将阴码变为阳码
MOV  P2，A；通过 R0 得到的显示段码送 P2 口
MOV  A，R1；位选通数据送 P1
MOV  P1，A
LCALL    DLY；延时 10ms
MOV  P1，#0FFH；关闭位选通
```

```
INC  R0；计数+1
CJNE  R0，#4H，ST3；4 位是否扫描完？
SJMP  ST1；0~3 扫描完，重新开始
ST3：MOV  A，R1；0~3 依次显示
RL  A；更新选通位
MOV  R1，A
SJMP  ST2；循环，显示下一位
DLY：MOV  R7，#20；延时 10ms
MOV  R6，#0
DLY1：DJNZ  R6，$
DJNZ  R7，DLY1
RET
SEG7：INC  A；将数字转换为显示码
MOVC  A，@A+PC
RET
DB  3FH，06H，5BH，4FH；共阴极段码 0，1，2，3
DB  66H，6DH，7DH，07H；4，5，6，7
DB  7FH，6FH，77H，7CH；8，9，A，B
DB  39H，5EH，79H，71H；C，D，E，F
END
```

2 LED 数码管的接口扩展技术

单片机与 LED 数码显示器有以硬件为主和以软件为主的两种接口扩展方法。以硬件为主的 LED 数码显示器接口扩展电路如图 6-26 所示。使用单片机连接硬件接口驱动扩展，需要配合使用 I/O 接口，硬件条件限制了使用范围。

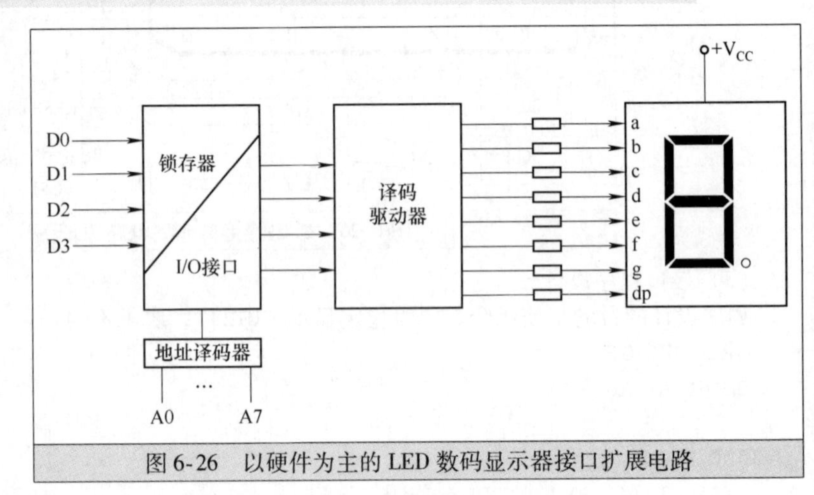

图 6-26　以硬件为主的 LED 数码显示器接口扩展电路

以软件为主的 LED 数码显示器接口扩展电路如图 6-27 所示。它是以软件查表代替硬件译码，不但省去了译码器，而且还能显示更多的字符。但是驱动器是必不可少的，因为仅靠接口提供不了较大的电流供 LED 数码显示器使用。

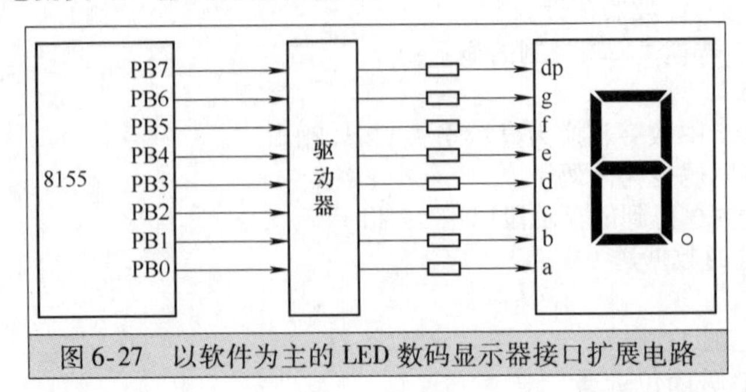

图 6-27　以软件为主的 LED 数码显示器接口扩展电路

实际使用的LED数码显示器位数较多，为了简化线路、降低成本，大多采用以软件为主的接口方法。对于多位LED数码显示器，通常采用动态扫描显示方法，即逐个循环点亮各位显示器。扩展电路接口连接如图6-28所示。

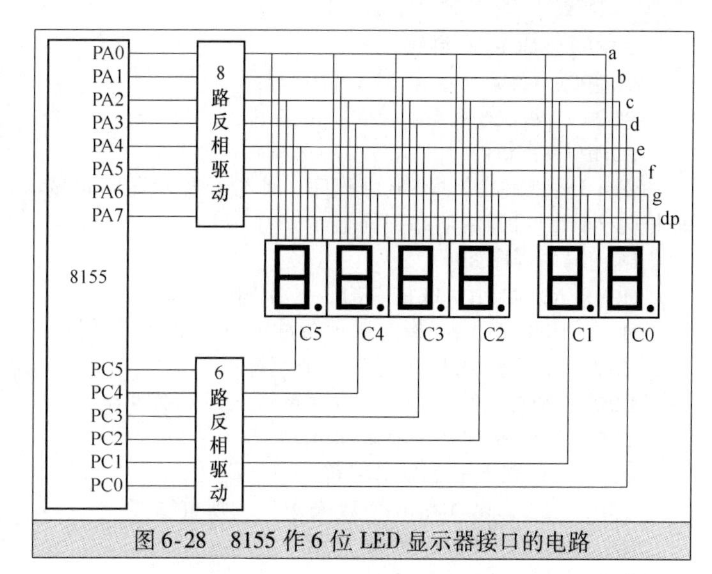

图6-28　8155作6位LED显示器接口的电路

例6-8：在数码显示器的最左边1位上显示1个“P”字。数码显示器的接口电路如图6-28所示，设8155的端口地址为7F00H~7F05H，数码管为共阳极。试编写相应的显示程序。

解：在同一时刻只显示1种字符，故可采用静态显示的方法。由图6-28可知，当采用共阳极数码管时，应按共阳极规律控制。在程序的开始，应对8155进行初始化编程，设A、B口均为输出。

程序如下：

```
MOV  A，#03H；8155命令字（A、B口均为输出）
MOV  DPTR，#7F00H；指向命令口
MOVX  @DPTR，A；输出命令字
MOV  A，#8CH；取“P”字符的显示段码
INC  DPTR；指向A口
MOVX  @DPTR，A；输出显示段码
INC  DPTR
INC  DPTR；指向C口
MOV  A，#20H；取位控制字（最左边一位上显示）
MOVX  @DPTR，A；输出位控字
SJMP  $；暂停
```

例6-9：开始时在数码显示器的最右边一位上显示1个“0”字，以后每隔0.5s将“0”字左移1位，直到最左边一位后则停止显示。接口电路与端口地址同上例，假设有20ms延时子程序D20MS可供直接调用。试编写相应的程序。

解：本例仍可采用静态显示的方法，程序如下。

```
MOV  A，#03H；8155命令字（A、B口均为输出）
MOV  DPTR，#7F00H；指向命令口
MOVX  @DPTR，A；输出命令字
MOV  A，#C0H；取“0”字的显示段码
INC  DPTR；指向A口
MOVX  @DPTR，A；输出显示段码
INC  DPTR
INC  DPTR；指向C口
MOV  A，#01H；取位控制字（最右边一位上显示）
LOOP1：MOVX  @DPTR，A；输出位控字
MOV  R0，#19H；延时0.5s
LOOP2：LCALL  D20MS
DJNZ  R0，LOOP2
JB  A.5，LOOP3；若已到最左边一位则转
RL  A；未到，则将位控字左移1位
```

```
SJMP  LOOP1；继续
LOOP3：MOV  A，#00H；停止显示
MOVX  @DPTR，A
SJMP  $；暂停
```

例 6-10：编制一动态显示程序，使数码显示器同时显示“ABCDEF”6 个字符。设显示缓冲区的首地址为 7AH，可调用动态扫描显示子程序 DIR。

解：编写程序如下。

```
MOV  A，#0FH；取最右边 1 位字符
MOV  R0，#7AH；指向显示缓冲区首地址（最低位）
MOV  R1，#06H；共送入 6 个字符
LOOP：MOV  @R0，A；将字符送入显示缓冲区
INC  R0；指向下一显示单元
DEC  A；取下一个显示字符
DJNZ  R1，LOOP；6 个数未送完，则重复
MM：LCALL  DIR；扫描显示一遍
SJMP  MM；重复扫描
```

★6.7.4 LED 点阵显示器接口技术

LED 点阵显示器是把很多 LED 发光二极管按矩阵方式排列在一起，通过对每个 LED 进行发光控制，完成各种字符或图形的显示。8×8 的 LED 点阵显示器实物和行列定义如图 6-29 所示。

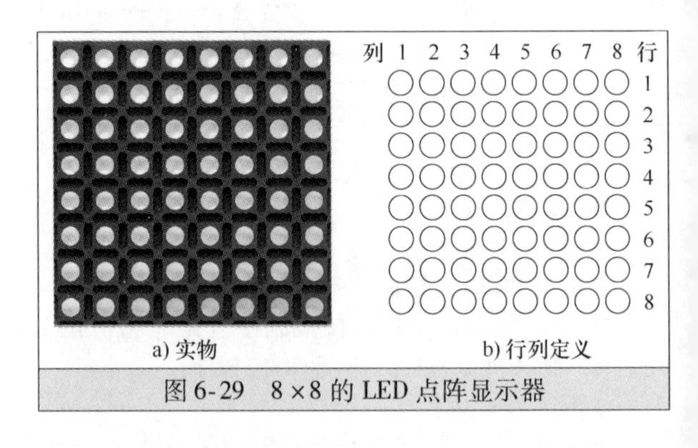

图 6-29 8×8 的 LED 点阵显示器

LED 点阵由一个一个的点（LED 发光二极管）组成，总点数为行数与列数之积，引脚数为行数与列数之和。最常见的 LED 点阵显示模块有 5×7（5 列 7 行）、7×9（7 列 9 行）、8×8（8 列 8 行）结构。如图6-30 和图6-31 所示，共阳极还是共阴极主要是针对行驱而言的，共阳极指行驱按正极，所有 LED 正极连在一起，LED 负极是独立的，共阴极指行驱接反。

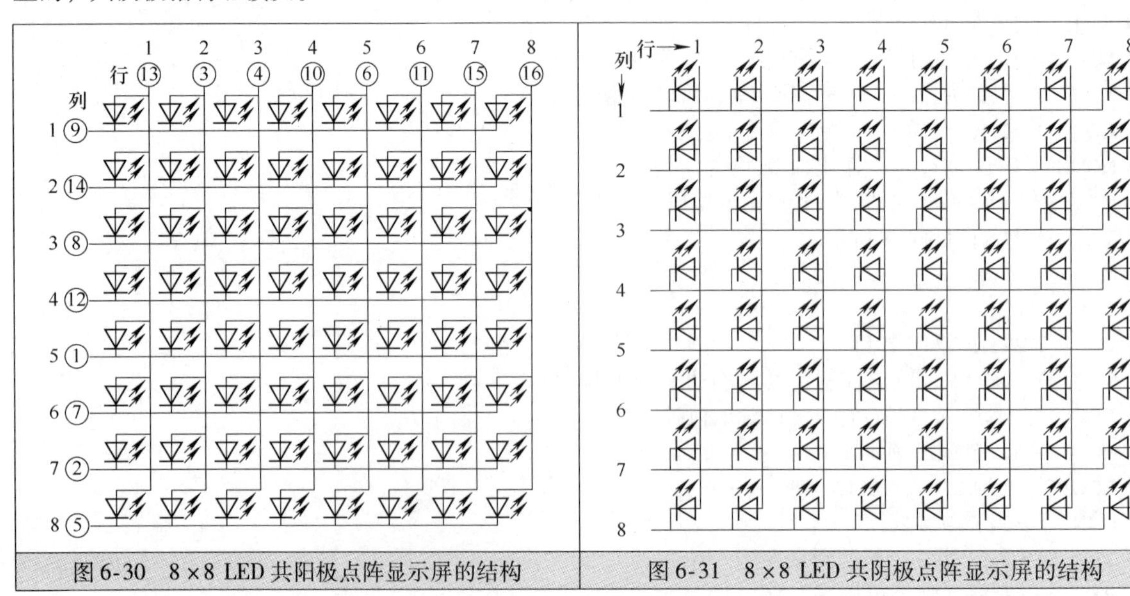

图 6-30 8×8 LED 共阳极点阵显示屏的结构

图 6-31 8×8 LED 共阴极点阵显示屏的结构

点阵屏在同一时间只能点亮一列，要让第 1 列点亮，只要将对应的列线置为高电平，行线输出为00H。要使一个字符在显示器整屏显示，就必须通过译码器快速地点亮点阵 LED 各列，而且是周而复始地循环点亮，利用人眼的暂留视觉效应形成一个全屏文字。现以 16×16 点阵屏为例，阐述 LED 点阵显示汉字的原理（显示图形、字符的原理相同）。16×16 点阵屏是由 4 块 8×8 点阵屏，共 256 个像素组成。显示汉字时，先要生成所需显示的汉字点阵字模，将字模文件存入存储器，形成一组汉字编码，在程序中调用。通过将汉字放在 16×16 方格内，在笔画下落处的小方格填上“1”，无笔画处填上“0”，以行或列的 8 个点为一个字节选取点阵码，一个 16×16 汉字字模占 32B。汉字“大”的 8×8 的点阵如图 6-32 所示，左侧为列扫描所取的点阵码，第 1 行为最低位；右侧为行扫描所取的点阵码，第 1 列为最低位，共 32B，用于行扫描的显示方式。

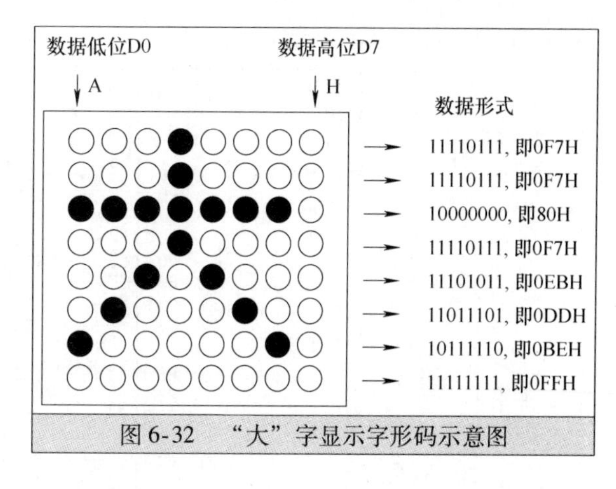

图 6-32　“大”字显示字形码示意图

显示字符“大”的过程如下：先给第 1 行送高电平（行高电平有效），同时给 8 列送 11110111（列低电平有效）；然后给第 2 行送高电平，同时给 8 列送 11110111，……最后给第 8 行送高电平，同时给 8 列送 11111111。每行点亮延时时间为 1ms，第 8 行结束后再从第 1 行开始循环显示。利用视觉暂留现象，人们看到的就是一个稳定的图形。

如图 6-33 所示为 8×8 共阳极 LED 点阵显示屏与单片机的接口线路图，单片机的 P1 口串行输出行扫描的点阵码，由芯片 74LS245 实现串/并转换，单片机信号经 74LS245 驱动后与点阵 LED 的行（阴极）相连，“0”电平有效，P0 口与点阵列相连。如图 6-34 所示为 16×16 共阳极 LED 点阵显示屏与单片机的接口线路图，单片机的 P1、P3 口输出行扫描信号，行扫描信号经两片 74LS245 实现串/并转换后，与点阵 LED 的行扫描线相连，作为点阵 LED 的驱动。

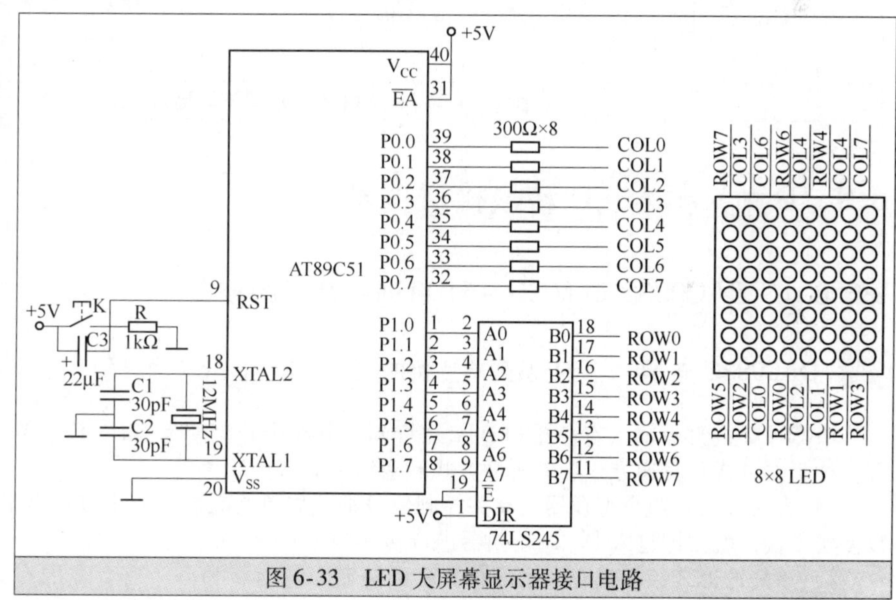

图 6-33　LED 大屏幕显示器接口电路

通常，LED 点阵显示方式按字模移动的方式主要包括按行平移、按列平移和按对角线移动三种。其他的移动形式都可以在这三种运动的基础上改造而成。字模显示的控制可以分为移动和刷新的控制。由于点阵屏按列进行动态显示，每次只能显示一列，一屏内容的显示是靠列的移动显示实现的；同时为了保证所显示的内容不出现闪烁，还需要对屏幕显示的内容进行多次刷新。可以预先保存好显示字模的首地址，当完成一次刷屏操作后，恢复显示字模的首地址，重复按列输出字模的操作即可实现刷屏。

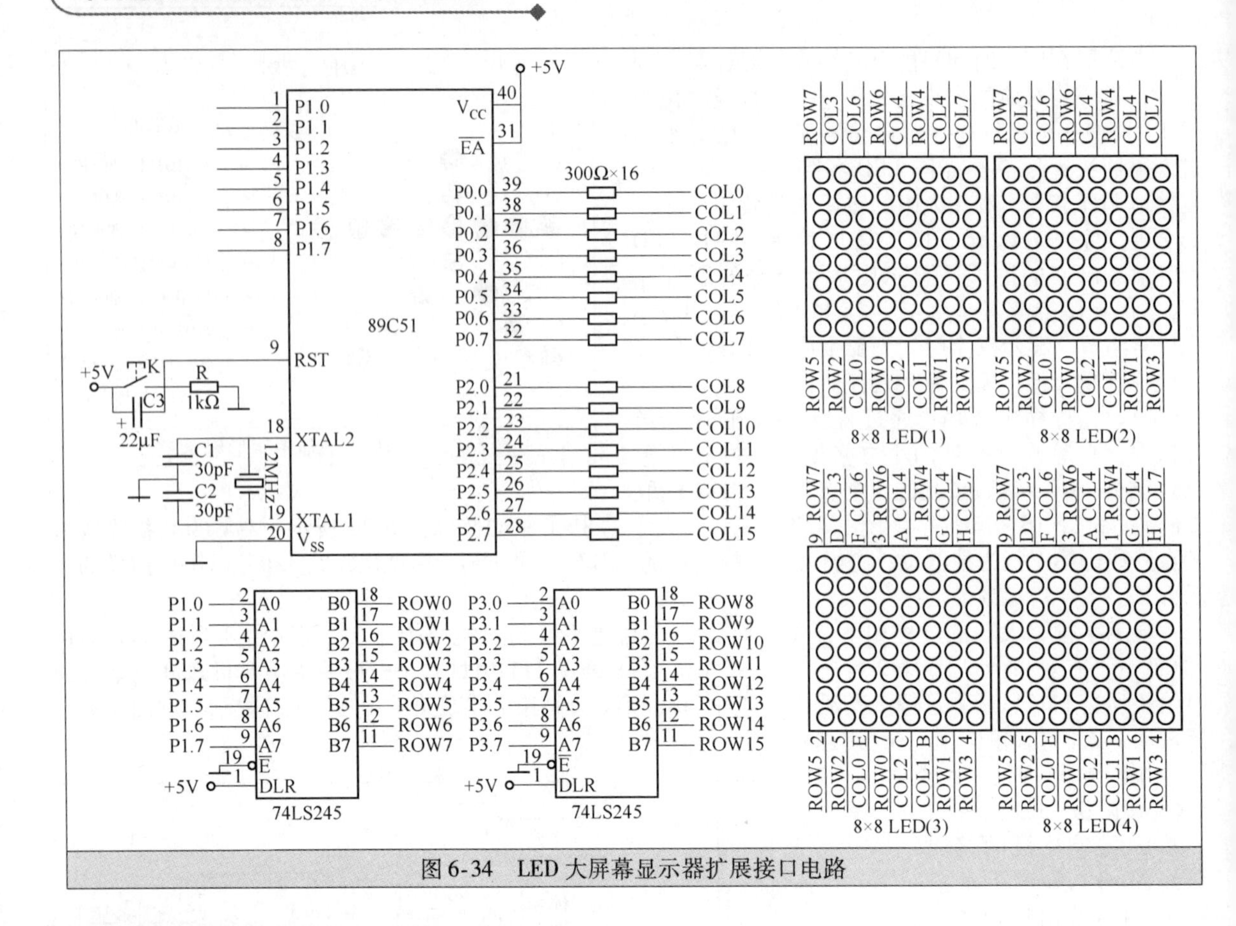

图 6-34　LED 大屏幕显示器扩展接口电路

6.8　D－A 和 A－D 转换接口技术

★6.8.1　DAC0832 与 MCS－51 系列单片机的接口

1　DAC0832 与 MCS－51 系列单片机的接口方法

DAC0832 内部有输入寄存器和 DAC 寄存器，其 5 个控制端为 ILE、$\overline{CS}$、$\overline{WR1}$、$\overline{WR2}$、$\overline{XFER}$，能实现三种工作方式：直通方式、单缓冲方式和双缓冲方式。

1）直通方式：两个寄存器的有关控制信号都预先置为有效，两个寄存器都开通。只要数字量送到数据输入端，就立即进入 D－A 转换器进行转换输出。

2）单缓冲方式：指只有一个寄存器受到控制。这时将另一个寄存器的有关控制信号预置为有效，使之开通；或者将两个寄存器的控制信号连在一起，两个寄存器合为一个使用。若应用系统中只有一路 D－A 转换或虽然是多路转换，但并不要求同步输出，则采用单缓冲方式接口。如图 6-35 所示，两级寄存器的写信号都由单片机的$\overline{WR}$端控制。当地址线选择好 DAC0832 后，只要输出$\overline{WR}$控制信号，DAC0832 就能一步完成数字量的输入锁存和 D－A 输出。

3）双缓冲方式：指两个寄存器分别受到控制，如图 6-36 所示。当 ILE、$\overline{CS}$、$\overline{WR1}$信号均有效时，8 位数字量被写入输入寄存器，此时并不进行 D－A 转换。当$\overline{WR2}$和$\overline{XFER}$信号均有效时，原存在输入寄存器中的数据被写入 DAC 寄存器，并进行 D/A 转换。在一次转换完成后到下次转换开始之前，由于寄存器的锁存作用，数据保持不变，因此 D/A 转换的输出也保持不变。对于多路 D－A 转换接口，要求同步进行 D－A 转换输出时，必须采用双缓冲同步方式。

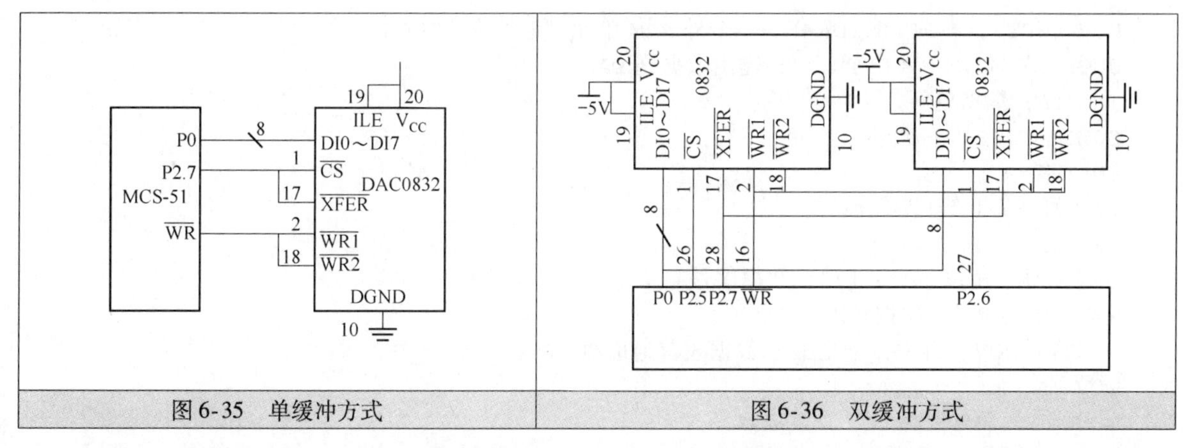

图6-35　单缓冲方式　　图6-36　双缓冲方式

DAC0832采用双缓冲时，数字量的输入锁存和D-A转换输出是分两步完成的，即CPU的数据总线分时地向各路D-A转换器输入要转换的数字量并锁存在各自的输入寄存器中，然后CPU对所有的D-A转换器发出控制信号，使各个D-A转换器输入寄存器的数据打入DAC寄存器，实现同步转换输出。与单缓冲线路不同的是，仅将$\overline{CS}$和$\overline{XFER}$分别独立由单片机控制即可。

2　接口电路设计

下面以单片机和D-A转换器DAC0832的接口电路为例介绍单片机与D-A的接口技术。如图6-37所示为单片机与DAC0832的接口电路原理图，晶振频率为6MHz。

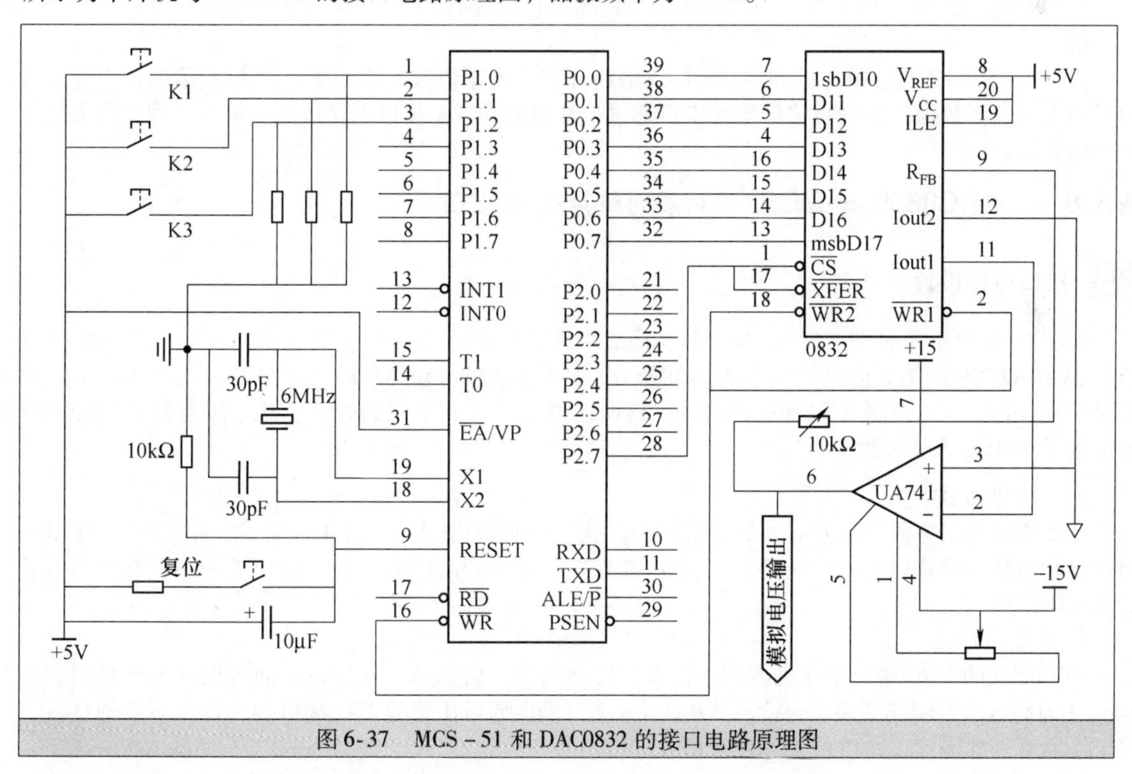

图6-37　MCS-51和DAC0832的接口电路原理图

从图6-37可知，DAC0832的地址是7FFFH。(图中μA741的第6脚接示波器)

MCS-51和DAC 0832的接口程序设计如下：

(1) 程序1 (产生锯齿波)

```
ORG  0000H
JUCHI：MOV  A，#00；第一个数据
```

```
MOV  DPTR，#7FFFH；DA 作为一个外 RAM 单元，地址为 7FFFH
JUCHI1：MOVX  @DPTR，A；输出数据到 DA
INC  A；数据更新，+1
SJMP  JUCHI1；循环
END；结束
```

（2）程序 2（产生半圆波）

```
ORG  0000H
BANYUAN：MOV  R2，#00；数据序号起始为 0
MOV  R1，#40；数据长度 40 个
BANY1：MOV  DPTR，#TAB2；数据表首地址给 DPTR
MOV  A，R2
MOVC  A，@A+DPTR；查表取数
MOV  DPTR，#7FFFH；DA 作为一个外 RAM 单元，地址为 7FFFH
MOVX  @DPTR，A；输出数据到 DA
INC  R2；数据序号更新，+1
DJNZ  R1，BANY1；40 个数未取完，循环取数
SJMP  BANYUAN；复位，重新开始
TAB2：DB 0，40，56，67，77，85，91，97，102，107，111；要送出到 DA 的数据表
DB  114，117，120，122，124，125，127，127，128
DB  128，127，127，125，124，122，120，117，114
DB  111，107，102，97，91，85，77，67，56，40，0
END
```

程序 1、程序 2 通过单片机和 D－A 接口电路分别产生锯齿波、半圆波。半圆波是根据事先计算好的半圆十六进制数据，用查表法依次查出再通过单片机和 D－A 接口电路产生。可见，用这种方法可产生其他波形。

★6.8.2 ADC0809 与 MCS－51 系列单片机的接口

1 接口电路设计

如图 6-38 所示是 MCS－51 与 ADC0809 构成的简易数字电压表的接口电路原理图。被测电压（≤5V）从 ADC0809 的第 0 道模拟信号端 IN0 输入（输入通道选择位 ADD－A、ADD－B、ADD－C 三端直接接地）。用 P2.0 口控制 ADC0809 的启动。转换结果显示在两个数码管上。从电路可知，ADC0809 的地址为 FEFFH（无关位为 1 时）。

（1）中断方式

中断方式是最方便、最及时、效率最高的方式。但必须占用一个外中断资源。ADC0809 的 EOC 端通过反相器接到单片机的外中断 INT1 端上。在程序设计中开启中断，该系统便成为工作在中断方式下的 A－D 转换。

（2）查询方式

ADC0809 的 EOC 端与单片机的任一位 I/O 接口相连。启动 A－D 后，不断查询此 I/O 接口，直到 EOC 变为高电平，转换结束，再读 A－D 的值。把 INT0 脚当作普通 I/O 接口的一位，不开通中断，程序中不断查询此端口，系统便工作在查询方式下。

（3）延时方式

可断开 ADC0809 的 EOC 端与 INT1 端的连接电路。启动 A－D 后延时一段时间直接读 A－D 的值。延时时间一定要不小于 A－D 转换器的转换时间。若延时太短，A－D 转换尚未结束，得到不正确的转换结果。

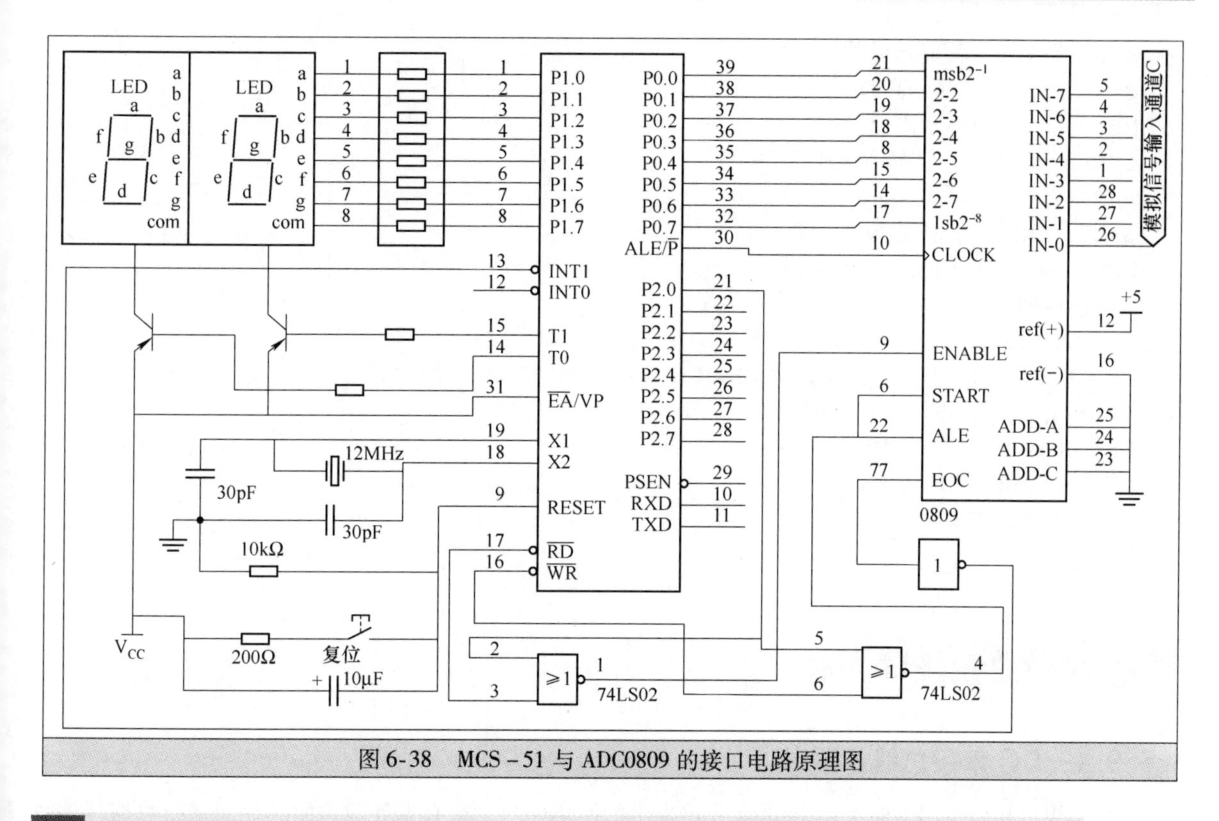

图 6-38　MCS－51 与 ADC0809 的接口电路原理图

2　接口程序设计

可用三种方式编写 ADC0809 转换程序，即中断方式、查询方式和延时方式。本程序采用延时方式。程序如下：

```
ORG  0000H
LJMP  MAIN
ORG  100H
MAIN: MOV  DPTR, #0FEFFH; P2.0 控制 A/D 的开始
LOOP: SETB  P3.4; 关数码管显示
SETB  P3.5; 关数码管显示
MOVX  @DPTR, A; 启动 ADC0809, 与 A 中内容无关
MOV  R6, #34H; ADC0809 编程方式为延时, 12MHz, 延时 104μs
DJNZ  R6, $
MOVX  A, @DPTR; 读 A－D 转换数
MOV  30H, A; 暂存 RAM 30H 单元
ANL  A, #0FH; 屏蔽高 4 位, 显示低 4 位
LCALL  SEG7; 查出显示码
SETB  P3.4; 关显示高位
CLR  P3.5; 开显示低位
MOV  P1, A; 显示低位
LCALL  DELAY; 延时 6ms
MOV  A, 30H; 将转换数重新存入累加器
ANL  A, #0F0H; 屏蔽低 4 位, 显示高 4 位
SWAP  A; 累加器 A 的高低 4 位互换
LCALL  SEG7; 查出显示码
```

```
SETB  P3.5; 关显示低位
CLR  P3.4; 开显示高位
MOV  P1, A; 显示高位
LCALL  DELAY; 调转到延时程序
SJMP  LOOP; 重复显示
SEG7: INC  A; 查表位置调整
MOVC  A, @A+PC; 查显示码
RET; 返回
DB  0C0H, 0F9H, 0A4H, 0B0H, 99H, 92H, 82H, 0F8H
DB  80H, 90H, 88H, 83H, 0C6H, 0A1H, 86H, 8EH; 共阳段码
DELAY: MOV  R5, #2; 延时
DEL1: MOV  R6, #249
DEL2: DJNZ  R6, DEL2
DJNZ  R5, DEL1
RET
END
```

6.9 串行总线接口技术

★6.9.1 I^2C 串行总线扩展

I^2C 总线（Inter IC BUS），是 Philips 公司推出的使用广泛、很有发展前途的芯片间串行数据传输总线，采用两线制实现全双工同步数据传送。I^2C 总线只有两条信号线，一条是数据线 SDA（Serial Data Line），另一条是时钟线 SCL（Serial Clock Line）。两条线均双向传送，所有连到 I^2C 上器件的数据线都接到 SDA 线上，各器件时钟线均接到 SCL 线上。I^2C 系统基本结构如图 6-39 所示。I^2C 总线单片机直接与 I^2C 接口的各种扩展器件（如存储器、I/O 芯片、A-D、D-A、键盘、显示器、日历/时钟）连接。I^2C 总线已成为广泛应用的工业标准之一。

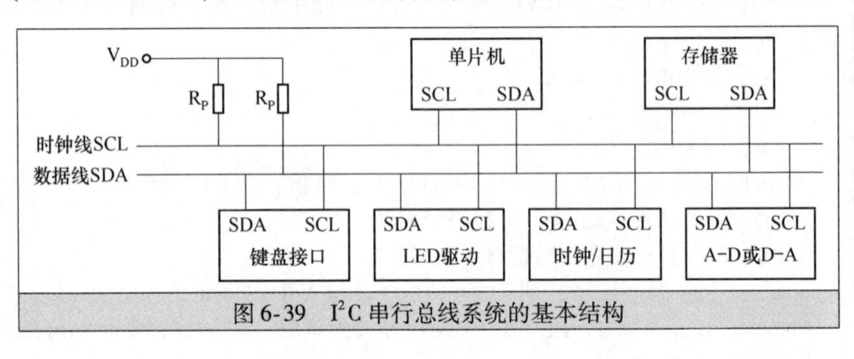

图 6-39 I^2C 串行总线系统的基本结构

I^2C 总线是一个多主机总线，总线上可以有一个或多个主机（或称主控制器件），总线运行由主机控制。主机是指启动数据的传送（发起始信号）、发出时钟信号、发出终止信号的器件。通常，主机由单片机或其他微处理器担任。被主机访问的器件叫作从机（或称从器件），它可以是其他单片机，或者其他外围芯片，如 A-D、D-A、LED 或 LCD 驱动、串行存储器芯片。

I^2C 总线支持多主和主从两种工作方式。多主方式下，I^2C 总线上可以有多个主机，I^2C 总线需通过硬件和软件仲裁来确定主机对总线的控制权。主从工作方式时，系统中只有一个主机，总线上的其他器件均为从机（具有 I^2C 总线接口），只有主机能对从机进行读写访问，因此，不存在总线的竞争等问题。在主从方式下，I^2C 总线的时序可以模拟，I^2C 总线的使用不受主机是否具有 I^2C 总线接口的制约。

MCS-51 系列单片机本身不具有 I^2C 总线接口，可以用其 I/O 口线模拟 I^2C 总线。常见 I^2C 器件的标识码见表 6-15。

表6-15 常见 I^2C 器件的标识码

类别	型号	A6 ~ A3
静态 RAM	PCF8570/71	1010
	PCF8570C	1011
E^2PROM	PCF8582	1010
	AT24C02	1010
	AT24C04	1010
	AT24C08	1010
	AT24C16	1010
I/O 接口	PCF8574	0100
	PCF8574A	0111
LED/LCD 驱动控制器	SAA1064	0111
	PCF8576	0111
	PCF8578/79	0111
D-A 或 A-D	PCF8951	1001
日历/时钟	PCF8583	1010

1 单片机的 I^2C 总线扩展的设计

MCS-51 系列单片机没有 I^2C 总线接口，只能采用虚拟 I^2C 总线方式，并且只能用于主从系统。虚拟 I^2C 总线接口利用 MCS-51 单片机的 I/O 口线作为数据线 SDA 和时钟线 SCL，通过软件延时实现 I^2C 总线传输数据的时序要求。

(1) I^2C 总线数据传送的模拟

1) 起始信号 S：对一个新的起始信号，要求起始前总线空闲时间大于 4.7μs，而对一个重复的起始信号，要求建立时间也需大于 4.7μs。如图 6-40 所示的起始信号的时序波形在 SCL 高电平期间 SDA 发生负跳变，该时序波形适用于数据模拟传送中任何情况下的起始操作。起始信号到第 1 个时钟脉冲的时间间隔应大于 4.0μs。系统晶振频率为 6MHz，机器周期为 2μs。

```
START: SETB  SDA; SDA=1
SETB  SCL; SCL=1
NOP; SDA=1 保持>4.7μs
NOP
CLR  SDA; SDA=0
NOP; 保持4μs
NOP
CLR  SCL; SCL=0
RET
```

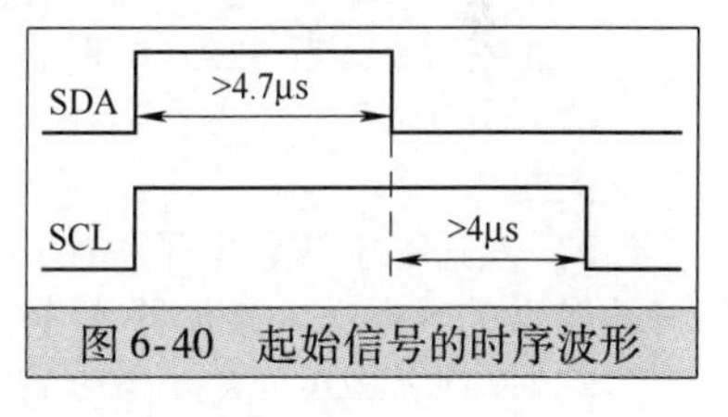

图 6-40 起始信号的时序波形

2) 终止信号 P：在 SCL 高期间 SDA 发生正跳变，终止信号 P 的波形如图 6-41 所示。

```
STOP: CLR  SDA; SDA=0
SETB  SCL; SCL=1
NOP; 终止信号建立时间>4μs
NOP
SETB    SDA; SDA=1，保持>4.7μs
NOP
NOP
```

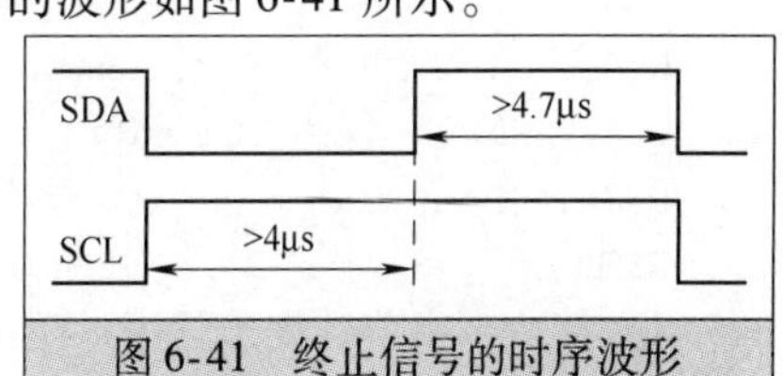

图 6-41 终止信号的时序波形

```
CLR  SCL; SCL=0
CLR  SDA; SDA=0
RET
```

3）发送应答位/数据0：在SDA低电平期间SCL发生一个正脉冲，波形如图6-42所示。

```
ACK: CLR  SDA; SDA=0
SETB  SCL; SCL=1
NOP; 4μs
NOP
CLR  SCL; SCL=0
SETB  SDA; SDA=1
RET
```

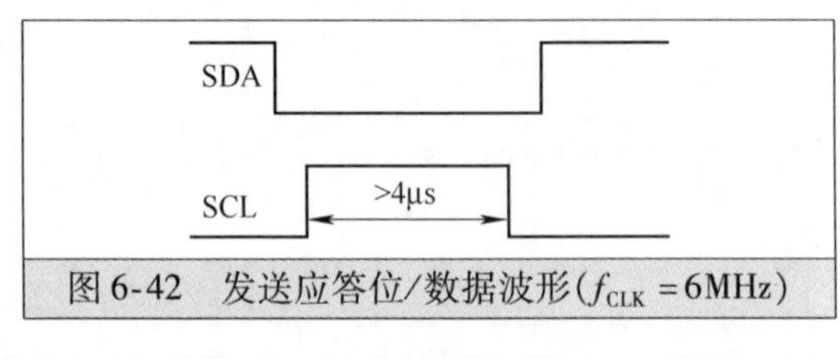

图6-42　发送应答位/数据波形(f_{CLK}=6MHz)

4）发送非应答位/数据1：在SDA高电平期间SCL发生一个正脉冲，时序波形如图6-43所示。

```
NACK: SETB  SDA; SDA=1
SETB  SCL; SCL=1
NOP; 两条NOP指令为4μs
NOP
CLR  SCL; SCL=0
CLR  SDA; SDA=0
RET
```

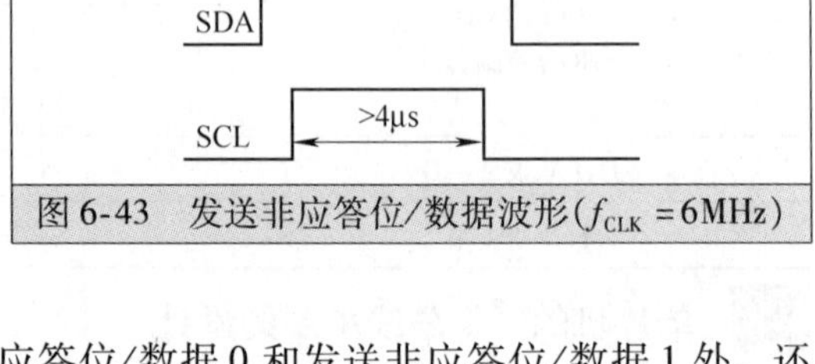

图6-43　发送非应答位/数据波形(f_{CLK}=6MHz)

（2）I^2C总线模拟通用子程序

I^2C总线操作中除基本的起始信号、终止信号、发送应答位/数据0和发送非应答位/数据1外，还需要有应答位检查、发送1字节、接收1字节。

1）应答位检查子程序：在应答位检查子程序CACK中，设置了标志位F0，当检查到正常应答位时，F0=0，否则F0=1。

```
CACK: SETB  P1.2; SDA为输入线, SDA=1
SETB  P1.3; SCL=1, 使SDA引脚上的数据有效
CLR   F0; 预设F0=0
MOV   C, P1.2; 读入SDA线的状态
JNC   CEND; 应答正常, 转CEND
SETB  F0; 当SDA=1时, 应答不正常, F0=1
CEND: CLR  P1.3; 当SDA=0时, 子程序结束, 使SCL=0
RET
```

2）发送1字节数据子程序：模拟I^2C数据线SDA发送1字节数据的子程序，调用本子程序前，先将欲发送的数据送入累加器A中，如图6-44所示。

```
W1BYTE: MOV  R6, #08H; 8位数据长度送入R6中
WLP: RLC  A; A左移, 发送位进入C
MOV  P1.2, C; 将发送位送入SDA总线
SETB  P1.3; SCL=1, 使SDA引脚上的数据有效
NOP
NOP
CLR  P1.3; 仅当SCL=0时, SDA线上数据变化
DJNZ  R6, WLP
RET
```

CY ← A.7←A.0
SDA总线←CY
图6-44　左移发送位送入SDA总线

3）接收1字节数据子程序：模拟从I^2C的数据线SDA读取1字节数据的子程序，并存入R2中。

```
R1BYTE: MOV  R6, #08H; 8位数据长度送入R6中
RLP: SETB  SDA; 置SDA数据线为输入方式
SETB  SCL; 当SCL=1时, 使SDA数据线上的数据有效
```

```
MOV  C, SDA; 读入 SDA 引脚状态
MOV  A, R2
RLC  A; 将 C 读入 A
MOV  R2, A; 将 A 存入 R2
CLR      SCL; 当 SCL = 0 时, SDA 线上数据变化
DJNZ  R6, RLP; 8 位接收完吗? 未完, 继续接收数据
RET; 接收完, 返回
```

2 数据传送格式使用注意事项

1）无论何种数据传送格式，寻址字节都由主机发出，数据字节的传送方向则遵循寻址字节中的方向位规定。

2）寻址字节只表明了从机的地址及数据传送方向。从机内部的 n 个数据地址，由器件设计者在该器件的 I^2C 总线数据操作格式中，指定第一个数据字节作为器件内的单元地址指针，且设置地址自动加减功能，以减少从机地址的寻址操作。

3）每个字节传送都必须有应答信号相随。

4）从机在接收到起始信号后都必须释放数据总线，使其处于高电平，以便主机发送从机地址。

单主机系统 I^2C 总线扩展示意图如图 6-45 所示。

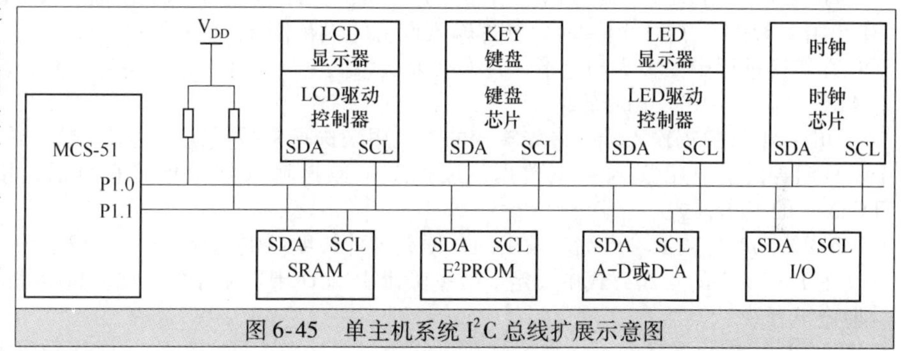

图 6-45 单主机系统 I^2C 总线扩展示意图

★6.9.2 SPI 串行总线扩展

SPI（Serial Peripheral Interface）是 Motorola 公司推出的同步串行外设接口，允许单片机与多个厂家生产的带有标准 SPI 接口的外围设备直接连接，以串行方式交换信息。SPI 使用 4 条线：串行时钟 SCK、主器件输入/从器件输出数据线 MISO、主器件输出/从器件输入数据线 MOSI、从器件选择线片选端。SPI 总总线使用同步协议传送数据，接收或发送数据时由主机产生的时钟信号控制。SPI 接口可以连接多个 SPI 芯片或装置，主机通过选择它们的片选来分时访问不同的芯片。

SPI 典型应用是单主系统，一台主器件，从器件通常是外围接口器件，如存储器、I/O 接口、A－D、D－A、键盘、日历/时钟和显示驱动等慢速外设器件通信。扩展多个外围器件时，SPI 无法通过数据线译码选择，故外围器件都有片选端。SPI 总线信号线基本连接关系如图 6-46 所示。SPI 总线系统有以下几种形式：一个主机和多个从机、多个从机相互连接构成多主机系统（分布式系统）、一个主机与一个或几个 I/ O 设备构成的系统等。

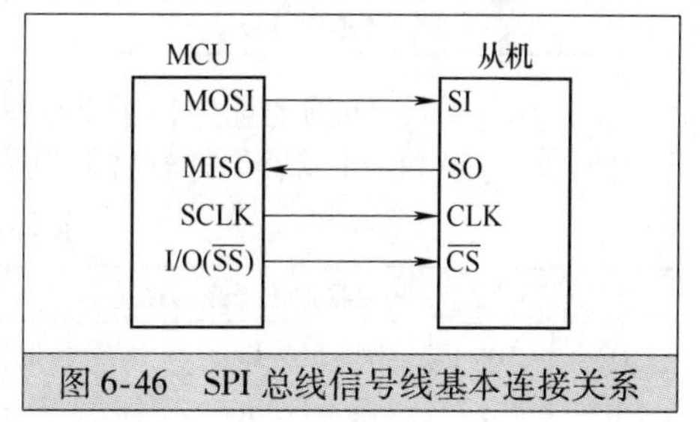

图 6-46 SPI 总线信号线基本连接关系

在大多数应用场合，可使用一个微控制器作为主控机来控制数据的传送，并向一个或几个外围器件传送数据。从机只有在主机发命令时才能接收或发送数据。当一个主机通过 SPI 与多个芯片相连时，必须使用每个芯片的片选，这可通过 MCU 的 I/O 接口输出线来实现。SPI 外围串行扩展连接如图 6-47所示。

在 SPI 系统中，主器件单片机在启动一次传送时，便产生 8 个时钟，传送给接口芯片作为同步时钟，控制数据的输入和输出。传送格式是高位（MSB）在前，低位（LSB）在后。输出数据的变化以及输入数据时的采样，都取决于 SCK，但对于不同的外围芯片，可能是 SCK 的上升沿起作用，也可能是 SCK 的下降沿起作用。SPI 有较高的数据传输速度，最高可达 1. 05Mbit/s。

例 6-11：设计单片机与 SPI 串行 A－D转换器 TLC2543 的 SPI 接口。

（1）TLC2543 芯片简介

TLC2543 是美国 TI 公司的一款集 8 位、10 位、12 位为一体的可选输出二进制位数的 11 通道串行 SPI 接口的开关电容逐次逼近 CMOS 型 A－D 转换芯片，一路转换时间为 10μs。片内有一个 14 路模拟开关，用来选择 11 路模拟输入，并对 3 路内部测试电压中的 1 路进行采样。供电电压 V_{CC} 为 4.5～5.5V，参考电压 V_{REF+} 最大到 V_{CC}，V_{REF-} 接到地，最大的输入电压取决于正参考电压与负参考电压的差值。CLK 最大频率为 4.1MHz。

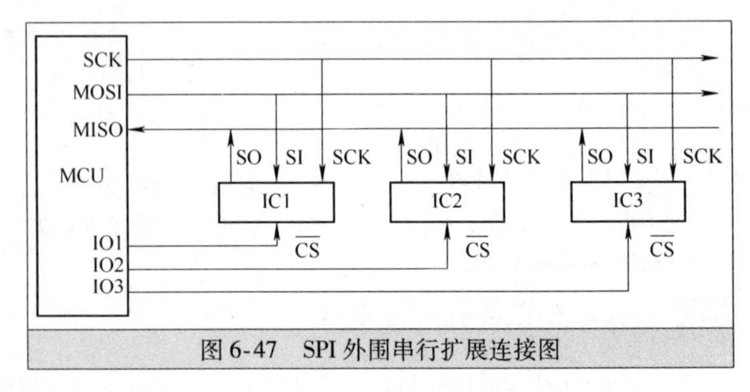

图 6-47　SPI 外围串行扩展连接图

TLC2543 的外部输入 4 种信号为：数据输入 SDI、片选、I/O 时钟 CLK、模拟量输入通道 AINn（n＝0～10）。输出信号为：转换结束 EOC、数据输出 SDO。

TLC2543 工作原理：片选信号由高变为低时，允许 SDI、CLK、模拟量 AINn（n＝0～10）信号输入（在使用 4.1MHz 的 I/O 时钟时，外部输入设备的输出阻抗应小于或等于 30Ω）和 SDO 数据信号输出，EOC 在转换过程中一直为高电平，转换结束变为低电平。片选信号由低到高时，禁止 SDI、CLK 和模拟量 AINn（n＝0～10）信号输入。

DIN：串行数据输入端。最先输入的 4 位用来选择模拟量输入通道。数据传送时最高位在前，每一个 I/O 时钟的上升沿送入一位数据，最先 4 位数据输入到地址寄存器后，接下来的 4 位用来设置 TLC2543 的工作方式。

DOUT：串行数据输出端。输出的数据有 3 种长度可供选择：8 位、12 位和 16 位，数据输出的顺序可以在 TLC2543 的工作方式中设定。数据输出引脚 DOUT 为高电平时呈高阻状态；为低电平时，DOUT 引脚输出有效。

TCL2543 的每次转换都必须给其写入命令字，其格式见表 6-16。以便确定下一次转换用哪个通道，下次转换结果用多少位输出，转换结果输出是低位在前还是高位在前。注意：初始化时，必须将片选信号由高拉低才能进行数据输出/输入。

表 6-16　数据输入格式

D7	D6	D5	D4	D3	D2	D1	D0
数据地址位				输出数据长度		输出数据格式	极性选择

1）D7～D4：数据地址位，用于选择输入通道与测试电压选择或从 3 个内部自测电压中选择一个，以对转换器进行校准或者选择软件掉电方式，见表 6-17。

表 6-17　数据输入格式高 4 位设置

模拟量通道选择					模拟量通道选择				
D7	D6	D5	D4	模拟量通道	1	0	0	0	AIN8
0	0	0	0	AIN0	1	0	0	1	AIN9
0	0	0	1	AIN1	1	0	1	0	AIN10
0	0	1	0	AIN2	校准电压选择				
0	0	1	1	AIN3	1	0	1	1	$(V_{REF+}-V_{REF-})/2$
0	1	0	0	AIN4	1	1	0	0	V_{REF-}
0	1	0	1	AIN5	1	1	0	1	V_{REF+}
0	1	1	0	AIN6	软件掉电选择				
0	1	1	1	AIN7	1	1	1	0	软件掉电

2）D3、D2：输出数据长度（位数）。D3D2 取 01 选 8 位，x0（x 为 0 或 1）选 12 位，11 选 16 位。转换器的分辨率为 12 位，内部转换结果总是 12 位。选择 12 位数据长度时，所有的位都被输出。选择 8 位数据长度时，低 4 位被截去。选择 16 位时，在转换结果的低位增加了 4 个被置为 0 的填充位。

3）D1：输出数据格式选择位，0 表示选高位在前，从 DOUT 脚输出；1 表示选低位在前，从 DOUT 脚输出。

4）D0：输出极性选择位，用于设置 A－D 转换结果是以单极性还是双极性二进制数补码表示。0 表示选单极性（A－D 转换结果以二进制数形式表示，电压范围为 0～V_{REF+}），1 表示选双极性（A－D 转换结果以二进制数补码形式表示，电压范围为 V_{REF-}～V_{REF+}）。

由上可得到单片机与 TLC2543 的 SPI 接口电路如图 6-48 所示。单片机的 P1.0、P1.1 和 P1.2 引脚分别与 TLC2543 的 CLK、$\overline{CS}$和 SDI 引脚相连；P1.4 与转换结束信号 EOC 相连，P1.3 与输出数据端 SDO 相连，单片机将命令字通过 P1.2 输入到 TLC2543 的输入寄存器中。

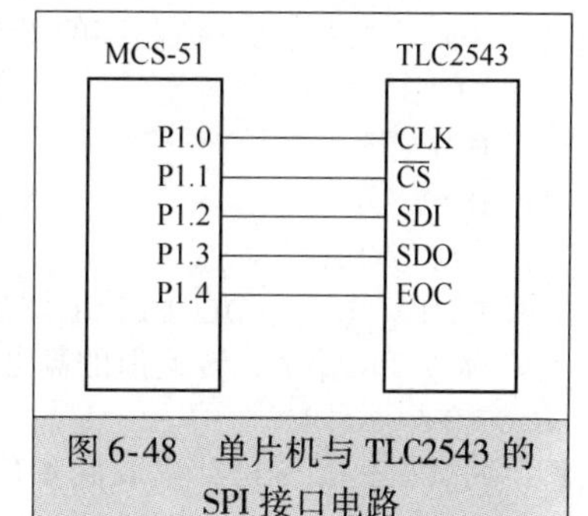

图 6-48 单片机与 TLC2543 的 SPI 接口电路

（2）软件设计分析

根据 TLC2543 数据输入命令字格式和图 6-48 可知：输出选择极性为单极性，输出数据格式为高位在前，输出数据长度为 12 位，通道 0～通道 10 的控制字为 00H～A0H，选择 1 通道（AIN1）进行一次 A－D 模数转换，A－D 转换结果共 12 位，分两次读入。先读入 TLC2543 中的 8 位转换结果到单片机中，同时写入下一次转换的命令，然后再读入 4 位的转换结果到单片机中。

从输出格式知：命令字＝10H 或 18H。

由于 TLC2543 时钟频率 f＝2.5MHz，则时钟周期＝1/f＝1/2.5MHz＝4μs，取单片机晶振频率为 6MHz，则机器周期为 2μs，则 1 个 NOP 指令 2μs。

程序清单如下：

```
ORG  0000H
CLK  BIT  P1.0；设计 P1.0 连接 TLC2543 时钟端
CS   BIT  P1.1；设计 P1.1 连接 TLC2543 片选端
DIN  BIT  P1.2；设计 P1.2 连接 TLC2543 数据输入端
DOUT  BIT  P1.3；设计 P1.3 连接 TLC2543 数据输出端
ADDR  EQU  50H；A－D 转换结果存储单元
MAIN：ACALL  ADCONV；调用 A－D 转换，SPI 传输子程序
LCALL  DATA1；调用显示格式转换子程序
ACALL  DISPLAY；调用数码管显示子程序
AJMP  MAIN
ADCONV：MOV  R0，#ADDR
MOV  R1，#10H；选择通道 1 单极性高位在前；12 位输出
ACALL  READAD；加电后空转换一次
MOV  R1，#10H；有效转换开始
ACALL  READAD
MOV  A，R2；保存转换结果
MOV  @R0，A
INC  R0
MOV  A，R3
MOV  @R0，A
RET
；READAD 为 TLC2543AD 转换子程序，R1 中的内容为控制字，
；转换值的高 8 位保存在 R2 中，低 4 位保存在 R3 中
READAD：CLR  CLK；置 CLK 为低
```

```
SETB  CS；置CS为高
CLR  CS
NOP；置CS为低，延时大于1.425μs
NOP；转换开始
MOV  R4，#08
MOV  A，R1；控制字装入A中
ADLOP1：MOV  C，DOUT；转换值移出一位进入C
RLC  A；值从A的最低位进入，控制字最高位移入C
MOV  DIN，C；控制字的1位移入TLC2543
SETB  CLK
NOP
NOP
CLR  CLK
DJNZ  R4，ADLOP1；8位是否移完？没有，转ADLOP1
MOV  R2，A；转换值的高8位装入R2
MOV  A，#0
MOV  R4，#04；读取低4位转换值
ADLOP2：MOV  C，DOUT
RLC  A
SETB  CLK
NOP
NOP
CLR  CLK
DJNZ  R4，ADLOP2
MOV  R3，A；低4位转换值装入R3
SETB  CS；片选置1
RET
DATA1：MOV  79H，#11H；取“灭”的字形码索引值
MOV  R0，#ADDR；A-D转换值存储单元地址送R0
MOV  A，@R0；读取转换值12位中高8位
ANL  A，#0F0H；取出转换值高4位送显示缓冲单元7AH
SWAP  A
MOV  7AH，A
MOV  A，@R0；取出转换值中4位送显示缓冲单元7BH
ANL  A，#0FH
MOV  7BH，A
INC  R0；A-D转换值存储单元地址加1
MOV  A，@R0；读取转换值12位中低4位
ANL  A，#0FH
MOV  7CH，A；低4位送显示缓冲单元7CH
RET
```

★6.9.3 1-Wire单总线扩展

单总线（也称1-Wire bus）是由美国DALLAS公司推出的外围串行扩展总线。采用单根信号线完成数据的双向传输。只有一条数据输入/输出线DQ，总线上的所有器件都挂在DQ上，电源也可以通过这条信号线供给，使用一条信号线的串行扩展技术，称为单总线技术。单总线只有一根数据线，系统中的数据交换、控制都由这根线完成。设备（主机或从机）通过一个漏极开路或

三态端口连至该数据线，以允许设备在不发送数据时能够释放总线，而让其他设备使用总线。单总线通常要求外接一个约为 4.7kΩ 的上拉电阻，这样，当总线闲置时，其状态为高电平。主机和从机之间的通信可通过三个步骤完成，分别为初始化 1 - Wire 器件、识别 1 - Wire 器件和交换数据。1 - Wire 器件都必须严格遵循单总线命令序列，即初始化、ROM、功能命令。如果出现序列混乱，1 - Wire 器件将不响应主机。

1 - Wire 使用自身的网络接口的传感器和其他器件，该接口的数据通信和供电仅需通过一根数据线再加一根地线，这意味着微控制器仅需一个端口即可与 1 - Wire 传感器通信。1 - Wire 网络工作于一主多从模式（多点网络）。时序非常灵活，允许从机以高达 16kbit/s 的速率与主机通信。每一个符合 1 - Wire 协议的器件都有一个全球唯一的 64 位地址（8 位的家族代码、48 位的序列号和 8 位的 CRC 代码），主芯片对各个从芯片的寻址依据这 64 位的内容来进行，片内还包含收发控制和电源存储电路，允许 1 - Wire 主机精确选择位于网络任何位置的一个从机进行通信。单片机作为主芯片，设置单片机端口一条线作为单总线，具有单总线特性的 DS18B20 作为从芯片。1 - Wire 总线采用漏极开路模式工作，主机（或需要输出数据的从机）将数据线拉低到地表示数据 0，将数据线释放为高表示数据 1。这通常通过在数据线和 VCC 之间连一个分立电阻实现。

1 DS18B20 性能特点

DS18B20 是 DALLAS 公司生产的具有 1 - Wire 协议的数字式温度传感器芯片。传感器的供电寄生在通信的总线上，可以从总线通信的高电平中取得，因此可以不需要外部的供电电源，也可以直接用供电端（VDD）供电。温度高于 100℃ 时，不推荐使用寄生电源，供电范围为 3.0 ~ 5.5V，当 DS18B20 处于寄生电源模式时，VDD 引脚必须接地，且总线空闲时需保持高电平以便对传感器充电。

可以用独有的 64 位芯片序列号（ID）辨认总线上的器件并记录总线上的器件地址。可将多个温度传感器挂接在该单一总线上，实现多点温度的检测。每只 DS18B20 都有一个唯一存储在 ROM 中的 64 位编码。最低 8 位是单线系列编码 28H，接着的 48 位是一个唯一的序列号，最高 8 位是以上 56 位的 CRC 编码（CRC = X8 + X5 + X4 + 1）。

测温范围为 - 55 ~ + 125℃。温度传感器的精度分 9 位、10 位、11 位或 12 位，分别以 0.5℃、0.25℃、0.125℃ 和 0.0625℃ 增量递增。转换时间：9 位精度时为 93.75ms，10 位精度时为 187.5ms，12 位精度时为 750ms。

2 DS18B20 温度传感器的寄存器

DS18B20 温度传感器的内部寄存器有 9 个字节，寄存器组成分配见表 6-18 所示。该寄存器包含了带有非易失性的可电擦除的 E^2PROM 特性的静态随机寄存器 SRAM、用来存放高温低温报警的触发寄存器（TH 和 TL）和配置寄存器。

表 6-18 DS18B20 内部寄存器组成分配

字节地址	寄存器内容	字节地址	寄存器内容
00H	温度值低位（LSB）	05H	保留
01H	温度值高位（MSB）	06H	保留
02H	高温上限值（TH）①	07H	保留
03H	低温下限值（TL）①	08H	CRC 校验值①
04H	配置寄存器		

①该值存放在 E^2PROM 中。

★6.9.4 Microwire 总线扩展

Microwire 总线是美国国家半导体（NS）公司推出的三线同步串行总线。这种总线由一根数据输出线（SO）、一根数据输入线（SI）和一根时钟线（SK）组成（但每个器件还要接一根片选线）。原始的 Microwire 总线上只能连接一片单片机作为主机，总线上的其他设备都是从机。此后，NS 公司推出了 8 位 COP800 单片机系列，仍采用原来的 Microwire 总线，但单片机上的总线接口改成既可由自身发出时钟，也可由外部输入时钟信号。也就是说，连接到总线上的单片机既可以是主机，也可以是从机。为了区别于原有的 Microwire 总线，称这种新产品为增强型的 Microwire/PLUS 总线。增强型的 Microwire/PLUS 总线上允许连接多片单片机和外围器件，因此，总线具有更大的灵活性和可变性，非常适用于分布式、多处理器的单片机测控系统。要改变一个系统，只需改变连接到总线上的单片机及外围器件的数量和型号。

6.10 外部存储器扩展

★6.10.1 外部存储器扩展方式

单片机没有专用总线引脚，为减少连接线并简化组成结构，单片机采用了 I/O 引脚兼作总线引脚的方案。可把具有共性的连线归并成一组公共连线，即总线作为传送信息的公共通道（BUS）。如图 6-49所示是总线方式和非总线方式的区别。单片机属于总线型结构，片内各功能部件都是按总线关系设计并集成为整体的。单片机的存储器扩展既包括程序存储器扩展，又包括数据存储器扩展。扩展后，系统形成了两个并行的外部存储器空间。

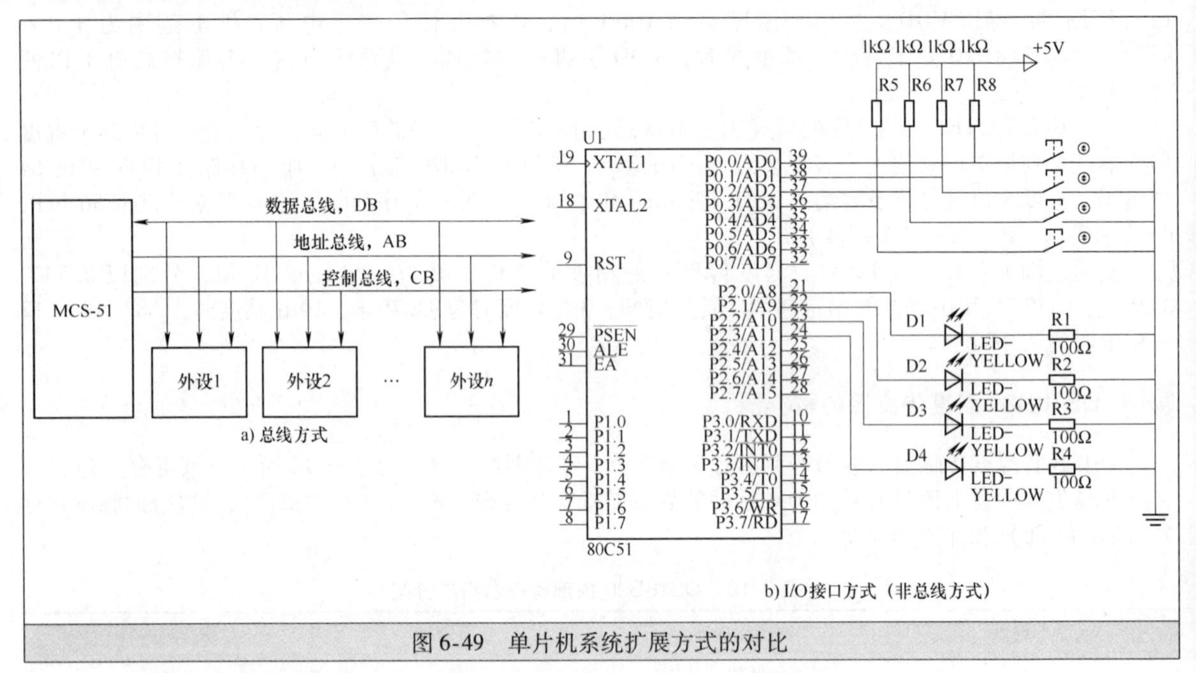

图 6-49 单片机系统扩展方式的对比

总线方式采用片外 RAM 指令访问外设，如 MOVX A，@ DPTR（片外 RAM 的 0 ~ 0FFFFH）。而 I/O 接口方式采用片内 RAM 指令访问外设，如 MOV A，P0。

扩展存储器所需芯片数目的确定：若所选存储器芯片字长与单片机字长一致，则只需扩展容量，所需芯片数目按下式计算：

$$芯片数 = \frac{系统扩展容量}{存储器芯片容量}$$

若所选存储器芯片字长与单片机字长不一致，则不仅需要扩展容量，还需要扩展字长。所需芯片数目按下式确定：

$$芯片数 = \frac{系统扩展容量}{存储器芯片容量} \times \frac{系统字长}{存储器芯片字长}$$

★6.10.2　28SF040A 并行存储器接口设计

28SF040A 是大容量并行存储器，共计 512KB，地址线 A0 ~ A18 共 19 根，而 MCS－51 单片机全部寻址空间仅为 64KB，地址线 A0 ~ A15 共 16 根，因此需要增加高位地址线访问 28SF040A。使用单片机的 I/O 接口控制高位地址线方法：使用 P1 口的 P1.2 ~ P1.0 控制 28SF040A 高位地址线，如图 6-50 所示；使用单片机的扩展 I/O 接口控制高位地址线，如图 6-51 所示。

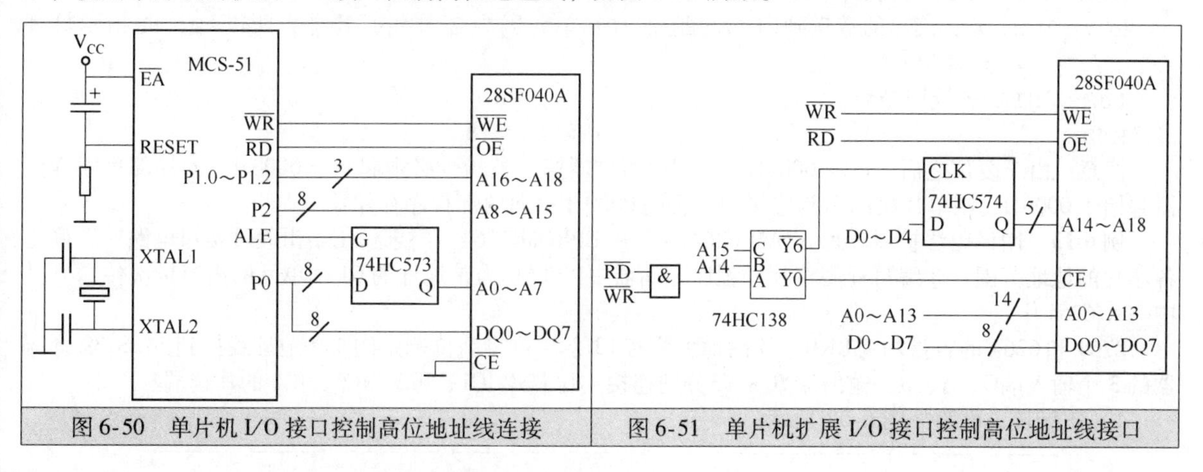

图 6-50　单片机 I/O 接口控制高位地址线连接　　图 6-51　单片机扩展 I/O 接口控制高位地址线接口

★6.10.3　扩展外部存储器测试电路设计

例 6-12：如图 6-52 所示是扩展 RAM 测试电路原理图。与单片机$\overline{PSEN}$引脚相接的绿色 LED 灯为显示外 ROM 控制信号作用的指示灯；与单片机$\overline{RD}$引脚相接的黄色 LED 灯为显示读取外 RAM 控制信号作用的指示灯；与单片机$\overline{WR}$引脚相接的红色指示灯为显示写外 RAM 控制信号作用的指示灯。当所接控制信号有效（即为低电平）时对应指示灯发光。

扩展一片外 RAM 的电路和程序设计基本方法：观察执行指令时控制信号$\overline{RD}$、$\overline{WR}$的状态，时钟信号频率低，机器周期为 1s。

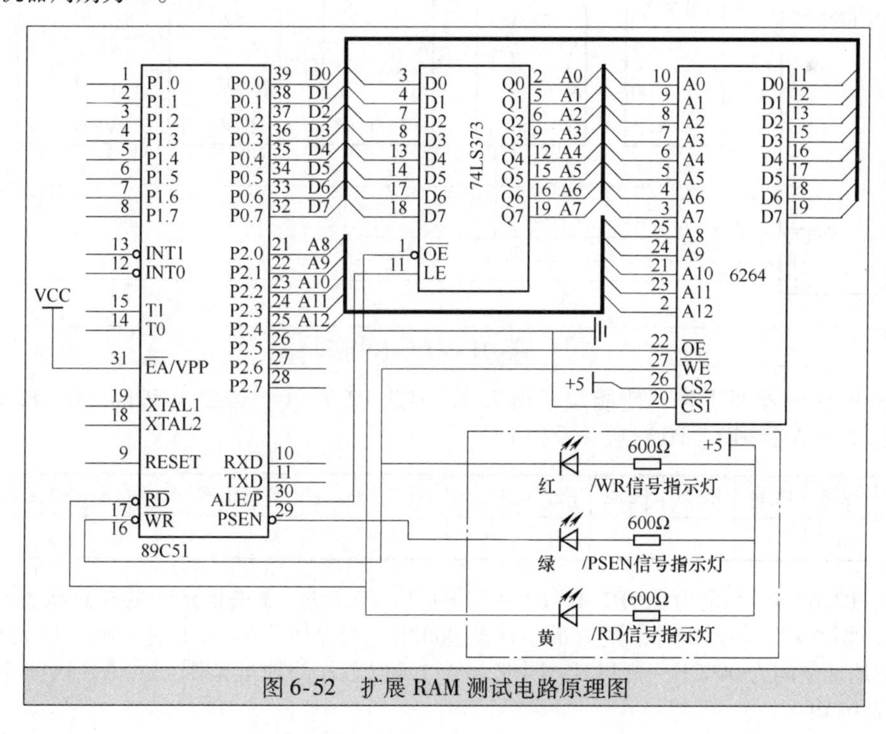

图 6-52　扩展 RAM 测试电路原理图

如图 6-52 所示电路编制的简单演示程序如下：

```
ORG  0000H
MOV  DPTR，#1000H；将外 RAM 地址送 DPTR
MOV  A，#68H
STAR：MOVX  @DPTR，A；向外 RAM 写数，WR红色指示灯亮RD黄色指示灯灭
MOVX  A，@DPTR；从外 RAM 读数，RD黄色指示灯亮WR红色指示灯灭
MOV  30H，A；读出的数送到内 RAM 地址 30H 单元因为是内 RAM 操作，所以RD、WR指示灯都
          不亮；
LJMP  STAR；返回循环
END
```

注意：由于复位之后，PC＝0000H，故程序存储器第一条指令必须起始于 0000H。若外部程序存储器起始于 0000H，则单片机的引脚应接地，否则 0000H 指向内部程序存储器。

例 6-13：用译码法扩展 2 片 SRAM 6264 和 2 片 EPROM 2764。要求：①给出硬件接口电路；②确定各芯片的地址范围；③编写程序将片外程序存储器中以 TAB 为首地址的 64 个单元的内容依次传送到其中一片 6264 中。

2764 和 6264 的容量均为 8KB，片内地址线有 13 条。可将高位剩余的 3 条地址线接到 74LS139 译码器的 3 个输入端$\overline{G}$、A、B，输出端$\overline{Y0}$～$\overline{Y3}$分别连接 4 片芯片 IC1、IC2、IC3、IC4 的片选端。

1）扩展接口电路如图 6-53 所示。

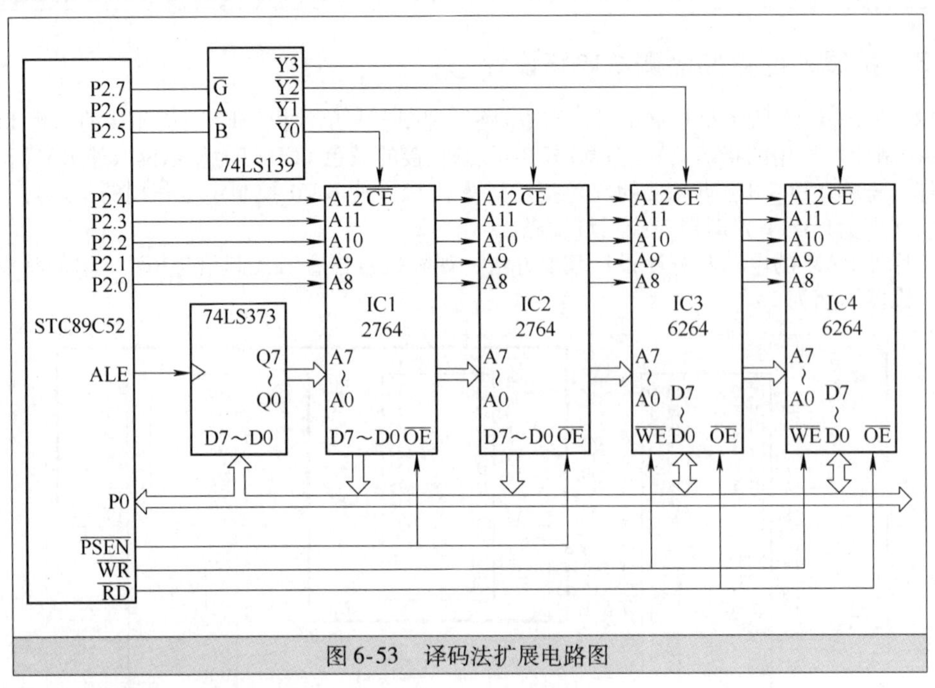

图 6-53　译码法扩展电路图

2）74LS139 译码器要工作，使能端必须为 0，因此 P2.7＝0。若此时 P2.6＝0、P2.5＝0，选中 IC1。地址线 A15～A0 与 P2、P0 对应关系如下：

P2.7	P2.6	P2.5	P2.4	P2.3	P2.2	P2.1	P2.0	P0.7	P0.6	P0.5	P0.4	P0.3	P0.2	P0.1	P0.0
0	0	0	×	×	×	×	×	×	×	×	×	×	×	×	×

当 P2.7、P2.6、P2.5 全为 0，P2.4～P2.0 与 P0.7～P0.0 这 13 条地址线的任意状态都能选中 IC1 的某一单元。当“×”全为 0 时，则为最小地址 0000H；当“×”全为 1 时，则为最大地址 1FFFH。因此，IC1 的地址空间为 0000H～1FFFH。同理，可得其他芯片的地址范围。采用译码法 4 片芯片地址空间分布见表 6-19。

表 6-19　芯片地址空间分布

P2.5（B）	P2.6（A）	芯片	地址范围
0	0	IC1	0000H ~ 1FFFH
0	1	IC2	4000H ~ 5FFFH
1	0	IC3	2000H ~ 3FFFH
1	1	IC4	6000H ~ 7FFFH

3）要实现片外程序存储器中以 TAB 为首地址的 64 个单元的内容依次传送到片外 RAM，可以采用循环程序，设置 DPTR 指向待传送的数据块的首地址#TAB，循环次数为 64。设数据块传送到 IC3 中，参考程序如下：

```
MOV   DPTR，#TAB；要传数据的首地址#TAB 送入数据指针 DPTR
MOV   R0，#0；R0 的初始值为 0
MOV   R3，#20H
MOV   R2，#00H
AGIN：MOV  A，R0
MOVC  A，@A + DPTR；把以 TAB 为首地址的 32 个单元内容送入 A
PUSH  DPH
PUSH  DPL
MOV   DPL，R2
MOV   DPH，R3
MOVX  @DPTR，A；程序存储器中表的内容送入外部 RAM 单元
INC   DPTR
MOV   R2，DPL
MOV   R3，DPH
POP   DPL
POP   DPH
INC   R0；循环次数加 1，也即外部 RAM 单元的地址指针加 1
CJNE  R0，#64，AGIN；判 64 个单元的数据是否已经传送完毕，未完则继续
HERE：SJMP  HERE；原地跳转
TAB：DB  …；外部程序存储器中要传送的 64 个单元的内容
```

第 7 章

MCS－51 系列单片机串行通信及其应用

7.1 概述

MCS－51 系列单片机利用并行接口可以实现数据并行传输，单片机除此之外还有可编程全双工串行通信接口，称为串行 I/O 接口。可以用来进行数据的串行发送和接收，也可作为一个同步移位寄存器使用，单片机通过串行接口便可实现串行通信。

数据通信按照数据的传输形式可分为两种常用形式：并行通信和串行通信。

1 并行通信

传输数据的各位同时发送或同时接收。以单字节（8bit）数据为例，单片机通过并行接口与外设并行通信的示意图如图 7-1 所示。

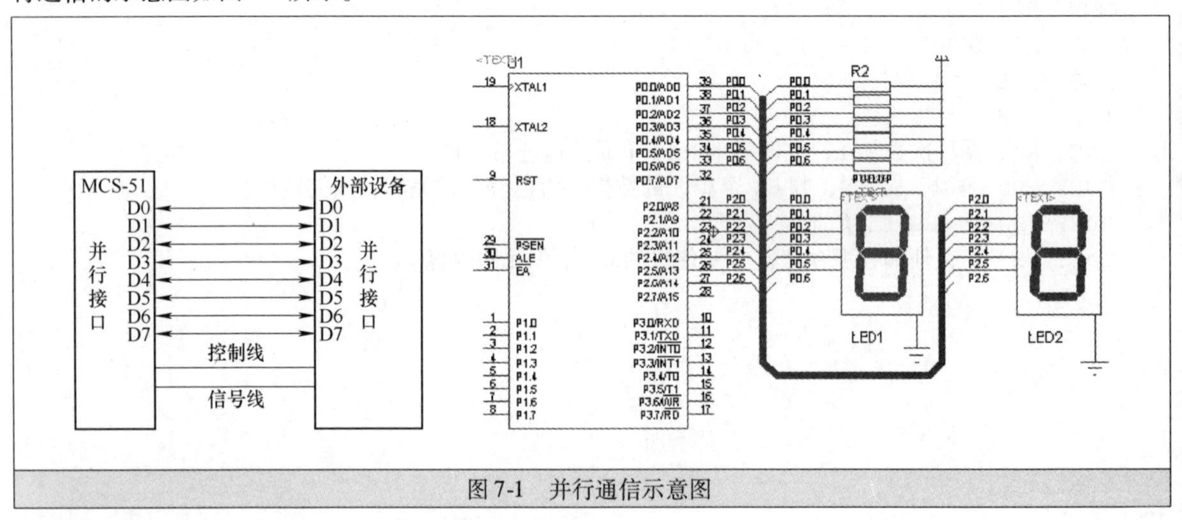

图 7-1　并行通信示意图

并行传送特点：逻辑清晰、控制简单、传送速度快，并行数据有多少位就需要多少根传输线，因此传输数据需要多根传输线，系统抗干扰能力下降，故一般只在近距离通信中使用。

2 串行通信

数据的各位依次逐位传送。串行方式是将传输数据的各位按先后顺序逐位进行传送。单片机通过串行接口与外设串行通信的示意图如图 7-2 所示。图中，TXD 是串行数据发送脚，RXD 是串行数据接收脚。

串行传送特点：控制较并行传送复杂，传输速度慢，但因只需较少传输线，故适合于远距离通信。

MCS－51 系列单片机具备全双工的异步通信接口，使串行通信极为方便。

有时为了节省线缆数量，即使在计算机内部，CPU 和某些外设之间也可以采用非并行的传输方式，如 I²C、SPI、USB 等标准传输方式，但它们与这里所述的串行通信有明显不同。总之，串行通信是以微处理器为核心的系统之间的数据交换方式，而 I²C、SPI、USB 等标准接口是微处理器系统与非微处理器型外设之间的数据交换方式。前者可以是对等通信，而后者只能采用主从方式。在多微机系统以及现代测控系统中信息的交换多采用串行通信方式。

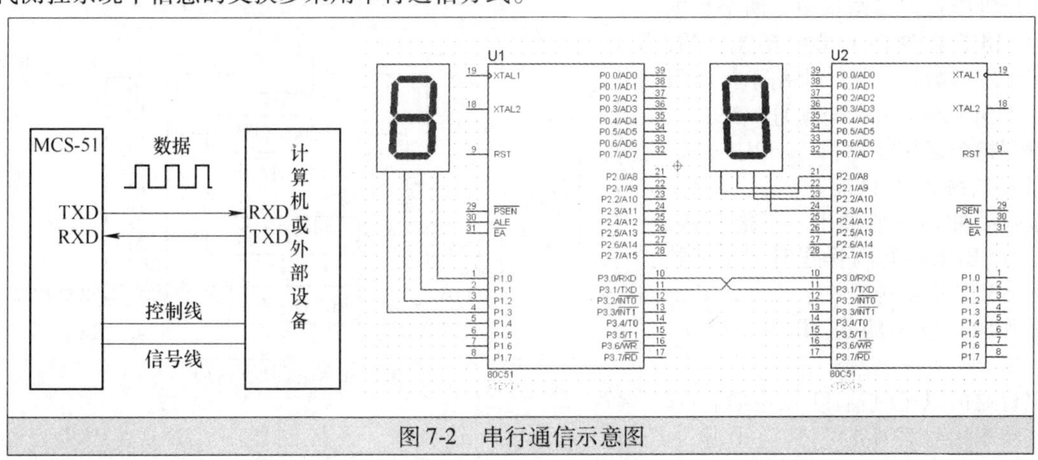

图 7-2 串行通信示意图

按照传输数据流向，串行通信具有三种传输形式：单工、半双工和全双工，如图 7-3 所示。

实际应用中，尽管多数串行通信接口电路具有全双工功能，但仍以半双工为主（简单实用），即两个工作站通常并不同时收发。

在串行数据通信中，有同步和异步两种基本方式。同步和异步的最本质区别在于通信双方是否使用相同的时钟源。

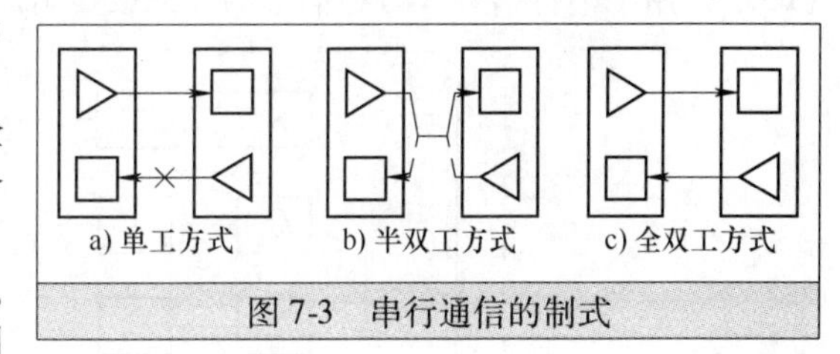
a) 单工方式 b) 半双工方式 c) 全双工方式

图 7-3 串行通信的制式

1 异步通信

异步通信是发送端和接收端使用各自的时钟控制数据发送和接收的一种通信方式。两个时钟源彼此独立，以字符为单位组成字符帧进行的数据传送。数据以帧为单位进行传送。一帧数据由起始位、数据位、可编程校验位（可选）和停止位构成。帧和帧之间可以有任意停顿。收发双方必须在进行异步通信前事先约好异步通信的字符帧和传输速率。

异步通信特点：灵活，对收发双方的时钟精度要求较低（收发双方不同步时，能依靠在每帧开始时的不断对齐，自行纠正偏差），传送速度较低（每个字节都要建立一次同步）。STC89C52 单片机只支持异步通信。

2 同步通信

通信时建立发送方和接收方时钟的直接控制，数据以块为单位进行的数据传送。同步既包含位同步，也包含字符同步，可连续串行传送数据，字符间不留间隙。

发送方先发送 1～2 个字节的同步字符，接收方检测到同步字符（一般由硬件实现）后，即准备接收后续的数据流。由于同步通信省去了字符开始和结束标志，而且字节和字节之间没有停顿，是在同步字符后可以接较大的数据区，同步字符所占部分很小，因此有较高的传送效率，其速度高于异步通信。

同步通信特点：数据成批传送、传输效率高（以数据块为单位连续传送，数据结构紧凑）、对通信硬件要求高（要求双方有准确的时钟）。同步通信的缺点是要发送时钟和接收时钟要保持严格同步，故发送时钟除应和发送波特率保持一致外，还要求它同时传送到接收端去。发送数据时，发送时钟的下降沿将数据串行移位输出；接收数据时，接收时钟的上升沿开始对数据位采样。

★7.1.1 串行通信的数据通路形式

单片机内部集成有一个可编程的全双工的异步通信串行接口，可以作为通用异步接收/发送器(UART)，也可作为同步移位寄存器使用。单片机串行接口的结构如图 7-4 所示。

单片机串行接口结构中，两个数据缓冲器 SBUF 在物理上是相互独立的，一个用于发送数据，另一个用于接收数据。两个 SBUF 共用一个地址（99H），通过读写指令区别是对哪个 SBUF 的操作。但发送缓冲器只能写入，不能读出；接收缓冲器只能读出，不能写入。因此，对 SBUF 进行写操作时，是把数据送入 SBUF（发送）中；对 SBUF 进行读操作时，读出的是 SBUF（接收）中的数据。

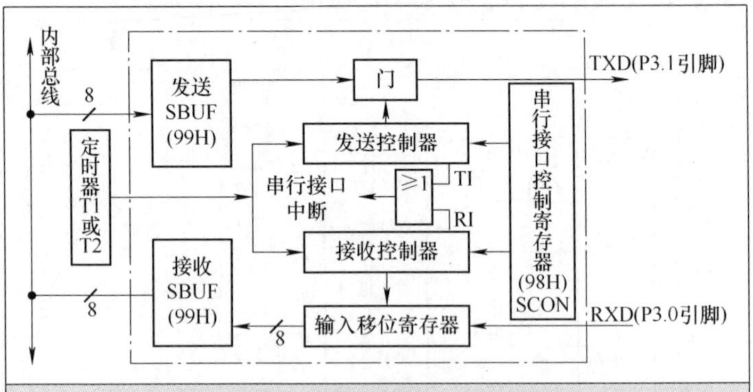

图 7-4　串行接口结构

串行通信以定时器 T1 或定时器 T2 作为波特率信号发生器，其溢出脉冲经过分频单元后送到收、发控制器中。RXD（P3.0）和 TXD（P3.1）用于串行信号或时钟信号的传入或传出。单片机串行接口的数据通路形式如图 7-5 所示。

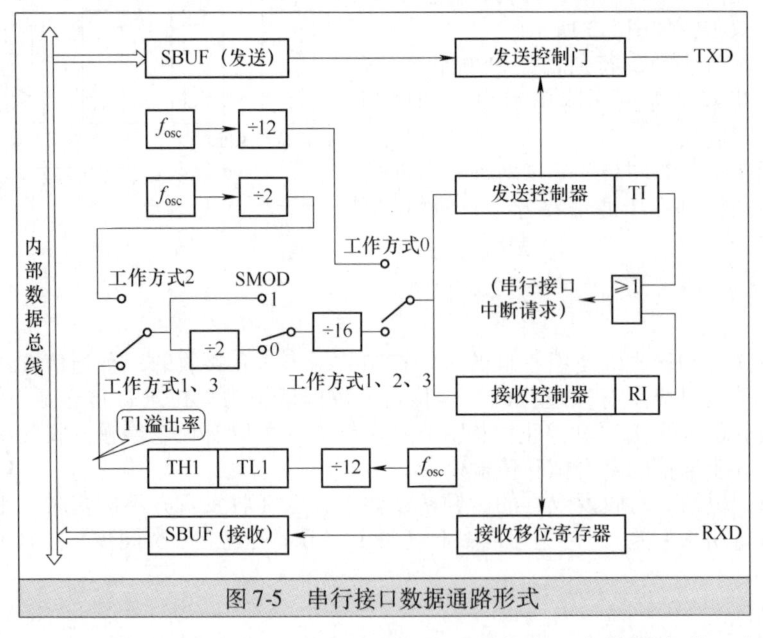

图 7-5　串行接口数据通路形式

当单片机执行写 SBUF 命令（如 MOV　SBUF，#DATA）完成一次数据发送，串行接口在接收时，接收控制器会自动对 RXD 线进行监视，只要执行读 SBUF 命令（如 MOV　A，SBUF）完成一次数据接收，便可以得到接收的数据。

★7.1.2 串行通信的传输速率

传输速率：双方用统一的时钟速率控制发送与接收。

当单片机工作于异步通信时，由于异步传输每一次只传输 1 个字节的数据，所以衡量串行接口传输速度的方法就是看它每秒传输多少个字节的数据。例如，串行接口 1s 传输 1024bit，则数据传输率为 1024bit/s，即 1Kbit/s。

模拟线路信号的速率，每秒通过信道传输的信息量称为位传输速率，也就是每秒传送的二进制位数，简称比特率。波特率是传输通道频宽的指标，波特率是指数据信号对载波的调制速率，它用单位时间内载波调制状态改变的次数来表示（也就是每秒调制的符号数，传符号率）。通过不同的调制方法可以在一个码元上负载多个比特信息。波特率与比特率的关系：比特率 = 波特率 × 单个调制状态对应的二进制位数。

大多数串行接口电路的接收波特率和发送波特率可以分别设置，但接收方的接收波特率必须与发送方的发送波特率相同。假如在异步串行通信中，传送一个字符，包括 12 位，其传输速率是1200bit/s，每秒所能传送的字符数是 1200/（1 + 8 + 1 + 2） = 100 个。

7.2 MCS-51 系列单片机的串行通信接口

★7.2.1　通用的异步接收/发送器 UART

为了使单片机能实现串行通信，在 MCS-51 系列单片机及其他很多型号单片机芯片内部都设计了通用异步接收和发送传输器（Universal Asynchronous Receiver/Transmitter，UART）串行接口。它是一个可编程的全双工异步串行通信接口，通过软件编程它可以作为通用异步接收和发送器用，也可作为同步移位寄存器用，还能实现多机通信。

UART 总线双向通信，可以实现全双工传输和接收（串并转换和并串转换），由串行通信与并行通信之间进行传输转换，通常把并行输入换成为串行输出的芯片集成于其他通信接口的连接上。具体实物表现为独立的模块化芯片，或作为集成于微处理器中的周边设备。一般和 RS-232C 规格的类似 MAX232 之类的标准信号幅度变换芯片进行搭配，使它作为连接外部设备的接口。在 UART 上追加同步方式的序列信号变换电路的产品，被称为 USART。

★7.2.2　串行接口的控制寄存器 SCON

MCS-51 单片机串行接口控制有关的特殊功能寄存器有两个，分别是串行接口控制寄存器 SCON、电源控制寄存器 PCON。

串行接口控制寄存器 SCON 用于设定串行接口的工作方式、接收/发送控制以及设置状态标志等。SCON 的字节地址为 98H，可进行位寻址。各位定义见表 7-1。

表 7-1　串行接口控制寄存器 SCON

位名	9FH	9EH	9DH	9CH	9BH	9AH	99H	98H
位寻址	SM0	SM1	SM2	REN	TB8	RB8	T1	RI
	SCON.7	SCON.6	SCON.5	SCON.4	SCON.3	SCON.2	SCON.1	SCON.0

（1）SM0/SM1：串行接口 4 种工作方式选择位

当 PCON 寄存器的 SMOD0/PCON.6 为 0 时，SM0 与 SM1 一起用来选择串行接口的工作。当 PCON 寄存器的 SMOD0/PCON.6 为 1 时，该位用于帧错误检测。当检测到一个无效停止位时，通过 UART 接收器设置该位。FE 必须由软件清 0。串行接口工作方式见表 7-2。

表 7-2　串行接口工作方式

SM0	SM1	方式	功能说明
0	0	0	同步移位寄存器方式（用于扩展 I/O），波特率为 $f_{OSC}/12$
0	1	1	10 位异步收发（8 位数据），波特率可变（由定时器控制）
1	0	2	11 位异步收发（9 位数据），波特率为 $f_{OSC}/64$ 或 $f_{OSC}/32$
1	1	3	11 位异步收发（9 位数据），波特率可变（由定时器控制）

（2）SM2：多机通信控制位

多机通信在方式2和方式3下进行。当串行接口以方式2或方式3接收时，如果SM2=1，则只有当接收到的第9位数据（RB8）为1时，才使RI置1，产生中断请求，并将接收到的前8位数据送入SBUF。当接收到的第9位数据（RB8）为0时，则将接收到的前8位数据丢弃。当SM2=0时，则不论第9位数据是1还是0，都要将前8位数据送入SBUF中，并使RI置1，产生中断请求。RB8不再具有控制RI激活的功能。

（3）REN：允许串行接收位

由软件置1或清0。REN=1时允许串行接口接收数据。REN=0时禁止串行接口接收数据。

（4）TB8：发送的第9位数据

方式2和方式3时，TB8是要发送的第9位数据，其值由软件置1或清0。在双机串行通信时，一般作为奇偶校验位使用；在多机串行通信中用来表示主机发送的是地址帧还是数据帧，TB8=1为地址帧，TB8=0为数据帧。在方式0和1中，不使用TB8。

（5）RB8：接收的第9位数据

方式2和方式3时，RB8存放接收到的第9位数据。在方式1，若SM2=0，RB8是接收到的停止位。在方式0，不使用RB8。

（6）TI：发送中断标志位

用于指示一帧信息是否发送完毕它的工作过程。在方式0，串行发送的第8位数据结束时TI由硬件置1，在其他方式中，串行接口发送停止位的开始时置TI为1。TI=1，表示一帧数据发送结束。TI的状态可供软件查询，也可申请中断。TI必须由软件清0（如执行CLR　TI指令）。

（7）RI：接收中断标志位

用于指示一帧信息是否接收完毕。在方式0，接收完第8位数据时，RI由硬件置1。在其他工作方式中，串行接收到停止位时，该位由内部硬件电路置1。

对TI、RI有以下三点需要特别注意：

1）可通过查询TI、RI判断数据是否发送、接收结束，当然也可以采用中断方式。

2）串行接口是否向CPU提出中断请求取决于TI与RI进行相“或”运算的结果，即当TI=1，或RI=1，或TI、RI同时为1时，串行接口向CPU提出中断申请。因此，当CPU响应串行接口中断请求后，首先需要使用指令判断是RI=1还是TI=1，然后再进入相应的发送或接收处理程序。

3）如果TI、RI同时为1，一般而言，则需优先处理接收子程序。这是因为接收数据时CPU处于被动状态，虽然串口输入有双重输入缓冲，但是，如果处理不及时，仍然会造成数据重叠覆盖而丢失一帧数据，所以应当尽快处理接收的数据。而发送数据时CPU处于主动状态，完全可以稍后处理，不会发生差错。

★7.2.3　特殊功能寄存器PCON

PCON特殊功能寄存器即电源控制寄存器。PCON的字节地址为87H，不能按位寻址，只能按字节寻址。各位定义见表7-3。其中，只有SMOD、SMOD0与串行接口工作有关。编程时只能使用字节操作指令对它赋值。

表7-3　特殊功能寄存器PCON

位序	D7	D6	D5	D4	D3	D2	D1	D0
位地址	SMOD	*SMOD0	–	POF	GF1	GF0	PD	IDL

1）SMOD：波特率选择位。在串行接口方式1、方式2、方式3中，用于控制是否倍增波特率。当SMOD=0时，波特率不倍增；当SMOD=1时，波特率提高一倍。

2）*SMOD0：帧错误检测有效控制位。当SMOD0=1，SCON寄存器中的SM0/FE位用于FE（帧错误检测）功能；当SMOD0=0，SCON寄存器中的SM0/FE位用于SM0功能，与SM1一起指定串行接口工作方式。复位时，SMOD0=0。

PCON其余的位，只定义了4位，GF1/GF0为通用标志位，PD/IDL用于节电（掉电/空闲）方式控制。

★7.2.4 串行接口的工作方式

串行接口有4种工作方式：方式0、方式1、方式2、方式3。由SCON寄存器的SM0、SM1控制，下面分别介绍工作方式的使用。

1 方式0——8位同步移位寄存器方式

工作于方式0时，串行接口被设定为同步移位寄存器的输入/输出方式。这时，串行接口主要用于扩展并行输入或输出口。数据由RXD（P3.0）引脚输入或输出，同步移位脉冲由TXD（P3.1）引脚输出。发送和接收均为8位数据，低位在先，高位在后。串行接口工作于方式0时，SM2、RB8和TB8皆不起作用，通常将它们均设置为0状态。方式0主要用于串并转换（不是用于异步串行通信）：I/O接口数量不足时，可通过串口方式0进行扩展，但需要相应的扩展芯片配合。这种扩展方法不会占用片外RAM地址，而且也节省单片机的硬件开销（只需外加1根I/O接口线），但扩展的移位寄存器芯片越多，接口的操作速度也就越慢。扩展输出芯片有74LS164、CD4094等，扩展输入芯片有74LS165、CD4014等。扩展的接收和发送电路如图7-6所示。

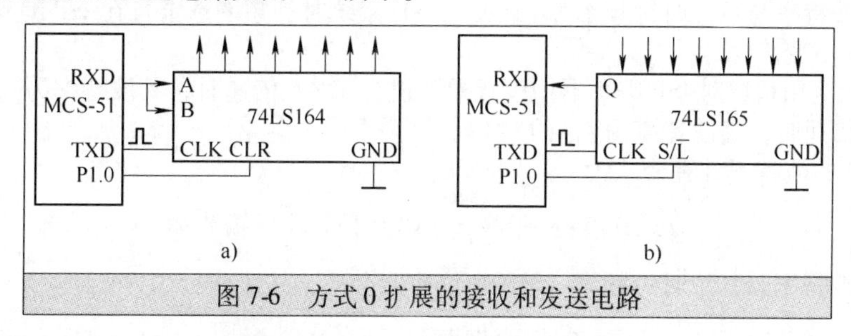

图7-6 方式0扩展的接收和发送电路

2 方式1——10位异步收发通信模式

工作于方式1是10位数据的异步通信模式。TXD为数据发送引脚，RXD为数据接收引脚，传送一帧数据的格式如图7-7所示。其中，1位起始位，8位数据位，1位停止位。

一帧信息=1个起始位（0）+8位数据位+1个停止位（1）。

发送数据由TXD输出，接收数据由RXD输入，初始化（RI、TI、REN、SM0、SM1）方式1主要用于点对点（双机）通信。指定T1或T2为波特率时钟发生器，一般选择定时方式2。

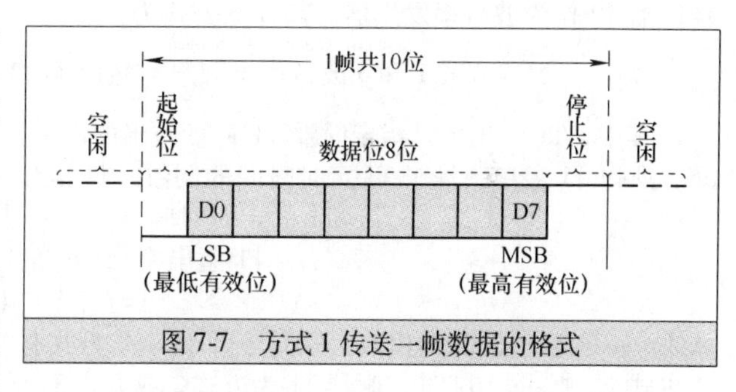

图7-7 方式1传送一帧数据的格式

3 方式2和方式3——11位数据异步通信方式

方式2或方式3时为11位数据的异步通信口。TXD为数据发送引脚，RXD为数据接收引脚。方式2和方式3时起始位1位，数据9位（含1位附加的第9位，发送时为SCON中的TB8，接收时为RB8），停止位1位，一帧数据为11位。方式2的波特率固定为晶振频率的1/64或1/32。

方式2和方式3两种操作方式的共同点是发送和接收时具有第9位数据，正确运用SM2（多机通信控制位）能实现多机通信。不同点在于，方式2的波特率是固定的，而方式3的波特率则由定时器T1或T2的溢出率决定。

一帧信息=1个起始位（0）+8位数据位+1个可编程位（P）+1个停止位（1）。

方式2和方式1相比，除波特率发生源略有不同，发送时由TB8提供给移位寄存器第9位数据不同外，其余功能均基本相同，发送/接收数据过程及时序基本相同。

★7.2.5 波特率设计

波特率是表征串行通信数据传输快慢的物理量。常用波特率有 50bit/s、110bit/s、300bit/s、600bit/s、1200bit/s、2400bit/s、4800bit/s、9600bit/s、19200bit/s、38400bit/s 等。

每一位的传输时间定义为波特率的倒数。例如，波特率为 9600bit/s 的通信系统，其每位的传输时间应为 $T_d = 1/9600\text{ms} = 0.104\text{ms}$。通常，异步通信的波特率在 50～9600bit/s 之间。

例 7-1：设单片机以 1200bit/s 的波特率发送 120 字节的数据，每帧 10 位，问至少需要多长时间？

解：所谓“至少”，是指串行通信不被打断，且数据帧与帧之间无等待间隔的情况。需传送的二进制位数为 $10\text{bit} \times 120 = 1200\text{bit}$，所需时间 $T = 1200\text{bit}/1200\ (\text{bit/s}) = 1\text{s}$。

在串行通信中，为了保证接收方能正确识别数据，收发双方必须事先约定串行通信的波特率。通过软件可对单片机串行接口编程，由于输入的移位时钟的来源不同，所以，各种方式的波特率计算公式也不相同。MCS－51 单片机在不同的串口工作方式下，其串行通信的波特率是不同的，串行接口的四种工作方式对应三种波特率。其中，方式 0 和方式 2 的波特率是固定的；方式 1 和方式 3 的波特率是可变的，由定时器 T1 的溢出率决定。

1）方式 0：波特率与系统时钟频率 f_{CLK} 有关。一旦系统时钟频率选定且在 ISP 编程器中设置好，方式 0 的波特率固定不变。

当用户在烧录应用程序时 ISP 编程器中设置单片机为 6T/双倍速时，其波特率为 f_{OSC} 的 1/6。若设置单片机为 12T/单倍速时，其波特率为 f_{OSC} 的 1/12。

例如，方式 0 的波特率计算公式为

$$\text{方式 0 波特率} = \frac{2^{\text{SMOD}}}{32} \times \text{定时器 T1 的溢出率}$$

2）方式 2：波特率与系统时钟频率、SMOD 位的值有关。其计算公式为

$$\text{方式 2 波特率} = \frac{2^{\text{SMOD}}}{64} \times f_{\text{OSC}}$$

3）方式 1 和方式 3：串行接口工作在方式 1 或方式 3 时，波特率设置方法相同，采用定时器 T1 或定位器 T2 作为波特率发生器。其计算公式为

$$\text{方式 1 和 3 波特率} = \frac{2^{\text{SMOD}}}{32} \times \text{定时器 T1 的溢出率或定时器 T2 的溢出率}$$

其中，T1 溢出率是指定时器 T1 每秒溢出的次数。由于 T1 每溢出一次所需的时间即为 T1 的定时时间，所以 T1 溢出率等于 T1 定时时间的倒数。T1 溢出率计算公式为

$$\text{T1 的定时时间} = (2^n - \text{计数初值}) \times 12/f_{\text{OSC}}$$

$$\text{T1 溢出率} = 1/\text{T1 的定时时间} = f_{\text{OSC}}/[(2^n - \text{计数初值}) \times 12]$$

式中，n 是定时器 T1 的位数，取值与 T1 的工作方式有关。若定时器 T1 为方式 0，则 $n=13$；若定时器 T1 为方式 1，则 $n=16$；若定时器 T1 为方式 2 或方式 3，则 $n=8$。分频单元的内部结构如图 7-8 所示。

设计数初值为 X，那么每过 $256-X$ 个机器周期，T1 产生一次溢出。此时，T1 溢出率取决于 T1 的计数初值（TH1），T1 溢出脉冲可有两种分频路径，即 16 分频或 32 分频，SMOD 是决定分频路径的逻辑开关。如果 SMOD＝0，则为单倍波特率；如果 SMOD＝1，则为双倍波特率。

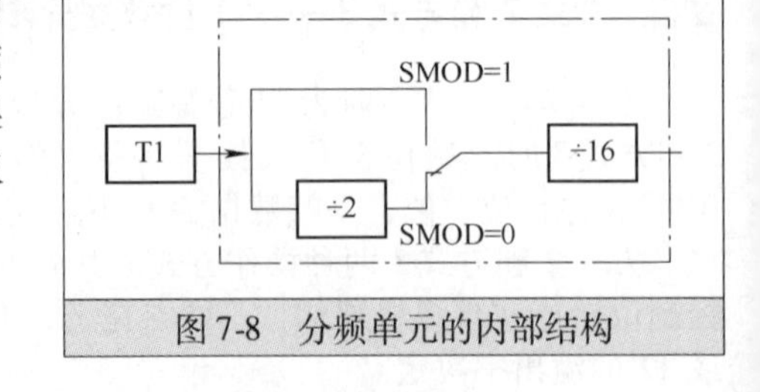

图 7-8 分频单元的内部结构

计算公式为

$$\text{T1 溢出率} = f_{\text{OSC}}/\{12 \times [256 - (\text{TH1})]\}$$

$$(\text{TH1}) = 256 - \frac{2^{\text{SMOD}}}{32} \times \frac{f_{\text{OSC}}}{12}\left(\frac{1}{\text{波特率}}\right)$$

例如，使用单倍波特率，即 SMOD＝0，晶振频率为 11.0592MHz，向 T1 寄存器 TH1（＝TL1）中载入 F3H，即 TH1＝243，得波特率为

$$波特率 = \frac{2^{SMOD}}{32} \times \frac{f_{OSC}}{12 \times [256 - (TH1)]} = \frac{2^0}{32} \times \frac{11.0592 \times 10^6}{12 \times (256 - 243)} \approx 2400$$

T1 溢出率取决于计数速率和定时器的预置值。在单片机的应用中，常用的晶振频率为 6MHz 或 12MHz（11.0592MHz）。所以，选用的波特率也相对固定。常用的串行接口波特率以及各参数的关系见表 7-4。

表 7-4 常用波特率参数

串行接口工作方式	波特率/（kbit/s）	f_{OSC}/MHz	SMOD	定时器 T1		
				C/$\overline{T}$	工作方式	初值
方式 0	500	6	×	×	×	×
	1000	12	×	×	×	×
方式 2	0.187 5	6	1	×	×	×
	0.375	12	1	×	×	×
方式 1 或方式 3	62.5	12	1	0	2	FFH
	19.2	11.059 2	1	0	2	FDH
	9.6	11.059 2	0	0	2	FDH
	4.8	11.059 2	0	0	2	FAH
	2.4	11.059 2	0	0	2	F4H
	1.2	11.059 2	0	0	2	E8H
	19.2	6	1	0	2	FEH
	9.6	6	1	0	2	FCH
	4.8	6	0	0	2	FCH
	2.4	6	0	0	2	F9H
	1.2	6	0	0	2	F2H

计数速率与 C/$\overline{T}$（TMOD）的状态有关：C/$\overline{T}$=0，计数速率 =f_{OSC}/12；C/$\overline{T}$=1，计数速率取决于外部输入时钟频率。

当设置定时器 T2 作为波特率发生器，定时器 T2 的溢出脉冲经 16 分频后作为串行接口发送脉冲、接收脉冲。其波特率计算公式为

$$波特率 = \frac{2^{SMOD}}{32} \times \frac{f_{OSC}}{65536 - (RCAP2H, RCAP2L)}$$

在使用时钟振荡频率为 12MHz 时，将初值 X 带入公式计算出的波特率有一定误差。为减小波特率误差，可使用的时钟频率为 11.0592MHz 或 22.1184MHz，此时定时初值为整数，但该外接晶振用于系统精确的定时服务不是十分的理想。例如，单片机外接 11.0592MHz 晶振频率时，机器周期 = 12/11.0592MHz≈1.085μs，是一个无限循环的小数。当单片机外接 22.1184MHz 晶振频率时，机器周期 = 12/22.1184MHz≈0.5425μs，也是一个无限循环的小数，因此不能够为定时应用提供精确的定时。

在实际使用时，经常根据已知波特率和时钟频率来计算 T1、T2 的初值。定时器 T1 和 T2 产生的常用波特率见表 7-5 和表 7-6。

表 7-5　用定时器 T1 产生的常用波特率

波特率/（kbit/s）	f_{OSC} =12MHz		f_{OSC} =11.0592MHz	
	SMOD	TH1/TL1	SMOD	TH1/TL1
19.2	1	FCH	1	FDH
9.6	1	F9H	0	FDH
4.8	1	F3H	0	FAH
2.4	0	F3H	0	F4H
1.2	0	E6H	0	E8H

表 7-6　用定时器 T2 产生的常用波特率

波特率/（kbit/s）	f_{OSC} = 12MHz		f_{OSC} = 11.0592MHz	
	RCAP2H	RCAP2L	RCAP2H	RCAP2L
19.2	FFH	EDH	FFH	EEH
9.6	FFH	D9H	FFH	DCH
4.8	FFH	B2H	FFH	D8H
2.4	FFH	64H	FFH	70H
1.2	FFH	C8H	FFH	E0H

定时器 T2 作波特率发生器是 16 位自动重装载初值的，位数比定时器 1 作为波特率发生器要多（定时器 T1 作为串口波特率发生器工作在方式 2 是 8 位自动重装初值），因此可以支持更高的传输速度。

设置波特率的常用初始化程序如下：

```
MOV  TMOD, #20H; 设置定时器 T1 工作在方式 2
MOV  TH1, #XXH; 装载定时初值
MOV  TL1, #XXH
SETB  TR1; 开启定时器 T1
MOV  PCON, #80H; 波特率倍增
MOV  SCON, #50H; 设置串行接口工作在方式 1
```

例 7-2：设单片机系统时钟频率 f_{OSC} 为 11.0592MHz，T2 工作在波特率发生器方式，波特率为 9600bit/s。

解：（1）设计分析

根据题意知，T2 工作在波特率发生器方式，T2 产生发送时钟和接收时钟，则 TCLK = 1、RCLK = 1。

（2）求定时初值

选择 T2 为定时模式，启动 T2 工作，即 TR2 = 1，选择向上计数，即 DCEN = 0，这时波特率计算公式为

$$方式1和方式3的波特率 = \frac{晶振频率}{n \times [65536 - (RCAP2H, RCAP2L)]}$$

取 SMOD = 0，由于 MCU 选 12T，则 $n = 32$，已知波特率为 9600bit/s，f_{OSC} 为 11.0592MHz。令 N = (RCAP2H，RCAP2L)，则

$$9600 = \frac{11.0592\text{MHz}}{32 \times (65536 - N)}$$

即 TH2 = FFH，TL2 = DCH，RCAP2H = FF，RCAP2L = DCH。

（3）确定特殊功能寄存器 T2CON、T2MOD 值

T2CON = 34H（即 TCLK = 1、RCLK = 1、TR2 = 1），T2MOD = 00H（即 DCEN = 0）。

程序如下：

```
InitUart: MOV  SCON, #50H; 串行接口工作在方式 1
MOV  T2MOD, #00; 设置 T2 加法计数，时钟输出不使能
MOV  T2CON, #34H; T2 为波特率发生器并启动 T2 计数
MOV  TH2, #0FFH; 设置定时寄存器计数初值
MOV  TL2, #0DCH
MOV  RCAP2L, #0DCH; 设置自动重装寄存器计数初值
MOV  RCAP2H, #0FFH
RET
```

串行接口工作之前，应对其进行初始化，主要是设置产生波特率的定时器 T1、串行接口控制和中断控制。具体步骤如下：①确定 T1 的工作方式（编程 TMOD 寄存器）；②计算 T1 的初值，装载 TH1、TL1；③启动 T1（编程 TCON 中的 TR1 位）；④确定串行接口控制（编程 SCON 寄存器）；⑤串行接口在中断方式工作时，要进行中断设置（编程 IE、IP 寄存器）。

在串行通信中，收发双方必须采用相同的通信速率，即波特率。单片机串行通信以定时器 T1 和定时器 T2 作为波特率信号发生器，其溢出脉冲经过分频单元后送到收、发控制器中。

TMOD = 0X20；定时器 1 工作于方式 2

TH1 = 0XFD，TL1 = 0XFD；波特率 9600bit/s

TR1 = 1；启动定时器 1

SCON = 0X50；设定串行接口工作于方式 1

PCON = 0X80；波特率倍增

IE = 0X90；允许中断

7.3 串行通信应用

MCS－51 系列单片机的串行接口可以与 PC 的 COM 接口进行通信，从而可以实现上位机控制。常用的串行通信标准接口有 RS－232C、RS－422A、RS－423A、RS－485 等。

1 TTL 电平通信接口

两个单片机相距在 1.5m 之内，可直接用 TTL 电平传输方法实现双机通信，如图 7-9 所示。

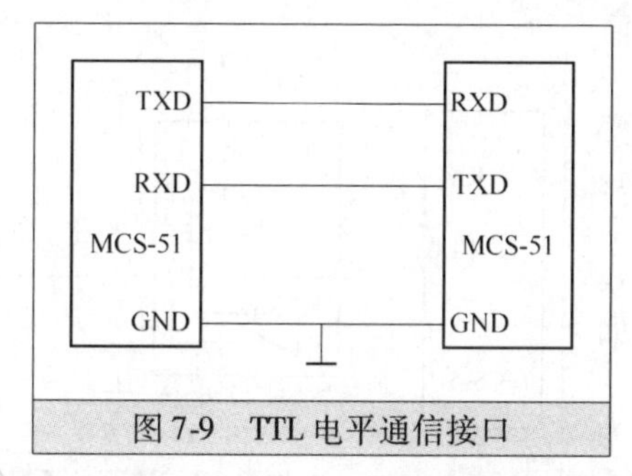

图 7-9　TTL 电平通信接口

以 TTL 电平串行传输数据的方式抗干扰性差，传输距离短且传输速率低。为提高串行通信的可靠性，增大串行通信的距离以及提高传输速率，一般都采用标准串行接口来实现串行通信。

2 RS－232C 接口

RS－232C 规定任何一条信号线的电压均为负逻辑关系，即逻辑 1 为 －3 ~ －15V；逻辑 0 为 ＋3 ~ ＋15V。－3 ~ ＋3V 为过渡区，不作定义。

由于 RS－232C 接口标准出现较早，采用该接口存在以下问题：①传输距离短，传输速率低；②有电平偏移；③抗干扰能力差。

当单片机双机通信距离在 1.5 ~ 15m 之间时，可考虑使用 RS－232C 标准接口实现点对点的双机通信，如图 7-10 所示。

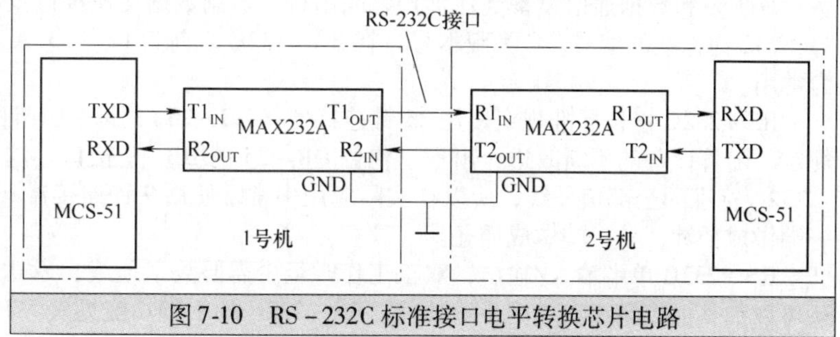

图 7-10　RS－232C 标准接口电平转换芯片电路

为了使用 RS－232C 接口通信，必须在单片机系统中加入电平转换芯片，以实现 TTL 电平向 RS－232C 电平的转换。常见的 TTL 到 RS－232C 的电平转换器有 MC1488、MC1489 和 MAX232A 等芯片。

3 RS－422A 接口

RS－422A 与 RS－232C 的主要区别是，收发双方的信号地不再共地，RS－422A 采用了平衡驱动和差分接收的方法。用于数据传输的是两条平衡导线，这相当于两个单端驱动器。输入同一个信号时，其中一个驱动器的输出永远是另一个驱动器的反相信号。因此，两条线上传输的信号电平，当一个表示逻辑“1”时，另一条一定为逻辑“0”。

RS－422A 与 TTL 电平转换常用的芯片为传输线驱动器（SN75174 或 MC3487）和传输线接收器（SN75175 或 MC3486），如图 7-11 所示。

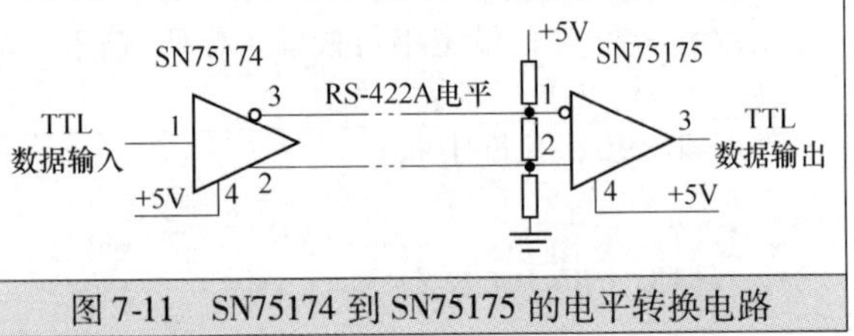

图 7-11　SN75174 到 SN75175 的电平转换电路

RS－422A 能在长距离、高速率下传输数据。它的最大传输率为 10Mbit/s，电缆允许长度为 12m，如果采用较低传输速率，则最大传输距离可达 1219m。

4 RS－485 接口

RS－422A 双机通信需要四芯传输线，应用于长距离通信很不经济，因此在工业现场，通常采用双绞线传输的 RS－485 串行通信接口。

RS－485 是 RS－422A 的变形，它与 RS－422A 的区别为：RS－422A 为全双工，采用两对平衡差分信号线；RS－485 为半双工，采用一对平衡差分信号线，如图 7-12 所示。

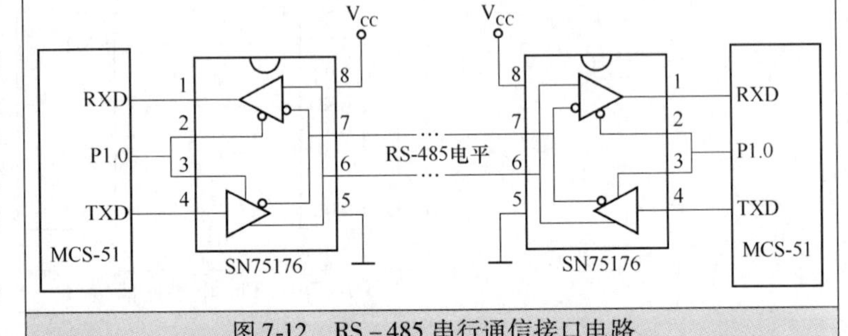

图 7-12　RS－485 串行通信接口电路

RS－485 最大传输距离约为 1219m，最大传输速率为 10Mbit/s。通信线路要采用平衡双绞线。平衡双绞线的长度与传输速率成反比，在 100kbit/s 速率以下，才可能使用规定的最长电缆。只有在很短的距离下才能获得最大传输速率。一般 100m 长的双绞线最大传输速率仅为 1Mbit/s。

★7.3.1　RS－232 标准串行总线接口及应用

RS－232C 标准接口是 EIA（美国电子工业协会）于 1969 年颁布的串行通信接口标准，数据终端设备（DTE）和数据通信设备（DCE）之间串行二进制数据交换接口技术标准。RS 是“推荐标准”的缩写，232 为标准的编号，C 为版本号。在 RS－232C 之前为 RS－232A 与 RS－232B，其中，RS－232C 最为常用。

RS－232C 接口标准规定使用 25 针连接器（DB－25），每个引脚的信号内容和各种信号的电平都有规定。随着设备的不断改进，出现了代替 DB－25 的 DB－9 接口。这是由于一般的应用中很少用到 RS－232C 标准的全部信号线，所以在实际应用中常常使用 9 针连接器（DB－9）替代 25 针连接器，通常一端做成插针，另一端做成插孔。

RS－232C 单端输入/输出，双工工作时至少需要数字地线、发送线和接收线三条线（异步传输），还可以加其他控制线完成同步等功能。RS－232C 的引脚功能见表 7-7。

表 7-7　RS－232C 的引脚功能

引脚序号	信号名称	功能	信号方向
1	PGND	保护（屏蔽）接地	—
2（3）	TXD	发送数据（串行输出）	DTE→DCE

（续）

引脚序号	信号名称	功能	信号方向
3（2）	RXD	接收数据（串行输入）	DTE←DCE
4（7）	RTS	请求发送	DTE→DCE
5（8）	CTS	允许发送	DTE←DCE
6（6）	DSR	DCE 就绪（数据建立就绪）	DTE←DCE
7（5）	SGND	信号接地	—
8（1）	DCD	载波检测	DTE←DCE
9	—	保留供测试用	—
10	—	保留供测试用	—
11	—	未定义	—
12	SDCD	辅助信道载波检测	DTE←DCE
13	SCTS	辅助信道允许发送	DTE←DCE
14	STXD	辅助信道发送数据	DTE→DCE
15	TXC	发送时钟	DTE←DCE
16	SRXD	辅助信道接收数据	DTE←DCE
17	RXC	接收时钟	DTE←DCE
18	—	未定义	—
19	SRTS	辅助信道请求发送	DTE→DCE
20（4）	DTR	DTE 就绪（数据终端准备就绪）	DTE→DCE
21	SQD	信号质量检测	DTE←DCE
22（9）	RI	振铃指示	DTE←DCE
23	DRS	数据信号速率选择	DTE→DCE
24	ETXC	外部发送时钟	DTE→DCE
25	—	未定义	—

注：表中“引脚序号”栏中带括号的序号为 DB－9 连接器的引脚序号。

通常 RS－232C 的逻辑电平采用＋12V 表示逻辑 0，－12V 表示逻辑 1。RS－232C 是为点对点（即只用一对收、发设备）通信而设计的，其驱动器负载为 3～7kΩ。所以 RS－232C 适合本地设备之间的通信。RS－232C 在远程通信是指传输距离在 15m 以上的远距离通信，远程通信通常需要采用调制解调器（MODEM）。

由于 MCS－51 系列单片机的串行接口不是标准的 RS－232C 接口，采用的是正逻辑 TTL 电平（即逻辑 1 为＋2.4V，逻辑 0 为＋0.4V），所以使用 RS－232C 接口将 MCS－51 系列单片机与计算机或其他具有 RS－232C 接口的设备进行连接时，必须考虑电平转换问题。通常使用专用的电平转换芯片来进行电平转换。

1 MC1488、MC1489 电平转换芯片

MC1488 用于将输入的 TTL 电平转换为 RS－232C 电平，MC1489 用于将输入的 RS－232C 电平转换为 TTL 电平输出。它们的内部结构排列如图 7-13 所示，电平转换电路如图 7-14 所示。

2 MAX232 电平转换芯片

为了减少使用双电源的麻烦，现在市场上出现了使用单电源供电的电平转换芯片，这种芯片体积更小，连接简便，而且抗干扰能力更强。常见的有 MAXIM 公司生产的 MAX232。它仅需要＋5V 电源，由内置的电子泵电压转换器将＋5V 转换成－10～＋10V。该芯片与 TTL/CMOS 电平兼容，片内有两个发送器和两个接收器，使用比较方便。由它构成的电平转换电路如图 7-15 所示。

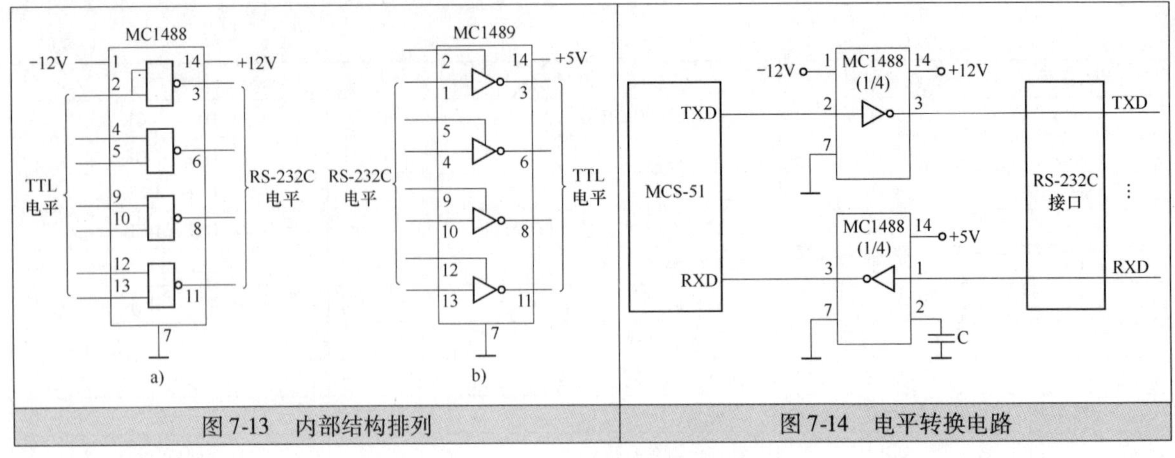

图 7-13　内部结构排列

图 7-14　电平转换电路

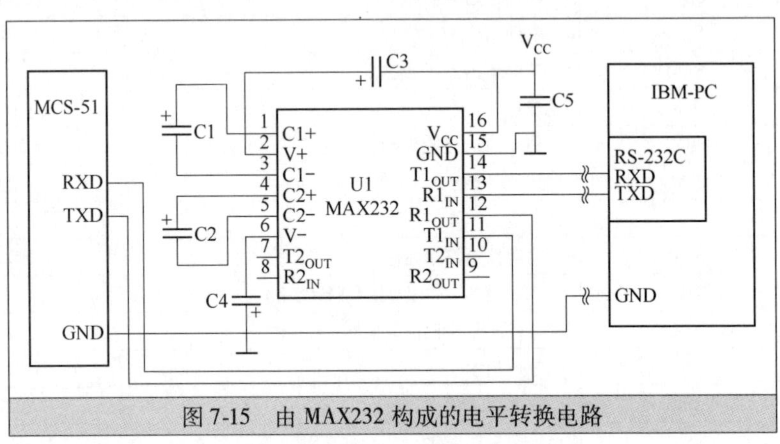

图 7-15　由 MAX232 构成的电平转换电路

★7.3.2　RS－422、RS－485 标准串行总线接口及应用

全双工 RS－422 全称是“平衡电压数字接口电路的电气特性”，它定义了接口电路的特性。RS－422 实际上是四线接口。此外，还有一根信号地线，共 5 根线。RS－422 四线接口由于采用单独的发送和接收通道，因此不必控制数据方向，各装置之间任何必需的信号交换均可以按软件方式（XON/XOFF 握手）或硬件方式（一对单独的双绞线）实现。RS－422 通过两对双绞线可以全双工工作，收发互不影响，如果 RS－422 为两线制，那么 R－和 T－就在一根线上，R＋和 T＋也同样在一根线上。为扩展应用范围，EIA 又于 1983 年在 RS－422 基础上制定了 RS－485 标准，增加了多点、双向通信能力，即允许多个发送器连接到同一条总线上，同时增加了发送器的驱动能力和冲突保护特性，扩展了总线共模范围，后命名为 TIA/EIA－485－A 标准。RS－485 与 RS－422 的不同还在于，其共模输出电压是不同的，RS－485 是 －7V 至 ＋12V，而 RS－422 则是 －7V ～＋7V。RS－485 接收器的最小输入阻抗为 12kΩ，RS－485 需要 2 个终接电阻，其阻值要求等于传输电缆的特性阻抗。在短距离传输时可不需终接电阻，即一般在 300m 以下不需终接电阻。终接电阻接在传输总线的两端。

RS－422、RS－485 与 RS－232 不一样，数据信号采用差分传输方式，也称作平衡传输，它使用一对双绞线，将其中一线定义为 A，另一线定义为 B。通常情况下，发送驱动器 A、B 之间的正电平为＋2～＋6V，是一个负逻辑状态；负电平为 －2～6V，是另一个正逻辑状态。另有一个信号地 C，在 RS－485 中还有一使能端，而在 RS－422 中这是可用可不用的。使能端是用于控制发送驱动器与传输线的切断与连接。当使能端起作用时，发送驱动器处于高阻状态，称作第三态，即它是有别于逻辑 1 与 0 的第三态。接收器也作与发送端相对的规定，收、发端通过平衡双绞线将 AA 与 BB 对应相连，当在收端 AB 之间有大于＋200mV 的电平时，输出正逻辑电平；有小于 －200mV 的电平时，输出负逻辑电平。接收器接收平衡线上的电平范围通常在 200mV～6V 之间。RS－485 串行总线接口引脚功能见表 7-8。

表 7-8 RS－485 串行总线接口引脚功能

外形	针脚	符号	输入/输出	功能	信号方向
	1	DCD	输入	数据载波检测	DTE←DCE
	2	RXD	输入	接收数据	DTE←DCE
	3	TXD	输出	发送数据	DTE→DCE
	4	DTR	输出	数据终端准备好	DTE→DCE
	5	GND	—	信号地	—
	6	DSR	输入	数据装置准备好	DTE←DCE
	7	RTS	输出	请求发送	DTE→DCE
	8	CTS	输入	允许发送	DTE←DCE
	9	RI	输入	振铃指示	DTE←DCE

★7.3.3 移位寄存器方式

1 将串行接口作为并行输入口使用

串行接口在方式0下，通过外接一个“并入串出”的8位移位寄存器（74LS165或CD4014），可以作为并行输入接口使用。例如，通过外接CD4014将8路开关状态从串行接口读入单片机的电路如图7-16所示。

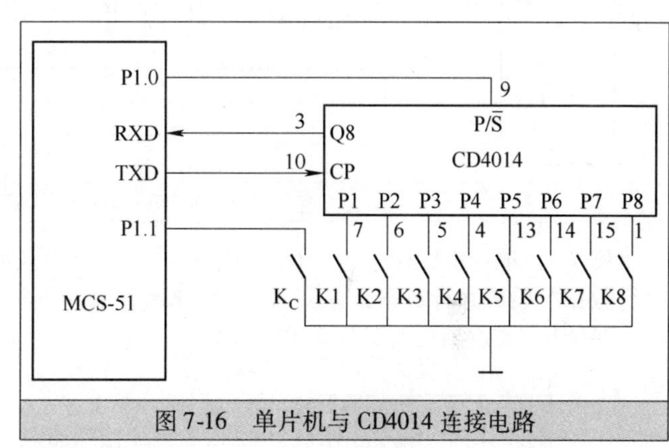

图 7-16 单片机与 CD4014 连接电路

CD4014是一个8位串入/并入串出移位寄存器，CP为同步移位脉冲输入端，P1～P8为并行输入端，Q8为串行输出端，P/$\overline{S}$为控制端。若P/$\overline{S}$=0，则CD4014为串行输入；若P/$\overline{S}$=1，则CD4014为并行输入。开关K_C用于提供控制信号，当K_C闭合时，表示要求单片机读入开关量。只要在程序中对P1.1引脚进行查询，发现P1.1=0（即开关K_C闭合），便通过P1.0使CD4014的P/$\overline{S}$=1，然后再启动单片机串行接口方式0接收过程，即可将CD4014并行输入的开关状态通过串行接口输入到单片机中。

具体程序如下：

```
ORG  0500H
CLR  ES；关串行接口中断，使用查询方式控制
START：JB  P1.1，$；若 KC 未闭合，则等待
SETB  P1.0；若 KC 未闭合，令 CD4014 并行输入开关量
NOP；适当延时
NOP
CLR  P1.0；令 CD4014 停止并行输入，准备串行输出
MOV  SCON，#10H；设置串行接口为方式 0、RI=0、REN=1、启动接收
JNB  RI，$；若未接收完，则等待
CLR  RI；接收完，清 RI
```

```
MOV  A，SBUF；将开关量读入单片机的 A 中，进行开关量处理
SJMP  START；准备下一次读入开关量
END
```

2 将串行接口作为并行输出口使用

串行接口在方式0下，通过外接一个“串入并出”的8位移位寄存器74LS164（或CD4094），可以作为并行输出口使用。将应用项目中单片机通过8155与LED数码管连接的接口电路改为使用串行接口与LED数码管连接，如图7-17所示。

在图7-17中，单片机串行接口工作于方式0，作为移位寄存器，RXD用于输出字形码（段码），TXD用于输出移位脉冲。

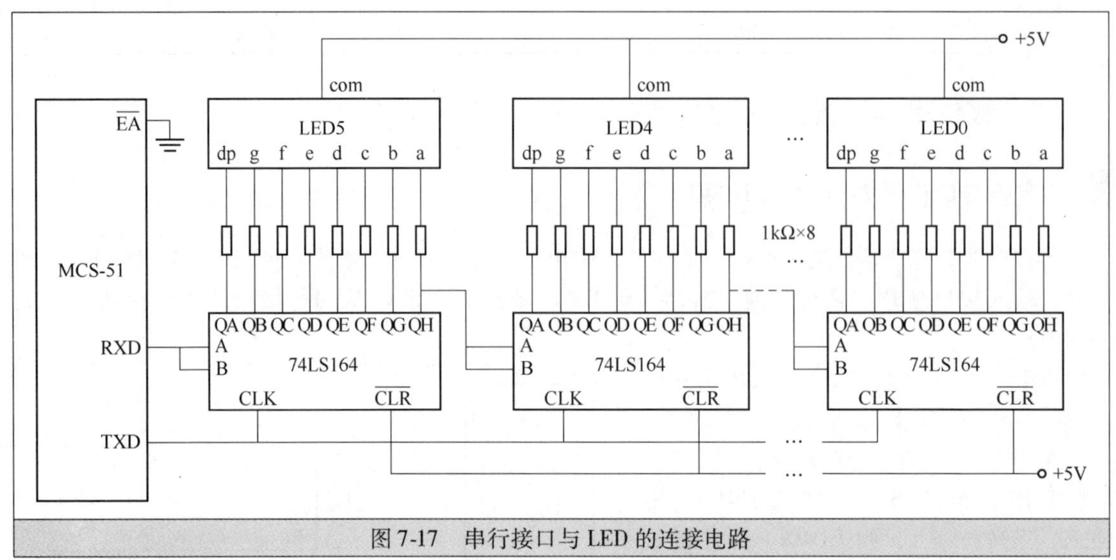

图7-17　串行接口与LED的连接电路

例7-3：单片机工作于方式0，利用外接了一个串入并出移位寄存器74LS164扩展并行输出口，将串行数据扩展成并行数据，并实现8个LED由上向下循环点亮，产生流水灯效果。电路如图7-18所示，74LS164寄存器芯片如图7-19所示。

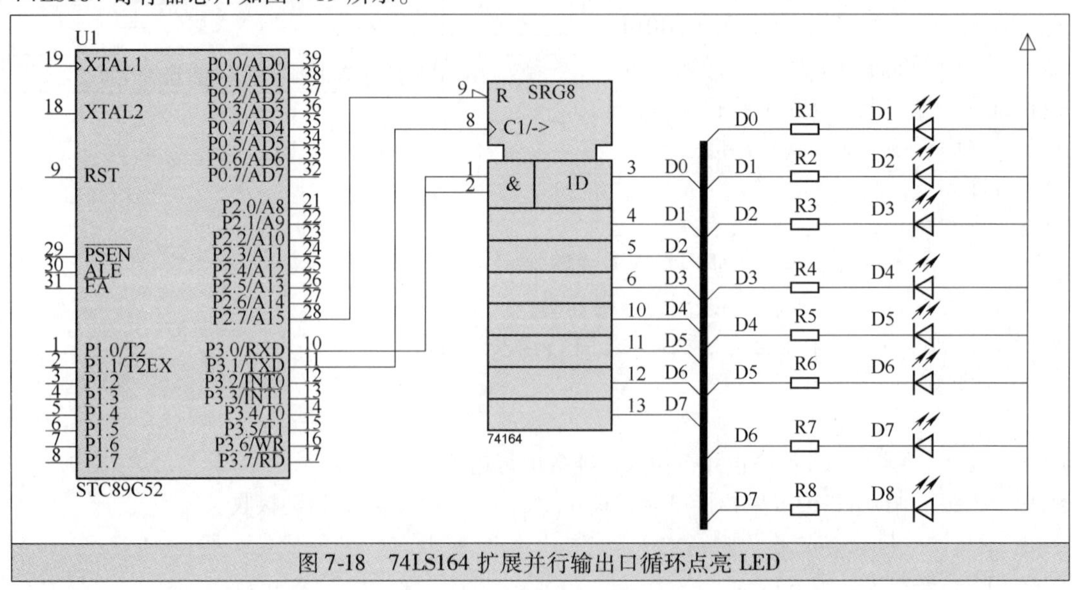

图7-18　74LS164扩展并行输出口循环点亮LED

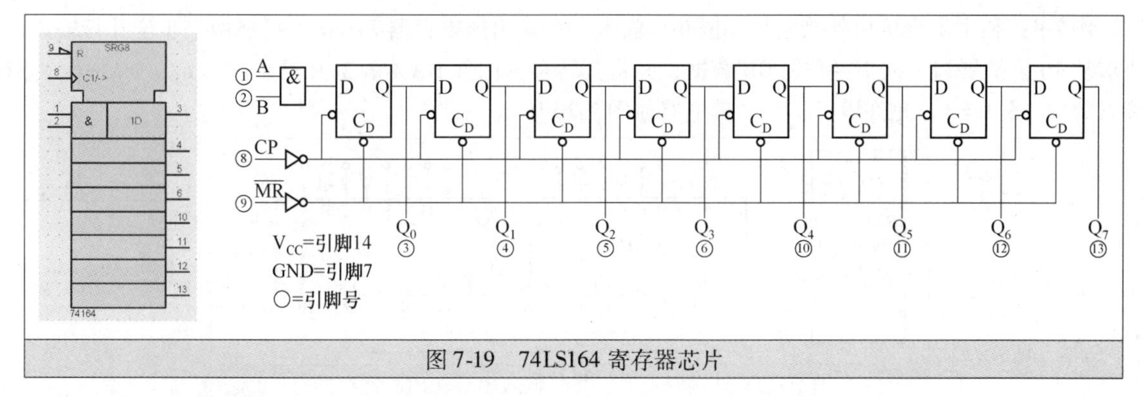

图7-19 74LS164寄存器芯片

解：（1）工作原理

1）清零端$\overline{MR}$若为低电平，输出端都为0。

2）清零端$\overline{MR}$若为高电平，且时钟端CP出现上升沿脉冲，则输出端Q锁存输入端D的电平。

3）串行数据输入端（A，B）可控制数据。当A、B任意一个为低电平，则禁止新数据的输入，在时钟端脉冲CP上升沿作用下Q_0为低电平。当A、B有一个高电平，则另一个就允许输入数据，并在上升沿作用下确定串行数据输入口的状态。

4）前级Q端与后级D端相连——移位作用，最先接收到的数将进入最高位。

（2）程序分析

1）串行接口初始化：SCON = 0。方式0（SM0/SM1 = 00）；中断请求标志位清0（RI = 0，TI = 0）；禁止接收数据（REN = 0）。

2）串行数据输出时，一组数据发送完成，TI会被置1。可以采用中断法或查询方式进行判别，满足条件，发送下一组数据，否则循环等待直到TI置1。

3）方式0发送串行输出低位在先，高位在后。而74LS164是先串入的数进入最高位。若需要实现指定效果（仅D1点亮为例），则74LS164应输出11111110B，发送端数据应为LED = 01111111B；欲使LED由上向下点亮，发送端数据应右移且最高位置1。

程序设计如下：

```
ORG  0000H
AJMP  START
ORG  0030H
START: MOV  SP, #5FH
MOV  SCON, #00H; 设置串行接口工作方式0
MOV  A, #0FEH; 首次发送的字节数据
LOOP: MOV  SBUF, A
JNB  TI, $; 为发送完数据原地等待
CLR  TI; 清除发送标志
LCALL  DELAY
RL  A; 准备下一次发送的数据
AJMP  LOOP; 循环发送
DELAY: MOV  R5, #8
D1: MOV  R6, #250
D2: MOV  R7, #250
D3: DJNZ  R7, D3
DJNZ  R6, D2
DJNZ  R5, D1
RET
END
```

例 7-4：利用串行接口外接两片 8 位并行输入串行输出的寄存器 74LS165 扩展两个 8 位并行输入口。要求从 16 位扩展口读入 10 组共 20B 数据，并将其转存到内部 RAM 的 30H 开始的单元。$S/\overline{L}=0$，并行接收数据；$S/\overline{L}=1$，允许串行移位。其电路如图 7-20 所示。

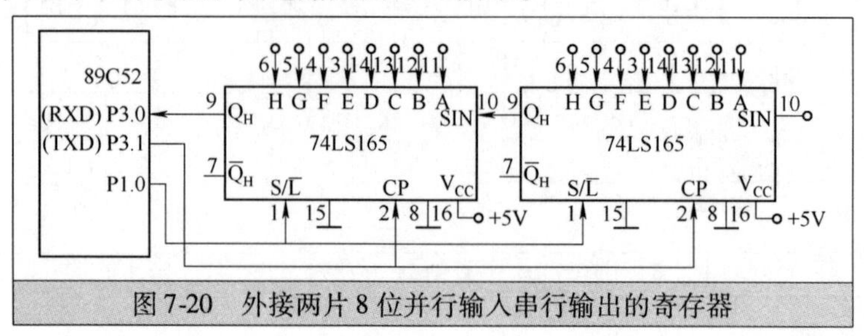

图 7-20　外接两片 8 位并行输入串行输出的寄存器

解：程序段如下：

```
MOV   R7，#10；设置读入数据组数
MOV   R0，#30H；设置内部 RAM 数据区首地址
START：CLR   P1.0；并行置入数据
SETB  P1.0；允许串行移位
MOV   R2，#02H；每组为 2B
RXDATA：MOV   SCON，#10H；串行接口工作在方式 0，允许接收
WAIT：JNB   RI，WAIT；未接收完一帧，则等待
CLR   RI；RI 标志清 0，准备下次接收
MOV   A，SBUF；读入数据
MOV   @R0，A；送至片内 RAM 缓冲区
INC   R0；指向下一个地址
DJNZ  R2，RXDATA；未读完一组数据，则继续
DJNZ  R7，START；10 组数据未读完重新并行置数
```

★7.3.4　双机、多机通信应用

如果两个单片机应用系统相距很近，将它们的串行接口直接相连，利用 RS－422 标准进行双机通信。发送方的数据由串行接口 TXD 端输出，通过 74LS05 反向驱动，经光耦合器至四差分驱动器 75174 的输入端，75174 将输入的 TTL 信号变换成符合 RS－422 标准的差动信号输出，经传输线（双绞线）将信号传送到接收端。接收方通过三态四差分接收器 75175 将差分信号转换成 TTL 电平信号，通过反向驱动后，经光耦合器到达接收方串行接口的接收端。

双机通信不仅适用于 MCS－51 系列单片机之间，也可用于 MCS－51 系列单片机与异种机之间的通信，如 8051 与通用微机的通信等。MCS－51 与异种机间的通信一般是通过双方的串行接口。

例 7-5：假定有甲乙两机，以方式 1 进行异步通信，采用如图 7-21 所示的双机串行通信电路，其中，甲机发送数据，乙机接收数据。双方晶振频率为 11.0592MHz，通信波特率为 2400bit/s。甲机循环发送数字 0～F，乙机接收后返回接收值。若发送值与返回值相等，则继续发送下一数字，否则需重发当前数字。数码管（7SEG－BCD）带译码电路可直接输入数据 0～F，无须显示字模。

解：分析串行接口、定时器初始化，见表 7-9。

采用波特率为 2400bit/s，则 PCON＝0，查表得 TH1＝TL1＝0xF4，T1 采用方式 2，则 TMOD＝0x20；串口工作在方式 1，允许接收，清中断标志，则SCON＝0x50。

下面以单片机的双机通信为例，介绍串行接口在方式 1 中的应用。

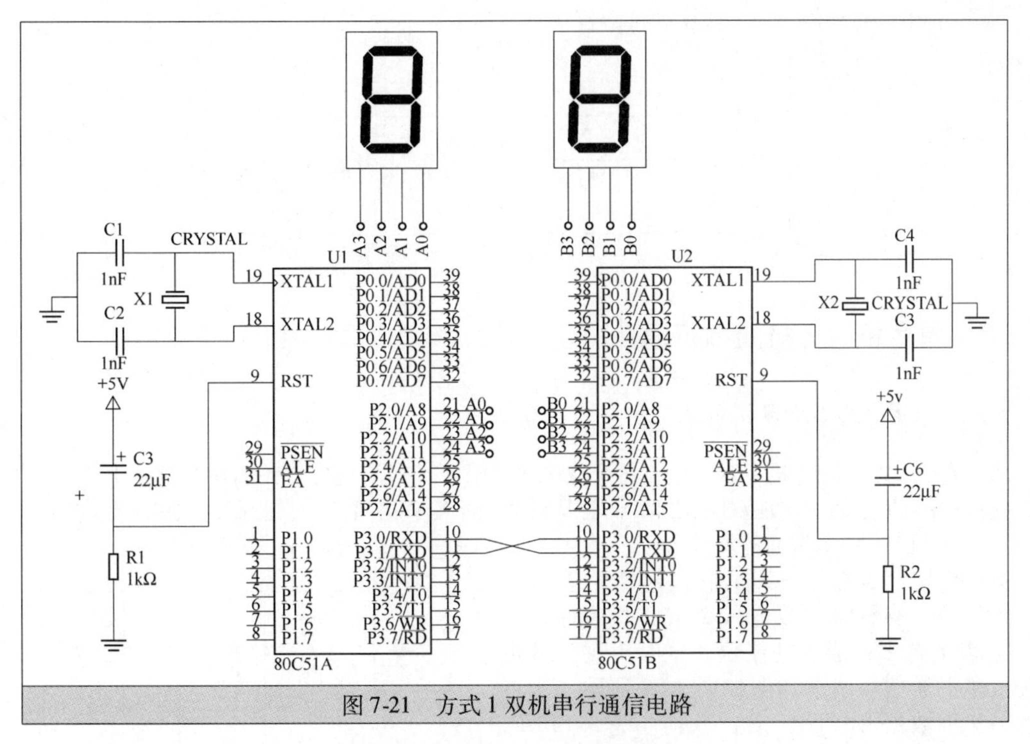

图 7-21　方式 1 双机串行通信电路

表 7-9　串行接口、定时器初始化

	波特率/（bit/s）	SMOD	A
f = 11. 0592MHz	62500	1	0xFF
	19200	1	0xFD
	9600	0	0xFD
	4800	0	0xFA
	2400	0	0xF4
	1200	0	0xE8

当进行通信的两台单片机距离很近时，它们的串行接口之间可直接连接，如图 7-22 所示。

当进行通信的两台单片机距离较远（5～15m）时，两台单片机之间则不宜直接连接。此时，通常采用 RS－232C 接口进行点对点的通信连接，如图 7-23 所示。

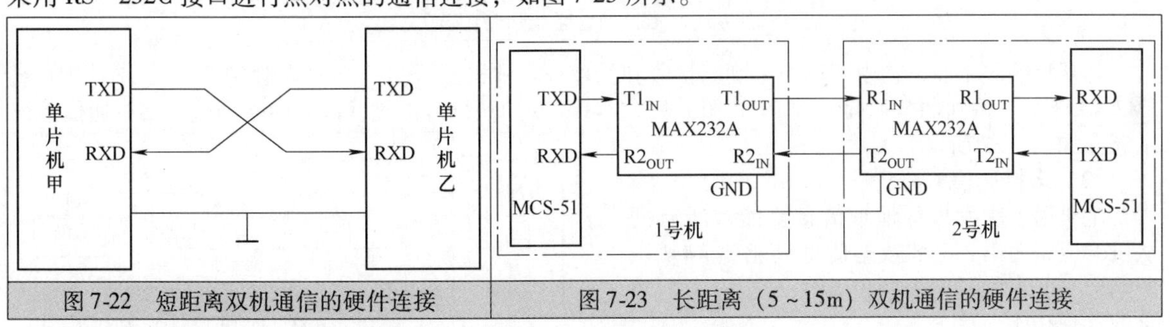

图 7-22　短距离双机通信的硬件连接

图 7-23　长距离（5～15m）双机通信的硬件连接

串行接口工作于方式 2 和方式 3 时，可进行单片机的多机通信。

单片机构成的多机系统常采用总线型主从式结构。所谓主从式，即在数个单片机中，有一个是主机，其余的都是从机。主机发送的信息可以传送到各个从机或指定从机，从机发送的信息只能为主机所接收，各从机之间不能直接通信。主机和从机之间的硬件连接如图 7-24 所示。在实际的多机应用系统中，常采用 RS－485 串行标准总线进行数据传输。

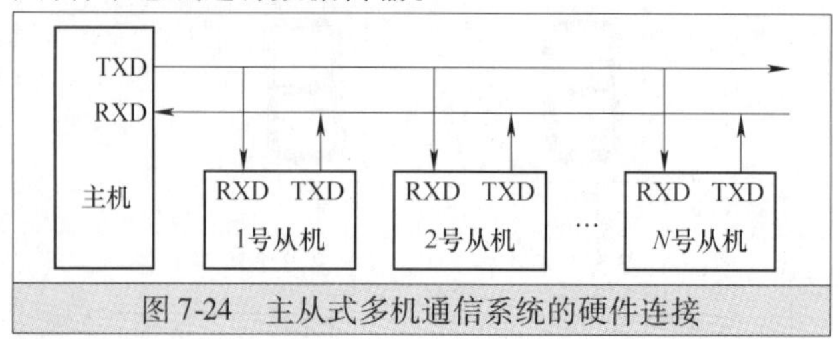

图 7-24　主从式多机通信系统的硬件连接

★7.3.5　单片机与微机的串行通信

1　单片机与 PC 的串行多机通信

主从式通信系统：一主机＋多从机；每个从机都被赋予唯一的地址。一般还要预留 1～2 个“广播地址”。主机与各从机之间能实现双向通信，而各从机之间不能直接通信，只能通过主机才能沟通。

（1）单片机与 PC 多机通信原理

串行接口控制寄存器 SCON 中的 SM2 为多机通信接口控制位，串行接口以方式 2 或 3 接收时，若 SM2＝1，表示置多机通信功能位，这时出现两种可能情况。多机通信系统示意图如图 7-25 所示。①接收到的第 9 位数据 RB8 为 1 时，数据才装入 SBUF，并置位 RI＝1，向 CPU 发中断请求；②接收到的第 9 位数据 RB8 为 0 时，则不产生中断，信息抛弃。

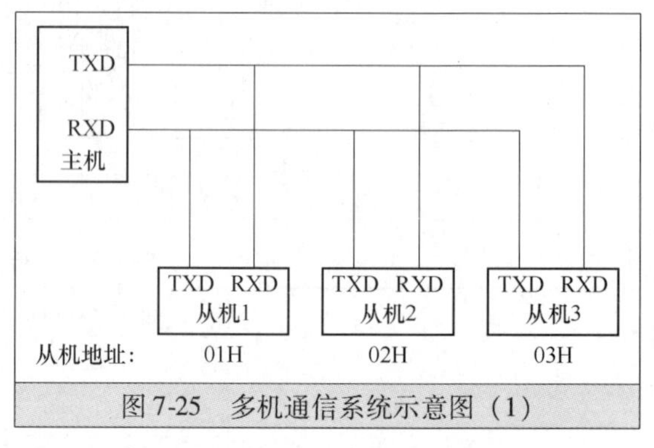

图 7-25　多机通信系统示意图（1）

各从机初始化：MOV　SCON，#0B0H；或#0F0H

主机发送信息：其中第 9 位数据 TB8 作为区分地址/数据的标识。TB8＝1 表示地址，TB8＝0 表示数据。例如，主机发送地址帧信息 02H，02H 是从机 2 的地址。多机通信系统示意图如图 7-26 所示。

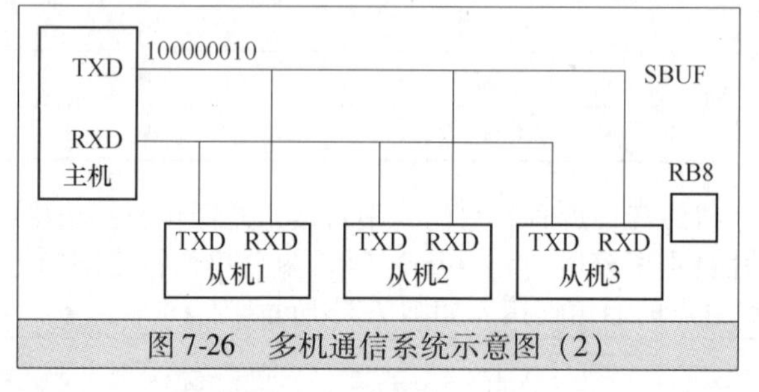

图 7-26　多机通信系统示意图（2）

各从机响应中断，在中断程序中判断接收到的地址与本机是否相符，相符则 SM2＝0，不符则保持 SM2＝1 不变。发送的数据帧，因 RB8＝0，只有 SM2＝0 的从机可接收，进入中断处理。多机通信系统示意图如图 7-27 所示。

（2）多机通信关键

主机第 1 次发出的地址信息要能被所有的从机响应，而第 2 次的数据信息只能被 n#从机所响应——多机通信控制位 SM2 对接收中断请求的管理功能。

例 7-6：设一主机与多台从机进行通信，通信各方的晶振频率为 11.0592MHz，波特率发生

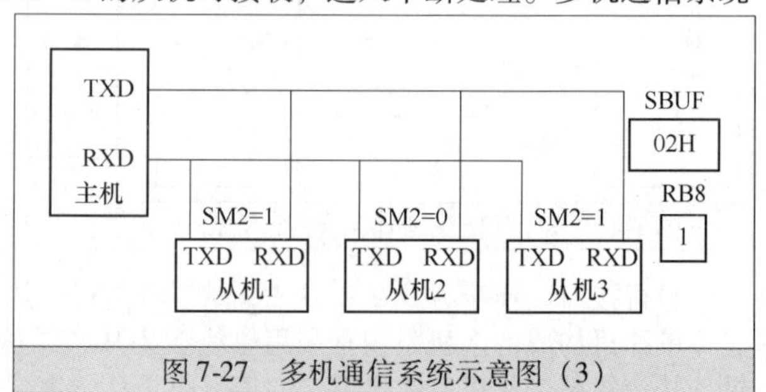

图 7-27　多机通信系统示意图（3）

器采用定时器 2 实现。

解：假定各从机地址号分别为 01、02、03，主机循环选定各从机进行通信。发送前，在 P2 口显示所呼叫的从机机号，主机发送的数据包格式为：从机以中断方式接收主机发送的首字节，然后在中断服务程序里用查询方式接收数据包的后续字节。收到完整数据包后，判别数据包里的从机机号与本机机号是否匹配，并校验和是否正确。若两条件均成立，则回送应答信息 0xA0 与本机机号之和，同时将本机机号送 P2 口显示，表示主机正在与该从机通信；若两条件不同时成立，则将 0xFF 送 P2 口显示，表示本机空闲。主机收到应答后，在 P2 口显示应答信息。

初始化：串行接口工作在方式 3，允许接收，则 SCON＝0xF0。T2CON 格式如下所示：

TF2	EXF2	RCLK	TCLK	EXEN2	TR2	$C/\overline{T2}$	$CP/\overline{RL2}$

T2 作为波特率发生器，则 T2CON＝00110100B＝0x34。

可得 T2 计数初值：波特率为 9600bit/s，则（RCAP2H，RCAP2L）为 0FFDCH。

2　PC 与单片机的点对点通信设计

（1）硬件接口电路

在功能比较复杂的控制系统和数据采集系统中，一般常用 PC 作为主机，单片机作为从机，如图 7-28所示。单片机通过串行接口与 PC 的串行接口相连，将采集到的数据传送至 PC，再在 PC 上进行数据处理。由于单片机的输入/输出是 TTL 电平，而 PC 配置的都是 RS－232 标准串行接口。由于两者的电平不匹配，必须将单片机输出的 TTL 电平转换为 RS－232 电平。

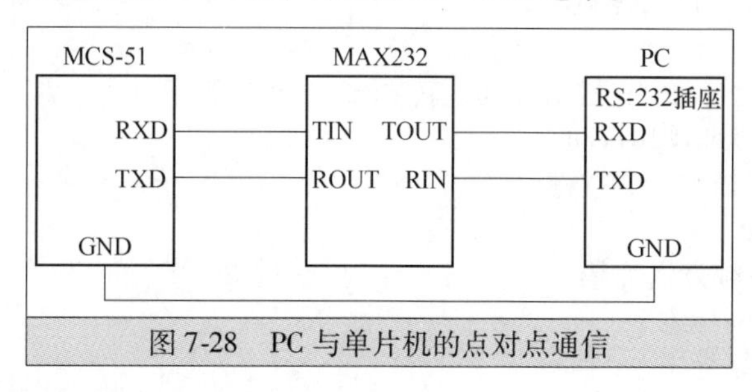

图 7-28　PC 与单片机的点对点通信

（2）PC 与多个单片机的串行通信接口程序设计

在工控系统（尤其是多点现场工控系统）设计实践中，单片机与 PC 组合构成分布式测控系统是一个重要的发展方向。PC 与单片机间的通信采用主从方式，PC 为主机，单片机为从机，由 PC 确定与哪个单片机进行通信，如图 7-29 所示。

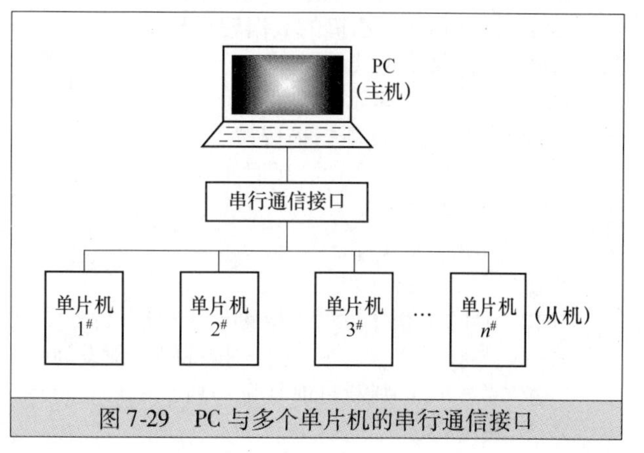

图 7-29　PC 与多个单片机的串行通信接口

例 7-7：甲机键盘输入，波特率为 1200bit/s，乙机 LED 数码管显示输出，接发双机数据分别完成双机串行通信。

解：（1）甲机程序（键盘输入、发送，接收乙机发来数据）

```
ORG 0000H
SJMP  STAR
ORG 0030H
STAR：MOV  SCON，#50H；设置串行接口方式 1，允许接收
MOV  TMOD，#20H；设计定时器 1 工作方式 2
MOV  PCON，#0H；波特率不加倍
MOV  TH1，#0E6H；12MHz 晶振频率，波特率 1200bit/s
MOV  TL1，#0E6H
```

```
SETB  TR1；启动定时器1
CLR  ES；禁止串行接口中断
MOV  SP，#5FH；设置堆栈指针
MOV  P2，#0H；数码管显示“8”，P1.0～P1.3为列，P1.4～P1.7为行
KEYS：MOV  R0，#4；键盘扫描和数码管显示子程序
MOV  R1，#11101111B；行扫描，从0行开始扫描
MOV  R2，#11111111B；(R2) =0FFH，假设未按键
SNEXT：MOV  A，R1；送出行扫描码
MOV  P1，A
MOV  A，P1；读键状态
ORL  A，#0F0H
CJNE  A，#0FFH，KEYIN；判断是否按键
MOV  A，R1；未按键盘继续扫描下一行
RL    A；修改行扫描数
MOV  R1，A；保存行键扫描数
DJNZ  R0，SNEXT；4行未扫描完，循环
LJMP  KEYS；循环查键
KEYIN：MOV  R2，A；键盘状态保存在R2
ACALL  DLY；除按键抖动并等待按键弹起
NOPEN：MOV  A，P1；读入键盘状态
ORL    A，#0F0H
CJNE   A，#0FFH，NOPEN；键未弹起，转NOPEN等待弹起
LCALL  DLY；延时消键弹起抖动
LCALL  KEYV；将扫描码转成按键码
MOV  SBUF，A；发送
JNB  TI，$；等待一帧发送完毕
CLR  TI；清发送中断标志
CLR  RI；清接收中断标志
ACALL  DLY；调用延时
MOV  A，SBUF；接收乙机的数据
JNB  RI，$；等待接收完一帧数据
CLR  RI    ；清接收中断标志
LCALL  SEG7；乙机的数据转成显示码
CPL  A；取反为共阳段码
MOV  P2，A；显示按键值
LJMP  KEYS；重新扫描按键
DLY：MOV  R7，#30；延时15ms（12MHz晶振频率时）
MOV  R6，#0
S1：DJNZ  R6，$
DJNZ  R7，S1
RET；延时子程序返回，求键值子程序KEYV，P1.0～P1.3为列，P1.4～P1.7为行
KEYV：MOV  B，#0；(B)=按键码，预设为0
MOV  A，R2；判断目前是哪一列？
C1：RRC  A
JNC  C2；按键在当前列，转C2
INC  B；按键不在本列，(B)+4，因为每一列按键码相差4
INC  B
```

```
INC  B
INC  B
LJMP  C1；返回继续判断按键在哪一列
C2：MOV  A，R1；(A)=(R1)，行扫描码
RR  A；右移 4 位，将高 4 位移到低 4 位，以便后续的判断
RR  A
RR  A
RR  A
C3：RRC  A；判断哪一行被按下
JNC  C4；在当前行，转 C4
INC  B；非当前行，键值 +1（每一行每个按键差 1）
LJMP  C3
C4：MOV  A，B；(A)=(B) 按键码给 A
RET；键值判断子程序返回
SEG7：INC  A；将键值转换为共阴显示码
MOVC  A，@A+PC
RET
DB   03FH，06H，5BH，4FH，66H，6DH，7DH，07H；共阴数码管显示 0～7
DB   7FH，6FH，77H，7CH，39H，5EH，79H，71H，03FH；共阴数码管显示 8～F，0
END；程序结束
```

(2) 乙机程序（接收由甲机发来的数据并显示在数码管上，加 1 后再发送到甲机）

```
ORG  0000H
SJMP  STAR
ORG  0023H
LJMP  LOOP；通信中断服务程序入口
ORG  30H
STAR：MOV  R7，#50H
MOV  SP，#5FH；设置堆栈指针
MOV  P2，#0H；开始，显示“8”
MOV  SCON，#50H；设置串行接口方式，REN=1 允许接收
MOV  TMOD，#20H；定时器 1 方式 2
MOV  PCON，#0H；波特率不加倍
MOV  TL1，#0E6H；晶振频率 12MHz 时的初装值
MOV  TH1，#0E6H
SETB  TR1；启动定时器 1
SETB  EA；中断总允许
SETB  ES；开串行中断
SJMP  $
LOOP：LCALL  S_ R
LCALL    S_ T
RETI
S_ T：CLR  TI；清发送中断标志
MOV  SBUF，10H
JNB  TI，$
CLR  TI
RET
S_ R：MOV  A，SBUF；接收数据
```

```
JNB  RI, $; 等待接收完一帧数据
CLR  RI; 清接收中断标志
MOV  10H, A
INC  10H; 将接收到的数据加1后再回发到甲机
ACALL  SEG7; 调显示子程序
CPL  A
MOV  P2, A
RET
SEG7: INC  A
MOVC  A, @A+PC
RET
DB  03FH, 06H, 5BH, 4FH, 66H, 6DH, 7DH, 07H; 共阴数码管显示0~7
DB  7FH, 6FH, 77H, 7CH, 39H, 5EH, 79H, 71H; 共阴数码管显示8~F
END; 程序结束
```

第8章

单片机基础知识与应用设计的仿真实例

8.1 基础应用知识

★8.1.1 门铃声

单片机接口扩展使用的用途广泛，如果可以在接口上直接放置发声元件，直接通过单片机输入编制的程序，即可以完成门铃声、报警、播放器等功能。

1 硬件设计

使用单片机的定时/计数器 T0 来产生高频音和低频音信号，发出的高频音持续 0.35s，发出的低频音持续 0.5s，当按下按键 KEY 时，启动定时器，单片机发出“叮咚”声，从 P1.0 口输出到放大电路，经过放大后送入扬声器。按照表 8-1 所示的元器件清单添加元器件，编辑完成后按照如图 8-1 所示的原理图连接硬件电路。

表 8-1　元器件清单（门铃声）

元器件名称	元器件属类	元器件参数
AT89C51	微处理器 IC	U1
CAP	电容	30pF
CAP	电容	10μF
CAP - ELEC	电容	10μF
CRYSTAL	振荡器	12MHz
NPN	晶体管	2N1711
SPST	开关和继电器	KEY
RES	电阻	220Ω
RES	电阻	10kΩ
SOUNDER	扬声器和发声器	LS1

2 程序设计

设置定时器定时 0.7s，FLAG = 0 时装入高频音计数值，FLAG = 1 时装入低频音计数值，FLAG 清 0 则关闭定时器。程序清单如下。

```
KEY  BIT  P1.7；变量 KEY 指向 P1.7 口，按钮状态
```

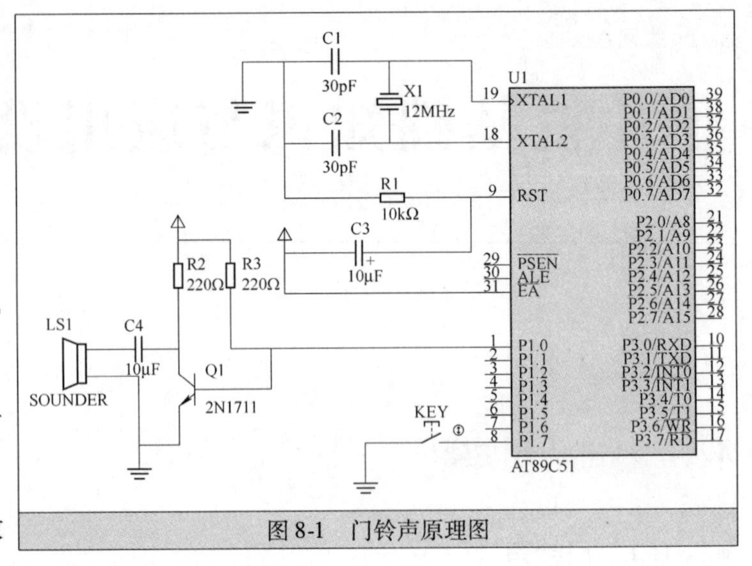

图 8-1　门铃声原理图

```
LCNT  EQU  30H；低频计数器
HCNT  EQU  31H；高频计数器
FLAG  EQU  33H；计数标志
ORG  0000H
SJMP  START
ORG  0BH；定时中断入口
LJMP  INT_ T0
START：MOV   LCNT，#00H；LCNT=00H
MOV   HCNT，#00H；HCNT=00H
CLR  FLAG；清0计数标志
MOV  TMOD，#01H；T0作定时器，方式1
MOV   TH0，#（65536 -700）/256；定时0.7ms，装入计数初始值FD44H
MOV  TL0，#(65536-700) MOD 256
KEYCHK：JB  KEY，$；判断按钮是否按下
LCALL  DELAY
JNB  KEY，$
MOV  IE，#82H；开中断
SETB  TR0；启动Timer
SJMP  KEYCHK；循环判断按钮
INT_ T0：     ；T0中断服务子程序
INC  LCNT；LCNT增加1
MOV  A，LCNT；计数值载入累加器A中
CJNE  A，#100，I1；判断是否等于100
MOV  LCNT，#00H；LCNT清0
INC  HCNT；HCNT增加1
MOV  A，HCNT；计数值载入累加器A中
CJNE  A，#05H，I1；判断是否输出500个方波
MOV  HCNT，#00H；HCNT清0
INC  FLAG；计数标志加1
I1：CPL  P1.0；P1.0口相反，电平跳变
MOV  A，FLAG；A=FLAG
CJNE  A，#00H，I2；判断A是否等于0
LJMP  K1；如果FLAG=0发高频音
I2：MOV  A，FLAG；A=FLAG
CJNE  A，#01H，I3；判断A是否等于1
LJMP  K2；FLAG=1时，发低频音
I3：MOV  A，FLAG；A=FLAG
CJNE  A，#02H，I1；判断A是否等于2
MOV  FLAG，#00H；FLAG清0
CLR  TR0；关定时器
LJMP  RETUNE
```

```
K1: MOV  TH0, # (65536 -700) /256; 定时器初始值, 发出高频音
MOV  TL0, # (65536 -700) MOD 256
LJMP  RETUNE
K2: MOV  TH0, # (65536 -1000) /256; 定时器初始值, 发出低频音
MOV  TL0, # (65536 -1000) MOD 256
RETUNE: RETI; 中断服务子程序结束
DELAY: MOV  R5, #20
D1: MOV  R6, #250
DJNZ  R6, $
DJNZ  R5, D1
RET
END
```

在 Keil μVision3 中新建项目，选择 AT89C51，在汇编源文件中编写程序导入项目，编译汇编源文件，调试程序。在 Proteus ISIS 中，选中 AT89C51 属性对话框，设置单片机晶振频率为 12MHz，选择 Keil 生成的 . HEX 文件，进行联合调试。顺利运行程序后，可听见“叮咚”门铃声。

★8. 1. 2　电动机控制

电动机控制方法各有不同，有直流电动机和步进电动机两种常见方式。直流电动机驱动可以使用模拟量信号和 PWM 信号。而步进电动机虽然绕线制不同，但其控制方式相同，必须以脉冲电流来驱动，以 1 相与 2 相轮流交替导通，每送一励磁信号可走 9°，正反转运行平滑。

1　硬件设计

正反转步进电动机采用单片机模拟量输出信号，模拟信号经过 ULN2003A 电平转换后驱动步进电动机转动从而获得不同的转速，而且可通过按键实现步进电动机正转、反转、停止操作。按照如表 8-2 所示的元器件清单添加元器件，编辑完成后按照如图 8-2 所示的原理图连接硬件电路。

表 8-2　元器件清单（电动机控制）

元器件名称	元器件属类	元器件参数
80C51	微处理器 IC	U1
ULN2003A	模拟集成电路	U2
BUTTON	开关和继电器	K1、K2、K3
CAP	电容	22pF
CAP - ELEC	电容	10μF
CRYSTAL	振荡器	12MHz
RES	电阻	220Ω
RES	电阻	10kΩ
LED - RED	光电器件	D1、D2、D3
STEPPER - MOTOR	电动机械	AC MOTOR

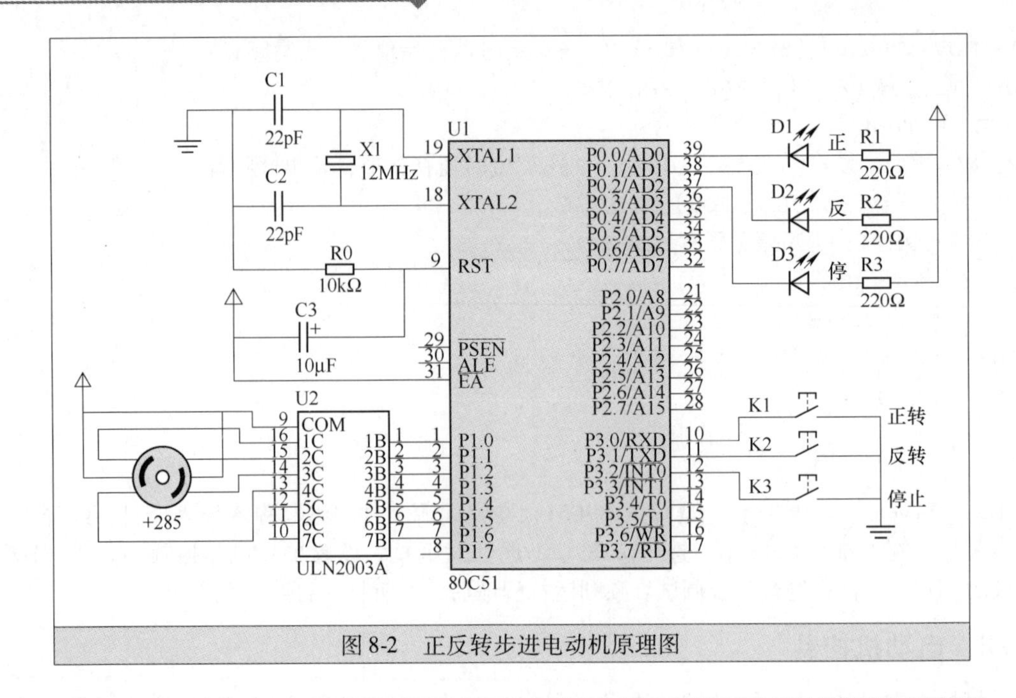

图 8-2　正反转步进电动机原理图

2 程序设计

```
/* * * * * * * * * 程序段：启动停止，然后全速正反转切换* * * * * * * * * /
ORG  0000H；起始地址 00H
START：MOV  DPTR，#RUNTABLE；DPTR 指向励磁控制数据表 RUNTABLE
MOV  R0，#3
MOV  R4，#0
MOV  P1，#3
WAIT：MOV  P1，R0；初始角度，0°
MOV  P0，#0FFH；设置为输入端口
JNB  P0.0，POS；判断“正转”按钮状态
JNB  P0.1，NEG；判断“反转”按钮状态
SJMP  WAIT；循环
JUST：JB  P0.1，NEG；首次按钮处理
POS：MOV  A，R4；每送一励磁信号正转 9°
MOVC  A，@A+DPTR；将数据表数据载入 A
MOV  P1，A；输出给步进电动机
ACALL  DELAY；延时
INC  R4
AJMP  KEY
NEG：MOV  R4，#6；每送一励磁信号反转 9°
MOV  A，R4
MOVC  A，@A+DPTR
MOV  P1，A
ACALL  DELAY
AJMP  KEY
KEY：MOV  P0，#03H；设置为输入口
MOV  A，P1
```

```
JB  P0.0, FZ1
CJNE  R4, #8, LOOPZ; 判断是否结束
MOV  R4, #0
LOOPZ: MOV  A, R4
MOVC  A, @A+DPTR
MOV  P1, A; 输出控制脉冲
ACALL  DELAY; 延时
INC  R4; 计数器加1
AJMP  KEY
FZ1: JB  P0.1, KEY; 判断按钮
CJNE  R4, #255, LOOPF; 判断是否结束
MOV  R4, #7
LOOPF: DEC  R4
MOV  A, R4
MOVC  A, @A+DPTR
MOV  P1, A; 输出控制脉冲
ACALL  DELAY; 程序延时
AJMP  KEY
DELAY: MOV  R6, #5
D1: MOV  R5, #80H
D2: MOV  R7, #0
D3: DJNZ  R7, D3
DJNZ  R5, D2
DJNZ  R6, D1
RET
RUNTABLE:              ; 励磁控制数据表
DB  02H, 06H, 04H, 0CH
DB  08H, 09H, 01H, 03H
END
```

调试顺利运行程序，可看见启动时，转速起始为 0，只有停止 LED 亮；按键 K1 按下后正转后停止，按键 K2 按下后反转后停止，对应 LED 亮。

★8.1.3　花样流水灯

1　硬件设计

使用单片机系统实现 8 个 LED 灯花样流水控制，可以左右来回循环依次亮，也可以两灯并行左移然后右移（每次仅移 1 位）3 个循环等。按照表 8-3 所示的元器件清单添加元器件，编辑完成后按照如图 8-3 所示的原理图连接硬件电路。

表 8-3　元器件清单（花样流水灯）

元器件名称	元器件属类	元器件参数
AT89C51	微处理器 IC	U1
CAP	电容	22pF
CAP - ELEC	电容	10μF
CRYSTAL	振荡器	12MHz
RES	电阻	220Ω
RES	电阻	10kΩ
LED - YELLOW	光电器件	D1 ~ D8

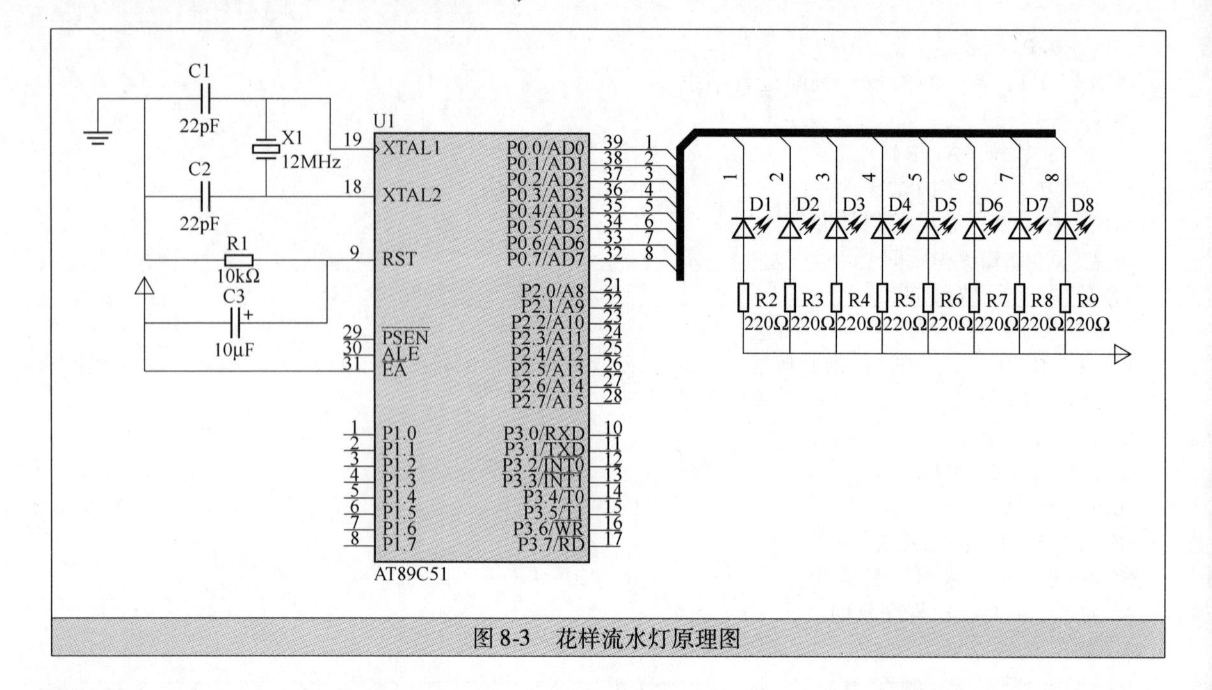

图 8-3　花样流水灯原理图

2 程序设计

```
ORG  0000H
ST：MOV  R2，#8；闪亮 8 次设置
MOV  A，#0AAH；闪亮初值
LPP：MOV  P0，A；状态输出
LCALL  DL；延时
CPL  A；状态取反实现闪亮
DJNZ  R2，LPP；闪亮 8 次控制
LCALL  DL；延时
/* * * * * * 两灯并行左移后右移（每次仅移 1 位）3 个循环* * * * * * /
MOV  R3，#3；左、右移 3 个循环设定
LRS：MOV  R2，#7；两灯左移次数
MOV  A，#0FCH；两灯左移初值
LCALL  LLS；调用两灯左移子程序
MOV  P0，#0FFH；全灭
LCALL  DL
MOV  R2，#7；两灯右移次数
MOV  A，#03FH；两灯右移初值
LCALL  RRS；调用两灯右移子程序
MOV  P0，#0FFH；全灭
LCALL  DL
DJNZ  R3，LRS；两灯左右移 3 个循环控制
/* * * * * 从 D1 ~ D8 逐个递亮* * * * * * /
MOV  R2，#8；递亮次数
```

```
MOV  A, #0FEH; 递亮初值
LCALL  LLSS; 调用递亮变换程序
MOV  P0, #0FFH; 递亮完后全灭
LCALL  DL
/* * * * * * 从 D8 ~ D1 灯逐个递亮* * * * * * /
MOV  R2, #8; 递亮次数
MOV  A, #07FH; 递亮初值
LCALL  RRSS; 调用递亮变换程序
MOV  P0, #0FFH; 递亮完后全灭
LCALL  DL
SJMP  ST
LLS: MOV  P0, A
RL  A
LCALL  DL
DJNZ  R2, LLS
RET
RRS: MOV  P0, A
RR  A
LCALL  DL
DJNZ  R2, RRS
RET
LLSS: MOV  P0, A
RL  A; 状态位左移
DEC  A; 左移后减 1
LCALL  DL
DJNZ  R2, LLSS
RET
RRSS: MOV  P0, A
RR  A; 状态位右移
CLR  C; 清借位标志
SUBB  A, #80H; 清除 D7 位的“1”
LCALL  DL
DJNZ  R2, RRSS
RET
DL: MOV  R7, #0
DL1: MOV  R6, #0
DL2: MOV  R5, #2
DJNZ  R5, $
DJNZ  R6, DL2
DJNZ  R7, DL1
RET
END
```

★8.1.4 串行接口通信测试

通过测试单片机串行接口通信的原理，完成串行接口扩充程序的仿真。

1 单片机按键输入显示与 PC 双机通信

从如图 8-4 所示的原理图中可看出，单片机的 P1 口连接 4×4 键盘，按键开关输入数字字符，可在共阳极数码管上显示出来，单片机可通过串行接口与 PC 相连，串行接口通信完成收发数据。

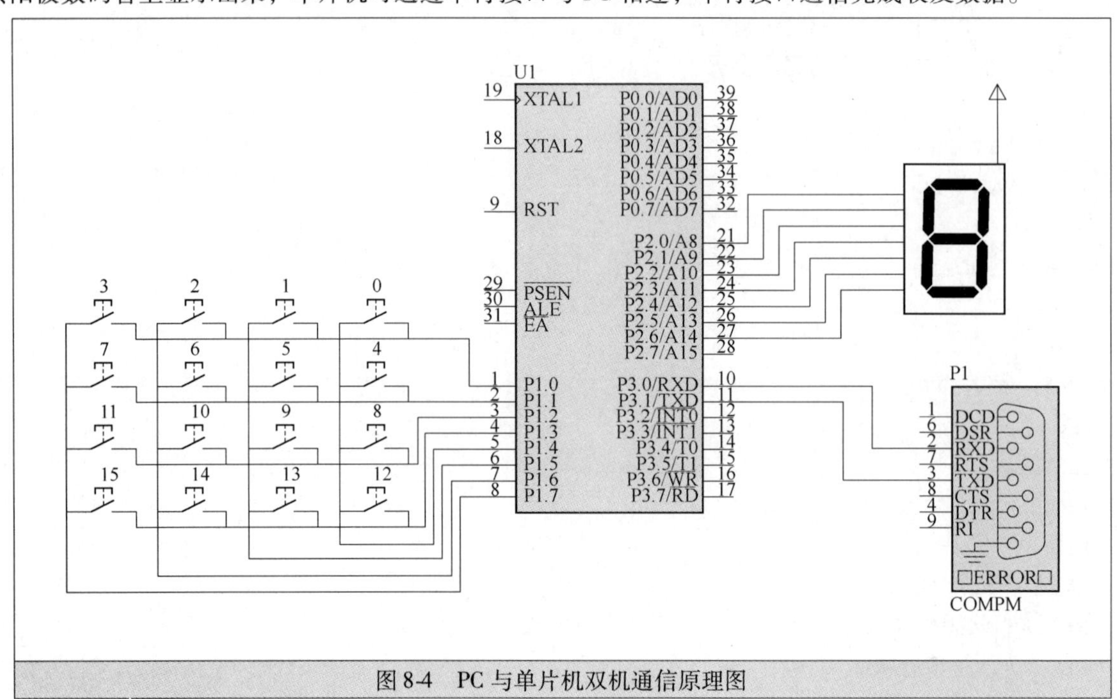

图 8-4 PC 与单片机双机通信原理图

程序如下。

```
ORG  0000H
AJMP  START
START：MOV  TMOD，#20H；定时器 1 工作在工作方式 2
MOV  TL1，#253；设置波特率为 9600bit/s
MOV  TH1，#253
SETB  TR1；启动定时
MOV  SCON，#50H；串行接口工作于方式 1，允许接收
MAIN：JB  RI，JIESHOU；检测是否收到数据
MOV  R2，#04H；进行行扫描，共 4 行
MOV  R7，#11101111B；列扫描初值，11101111
LOP0：MOV  P1，R7；将列值送到 P1 口
JB  P1.0，LOP1；判断第 0 行是否按下，如果没按下转向 LOP1
MOV  A，#00H；第 0 行按下，给累加器送行值“00”
LJMP  NEXT；转跳生成键值
LOP1：JB  P1.1，LOP2；判断第 1 行是否按下，如果没按下转向 LOP2
MOV  A，#04H；第 1 行按下，给累加器送行值“04”
```

```
LJMP  NEXT; 转跳生成键值
LOP2: JB  P1.2, LOP3; 判断第 2 行是否按下，如果没按下转向 LOP3
MOV  A, #08H; 第 2 行按下，给累加器送行值“08”
LJMP  NEXT; 转跳生成键值
LOP3: JB  P1.3, LOP4; 判断第 3 行是否按下，如果没按下转向 LOP4
MOV  A, #0CH; 第 3 行按下，给累加器送行值“0C”
LJMP  NEXT; 转跳生成键值
LOP4: PUSH  ACC; A 中存的是行值
MOV  A, R7; 如果第 0 列所对应的行都没有按下，则扫描第 1 列
RL  A
MOV  R7, A
POP  ACC
DJNZ  R2, LOP0; 判断 4 行 4 列是否扫描结束，若未结束，则继续扫描
LJMP  MAIN; 若扫描 4 行 4 列结束，则重新扫描
NEXT: CLR  C
PUSH  ACC; 保存行值
MOV  30H, A; 将行值存在内存单元 30H 里面
MOV  A, #04H
SUBB  A, R2; 算出列值，并存在 A 中
ADD  A, 30H; 生成键值，A = 行基值 + 列值
MOV  R6, A; R6 中存键值
POP  ACC; 将行值重新放回累加器中
MOV  A, R6; 将键值送到 ACC 累加器中
MOV  SBUF, A; 发送键值
JNB  TI, $
CLR  TI
AJMP  MAIN
JIESHOU: CLR  RI
MOV  A, SBUF; 将接收到的数据送到累加器
MOV  DPTR, #TABLE; 至 TABLE 中取段选码
MOVC  A, @A + DPTR
MOV  P2, A; 将选中的段选码送到 P2 口显示
AJMP  MAIN
TABLE: DB  0C0H, 0F9H, 0A4H, 0B0H, 99H; 共阳极段选码表
DB  92H, 82H, 0F8H, 80H, 90H, 88H
DB  83H, 0C6H, 0A2H, 86H, 84H
END
```

由图 8-4 所示的电路原理图，在加入仿真程序后测试，可直接通过按键按下的状态在数码管显示器上显示输出对应的数字字符，而单片机可通过串口与 PC 相连，串行接口通信即完成收发数据。如图 8-5所示是两片单片机（甲机和乙机）之间双向通信的原理图。加载的仿真程序可参考前面章节的内容。

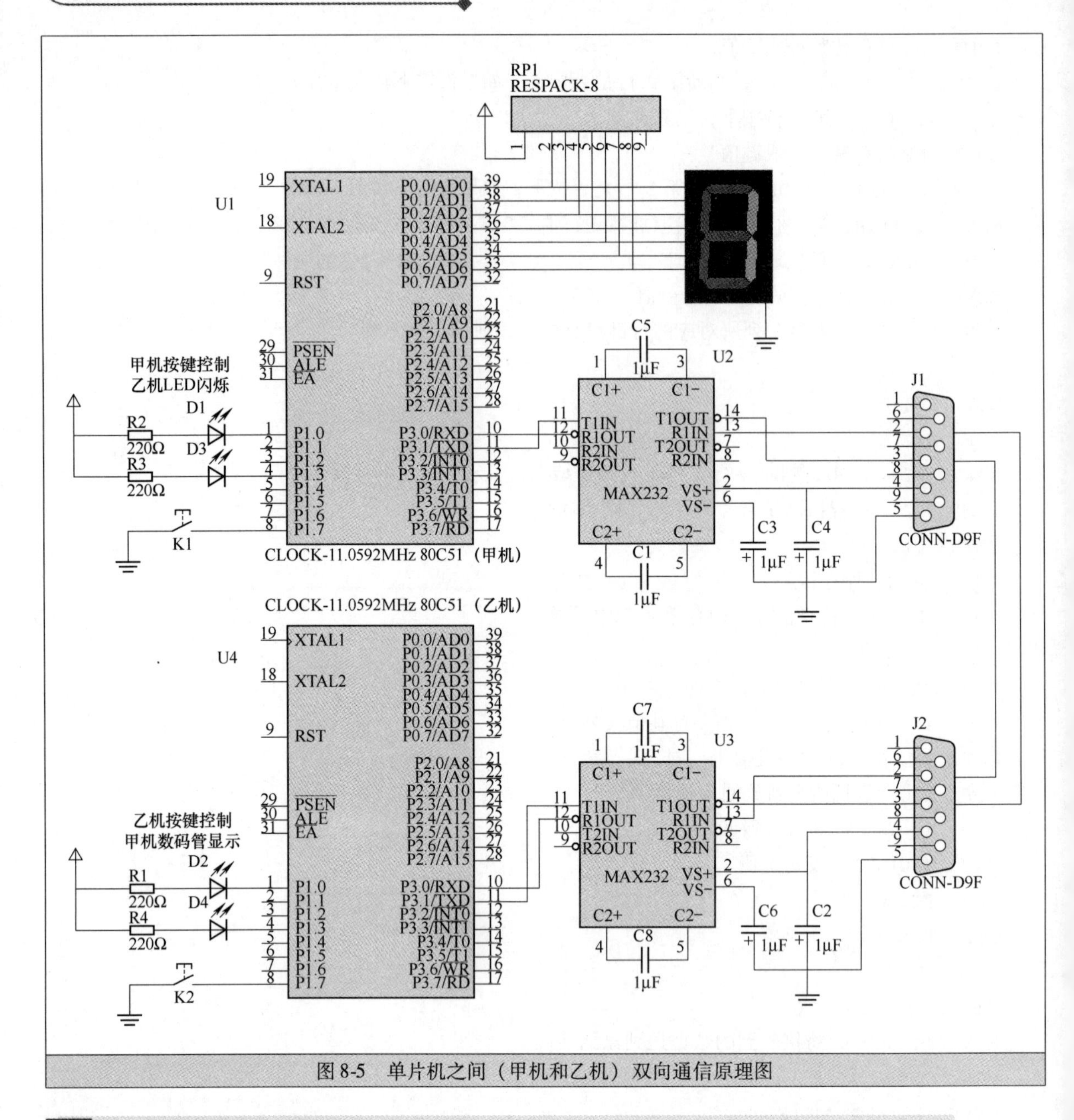

图 8-5　单片机之间（甲机和乙机）双向通信原理图

2　单片机发送数据给 PC

单片机与 PC 间的虚拟通信电路原理图如图 8-6 所示。使用时要通过通信电缆与 PC 串行通信口（COM）接好。单片机的发送脚 TXD 经 MAX232 电平转换后接 PC 的接收引脚，PC 的发送脚 RXD 经电平转换后接单片机的接收引脚，接地端相连。单片机和 PC 之间可以进行虚拟通信。在仿真界面选择“Virtual Terminal”选项打开虚拟终端窗口，可显示字符。

程序如下：

```
ORG  0000H
SJMP  START
ORG  0030H
START: MOV  SP, #5FH; 初始化堆栈
MOV  SCON, #10000000B; 串行接口工作方式2
```

```
    MOV  A, #0AEH; 待送的数据
    SEND: MOV  C, P
    MOV  TB8, C
    MOV  SBUF, A
    LOOP: JBC  TI, NEXT; 判断是否送完?
    AJMP  LOOP
    NEXT:  ACALL DELAY; 延时
    CPL  A; A的值AAH取反之后是55H
    LJMP  SEND
    DELAY:            ; 延时程序
    MOV  R7, #100
    D1: MOV  R6, #250
    D2: NOP
    NOP
    NOP
    NOP
    DJNZ  R6, D2
    DJNZ  R7, D1
    RET
    END
```

图 8-6 单片机发送字符给 PC 原理图

单片机与 PC 串行接口通信仿真接口电路如图 8-7 所示。在图中单片机即可向 PC 发送字符串。在仿真界面中选择“Virtual Terminal”选项打开虚拟终端窗口，可显示输入字符串，数码管还可显示 PC 发送的数字字符。

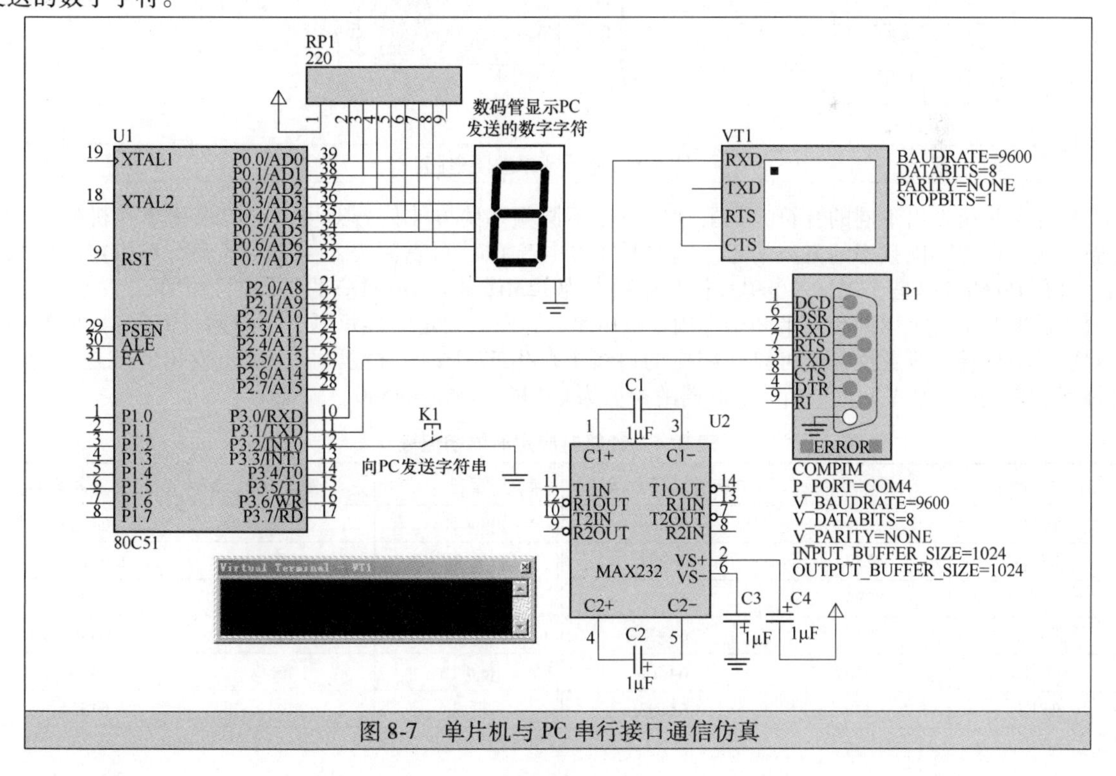

图 8-7 单片机与 PC 串行接口通信仿真

8.2 接口设计应用实训

★8.2.1 电子琴

1 硬件设计

如图 8-8 所示为电子琴原理图电路。通过按下方的音调键演奏乐曲，16 个按钮可以演奏出基本的 16 种音调：低音的 Mi、Fa、So、La、Si，中音的 Do、Re、Mi、Fa、So、La、Si，高音的 Do、Re、Mi、Fa；演奏的同时会以数字显示出当前的音调，有利于培养乐感。由单片机的 P3.0 口输出音频信号驱动扬声器（最好用晶体管构成达林顿结构放大）。P1 口连接 16 个按键作为输入（当然也需要考虑连接 8 只 10kΩ 的电阻至电源作为上拉电阻）。P1.0 ~ P1.7 依次为行列排列。

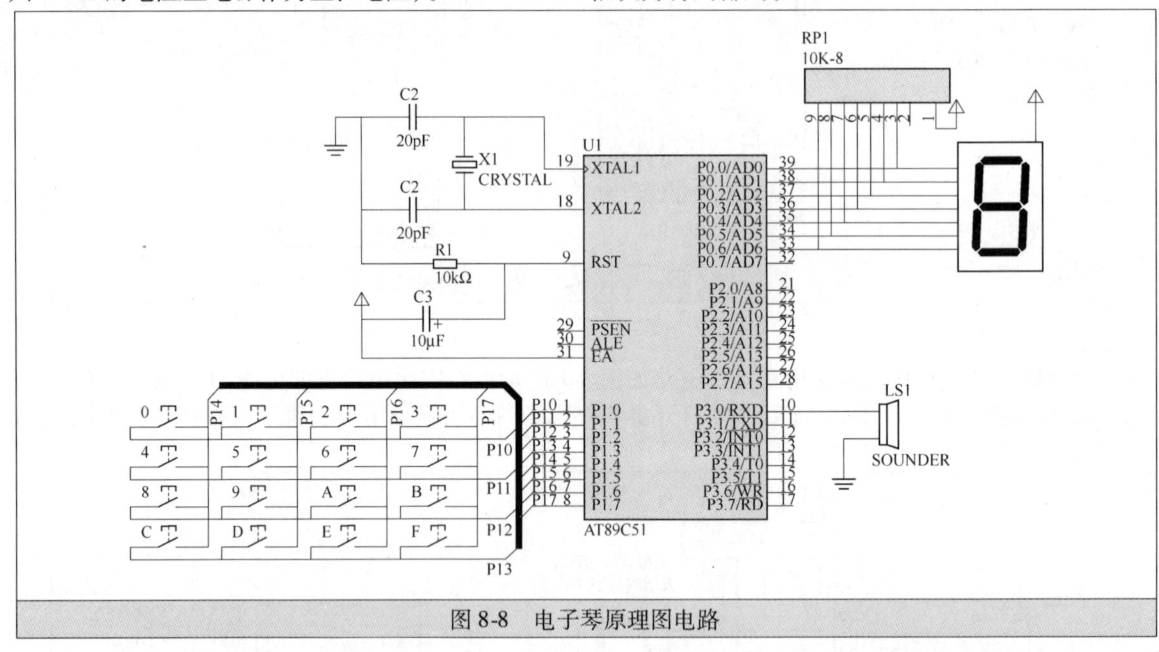

图 8-8 电子琴原理图电路

要让单片机发出不同的音符，只要让它发出不同频率的方波信号即可。一般采用单片机的定时器中断方法来产生不同频率的方波信号。例如要发出中音 Do，可查阅表 8-4 所示的音符对应定时器初值表，可知 Do 的频率是 523Hz，当单片机晶振频率为 12MHz 时，Do 对应的是周期为 1912μs 的方波，因为每个周期包括半个周期高电平和半个周期低电平，这时只要定时器每隔半个周期（956μs）中断一次让对应的 I/O 接口线置反，就可以在相应的口线上产生 523Hz 的方波，扬声器上发出的就是中音 Do。时钟周期是 1μs，方式 1 时 956μs 定时器的初值为 65536 − 956 = 64580。

表 8-4 音符对应定时器初值表

音符	频率/Hz	初值（简谱码）	音符	频率/Hz	初值（简谱码）
低 Do	263	63628	低# Fa	370	64185
低#Do	277	63731	低 So	392	64260
低 Re	294	63835	低#So	415	64331
低# Re	311	63928	低 La	440	64400
低 Mi	330	64021	低# La	466	64463
低 Fa	349	64103	低 Si	494	64524

（续）

音符	频率/Hz	初值（简谱码）	音符	频率/Hz	初值（简谱码）
中 Do	523	64580	高 Do	1046	65058
中#Do	554	64633	高#Do	1109	65085
中 Re	587	64684	高 Re	1175	65110
中# Re	622	64732	高# Re	1245	65134
中 Mi	659	64777	高 Mi	1318	65157
中 Fa	698	64820	高 Fa	1397	65178
中# Fa	740	64860	高# Fa	1480	65198
中 So	784	64898	高 So	1568	65217
中#So	831	64934	高#So	1661	65235
中 La	880	64968	高 La	1760	65252
中# La	932	64994	高# La	1865	65268
中 Si	988	65030	高 Si	1967	65283

2 程序设计

```
KEYL  EQU  30H; 定义 KEYL 变量，用于键盘扫描
KEYR  EQU  31H; 定义 KEYR 变量，用于键盘扫描
VAL  EQU  32H; 定义键值变量 VAL
ORG  0000H
SJMP  START; 主程序入口
ORG  0BH
LJMP  INT_ T0; T0 中断入口
START: MOV  TMOD, #01H; T0 作定时器，方式 1
LSCAN:          ; 键盘按键判断
MOV  P1, #0F0H; 行全为 1
L1:             ; 判断第 1 行
JNB  P1.0, L2
LCALL  DELAY
JNB  P1.0, L2
MOV  KEYL, #00H
LJMP  RSCAN
L2:             ; 判断第 2 行
JNB  P1.1, L3
LCALL  DELAY
JNB  P1.1, L3
MOV  KEYL, #01H
LJMP  RSCAN
L3:             ; 判断第 3 行
JNB  P1.2, L4
LCALL  DELAY
JNB  P1.2, L4
```

```
MOV  KEYL, #02H
LJMP RSCAN
L4:             ; 判断第 4 行
JNB  P1.3, L1
LCALL  DELAY
JNB  P1.3, L1
MOV  KEYL, #03H
RSCAN: MOV  P1, #0FH    ; 键盘列输出 1
C1:             ; 判断第 1 列
JNB  P1.4, C2
MOV  KEYR, #00H
LJMP  CALCU
C2:             ; 判断第 2 列
JNB      P1.5, C3
MOV  KEYR, #01H
LJMP  CALCU
C3:             ; 判断第 3 列
JNB  P1.6, C4
MOV  KEYR, #02H
LJMP  CALCU
C4:             ; 判断第 4 列
JNB  P1.7, C1
MOV  KEYR, #03H
CALCU:          ; 计算按键号
MOV  A, KEYL
MOV  B, #04H
MUL  AB
ADD  A, KEYR
MOV  VAL, A
MOV  DPTR, #TABLE2; 装表
MOV  B, #2
MUL  AB
MOV  R1, A
MOVC  A, @A+DPTR; 把表中计数初始值装入累加器 A
MOV  TH0, A
INC     R1
MOV  A, R1
MOVC  A, @A+DPTR
MOV  TL0, A
MOV  IE, #82H; 使能 T0 中断
SETB  TR0; 启动 T0
MOV  A, VAL
MOV  DPTR, #TABLE1
MOVC  A, @A+DPTR
MOV  P0, A
```

```
W0:                    ; 等待按键释放
MOV  A, P1
CJNE  A, #0FH, W1
MOV  P0, #00H
CLR  TR0; TR0 清 0
LJMP  LSCAN
W1: MOV  A, P1
CJNE  A, #0F0H, W2
MOV  P0, #00H
CLR  TR0
LJMP  LSCAN
W2: SJMP  W0; T0 中断服务程序，输出某一频率的方波
INT_ T0: MOV  DPTR, #TABLE2
MOV  A, VAL
MOV  B, #2
MUL  AB
MOV  R1, A
MOVC  A, @A+DPTR
MOV  TH0, A
INC  R1
MOV  A, R1
MOVC  A, @A+DPTR
MOV  TL0, A
CPL  P3.0; 清 P3.0 口
RETI
DELAY: MOV  R6, #10
D1: MOV  R7, #250
DJNZ  R7, $
DJNZ  R6, D1
RET
TABLE1: DB  3FH, 06H, 5BH, 4FH, 66H, 6DH, 7DH, 07H
DB  7FH, 6FH, 77H, 7CH, 39H, 5EH, 79H, 71H
TABLE2:                         ; 16 个琴键发音频率的计数初始值
DW  64021, 64103, 64260, 64400
DW  64524, 64580, 64684, 64777
DW  64820, 64898, 64968, 65030
DW  65058, 65110, 65157, 65178
END
```

★8.2.2 温度测试

用单片机控制 DS18B20 温度传感器，可测量温度读取数据，并对 DS18B20 转换后的数据进行处理，最终在显示器上显示出测量的温度值。

1 硬件设计

如图 8-9 所示为一个由单总线构成的多个 DS18B20 温度传感器监测系统仿真图。

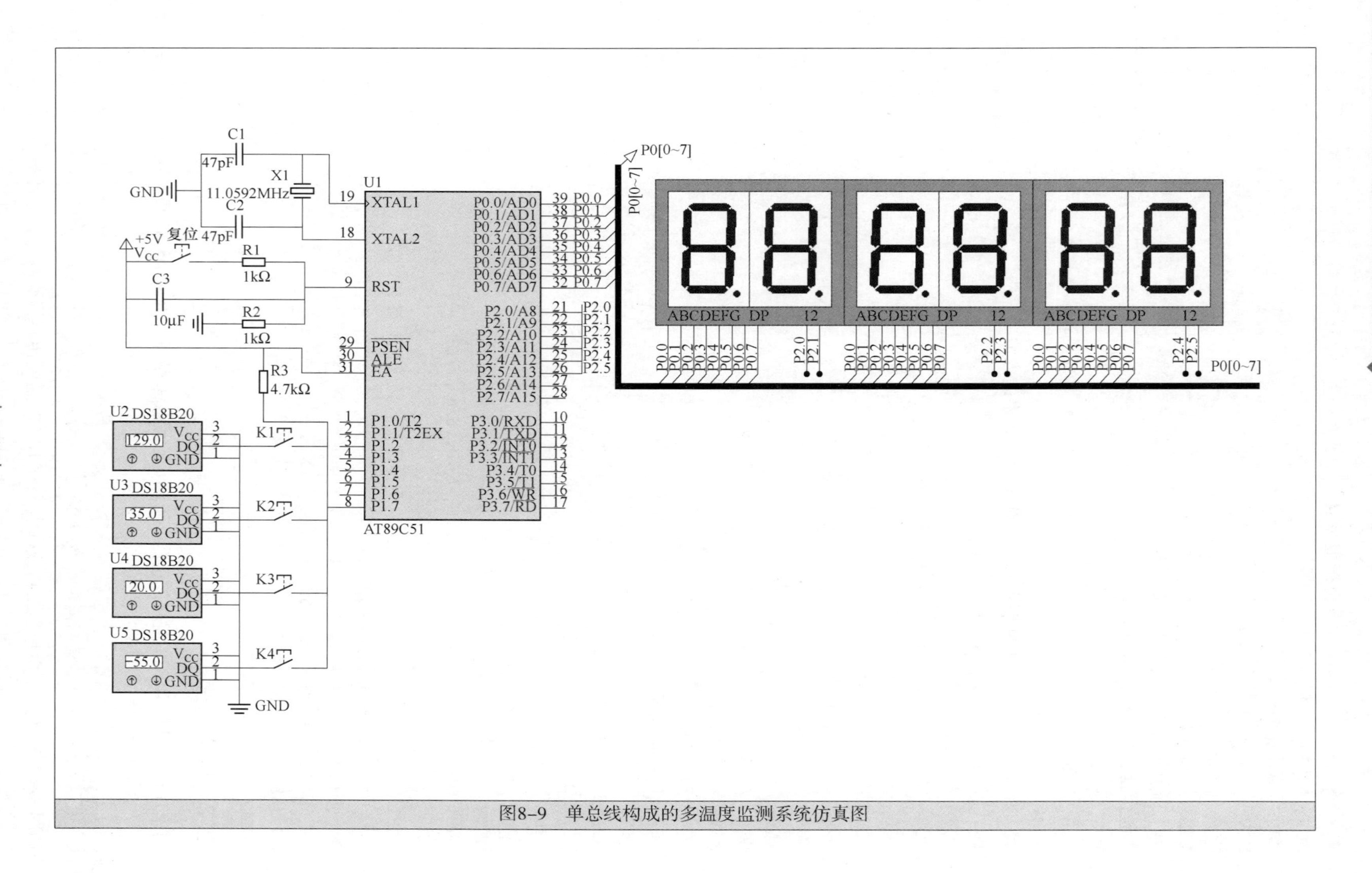

图8-9　单总线构成的多温度监测系统仿真图

在图 8-9 中，4 个温度传感器 DS18B20 通过 4 个电子开关闭合挂在单片机 P1.7 单总线上。采用寄生供电模式，4 个 DS18B20 编号自上向下为 1、2、3、4。要求 6 个数码管循环显示 4 个传感器温度值，显示格式为：自左向右，第 1 位，DS18B20 的编号；第 2 位，不显（灭）；后 4 位显示相应 DS18B20 温度值（BCD 码）。小数与字形码的对应关系见表 8-5。

表 8-5　小数与字形码的对应关系

小数（二进制）	4 位小数（十进制）	保留 1 位	字形码（共阴）	字形码（共阳）
0000	0.0000	0	3FH	0CH
0001	0.0625	1	06H	F9H
0010	0.1250	1	06H	F9H
0011	0.1875	2	5BH	A4H
0100	0.2500	3	4FH	B0H
0101	0.3125	3	4FH	B0H
0110	0.3750	4	66H	99H
0111	0.4375	4	66H	99H
1000	0.5000	5	6DH	92H
1001	0.5625	6	7DH	82H
1010	0.6250	6	7DH	82H
1011	0.6875	7	07H	F8H
1100	0.7500	8	7FH	80H
1101	0.8125	8	7FH	80H
1110	0.8750	9	6FH	90H
1111	0.9375	9	6FH	90H

2　程序设计

```
/* * * DS18B20_onewire.A51* * * /
DQ  BIT  P1.7
TEMP_9byte  EQU  50H; 转换温度值保存单元首地址
ORG  0000H
AJMP  MAIN
ORG  0020H
MOV  SP, #60H
MAIN: LCALL  GET_TEMP; 调用读转换子程序
LCALL  BCD_CONV; 调用 BCD 码显示格式转换子程序
LCALL  DISPLAY; 调用数码管显示子程序
SJMP  MAIN
/* * * * * * 读转换子程序* * * * * * /
GET_TEMP: MOV  R0, #TEMP_9byte
LCALL  INT; 调用初始化子程序
MOV  A, #0CCH
LCALL  WRBYTE; 送入忽略 ROM 命令
MOV  A, #44H
```

```
LCALL  WRBYTE；送入温度转换命令
LCALL  INT；温度转换完成，再次初始化
MOV  A，#0CCH
LCALL  WRBYTE；送入忽略ROM命令
MOV  A，#0BEH
LCALL  WRBYTE；送入读温度暂存器命令
LCALL  RDBYTE
MOV  @R0，A；读出温度值低字节存入温度值保存单元
INC  R0；转换温度值保存单元地址+1
LCALL  RDBYTE
MOV  @R0，A；读出温度值高字节存入温度值保存单元
MOV  73H，R0；暂存转换温度值保存单元地址
RET
/* * * * * * 初始化子程序* * * * * * /
INT：CLR  EA；关中断
L0：CLR  DQ；总线低电平复位
MOV  R2，#240
L1：DJNZ  R2，L1；总线复位保持480μs
SETB  DQ；释放总线
MOV  R2，#30
L4：DJNZ  R2，L4；释放总线保持60μs
CLR  C；进位C清0
ORL  C，DQ
JC  L0；有应答信号吗？无则重新来
MOV  R6，#20；有应答，保持90μs
L5：ORL  C，DQ
JC  L3
DJNZ  R6，L5
SJMP  L0
L3：MOV  R2，#240
L2：DJNZ  R2，L2
SETB  EA；开中断
RET
/* * * * * * 写一个字节子程序* * * * * * /
WRBYTE：CLR  EA；关中断
MOV  R3，#8；写入DS18B20的字节数，一个字节8位，存在A中
WR1：SETB  DQ
MOV  R4，#8
RRC  A；把一个字节分成8位移给C
CLR  DQ；开始写入DS18B20总线复位低电平状态
WR2：DJNZ  R4，WR2；总线复位保持16μs
MOV  DQ，C；写入一位
MOV  R4，#20
WR3：DJNZ  R4，WR3；等待40μs
DJNZ  R3，WR1；写入下一位
```

```
SETB  DQ; 重新释放总线
SETB  EA
RET
/* * * * * * 读一个字节* * * * * * /
RDBYTE: CLR  EA
MOV  R6, #8
RE1: CLR  DQ; 读之前总线保持为低
MOV  R4, #4
NOP
SETB  DQ; 释放总线
RE2: DJNZ  R4, RE2; 持续 8μs
MOV  C, DQ; 从总线读得一个位
RRC  A; 把读的位移给 A
MOV  R5, #30
RE3: DJNZ  R5, RE3; 持续 60μs
DJNZ  R6, RE1; 读下一个位
SETB  DQ
RET
/* * * * * * BCD 码显示格式转换子程序* * * * * * /
BCD_ CONV: MOV  79H, #11H; 获取不亮字形码索引
MOV  7AH, #11H
MOV  R0, 73H; 温度值高字节的地址送 R0
MOV  A, @R0; 读 A-D 转换的高 8 位
ANL  A, #0FH; 获取低 4 位数值
SWAP  A; 高低字节交换, 获得 12 位转换值的高 4 位
MOV  R3, A; 保存高 4 位
DEC  R0
MOV  A, @R0; 读 A-D 转换的低 8 位
ANL  A, #0F0H; 获得 12 位转换值的中 4 位
SWAP  A
ORL  A, R3; 将 12 位转换值的高、中 4 位转换得整数部分
JB  ACC.7, NEGAT; 判断该值符号位, 负数转 DATA2 处
CHANG: MOV  B, #100
DIV  AB; 正数除以 100
MOV  7BH, A; 获得百位数送显示缓冲区 7BH 单元
CHANG1: MOV  A, B
MOV  B, #10
DIV  AB; 除以 100 后的余数除以 10
MOV  7CH, A; 获得十位数送显示缓冲区 7CH 单元
MOV  7DH, B; 个位数送显示缓冲区 7DH 单元
MOV  A, @R0; 读取采集的第二字节低 8 位值
JB  ACC.3, XIAOSU; 判断小数最高位是 1 转 XIAOSU
MOV  7EH, #00H; 第二字节最高位为 0, 送 0 到显示缓冲区 7EH 单元
AJMP  DATAEND
XIAOSU: MOV  7EH, #05H; 第二字节最高位为 1, 送 5 到显示缓冲区 7EH 单元
```

```
DATAEND: RET
NEGAT: CPL  A; 采集值为负值，求取补码的原码值
INC  A
MOV  7BH, #10H; 将能获取符号的字形码送显示缓冲区 7BH 单元
AJMP  CHANG1
/* * * * * * 数码管显示子程序* * * * * * /
DISPLAY: MOV  R0, #79H; 显示缓冲区首地址送 R0
MOV  R3, #01H    ; 字位码送 R3 保存
MOV  A, R3
LD0: MOV  P2, A; 字位码送位码端口 P2，点亮该位
MOV  A, @R0; 取出一位要显示数据
MOV  DPTR, #TAB1; 表首地址送 DPTR
MOVC  A, @A+DPTR; 查表获取该数据的字形码
CJNE  R3, #10H, DIR1; 判断带小数点位
ANL  A, #7FH; 获取带小数点字形码
DIR1: MOV  P0, A; 字形码送段码端口 P0
ACALL  DL11; 调用延时子程序
INC  R0     ; 缓冲区地址加 1
MOV  A, R3; 取出位码
JB  ACC.5, LD1; 判断 6 位数码管显示完？是转 LD1
RL  A; 未完左移一位
MOV  R3, A; 保存位码
AJMP  LD0
LD1: RET; 子程序返回
TAB1: DB  0C0H, 0F9H, 0A4H, 0B0H, 99H, 92H
DB  82H, 0F8H, 80H, 90H, 88H, 83H, 0C6H, 0A1H
DB  86H, 8EH, 0BFH, 0FFH, 0FFH
/* * * * * * 延时子程序* * * * * * /
DL11: MOV  R7, #02H
DL: MOV  R6, #0FFH
DL6: DJNZ  R6, DL6
DJNZ  R7, DL
RET
END
```

3 LCD 显示温度测试

在图 8-10 所示电路中使用 LCD 替换数码管进行显示，即在例中的程序里增加了调用子程序（读 ROM）方式，程序运行可在 LCD 中显示出 DS18B20 的 ROM 编码，每只 DS18B20 都有一个唯一存储在 ROM 中的 64 位编码，最低 8 位是单线系列编码 28H，接着的 48 位是一个唯一的序列号，最高 8 位是以上 56 位的 CRC 编码。图 8-10 所示电路可以用 DS18B20 独有的 64 位芯片序列号（ID）辨认器件。电路设置单片机端口一条线作为单总线，具有单总线特性 DS18B20 作为从芯片，DS18B20 传感电路通常通过在数据线和 VCC 之间连一个分立电阻实现。

DS18B20 温度传感器内部有温度上下限的限制，当测试温度超过限制值时，对应 LED 灯闪烁，按键开关切换显示转换输出。

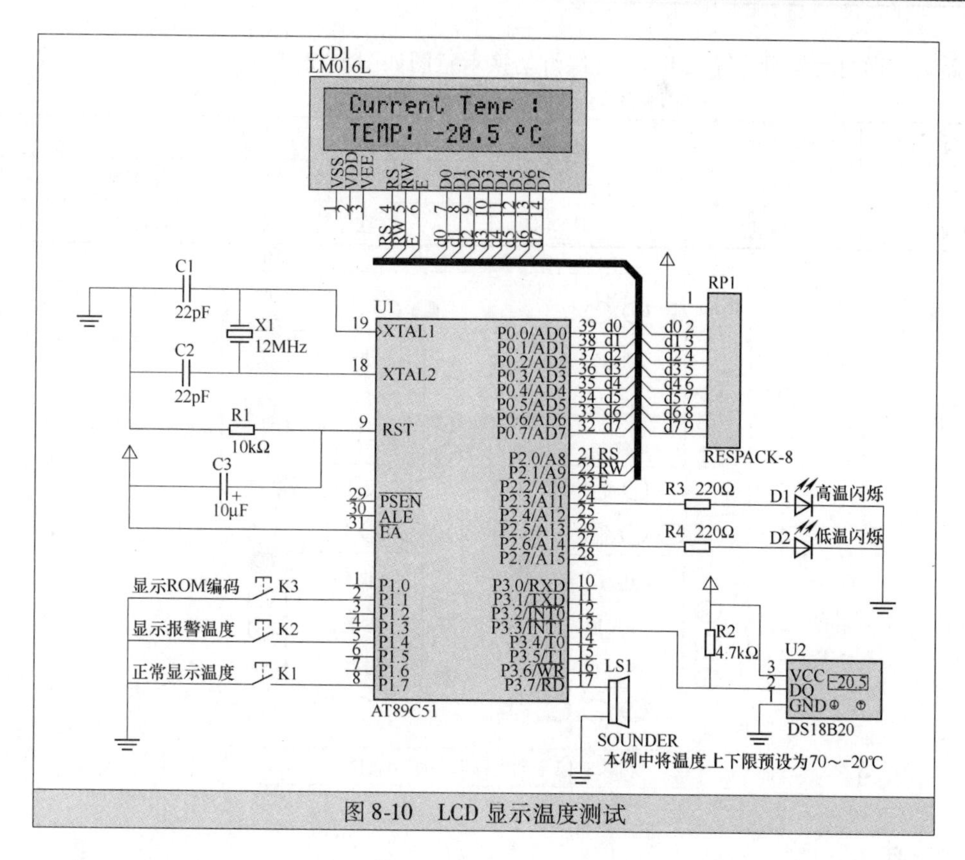

图 8-10 LCD 显示温度测试

★8.2.3 交通灯设计

1 硬件设计

设计一个十字路口的交通灯控制电路，如图 8-11 所示。每条道路上各配有一组红、黄、绿交通信号灯，其中红灯亮，表示该道路禁止通行；黄灯亮，表示该道路上未过停车线的车辆禁止通行，已过停车线的车辆继续通行；绿灯亮，表示该道路允许通行。该电路自动控制十字路口两组红、黄、绿交通灯的状态转换，实现十字路口自动化。

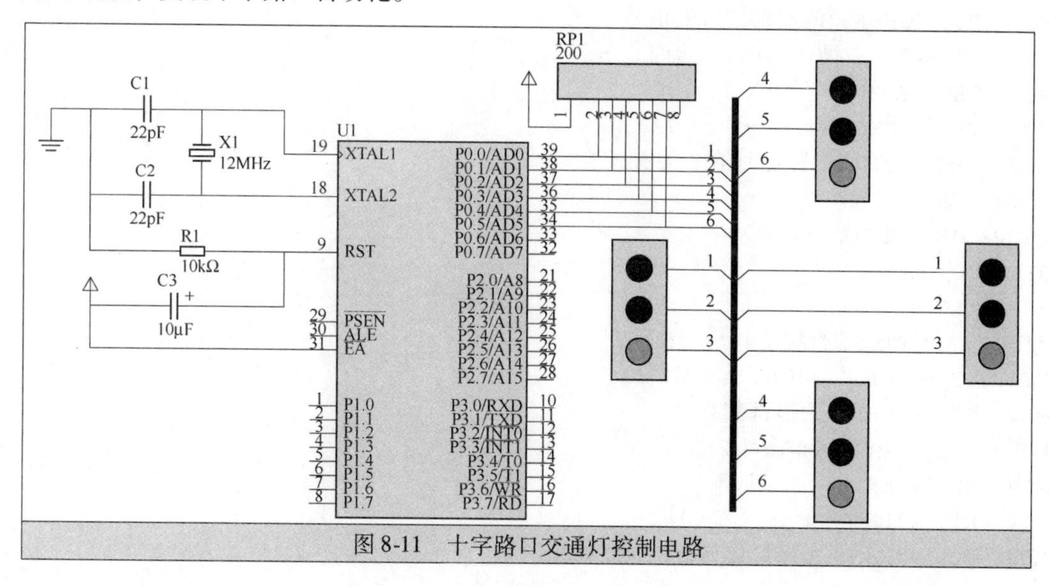

图 8-11 十字路口交通灯控制电路

十字路口交通灯切换顺序见表8-6。红绿灯切换示意图如图8-12所示。

表8-6　十字路口交通灯切换顺序

方向	1	2	3	4	…
东西道	红灯亮	黄灯亮	绿灯亮	黄灯亮	…
南北道	绿灯亮	黄灯亮	红灯亮	黄灯亮	…

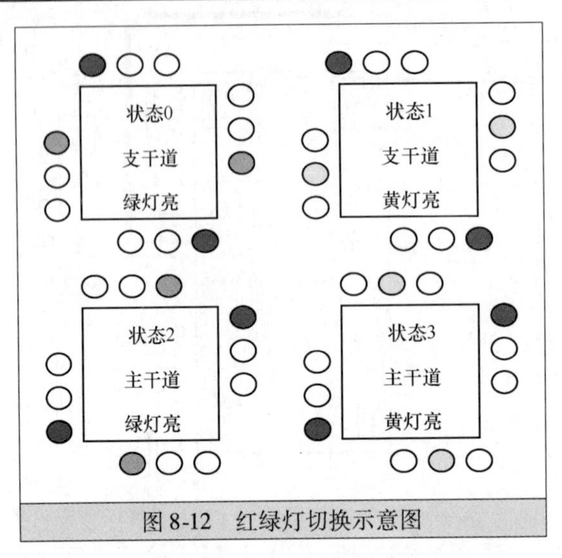

图8-12　红绿灯切换示意图

2 程序设计

定时器1用方式1进行定时，初值计算：$(2^{16}-X) \times 10^{-6} = 50 \times 10^{-3}$，$X=15536$（3CB0H）。

```
ORG  0000H
AJMP  MAIN；指向主程序
/*****主程序部分*****/
ORG  30H
MAIN：MOV  R1，#00H；A绿A闪A黄B绿B闪B黄依次加1表示；00H禁行
MOV  R2，#02H；两道都禁行的时长系数
MOV  P0，#0F6H；两道都禁行的信号
MOV  R3，#0AH；循环10次，定时0.5s
MOV  TH1，#3CH
MOV  TL1，#0B0H
MOV  TMOD，#10H；置定时器1为方式1
SETB  TR1
LOOP：JBC  TF1，DELAY
JBC  F0，DISP
AJMP  LOOP
/*****两道禁行状态*****/
DISP：CJNE  R1，#00H，A_GREEN
MOV  P0，#0F6H；两道都禁行
DJNZ  R2，LP；0.5s循环2次
MOV  R2，#6EH
MOV  R1，#01H
MOV  P0，#0F3H；A绿灯放行，B红灯禁止
```

```
AJMP  LP
/*****A绿灯亮状态*****/
A_GREEN: CJNE  R1, #01H, A_WARN
MOV  P0, #0F3H; A绿灯放行, B红灯禁止
DJNZ  R2, LP; 0.5s循环110次
MOV  R2, #06H; 闪烁A绿灯的时长系数
MOV  R1, #02H; 置A绿灯闪烁有效
CPL  P0.2; A绿灯闪烁
AJMP  LP
/*****A绿灯闪烁状态*****/
A_WARN: CJNE  R1, #02H, A_YELLOW
CPL  P0.2; A绿灯闪烁
DJNZ  R2, LP; 0.5s循环6次, 闪烁3次
MOV  R2, #04H; A黄灯时长系数
MOV  R1, #03H; 置A黄灯有效
MOV  P0, #0F5H; A黄灯警告, B红灯禁止
AJMP  LP
/*****A黄灯亮状态*****/
A_YELLOW: CJNE  R1, #03H, B_GREEN
MOV  P0, #0F5H; A黄灯警告, B红灯禁止
DJNZ  R2, LP; 0.5s循环4次
MOV  R2, #32H; B绿灯时长系数
MOV  R1, #04H; 置A灯闪烁有效
MOV  P0, #0DEH; A红灯, B绿灯
AJMP  LP
/*****B绿灯亮状态*****/
B_GREEN: CJNE  R1, #04H, B_WARN
MOV  P0, #0DEH; A红灯, B绿灯
DJNZ  R2, LP; 0.5s循环50次
MOV  R2, #06H; 闪烁B绿灯的时长系数
MOV  R1, #05H; 置B绿灯闪烁有效
CPL  P0.5; B绿灯闪烁
AJMP  LP
/*****B绿灯闪烁状态*****/
B_WARN: CJNE  R1, #05H, B_YELLOW
CPL  P0.5; B绿灯闪烁
DJNZ  R2, LP; 0.5s循环6次
MOV  R2, #05H; B黄灯时长系数
MOV  R1, #06H; 置B黄灯有效
MOV  P0, #0EEH; A红灯, B黄灯
AJMP  LP
/*****B黄灯亮状态*****/
B_YELLOW: CJNE  R1, #06H, LP
MOV  P0, #0EEH; A红灯, B黄灯
DJNZ  R2, LP; 0.5s循环4次
MOV  R2, #6FH; 点亮A绿灯的时长系数
MOV  R1, #01H    ; 置A灯有效
```

```
MOV  P0, #0F3H; A绿灯放行, B红灯禁止
LP: AJMP  LOOP; 循环执行主程序
/* * * * * 定时器延时子程序* * * * * /
DELAY: MOV  TH1, #3CH
MOV  TL1, #0B0H
DJNZ  R3, LP1
MOV  R3, #0AH; 循环10次
SETB  F0; 置定时时间到标志
LP1: AJMP  LOOP
END
```

★8.2.4 数据采集

1 TLC549芯片ADC数据采集

（1）硬件设计

单片机使用ADC芯片转换数据，通过如图8-13所示电路还可输出存储的数据，完成数据采集。

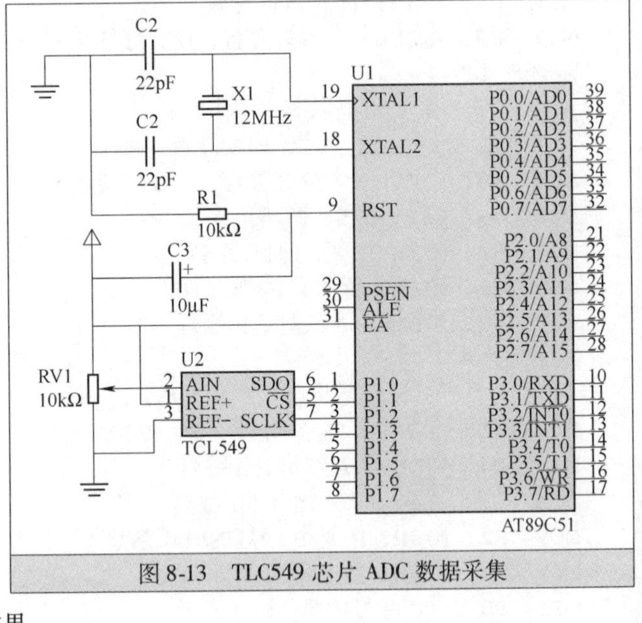

图8-13　TLC549芯片ADC数据采集

（2）程序设计

```
DAT  BIT  P1.0
CS  BIT  P1.1
CLK  BIT  P1.2
ADDATA  DATA  40H
ORG  0000H
AJMP  MAIN
ORG  0030H
MAIN: MOV  SP, #60H
ACALL  TLC549ADC; 先进行一次采集
MOV  R7, #0FFH
DJNZ  R7, $; 延时
ACALL  TLC549ADC; 获得上次采集的结果
MOV  ADDATA, A; 存储采集结果
SJMP  $
TLC549ADC: SETB  CLK
CLR  A
CLR  CLK
CLR  CS; 选中TLC549
MOV  R6, #8
LP1: SETB  CLK
NOP
NOP
MOV  C, DAT
RLC  A
CLR  CLK; DAT=0, 为下一次读出数据做准备
NOP
```

```
DJNZ  R6, LP1
SETB  CLK
RET
END
```

2 ADC0808 数据输出

（1）硬件设计

使用单片机与 ADC0808 设计数字电压表，其电路如图 8-14 所示。电压表能够测量 0～5V 之间的直流电压，4 位数码管显示。

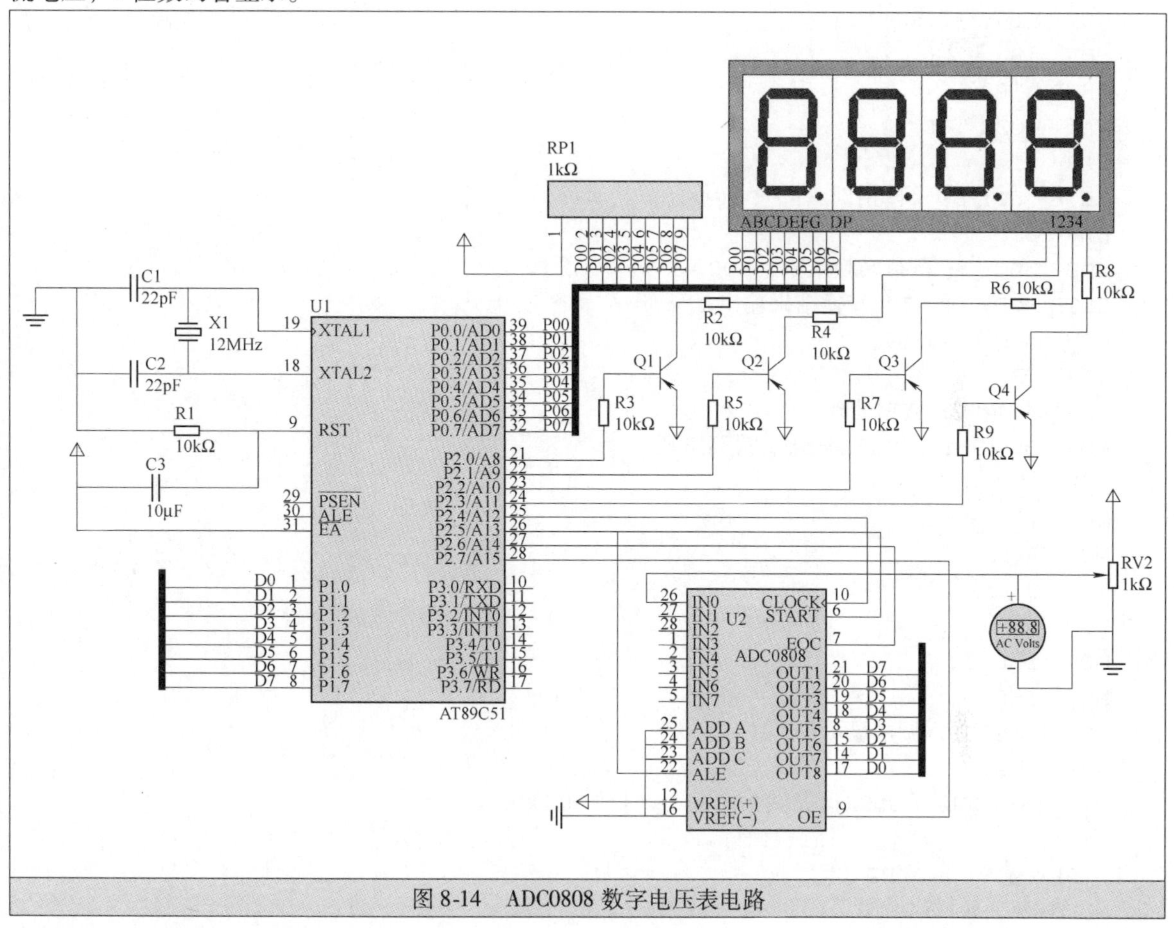

图 8-14 ADC0808 数字电压表电路

（2）程序设计

ADC0808 进行 ADC 转换时需要 CLOCK 信号，而 ADC0808 的 CLOCK 信号接在单片机的 P2.4 引脚，CLOCK 信号要求采用软件来产生。

```
LED_0  EQU  30H
LED_1  EQU  31H
LED_2  EQU  32H
ADC  EQU  35H
CLOCK  BIT  P2.4
ST  BIT  P2.5
EOC  BIT  P2.6
OE  BIT  P2.7
ORG  0000H
```

```
SJMP  START
ORG  000BH
LJMP  INT_T0
START: MOV  LED_0, #0FFH; 关显示，采用共阳极数码管
MOV  LED_1, #0FFH
MOV  LED_2, #0FFH
MOV  DPTR, #TABLE
MOV  TMOD, #02H; 方式2，自动重置
MOV  TH0, #245; 初值11μs
MOV  TL0, #245
MOV  IE, #82H
SETB  TR0
WAIT: CLR  OE
CLR  ST
SETB  ST; ST下降沿时，A-D转换
CLR  ST
JNB  EOC, $; 等待转换结束，EOC=1
SETB  OE; OE=1，转换结果输出
MOV  ADC, P1
CLR  OE
MOV  A, ADC; 数据处理
MOV  B, #51; 255/51=5V，最高电压
DIV  AB
MOV  LED_2, A
MOV  A, B
MOV  B, #5
DIV  AB
MOV  LED_1, A
MOV  LED_0, B
LCALL  DISP; 调用显示子程序
SJMP  WAIT
INT_T0: CPL  CLOCK; 提供ADC0808时钟500kHz
RETI
DISP: MOV  A, LED_0
MOVC  A, @A+DPTR
CLR  P2.3; 个位选
MOV  P0, A; 段选
LCALL  DELAY
SETB  P2.3
MOV  A, LED_1
MOVC  A, @A+DPTR
CLR  P2.2; 十位选
MOV  P0, A ; 段选
LCALL  DELAY
SETB  P2.2
MOV  A, LED_2
MOVC  A, @A+DPTR
```

```
CLR  P2.1
ANL  A, #7FH; 百位选+小数点
MOV  P0, A; 段选
LCALL  DELAY
SETB  P2.1
RET
DELAY: MOV  R6, #10
D1: MOV  R7, #200
DJNZ  R7, $
DJNZ  R6, D1
RET
TABLE: DB  0C0H, 0F9H, 0A4H, 0B0H, 99H
DB  92H, 82H, 0F8H, 80H, 90H
END
```

3 数据采集转换输出

(1) 硬件设计

硬件设计如图 8-15 所示。

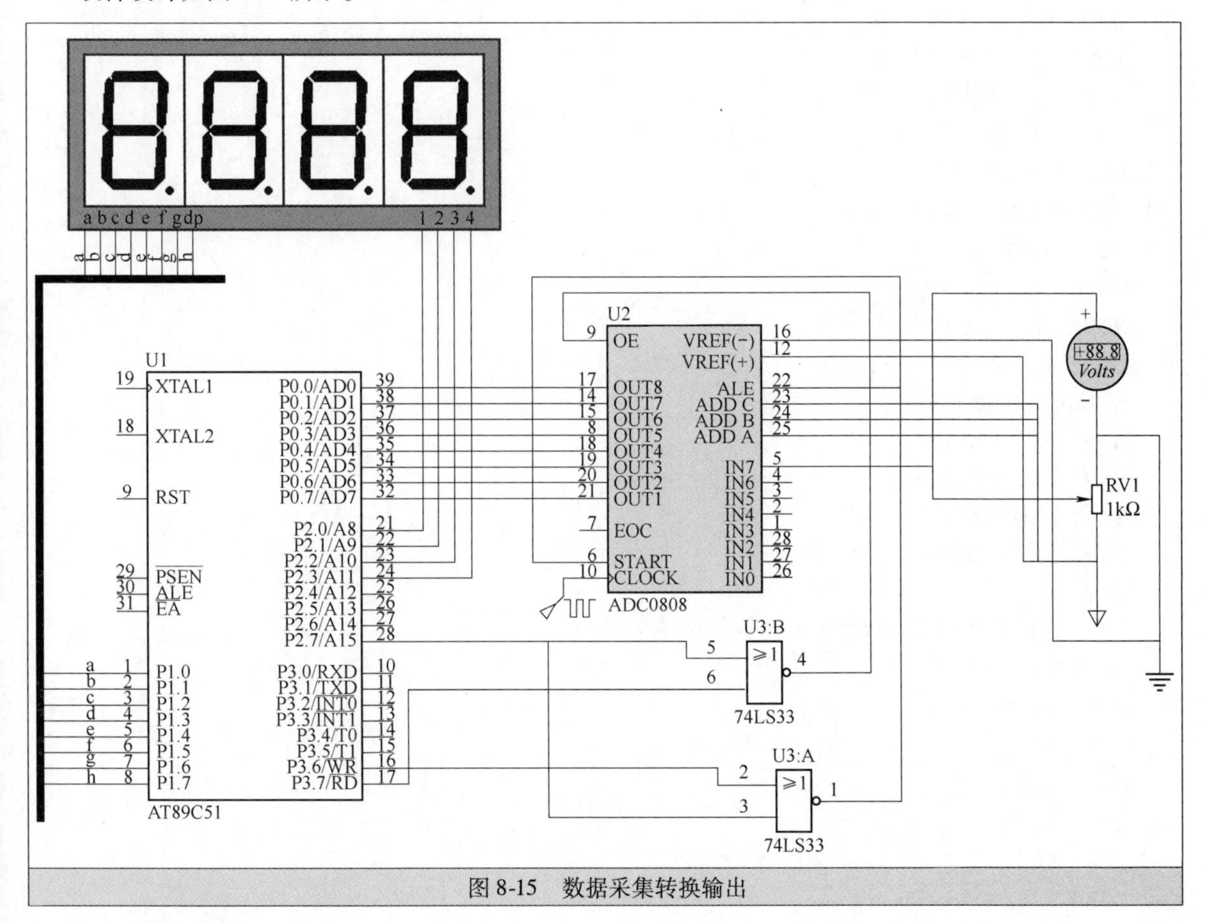

图 8-15 数据采集转换输出

(2) 程序设计

```
ORG  0000H
START: MOV  DPTR, #7FFFH; 设定 P2.7 为 0
```

```
MOVX  @DPTR, A; 为ADC0808的ALE和START产生上升沿及下降沿
MOV  R7, #100; 延时，采用定时取数的方法，延时约200μs
DJNZ  R7, $
MOVX  A, @DPTR; 产生OE为"1"信号
MOV  R0, A
LCALL  TUNBCD; 调用输入数据子程序
LCALL  DISP; 调显示程序
AJMP  START
/* * * 数据显示程序* * * /
DISP: MOV  R7, #255
LOOP: MOV  A, 7AH
MOV  DPTR, #TABLE
MOVC  A, @A+DPTR
MOV  P2, #01H
MOV  P1, A
LCALL  DELAY
MOV  A, 79H
MOV  DPTR, #TAB
MOVC  A, @A+DPTR
MOV  P2, #02H
MOV  P1, A
LCALL  DELAY
MOV  DPTR, #TAB
MOV  A, 78H
MOVC  A, @A+DPTR
MOV  P2, #04H
MOV  P1, A
LCALL  DELAY
MOV  P2, #08H
MOV  P1, #0C0H
LCALL  DELAY
DJNZ  R7, LOOP
RET
/* * * 输入数据处理程序* * * /
TUNBCD: MOV  A, R0
MOV  B, #51
DIV  AB
MOV  7AH, A
MOV  A, B
CLR  F0
SUBB  A, #1AH
MOV  F0, C
MOV  A, #10
MUL  AB
```

```
MOV  B, #51
DIV  AB
JB  F0, LOOP2
ADD  A, #05H
LOOP2: MOV  79H, A
MOV  A, B
CLR  F0
SUBB  A, #1AH
MOV  F0, C
MOV  A, #10
MUL  AB
MOV  B, #51
DIV  AB
JB  F0, LOOP3
ADD  A, #05H
LOOP3: MOV  78H, A
RET
/* * * 延时子程序* * * /
DELAY: MOV  R4, #0FFH
DJNZ  R4, $
MOV  R4, #0FFH
DJNZ  R4, $
RET
/* * * 个位，带小数点* * * /
TABLE: DB  40H, 79H, 24H, 30H, 19H, 12H
/* * * 小数后数据* * * /
TAB: DB  0C0H, 0F9H, 0A4H, 0B0H, 99H, 92H, 82H, 0F8H, 80H, 90H, 0FFH
END
```

★8.2.5　作息实时控制

利用单片机作为核心控制电路，设计一个自动打铃机。单片机自动打铃机具有准确的计时功能，能够像电子钟一样按时、分、秒格式显示实时时间。除要求自动打铃外，还要求能自动播放音乐和课间操节目。设置两个时间调校（校时和校分）按键，分别用来调校时和分，以保证自动打铃机的时间与标准时间相同，每按一次按键，相应的分或时就增加 1。

1　硬件设计

首先需要利用单片机设计一个实时时钟，然后根据控制时间（即作息时间）建立一个数据区作为控制字码表，存放在 ROM 中。选择通过 MCS－51 内部定时器 T0 产生中断来实现计时。设定时器 T0 工作在定时工作方式 1，每 100ms（0.1s）产生一次中断，每产生一次 T0 中断，就利用软件将基准 0.1s 时间计数单元进行累加计数一次。当定时器 T0 产生 10 次中断时，就获得了 1s 信号，这时秒计数单元加 1，同理，由软件对分计数单元和时计数单元进行时间计数，从而得到秒、分、时的时间值，并通过 LED 数码管显示电路显示出来。

选择单片机的晶振频率为 $f_{osc}=6\text{MHz}$，则时钟周期为 1/66μs，机器周期为 22μs。所以定时器 T0 工作在方式 1 下产生 0.1s 的定时，所需的定时器初值为 3CB0H，为了确保 T0 能准确定时 0.1s，在 T0 中断服务程序中重装定时器初值时，修正为3CBDH，在运行中可根据误差情况进一步调整。

选择LED数码管的显示方式为动态扫描显示。由于驱动LED数码管需要一个字形口和一个字位口，为此，采用并行I/O接口芯片8155对单片机进行I/O接口扩展。选择8155的B口作为字形口，将B口经74LS07和所有LED的a、b、c、d、e、f、g、h引线相连；8155的A口作为字位口，其中的6个引脚经74LS07分别和6个LED的控制端G相连。单片机工作时通过8155的B口输出字形码，再通过A口输出字位码以控制被选中的一个LED点亮。当与时、分、秒对应的字形码轮流输出时，相应的字位码从左到右轮流选中LED，打铃机的实时时间就可以逐次在LED上动态显示。

选择采用外部中断请求来进行时间调校。将“校时”按键和“校分”按键分别接到单片机的P3.3和P3.2口，每当用户按下一次时间调校按键，便会产生一次外部中断请求，单片机响应中断后，在中断服务程序中对相应的计时单元进行加1。若加至超过计时基值，通过程序控制计时单元清0，这样只用加1控制就可以进行校时。

选取单片机的P1.0引脚用于连接电铃驱动电路，P1.4引脚用于连接广播设备驱动电路。在项目实验调试阶段，电铃和广播设备用发光二极管代替，将发光二极管的负端与输出引脚连接，使用低电平驱动。连接P1.0的发光二极管（绿色）亮表示打铃，灭则表示不打铃。连接P1.4的发光二极管（红色）亮表示打开广播设备，灭则表示停止广播。

由于在硬件设计时，选取单片机的P1.0用作电铃的开启和关闭，P1.4用作广播的开启和关闭，电铃和广播用发光二极管代替，而且使用低电平驱动，所以只要从P1.0口输出低电平0，就可以开启电铃；输出高电平1，就可以关闭电铃。于是启动电铃和关闭电铃的控制码可以分别设计为FEH（1111 1110B）和FFH（1111 1111B）。同理，启动广播设备和关闭广播设备的控制码可以分别设计为EFH（1110 1111B）和FFH（1111 1111B）。控制码的定义及其功能见表8-7。

表8-7　控制码的定义及其功能

控制码	功能	对应输出引脚状态
FEH	启动铃	P1.0=0
EFH	启动广播	P1.4=0
FFH	关闭装置	P1.0=1，P1.4=1
00H	数据区结束	—

例如，“6:20　起床，启动电铃持续响铃15s”的时间控制字为FE062000/FF062015。程序中所用到的单片机片内RAM数据存储单元分配如下：

26H：0.1s计数单元

27H：秒计数单元

28H：分计数单元

29H：时计数单元

2AH：计时单元指针初值

2BH：存放秒计数基值

2CH：存放分计数基值

2DH：存放时计数基值

2EH：数据区地址暂存单元

3AH：控制码存储单元

3BH、3CH：数据暂存单元

4AH~4FH：显示缓冲区

5AH：堆栈栈底

将打铃机的时间调为6:24:00，等到时钟走到6:25:00时，便可看到广播指示灯点亮，如图8-16所示。图中的D2发出红光，并在6:40:00时熄灭，表示该时间点的广播控制正常。

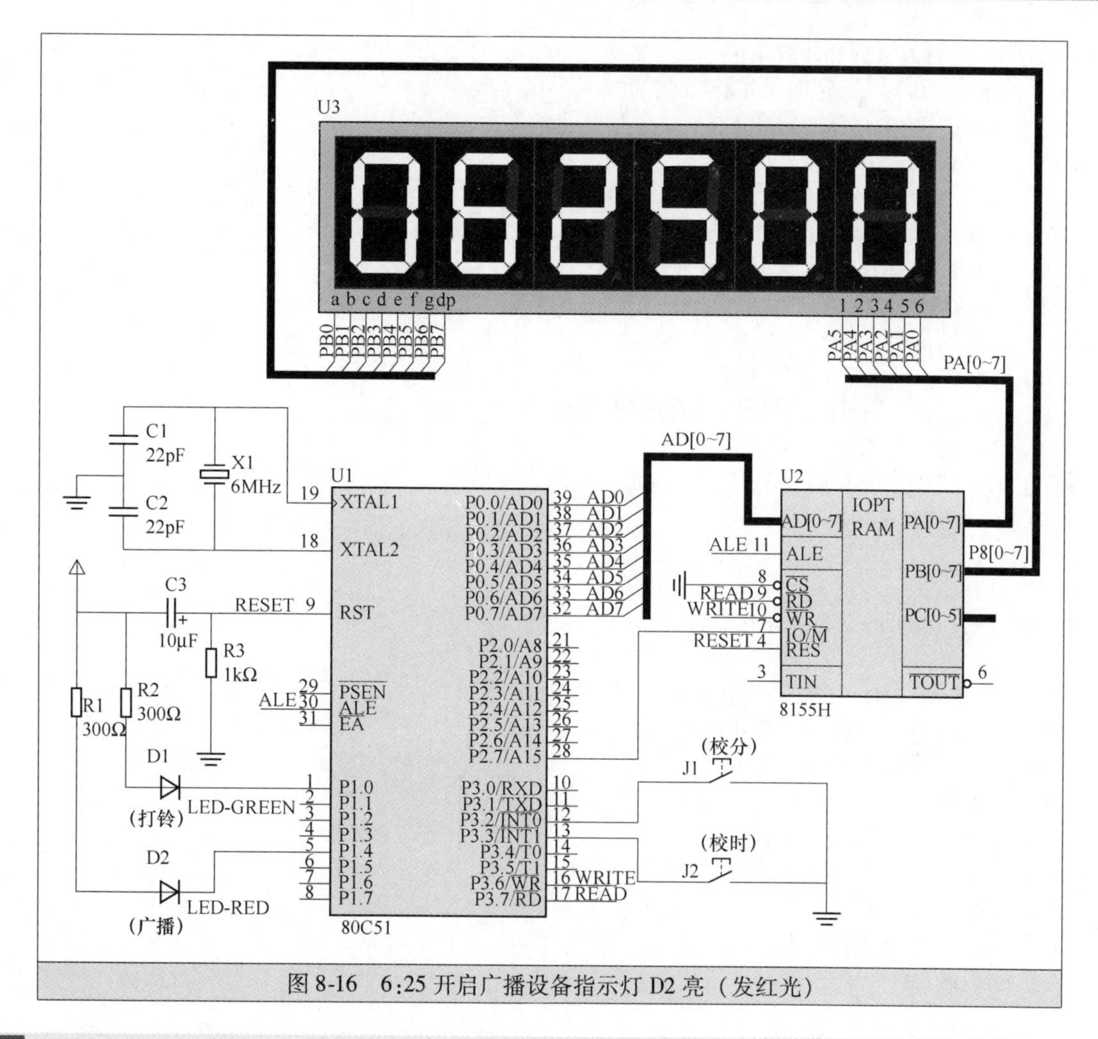

图 8-16 6:25 开启广播设备指示灯 D2 亮（发红光）

2 程序设计

```
/* * * * * * 起始程序* * * * * * /
ORG  0000H
LJMP  MAIN；转主程序
ORG  0003H
LJMP  BREAK0；转 INT0 中断
ORG  000BH
LJMP  CLOCK；转定时器 T0 中断
ORG  0013H
LJMP  BREAK1；转 INT1 中断
/* * * 主程序* * * /
ORG  0050H
MAIN：MOV  A，#03H；8155 初始化命令字
MOV  DPTR，#8000H；8155 命令口地址
MOVX  @DPTR，A；向 8155 写入命令字
MOV  SP，#5AH；栈底移至 5AH
MOV  2BH，#60H；秒计数基值
MOV  2CH，#60H；分计数基值
```

```
MOV  2DH，#24H；时计数基值
MOV  TMOD，#01H；定时器工作方式1
MOV  TH0，#3CH；置T0初值
MOV  TL0，#0B0H
MOV  IE，#87H；允许中断
SETB  TR0；启动定时器T0
LOOP：LCALL  DISP；调用显示子程序
LJMP  LOOP；循环
/* * * 中断服务程序* * * /
BREAK0：CLR  EX0；关闭中断
JNB  P3.2，$；消除按键抖动，等待按键释放
INC  28H；分单元加1
MOV  A，28H；十进制调整
ADD  A，#00H
DA  A
MOV  28H，A
SUBB  A，#60H；不等于计数基值转NEXT1
JC     NEXT1
MOV  28H，#00H；相等，分单元清0
NEXT1：LCALL  DISP；调用显示子程序
SETB  EX0；开放中断
RETI；中断返回
BREAK1：CLR  EX1；关闭中断
JNB  P3.3，$；消除按键抖动，等待按键释放
INC  29H；时单元加1
MOV  A，29H；十进制调整
ADD  A，#00H
DA  A
MOV  29H，A
SUBB  A，#24H；不等于计数基值转NEXT2
JC  NEXT2
MOV  29H，#00H；相等，时单元清0
NEXT2：LCALL  DISP；调用显示子程序
SETB  EX1；开放中断
RETI；中断返回
/* * * 显示子程序* * * /
DISP：MOV  R0，#4FH；准备向缓冲区放数
MOV  A，27H；取秒值
ACALL  PUTT；放秒值
MOV  A，28H；取分值
ACALL  PUTT；放分值
MOV  A，29H；取小时值
ACALL  PUTT；放小时值
MOV  R0，#4AH；指向显示缓冲区首地址
MOV  R2，#0DFH；从左边第一位开始显示
DISP1：MOV  DPTR，#8002H；字形口地址
MOV  A，#00H；熄灭码
```

```
MOVX  @DPTR, A; 关显示
MOV  A, #00H; 熄灭码
MOVX  @DPTR, A; 关显示
MOV  A, @R0; 取显示缓冲区中的数
MOV  DPTR, #SEGTAB; 指向字形码表首
MOVC  A, @A+DPTR; 查表, 找字形码
MOV  DPTR, #8002H; 字形口地址
MOVX  @DPTR, A; 送出字形码
MOV  A, R2; 取字位码
MOV  DPTR, #8001H; 字位口地址
MOVX  @DPTR, A; 显示一位数字
MOV  R3, #00H; 计数延时初值
DISP2: DJNZ  R3, DISP2; 延时一段时间 (1ms)
INC  R0; 修改显示缓冲区指针
RR  A; 为显示下一位做准备
MOV  R2, A; 存字位码
JB   ACC.7, DISP1; 不到最后一位, 则继续
RET; 显示完 6 位, 返回
PUTT: MOV  R1, A; 暂存
ACALL  PUTT1; 低 4 位先放入缓冲区
MOV  A, R1; 取出原数
SWAP  A; 高 4 位放入低 4 位中
PUTT1: ANL  A, #0FH; 屏蔽高 4 位
MOV  @R0, A; 放进显示缓冲区
DEC  R0; 缓冲区地址指针减 1
RET
/* * * T0 中断服务程序* * * /
CLOCK: PUSH  PSW; 保护现场
PUSH  ACC
SETB  RS0; 选择工作寄存器组 1
MOV  TH0, #3CH; 重装定时器 T0 初值
MOV  TL0, #0BDH
INC  26H; 0.1s 单元加 1
MOV  A, 26H; 取 0.1s 单元内容
CJNE  A, #0AH, DONE1; 不等于 10, 转 DONE1
MOV  26H, #00H; 等于 10, 则清 0
MOV  R0, #27H; 指向秒计数单元
MOV  R1, #2BH; 指向秒计数基值单元
MOV  R3, #03H; 循环 3 次 (秒、分、时)
CLOCK1: MOV  A, @R0; 取计时单元的值
CLOCK1: MOV  A, @R0; 取计时单元的值
ADD  A, #01H; 计时单元加 1
DA  A; 十进制调整
MOV  @R0, A; 送回计时单元
MOV  3BH, @R1; 取计时基值
CJNE  A, 3BH, NEXT3; 不等于计时基值, 转出
MOV  @R0, #00H; 相等, 则计时单元清 0
```

```
INC  R0    ；计时单元指针加1
INC  R1；时间基值单元指针加1
DJNZ  R3，CLOCK1；秒、分、时共3次循环
NEXT3：ACALL  CTRL；调用控制子程序
DONE1：POP  ACC；恢复现场
POP  PSW
RETI；中断返回
/* * * 控制子程序* * * /
CTRL：MOV  DPTR，#100CH；指向控制字码表首址前4单元
MOV  2EH，DPL；暂存指针低8位地址
CTRL1：MOV  DPL，2EH；取出指针低8位地址
MOV  R3，#04H；控制字码表指针加1次数
CTRL2：INC  DPTR；控制字码表指针加1
DJNZ  R3，CTRL2；指针指向下一个控制字
MOV  2EH，DPL；暂存指针低8位
MOV  R3，#03H；核对时、分、秒共3次
CLR  A
MOVC  A，@A+DPTR；取控制码
JZ  DONE2；若A=0，则数据区结束
MOV  3AH，A；保护控制码
MOV  R1，#2AH；设置计时单元指针
CTRL3：INC  DPTR；修改控制字码表指针
DEC  R1；修改计时单元指针
CLR  A；准备查表
MOVC  A，@A+DPTR；读取控制字时间值
MOV  3CH，A；暂存
MOV  A，@R1；读取计时单元时间值
CJNE  A，3CH，CTRL1；比较时间值是否相等
DJNZ  R3，CTRL3；3次循环
MOV  A，3AH；3次比较相等，恢复控制码
MOV  P1，A；由P1口输出，执行控制
DONE2：RET；子程序返回
/* * * 字形码表* * * /
SEGTAB：DB  3FH，06H，5BH，4FH，66H，6DH，7DH
DB  07H，7FH，6FH
ORG  1010H
DB  0FEH，06H，20H，00H，0FFH，06H，20H，15H
DB  0EFH，06H，25H，00H，0FFH，06H，40H，00H
DB  0FEH，07H，20H，00H，0FFH，07H，20H，10H
DB  0FEH，07H，40H，00H，0FFH，07H，40H，15H
DB  0FEH，07H，50H，00H，0FFH，07H，50H，10H
DB  0FEH，08H，35H，00H，0FFH，08H，35H，10H
DB  0FEH，08H，45H，00H，0FFH，08H，45H，10H
DB  0FEH，09H，30H，00H，0FFH，09H，30H，10H
DB  0EFH，09H，35H，00H，0FFH，09H，40H，00H
DB  0EFH，09H，35H，00H，0FFH，09H，40H，00H
DB  0FEH，09H，45H，00H，0FFH，09H，45H，15H
```

```
DB  0FEH,09H,50H,00H,0FFH,09H,50H,10H
DB  0FEH,10H,35H,00H,0FFH,10H,35H,10H
DB  0FEH,10H,45H,00H,0FFH,10H,45H,10H
DB  0FEH,11H,30H,00H,0FFH,11H,30H,10H
DB  0FEH,14H,15H,00H,0FFH,14H,15H,15H
DB  0EFH,14H,16H,00H,0FFH,14H,20H,00H
DB  0FEH,14H,25H,00H,0FFH,14H,25H,15H
DB  0FEH,14H,30H,00H,0FFH,14H,30H,10H
DB  0FEH,15H,15H,00H,0FFH,15H,15H,10H
DB  0FEH,15H,15H,00H,0FFH,15H,15H,10H
DB  0FEH,15H,25H,00H,0FFH,15H,25H,10H
DB  0FEH,16H,10H,00H,0FFH,16H,10H,10H
DB  0FEH,16H,20H,00H,0FFH,16H,20H,10H
DB  0FEH,17H,05H,00H,0FFH,17H,05H,10H
DB  0EFH,17H,15H,00H,0FFH,17H,15H,10H
DB  0FEH,18H,00H,00H,0FFH,18H,00H,10H
DB  0FEH,19H,20H,00H,0FFH,19H,20H,15H
DB  0FEH,19H,30H,00H,0FFH,19H,30H,10H
DB  0FEH,21H,30H,00H,0FFH,21H,30H,10H
DB  0FEH,23H,00H,00H,0FFH,23H,00H,15H
DB  00H
END
```

参考文献

[1] 张毅刚．单片机原理及接口技术［M］．北京：人民邮电出版社，2015.
[2] 李学礼．基于 Proteus 的 8051 单片机实例教程［M］．北京：电子工业出版社，2008.
[3] 金杰．MCS－51 单片机 C 语言程序设计与实践［M］．北京：电子工业出版社，2011.
[4] 梁炳东．单片机原理与应用［M］．北京：人民邮电出版社，2009.